講師

安藤雅彦

地学基礎
講義の実況中継

語学春秋社

はしがき

日本の教育界の中で「地学」は絶滅危惧教科の筆頭です。教育課程が変わり，「地学基礎」が新たに加わったことで，地学を学ぶ高校生諸君が増えていますが，地学を教えることのできる教師が不在で，開講していない高校も多いと聞いています。地学という教科を絶滅させないためにも，地学を学びたいのに学べない人のためにも，本書を書き上げました。

共通テストでは，文章を読みとる力があれば，確実に解ける問題が多くありますが，このような問題の正答率は高いとはいえません。読解力が不足しているといえばそれまでですが，何かしら原因があるような気がします。

一つは，教科書や参考書の視覚に訴える写真やカラーの図が気を散らしているのではないか。余分な情報が紛れ込んでいると，肝心の情報が伝わらない。そのような気がして，この本では，**不要なイラストは用いていません。**また，正確に読み取れるように図は描いてあります。共通テストで高得点を得るためには，そのような図に慣れる必要があります。どのように図やグラフを読めばよいのか，結果ではなく，その過程を解説しました。というわけで，この本は，文章が続きます。その途中で，図 1（→ p.1）というような，振り返ってみる図の指定があります。これは，必ず参照してください。また，**重要な用語や内容は，赤い文字や太い文字で示してあります。**

地学基礎の学習範囲は多岐にわたっています。地球にとどまらず，宇宙に関して，現在のみならず過去・未来についても取りあげます。138 億年前から 50 億年後という時間，素粒子の世界から宇宙全体という空間のなかで，地学基礎では，今を生きるぼくたちが主人公です。

「われわれはどこから来たのか，われわれは何ものなのか，われわれはどこへ行くのか」

というゴーギャンの絵があります。これらの疑問に，科学の世界から切り込んでいく教科が地学です。

本書の特徴

1. 教科書に完全準拠し，地学基礎の全範囲を講義します。

地学基礎の教科書は５社から発行されています。そのうち，**多くの教科書に載っている内容を扱いました**。１社・２社しか触れていない特殊な内容は省いてあります。自分が使っている教科書にはない内容であっても，他の教科書では扱われている内容があります。共通テストはこの点を考慮して出題されています。また，中学理科で学習した内容は，地学基礎に関連する内容であれば，共通テストでは出題されます。必要な部分は，復習ということで，本書で扱います。**中学理科の内容を忘れていても大丈夫**です。

2. 教科書にある「発展」の内容は，原則として扱いません。

教科書には４単位「地学」で学ぶ項目が「発展」として載っています。この内容は学習指導要領外だから，扱いません。共通テストでも出題されません。**本書は，いうなれば効率よく，地学基礎に絞った内容**になっています。「発展」の内容を扱わないといっても，知っているべき重要な考え方は，地学基礎の教科書で扱っていなくても，講義の内容に含めてあります。ただし，４単位「地学」の用語を使って説明はしていません。共通テストでは，４単位「地学」の内容に抵触するときは，丁寧な説明があります。それを読解できるようになってほしいからです。

3. 演習問題は，考察問題と計算問題を中心に解説します。

演習問題については，知識の確認問題は語学春秋社の『9割GETの攻略法』に任せて，**本書では考察力が必要な問題を中心に扱います**。計算問題もかなり多いですが，**丁寧に説明する**ので，高得点をとるためにも，その手法を理解して自分のものにしてください。

4. 図やグラフを多く掲載しました。

共通テストでは，図表を読む問題が頻出されます。そのため，講義の中でも，**多くの図やグラフを用いて説明をしました。**

5. 語呂合わせも載せました。

暗記しなくてはならない項目に関しては，**語呂合わせ**も載せておきました。これはおまけです。おまけといえば，ここまで読んできてわかるように，かなり**多くの漢字にフリガナ**を振っておきました。

本書の使い方

板書の内容はそのまま載せず，「**共通テストに出るポイント!**」としてまとめました。本文中に載せてある図と，このポイントを組み合わせて，自分なりのまとめのノートを作ってください。参考書というと，このようなまとめが初めから用意されていますが，それを書き写すだけは実力はつきません。あなたのまとめではないからです。自分で理解してまとめないと力はつきません。

また，「**ステップアップ!**」という項目で，知っていると便利なアイテムを用意しておきました。君たちが知っている初歩のものから，おそらく知らないであろう手法や考え方も入れてあります。

“実況中継シリーズ”で地学を担当して 20 年以上になります。その間，多くの著者による参考書が，出版されては消えていきました。そのなかで唯一，出版され続けているのが本書です。今回の改訂では，共通テスト特有の演習問題とその解説を増やしました。センター試験の時代には出題されていない形式の問題があり，戸惑うことがあるかも知れませんが，演習問題を通して慣れていってください。

この本の作成にあたり，語学春秋社の藤原和則さんにお世話になりました。また，こころよくフィギュアの写真の掲載を許可してくださった海洋堂さん，味覚糖株式会社さんをはじめ，豊岡市，平塚市博物館，瑞浪市化石博物館の皆さんには，感謝いたします。

安藤　雅彦

［資料提供］　株式会社海洋堂，味覚糖株式会社
［写真提供］　豊岡市，平塚市博物館，瑞浪市化石博物館　　（50 音順　敬称略）

講義の内容

講義を始めるにあたって

これから地学基礎の講義を始めます。君たちが使っている教科書は，宇宙の分野から始まるものと，固体地球の分野から始まるものとがありますが，この講義では，**固体地球分野**，つまり**地球の概観**（がいかん）から始め，**地球の歴史**，**大気と海洋**，**地球の環境**へと進め，**宇宙の分野**は最後になります。また，**地球の環境の一部の項目**に関しては，教科書では独立した章で扱っていますが，この講義では共通テスト同様，関連する分野で扱います。例えば，地震と地震災害，火山活動と火山災害を異なる回で扱っていては，細切れ（こまぎ）の内容になるからです。

日本の環境に関しては，教科書とは視点を変えて，日本の風土（ふうど）を念頭において扱います。「風」は日本の気候，「土」は日本の地形や地質が関係する言葉です。風と土を切り離して日本列島に関して語ることはできません。

このように，私なりに地学基礎という教科の内容を再構成して，教科書を書くならば，このような順序にしたいという順に講義をします。

また，東北地方の話題が時々出てきます。仙台での講義がもとになっているので，その点はご海容（かいよう）のほど。

それでは，12 回分の講義に付き合ってください。

第1回

固体地球とその変動(1)

地球の概観・地球の内部構造・プレート

最初に，地球の形や内部について概略を説明しよう。地球の形に関しては地球楕円体，地球の大きさに関しては，エラトステネスの測定法が大切です。エラトステネスの測定法と地球楕円体の形状には内容的なつながりがあり，それらを切り離しては，地球の形を理解したことになりません。どのような関係があるのかを把握してください。

地球の内部構造に関しては，その構造と組成・状態が主要な内容です。また，プレートとは地球のどの部分を指すのか，地球の内部構造と関連させて理解してください。地球内部の運動については，マントルの運動について解説します。

問題を解くという点では，計算問題の解法やグラフの読み方・書き方についてもテーマの一つとしてこの回で説明します。

第1章 地球の大きさと形

地球は丸い

ぼくたちは，人工衛星が映した写真や映像を見れば，地球は丸いと実感できます。けれども，宇宙空間から地球を眺めることができなかったとしたら，地球がどのような形をしているのか，そもそもぼくたちが暮らしている大地や海の広がりに限界があるのか，そのようなことを考えるだろうか？　地球が丸いということを論拠とともに最初に示したのは，今から2300年以上も前のギリシャの哲学者たちでした。自分たちが生活している狭い地域についての知識しかない時代に，地球の形について考えるという彼らの想像力の広がりに賛嘆（さんたん）の念を禁じえません。

アリストテレス（B.C. 384 年～ B.C. 322 年）や**プトレマイオス**（100 年頃～170 年頃）は，地球が丸いという証拠をいろいろ示しています。次の問題 1 に示された証拠が適当かどうかを考えてみよう。

問題 1　地球が丸い証拠

地球が丸い形をしていることは，いくつかの観察事実から知られる。地球が丸い形をしていることによって生じる現象として**誤っているもの**を，次の ① ～ ⑥ のうちから**すべて**選べ。［ 1 ］

① 月食のときに，月を隠す地球の影が円形である。
② 南や北に移動すると，同じ星の高度が変化する。
③ 高いところに登るほど，遠方の景色（けしき）が見える。
④ 船に乗って沖合（おきあい）から陸地へ向かうと，最初に山の頂が，やがて麓（ふもと）が見えてくる
⑤ 北極星を中心にして，夜空の星は円を描くように移動している。
⑥ 北極星がいつも北の空に見える。

「すべて選べ」となっているので，「一つ選べ」という問題よりも難しいですね。正解が一つなのに，「すべて選べ」というのは，意地（いじ）が悪いし，出題の仕方として批判を受ける。だから，複数の選択肢が正解であると思って解くのがよいでしょう。一つ一つの選択肢が適当であるかどうか，順に吟味（ぎんみ）していくことにしよう。

地球が丸い形をしている証拠①

① 月食については，中学理科で習ったよね。

Q. 月食のとき，地球，月，太陽の位置関係はどのようになっている？

—— **太陽 — 地球 — 月の順に一直線に並ぶ。**

つまり，図 1 のように，満月の夜です。満月の夜といっても，毎月，満

月の夜に，月食が起こるわけではありません。ふだんの満月は，太陽—地球—月が一直線には並ばず，図 1 で言えば，紙面に垂直な方向に月が少しずれているからです。

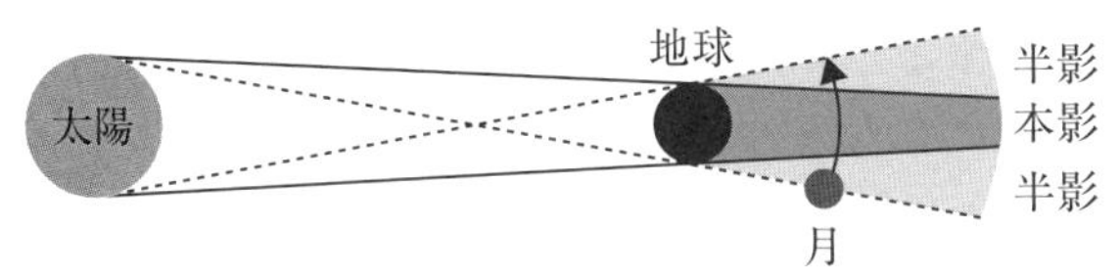

図 1　月食のしくみ

月食というのは，図 1 のように，地球の影に月が入るときに生じる現象で，太陽の光が月にまだ当たっている半影のときには，あまり気づかないけれども，太陽の光が当たらなくなる本影に月が入ると，月の一部が暗い赤色に見えるようになります。地球の大気が散乱したり反射したりした光が月に当たっているので，日食のときの太陽のように，月は真っ暗にはなりません。

2014 年 10 月 8 日の皆既月食の場合，月食は，図 2 のような経過をたどりました。このとき，19 時頃から 21 時頃の月の欠け方を合成すると，月の 3 倍ほどの大きさの円(本影)によって月が隠されているように見えます。

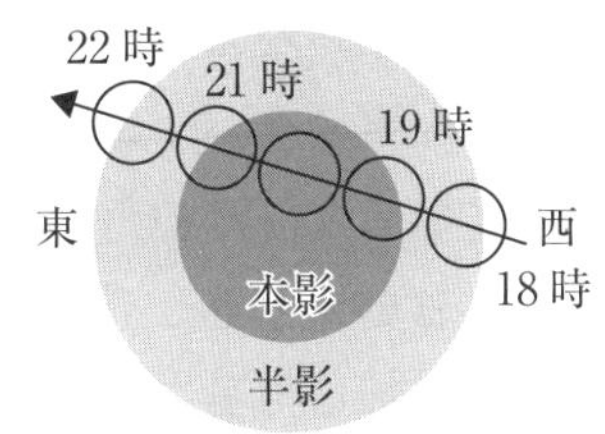

図2　月　食

このような月食の観察を昔の人も行っていて，観察の結果，地球の形が球であるために，月を隠す影が円形になっていて，その影に入った月が欠けると考えたのです。ですから，① は地球が丸い形をしていることによって生じる現象になります。

地球が丸い形をしている証拠②

② は「南や北に移動すると，同じ星の高度が変化する」という観察事実です。高度という言葉は，富士山が 3776 m というような標高の意味でも使われますが，そういう意味ではなく，星の高度というのは，見上げた

ときの角度です。つまり，図 3 の地平線と星からの光がなす角度を高度といいます。だから，星の高度が低くなるというのは，角度が小さくなるという意味で，地平線に近い，低い位置に見えるということです。

星は遠方にあるので，**星からの光は，平行に地球に当たる**と考えられます。北極星を例にすると，図 3 のようになります。

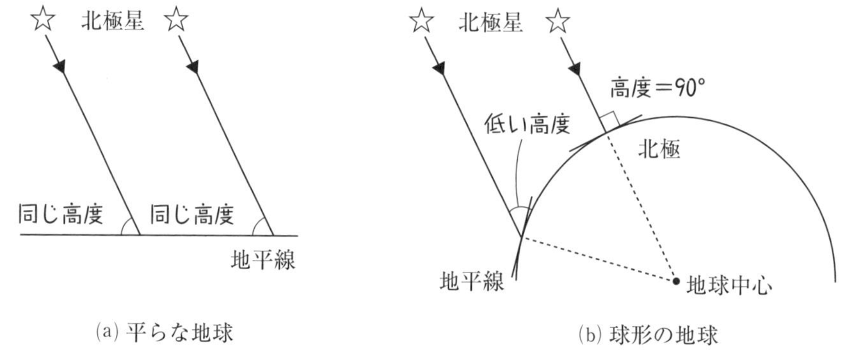

(a) 平らな地球　　(b) 球形の地球

図 3　北極星の高度

地球が平（たい）らならば，(a)のように，同じ時刻に見たとき，地平線と星からの光がなす角度，つまり星の高度はどこでも同じです。けれども地球が曲がっていると，その角度は場所によって異なります。北極星ならば，北から南に移動すると，その高度がだんだんと低くなります。

多くの地域で見られるこのような現象は，地球が丸い形をしているために生じると考えられます。

Q. ところで，ある地点で北極星を観察すると，何がわかる？

── 北の方向とともに，北極星の高度がその地点の緯度になります。

地球の表面に縦糸（たていと）と横糸（よこいと）を張りめぐらせて，ある地点の位置を表すのが，次ページの図 4 の経線（けいせん）と緯線（いせん）です。

経線は，ある地点を通る縦糸，つまり北極とその地点と南極を通る縦の線で，その地点の南北を通るので**子午線**（しごせん）ともいいます。経線はイギリスの旧グリニッジ天文台を基準にして，それよりも東方は東経（とうけい），西方は西経（せいけい）として 0 ～ 180° の範囲で表します。日本は，東経 135 ± 10° 前後になります。

一方，**緯線**は，ある地点を通る横糸で，赤道と平行に球面上に張りめぐらせます。赤道を緯度0°として，北極に向かっては北緯(ほくい)，南極に向かっては南緯(なんい)として，0〜90°の範囲で表します。次の図5のP地点の緯度は，地球が球形の場合，P地点－地球の中心－赤道がなす角度です。別の言い方をすると，緯度は，P地点の**水平線に垂直に引いた線(鉛直線(えんちょくせん))が赤道面と交わる角度**です。日本は，北緯35±10°前後です。

P地点－地球の中心－赤道がなす角度が緯度であるというのは，**地球が球形の場合の緯度**だと思ってください。むしろ，**鉛直線が赤道面と交わる角度が緯度であるという表現の方が汎用性(はんようせい)があります**。

このとき，図5の北極星の高度は，P地点の緯度に等しくなります。面倒ではないので，自分で証明して確かめてください。図5中の北極星の方向を表す線を赤道の方向へ延長する，1本の補助線を引けば，証明できます。

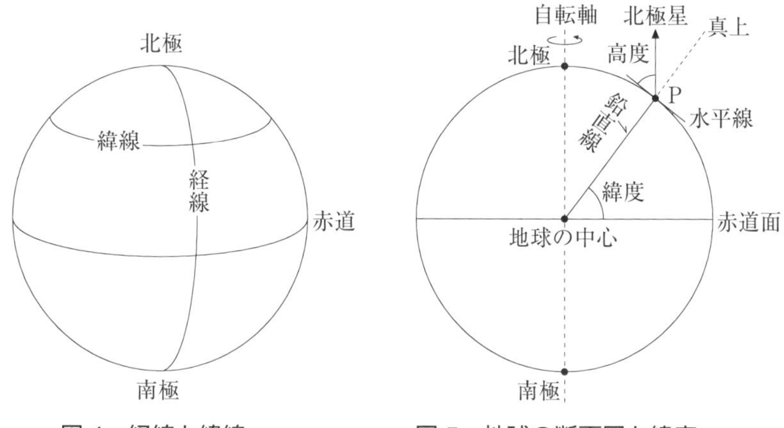

図4　経線と緯線　　図5　地球の断面図と緯度

地球が丸い形をしている証拠③

③「高いところに登るほど，遠方の景色が見える」というのは，君たちも経験したことがあるのではないかな。

次ページの図6のように，P点から遠方を見ると，O点からP′点までの地表に沿った景色が見えます。さらに上方のQ点からは，O点からQ′点までの景色が見える。P点からQ点へ登っていくと，P′点からさらに遠方のQ′点までの景色が次第に見えてきます。高いところに登るほど，より遠方が見えます。地球が平らならば，このような現象は生じません。

だから，地球が丸い形をしているために生じる現象の一つになります。

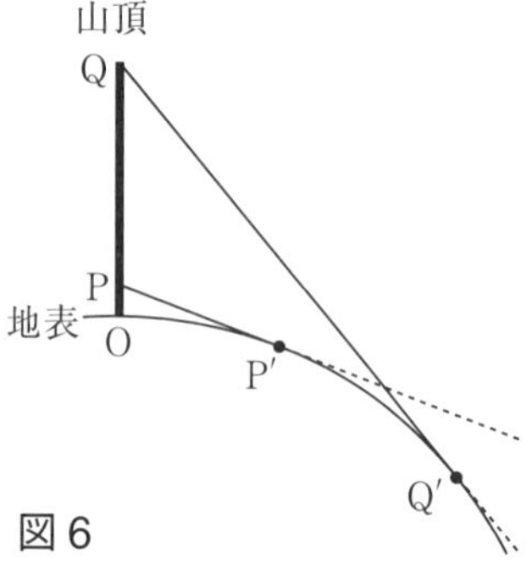

図6

地球が丸い形をしている証拠④

④「船に乗って沖合から陸地へ向かうと，最初に山の頂が，やがて麓が見えてくる」は，三番目の証拠と逆の現象です。図6のO点に立ててある棒が山だと思ってください。Q′点に船がいるときに，山頂のQ点が見え，船が陸地に近づく，つまりQ′点からP′点まで航行する間に，山頂のQ点から順に高度の低いP点までの山腹が見えてきます。これも地球が丸い形をしているために生じる現象です。

さて，残りは二つの選択肢です。

⑤「北極星を中心にして，夜空の星は円を描くように移動している」です。これは，地球が自転しているからです。地球の形がどのような形であっても，同じ地点から見れば，太陽も月も星々も地球の自転方向(地球の北極の上空から見ると反時計まわり，つまり，西から東)とは逆の東から西へ円弧を描いて移動します。だから，地球が丸いとは推論できないです。したがって，この選択肢は適当ではない。

⑥「北極星がいつも北の空に見える」です。これは，北極星が地球の自転軸の延長付近に位置しているためです。図5のP地点では，P地点の真上の方向よりも北極側，つまり北の方に北極星が見えています。したがって，この選択肢は適当ではないです。

以上の説明から，正解は⑤と⑥になります。

【問題1・答】 1 －⑤，⑥

共通テストに出るポイント！

《 地球が丸い形をしている観察事実 》

- 皆既月食のときに，月を隠す影が円の弧の一部に見える。
- 南や北へ移動すると，同じ星の高度が変化する。
- 高いところへ登るほど，遠方の景色(けしき)が見える。
- 船に乗って沖合(おきあい)から陸地に近づくと，最初に高い山の頂が，やがて麓(ふもと)が見えてくる。

エラトステネスの測定法

アリストテレスが唱(とな)えた地球が丸いという考えにもとづいて，地球の大きさを最初に求めたと伝えられている人物が，エジプトのアレキサンドリアにあった学術研究施設ムセイオンの館長をしていた**エラトステネス**(B.C. 275 年頃～ B.C. 195 年頃)です。

エラトステネスは，**円の中心角と弧(こ)の長さが比例する**という関係を用いて，地球一周の長さを算出しました。それが，次ページの問題 2 です。

ヒントはここまでの話のどこかで与えたので，まずは解いてみてください。なお，問題文中の「スタジア」は，エラトステネスが生きていた当時用いられていた距離の単位です。

問題 2　地球の大きさ

エラトステネスは，ナイル河畔（かはん）の町シエネ（現在のアスワン）では，夏至の日の正午に深い井戸の底を太陽が照らすと伝え聞いていた。同じ日の正午，アレキサンドリアでは太陽の光が真上から南よりに 7.2° の方向から射（さ）すことを彼は観測した。アレキサンドリアとシエネの距離はおよそ 5000 スタジアであるので，彼は，次の図のように考えて地球一周の長さをおよそ [ア] スタジアと見積もった。

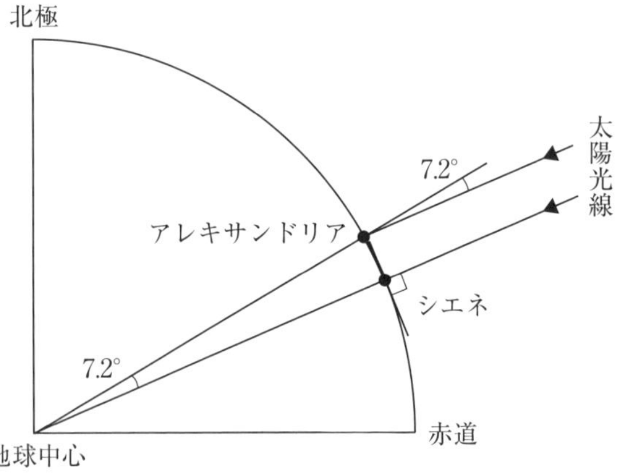

問 1　エラトステネスが，上の図のように考えて地球の全周を求めたときに仮定した事柄として**誤っているもの**を，次の ① ～ ④ のうちから一つ選べ。 [2]

① 地球の形は，完全な球である。

② 円の中心角と弧の長さは比例する。

③ アレキサンドリアとシエネは，同一子午線（経線）上にある。

④ 太陽は，地球からはるかに離れている。

問 2　上の文章中の [ア] に入れる数値として最も適当なものを，次の ①～④ のうちから一つ選べ。 [3]

① 22000　② 25000　③ 40000　④ 250000

差は，緯度の差に等しくなります。太陽光線が平行なので，問題の図のうに，これら二つの角度は同位角の関係にあるからです。

以上から，①，③，④ が，エラトステネスが立てた仮定で，② は事実す。

問 2　実際に地球一周の長さを計算してみよう。現在用いられている距離の単位の km では，地球一周の長さを知っている人がいるので，エラトステネスが生きていた時代に用いられていたスタジアという距離の単位を用いて計算する問題です。

計算の方法

問題の図で，アレキサンドリアとシエネの緯度差，つまり，この二地点をつなぐ角度が 7.2° で，その間の距離が 5000 スタジアです。

円の中心角と弧の長さは比例するという関係を用いれば，問題は解けます。つまり，中心角が 360° だったら，ちょうど地球一周の長さ，図 7 のように 7.2° だったら 5000 スタジアになる比例関係がある。

エラトステネスが用いた値から地球一周の長さ L を計算すると，

$$360 : L = 7.2 : 5000$$

$$L = \frac{360 \times 5000}{7.2}$$

という式になります。さて，これを計算してみよう。ぼくの計算方法と同じかどうか？ 答ではなく，計算方法です。

この計算をするときに，分子の 360×5000 を最初に計算する人がいる。結果は，1800000 ですよね。もしくは，分母と分子の数値のどれかを 2 で割って，3 で割ってなどと約分する人もいます。

でも，このような計算はしない。分数の式のとき，分母と分子をにらんで，**1 回の演算で割り切れそうな数値がないか，それを探します**。

分子の 360 を分母の 7.2 で割れば，ちょうど 50 です。そうすると，あとは 50×5000 を計算すればよいので，暗算で 250000 スタジアになる。次のような計算だよね。

割り切れそうな値を探す

$$L = \frac{\cancel{360}^{50} \times 5000}{\cancel{7.2}} = 250000 \text{ スタジア}$$

問 1　この問いでは，**事実と仮定の区別が問われています**
出題形式は，共通テストの特徴の一つです。**仮定とは，「事実**
仮にそうだとすること」と言う意味で，**事実とは，「現実に**
は存在する事柄」や**「本当のこと」**を意味します。

① の地球の形に関しては，仮定です。先ほど解説したように，様々な証拠から，地球の形は球形であると考えるのが最も合理的です。しかし，高い山もあれば，平野や海もある。地形を考えれば完全な球形とはいえません。「地球の形は，完全な球である」と仮定すれば，図 7 のように，② の「円の中心角と弧の長さは比例する」という関係を用いて地球一周の長さを求めることができます。

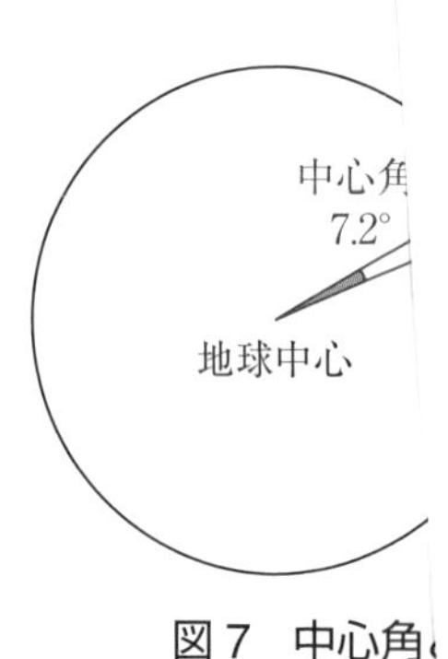

図 7　中心角

一方，この ② の「円の中心角と弧の長さは比例する」は，
り立つので，仮定ではありません。したがって，② が正解です

また，② の「円の中心角と弧の長さは比例する」を用いる
③ の「アレキサンドリアとシエネは同じ子午線(経線)上にある
仮定が必要になります。問題の図では，北極－アレキサンドリア
－赤道は，同一の線上に描いてありますが，実際は，アレキサン
経度は東経 30°，シエネは東経 33° にあって同一子午線上にはあ

④ の場合，太陽が地球に近いところにあれば，太陽からの光
平行には当たりません。十分遠くに太陽があれば，太陽光線が地
る角度は，場所によって無視できる程度の違いがあるだけなので，
線は地球に平行に当たると考えて差し支えがありません。したが
は，太陽光線が地球に平行に当たると考えるための仮定です。当時
陽が地球からどれくらい離れているのかはわかっていなかったので
は地球からはるかに離れていると仮定したのです。

このように，太陽光線がアレキサンドリアとシエネで平行に当たると仮定すれば，アレキサンドリアとシエネでは，夏至の日の太陽では，7.2 が仮に 7.0 であったらどうしますか？ 今度は，割り切ることはできない。そういうときは，割りきれる数値に変えればいい。つまり，360 に近い値で，7 で割り切れる 350 にしてしまう。目茶苦茶じゃないかという人もいるかも知れませんが，**共通テストの計算問題は，四つくらいの選択肢から数値を選ぶ問題で，正確に計算をする問題ではない**。特に，この問題の選択肢のように，それぞれが大きく離れた数値である場合はなおさらです。

だから，計算問題を解くときには，絶対に電卓を使ってはいけない。**自分の頭で，いかに楽をして計算をするかを考えて，計算問題に取り組んでください**。概算ができるかどうかの能力が問われているのです。

【問題 2・答】 **2** － ② **3** － ④

エラトステネスの時代，長さなどの度量衡は地域ごとに異なっていて，250000 スタジアが現在の何 km に相当するかには，諸説があります。

当時用いられていた 1 スタジオン（スタジアは複数形）は，現在の単位に換算すると，ギリシャでは約 178.6 m，アレキサンドリアのあるエジプトでは 157.5 m に相当することがわかっています。これ以外の可能性もありますが，地球 1 周の長さは，ギリシャで用いられていた値で換算すると約 45000 km で，教科書など，一般にはこの値に換算されています。一方，エジプトで用いられていた値では約 39000 km となり，現在わかっている**地球 1 周の長さの約 40000 km** に近い値になります。どちらにしろ，2300 年も前に，このような偉業をなしたので，エラトステネスは「測地学の父」とよばれています。

Q. それでは，地球一周の長さを 40000 km としたとき，地球の半径はおよそ何 km になるだろうか？

―― 地球の半径を r とすると，円周は $2\pi r$ だから，

$$r = \frac{40000\ \text{km}}{2\pi} \fallingdotseq 6400\ \text{km}$$

この 6400 km という地球の半径の値は，地球一周の長さ 40000 km とともに覚えておいてください。地球の内部構造を考えるときに必要

な値だから。

ところで，この半径を求める問題が次のような選択肢になっていたら，どのように計算しますか？ ただし，地球一周の長さは，先ほどの問題1で求めた250000スタジアを用いることにします。

問題3　地球の半径

エラトステネスの時代に用いられていた距離の単位1スタジオン（スタジアはスタジオンの複数形）は約180 mに相当する。地球半径は何kmになるか。その数値として最も適当なものを，次の①～④のうちから一つ選べ。［ 4 ］km

①　6400　　②　7500　　③　6400000　　④　7500000

現在知られている地球の半径は約6400 kmです。だからといって①を選ぶのは愚(ぐ)の骨頂(こっちょう)です。与えられた数値を用いて計算しなければいけない。

次のように，計算します。地球の半径rをkm単位で求めるのだから，mをkmに換算(かんさん)する。つまり180 mを1000で割ることを忘れないようにして，式を立てると，次のような比例関係が成り立ちます。

$$250000 : 2\pi r = 1 : \frac{180}{1000}$$

$$r = \frac{250000 \times 180}{2\pi \times 1000}$$

この計算をするときには，先ほど述べたように，正確に計算する必要はない。つまり，πを3.14としないことです。πは3で十分です。そうすると，

$$\frac{250000 \times \cancel{180}^{30}}{\cancel{2} \times \cancel{3} \times 1000}$$

πは3！

だから，$\frac{250000}{1000} = 250$。$250 \times 30 = 7500$ kmと計算できます。ということで，**πの値は3で十分です**。

【問題3・答】 ［ 4 ］－②

ステップアップ！

●計算の要領

- 割り算では，１回の計算で割り切れそうな数値を探す。
- $\pi=3$の概算で計算する。

共通テストに出るポイント！

《 地球の大きさ 》

地球を球と仮定して，二地点の緯度差をθ，二地点間の距離をdとすると，

- **地球一周の長さ**Lは，

$$L:360=d:\theta$$

$$\therefore L=\frac{360d}{\theta}\fallingdotseq 40000\ \mathrm{km}$$

- **地球の半径**rは，

$$2\pi r:360=d:\theta$$

$$\therefore r=\frac{360d}{2\pi\theta}\fallingdotseq 6400\ \mathrm{km}$$

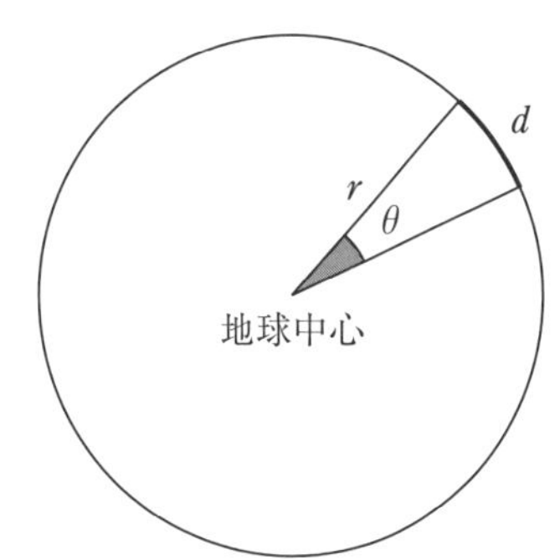

地球は本当に球形なのだろうか？

エラトステネスの時代から一気に時代は飛んで18世紀。地球の形についての論争が始まりました。これを題材にしたのが，次の問題4です。

答は，教科書にも書いてあるから，すぐにわかる人もいるかも知れませんが，**なぜ赤道付近と高緯度（こういど）で測量（そくりょう）をすれば，地球の形がわかるのか**，それを考えてください。

ここまで話を聞いてきた君の頭の中にある解決方法は，エラトステネスの測定法だけです。当時の人も同じです。

問題４　地球の形

地球の形が球からずれていることは18世紀に明らかになった。フランス学士院は赤道付近と高緯度地方に測量隊を派遣し，子午線1°あたりの弧の長さが赤道付近よりも高緯度地方の方が［ア］ことから，赤道半径よりも極半径の方が［イ］ことを見いだした。

上の文章中の［ア］・［イ］に入れる語の組合せとして最も適当なものを，次の ① ～ ④ のうちから一つ選べ。［5］

	ア	イ		ア	イ
①	長い	長い	②	長い	短い
③	短い	長い	④	短い	短い

図８を見てください。赤い線の縦長(たてなが)の楕円(だえん)がレモン，横長(よこなが)の楕円がオレンジの形を表しているように見えませんか？ これら二つの地球の形のどちらが正しいのか，論争が始まりました。

これに決着をつけるため，高緯度(こういど)と低緯度(てい)で，子午線(しごせん)1°に対応する距離を測量で求めます。子午線は，経線(けいせん)ともよばれ，北極と南極を通る南北の方向の線です。また，**子午線1°あたりの弧の長さは，緯度の差1°あたりの弧の長さ**にもなります。

エラトステネスが行った方法と同じように，地球を球と仮定して，地球一周の長さを計算し，それを360で割れば，子午線1°あたりの弧の長さ

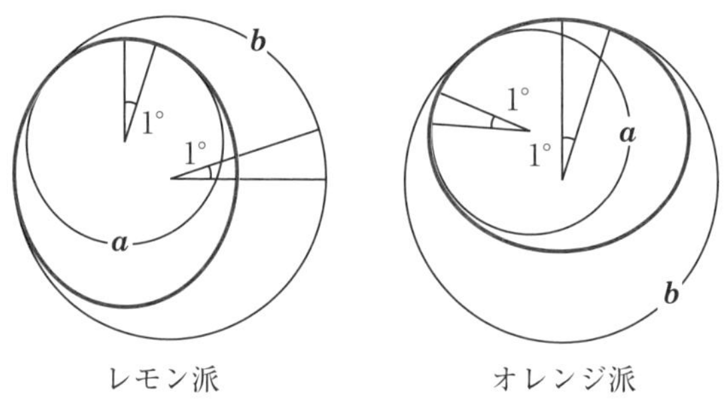

図８　地球の形に関して対立した二つの考え

を求めることができます。つまり，高緯度と低緯度でそれぞれ円を描(えが)き，円周の長さを比べれば，子午線1°あたりの弧の長さを比べたことにもなります。

だから，レモン派の考えが正しければ，高緯度で描いた円 $\boldsymbol{a}$ の円周が短く，低緯度の赤道付近で描いた円 $\boldsymbol{b}$ の円周の方が長くなります。オレンジ派の考えが正しければ，レモン派とは逆になります。

測量の結果は，オレンジ派の勝ちでした。オレンジ派の勝ちというのは，高緯度で測量した場合の方が円周の長い円になるということです。円周は360°の中心角に対応しますが，これを緯度差1°で比べるのが問題4だったのです。高緯度の極付近で描いた円の方が，低緯度の赤道付近で描いた円よりも円周が長い。つまり，**子午線1°あたりの弧の長さは，低緯度よりも高緯度の方が長い**。そこで［ア］には「長い」が入ります。

共通テストに出るポイント！

《 地球が赤道方向に膨らんだ回転楕円体である証拠 》

子午線1°の弧の長さ：高緯度 ＞ 低緯度

地球楕円体

以上のような測量の結果，**地球は赤道方向に膨らんだ回転楕円(だえん)体**の形をしていることが分かりました。円を回転してできる立体が球であるように，楕円を回転してできる立体を回転楕円体といいます。

そして，地球の形と大きさに最も良く合う回転楕円体を**地球楕円体**といいます。

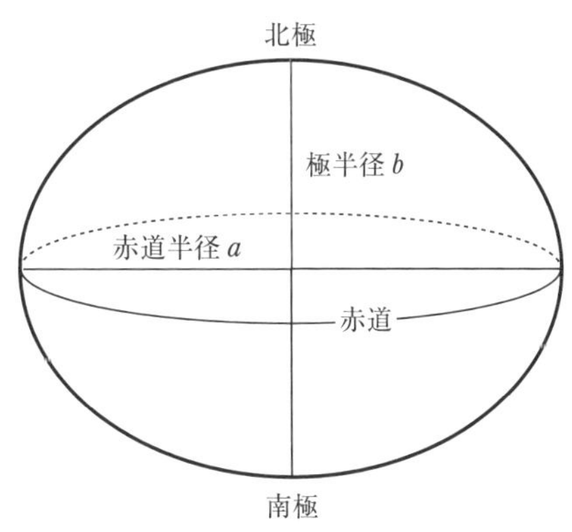

図9　地球楕円体

図9に示したように，地球楕円体の赤道方向の半径，すなわち赤道半径 a は約6378 km，極方向の半径で

ある極半径 b は約 6357 km で，赤道半径の方が約 21 km 長いです。

それで ［イ］ には「短い」が入るので，問題 4 の正解の組合せは ② になります。赤道半径や極半径の長さは覚える必要はなく，**地球楕円体は赤道方向に膨らんだ形をしていること，すなわち赤道半径の方が極半径よりも長いことと地球の平均半径は 6400 km** 程度だと覚えておこう。

【問題 4・答】 ［5］ － ②

地球楕円体の断面

地球の形が赤道方向に膨らんだ回転楕円体だということはわかってもらえたと思いますが，ここで注意を一つ。

図 10 のように，**赤道と平行に，つまり緯線(緯度を表す線)に沿って地球楕円体を切断すると，その断面は円**になります。一方，**北極と南極を通る経線(経度を表す線)に沿って切断すると，その断面は楕円**になります。地球楕円体というのは，どこで切断しても，その断面が楕円になるのではない。この点を間違えないでください。

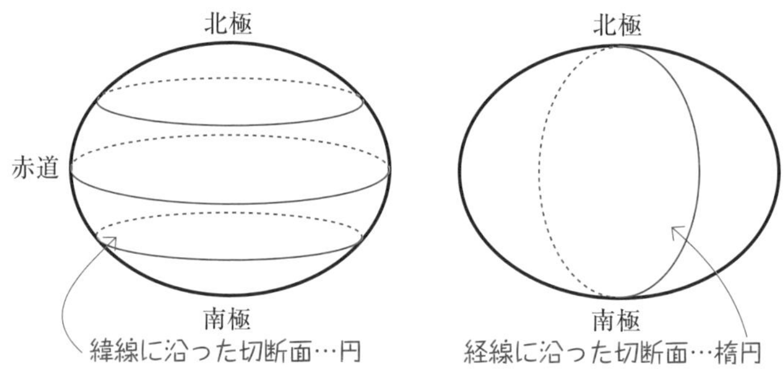

図 10　地球楕円体の切断面

共通テストに出るポイント！

《 地球楕円体 》

- 赤道半径 ＞ 極半径
- 平均半径は，6400 km。
- 断面の形…緯線に沿った断面は円，経線に沿った断面は楕円。

偏平率

球と比べたとき，回転楕円体がどの程度潰(つぶ)れた形になっているのかを表す値を**偏平率**(へんぺいりつ)といいます。「地球楕円体は，赤道方向に膨らんだ形をしている」というのは重要事項ですが，**地球楕円体は極方向から潰した形になっている**という方が，偏平率という言葉の意味を取りやすい。

赤道半径を a，極半径を b とするとき，偏平率は，次のポイントの式で定義されています。

共通テストに出るポイント！

《偏平率》 $\dfrac{a-b}{a} \fallingdotseq \dfrac{1}{300}$

この偏平率ですが，どのような意味を持った式なのだろうか？ 公式として覚えれば，それで十分じゃないか，という人もいると思います。最終的には，公式として覚えなければならないのですが，公式というのは，その意味を考えることが大切です。

図11のように半径 a の赤い円があるとします。赤道方向の半径は a のままにして，上下方向を潰(つぶ)して，極方向の半径を b に縮(ちぢ)めます。

この図から，偏平率の意味を考えてください。

円の半径は a だから，これを潰して b の長さに縮めたということは，$a-b$ が縮めた長さになります。つまり，もともとの円の半径 a に対して $a-b$ だけ潰した（偏平にした）形になった。これを式で表すと，

$$\frac{a-b}{a}$$
（$a-b$ ← 縮めた長さ，a ← 円の半径）

になります。**a に対して $a-b$ だけ潰したという意味**，つまり偏平にした割合を偏平率は意味します。

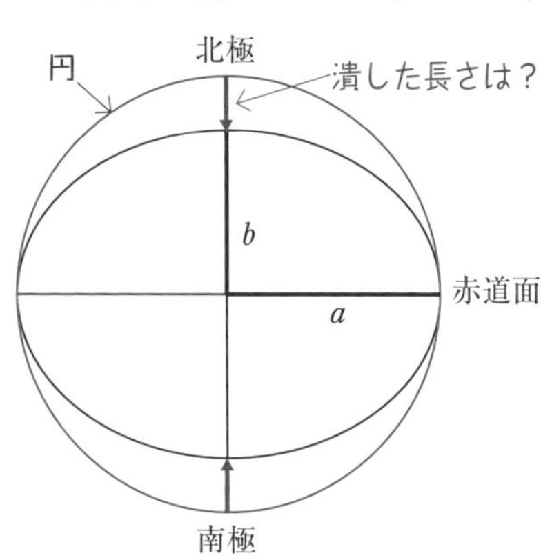

図11　偏平率の意味

では，地球の形の締めくくりとして，次の問題を解いてください。地球楕円体上の緯度に関する問題です。緯度の定義については，話をしていたから解けるはずです。

問題 5　緯　度

地球楕円体上にある地点 A の緯度を測量によって決定する場合の図として最も適当なものを，次の ①～④ のうちから一つ選べ。 **6**

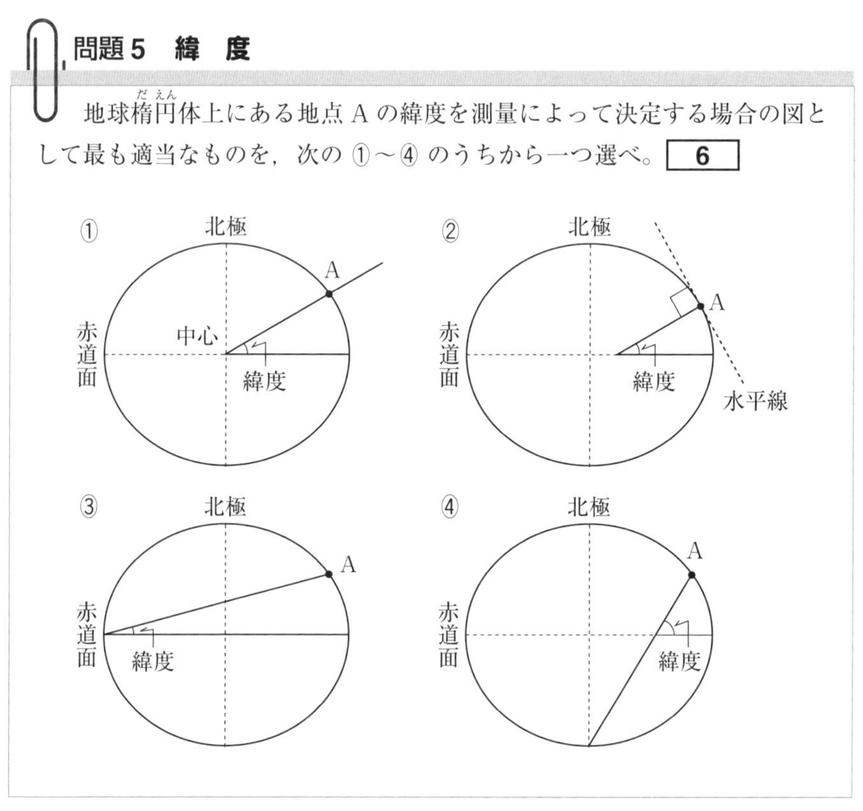

① ～ ④ のうち，机上の空論という図が三つあります。① は，地点 A からのびた線分と赤道からのびた線分が地球の中心で交わる角度です。

問題の図では，地球の中心はどこにあるのかを作図で求めることができます。けれども，現実に測量をするとき，地球の中心がどこにあるのかは，わかりません。図では示すことはできても，実際の測量では不可能です。③ や ④ も同じです。

次ページの図 12 のように，② は，地点 A の水平線に垂直な線分が，赤道から地球中心方向にのばした線分と交わる角度が緯度を表しています。②の**水平線に垂直な線は鉛直線(えんちょくせん)とよばれ，重力の方向を表します**。おもりをひもに付けて垂(た)らすと，そのひもが鉛直線で，重力の方向を示します。地球上のどの地点であっても，それぞれの地点の鉛直線の方向を知ることができます。また，鉛直線の上空，つまり，地点Aの真上もわかります。夜空には恒星(こうせい)が輝(かがや)いているので，その座標を利用すれば，赤道面と鉛直線のなす角度を求めることができます。

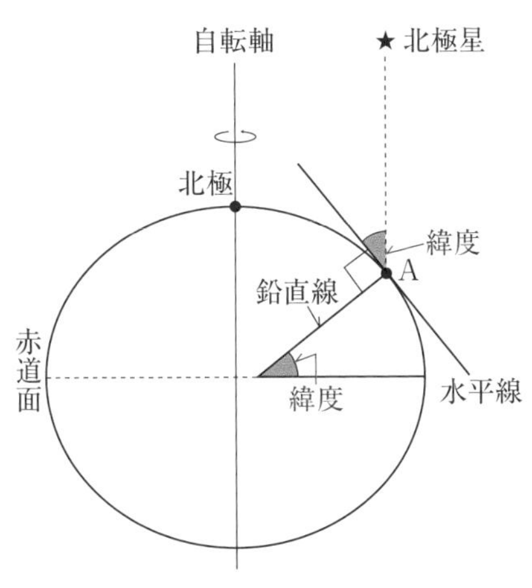

図12　緯　度

このように，測量のときには，**鉛直線が赤道面と交わる角度が，その地点の緯度を表します**。地球を球とみなしたときの緯度の定義(→p. 5)を説明したときに，この定義の方が汎用性(はんようせい)があるといったのはこのことです。地球が球形であっても，地球楕円体の形であっても，ある地点の鉛直線が赤道面と交わる角度がその地点の緯度を表し，球形の場合は，その鉛直線が地表のどの地点でも球の中心を通る特殊な場合に該当(がいとう)するのです。

北極星の高度がその地点の緯度を表すというのも，図12に表したように，地球が地球楕円体の形をしていても成り立ちます。証明の方法は，地球が球形のとき(→p. 6，図6)と同じです。

【問題5・答】 6 －②

ここまでの内容に関して，知識を次ページにまとめておきます。

共通テストに出るポイント！

《 地球楕円体 》

- 地球の形と大きさに最もよく合う回転楕円体。
- 赤道と平行に切断すれば円，両極を通るように切断すれば楕円。
- 赤道半径 ＞ 極半径
- 平均半径：6400 km
- 地球一周の長さ：約 40000 km
- 緯　度…鉛直線と赤道面のなす角度。
- 赤道方向に膨らんでいる証拠　子午線 1°の弧の長さが高緯度ほど長い。
- 偏平率＝$\dfrac{\text{赤道半径}-\text{極半径}}{\text{赤道半径}} \fallingdotseq \dfrac{1}{300}$

第2章 地球の内部

世界で一番深い穴

地球の形と大きさについてはわかったので，次は，地球内部についてです。地球の内部を知るためには，穴を掘って確かめればよいのだけれども，簡単に掘り進むことはできません。

では，質問です。

Q. 人類が掘った一番深い穴はどれくらいの深さでしょうか？

―― 12261 m です。

1970 年から 1989 年の足かけ 20 年近くをかけてソビエト連邦がコラ半島で行ったボーリングです。1 年間で平均 600 m 程度掘り進んでいます。念のためにいうと，ボーリングは穴を掘る boring であって，球を転がす bowling ではありません。

Q. 地球の半径は 6400 km あるのだから，人類が掘った最も深い穴の 12 km というのは，地球半径の何%でしょうか？

―― 最も深い穴 12 km というのは地球半径のわずか 0.2 %です。次のような計算ですが，暗算でできます。

$$\frac{12\ \mathrm{km}}{6400\ \mathrm{km}} \times 100 \fallingdotseq \frac{1200}{6000} = \frac{1}{5} = 0.2\ \%$$

地球半径の 6400 km を 12 で割り切れるように 6000 km にして計算したんです。問題 1 でこの方法を紹介しましたね。

地球の内部

次ページの図 13 のように，地球内部は地表に近い方から，**地殻**，**マントル**，**核**に分けられています。**核は，外側の外核と内側の内核**にさらに区分されています。

地球を卵に例えれば，地殻は卵の殻，といってももっと薄いのですが。マントルが白身で，核が黄身という感じでしょうか。

Q. さて，図 13 を見て，注目すべき点は何だろうか？

―― それぞれの状態と組成です。

まずは，地球内部のうち，液体の状態なのは外核だけで，その他の部分は固体ということです。次に，地殻とマントルは岩石からできていて，核は金属質で，その 90%くらいが鉄ということです。

マントルと外核の境界までの深さが 2900 km，外核と内核の境界までの深さが 5100 km という数値も大切だから覚えておいてください。

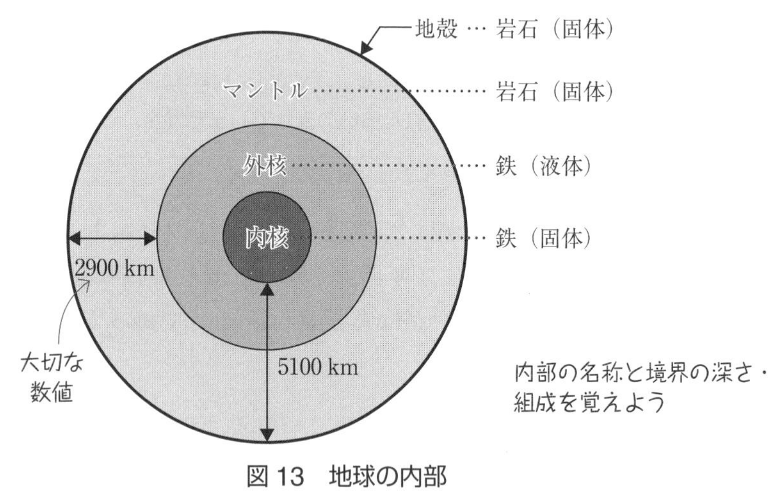

図 13　地球の内部

これらの数値を用いる計算問題を解いてみよう。

計算に必要となる円と球の諸量は，半径を r とすると，次のようになります。球の表面積と体積の覚え方も書いておきます。円周を直径×円周率だと覚えていたら，半径 r を使って $2\pi r$ だと覚え直してください。

ステップアップ！

●円と球の諸量

円　周　　$2\pi r$

円の面積　πr^2

球の表面積　$4\pi r^2$　（心配ある次女。）

球の体積　$\frac{4}{3}\pi r^3$　（身の上に心配ある，参上！）

ゴロ

流によって熱が運ばれています。**高温で密度が小さいマントル物質が上**
するところをプルーム（ホットプルーム）といいます。図 14 の赤い矢印
部分です。
マントルの下部から上昇したプルームは，660 km 付近で滞留（たいりゅう）し，さら
表層に向かって枝分（えだわ）かれして上昇しています。ハワイ島の地下にはその
うにして高温のマントル物質が上昇してきていて，火山が活動していま
このような場所を**ホットスポット**といいます。アフリカ大陸の地下に
ります。ホットスポットは地球上にいくつもありますが，**代表的な場**
の一つとしてハワイ島があることは覚えておいてください。次回以降，
ほど登場する予定だから。
球表面から沈み込んだ冷たくて密度の大きいプレートも 660 km 付近
留（りゅう）し，長い年月を経（へ）ると状態が変化して，やがて核まで下降（かこう）してい
す。図 14 の黒い矢印の部分です。
昇したり，下降したりする限界の **660 km という深さが下部マント**
上部マントルの境（さかい）になっています。第 2 回の地震のところで，この深
出てくるので，覚えておいてください。

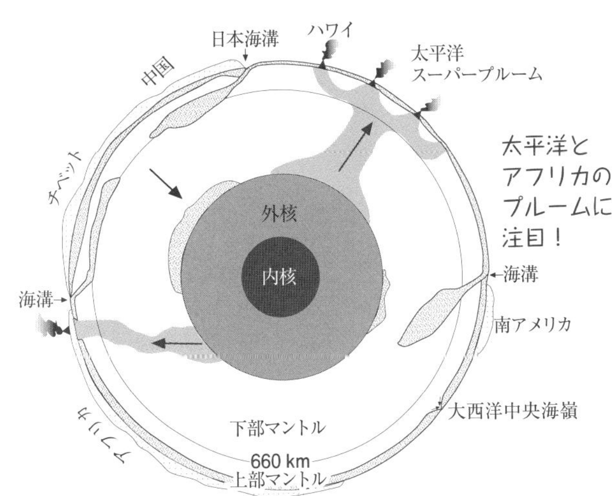

図 14　プルーム

問題 6　地球の内部

地球全体の体積のうち，核が占める割合は何％程度であるか。その数値として最も適当なものを，次の ①～⑤ のうちから一つ選べ。［ 7 ］％

① 10　　② 20　　③ 30　　④ 40　　⑤ 50

核の半径を最初に求めよう。地球の半径は約 6400 km，地表から核までの深さは約 2900 km だから，核の半径は，

6400 km − 2900 km = 3500 km

です。火星の半径がおよそ 3400 km だから，**地球の内部に火星 1 個分の大きさの核が埋（う）まっている**ということですね。

核の半径が求まったところで，地球の体積と核の体積をそれぞれ求めるのではなく，地球全体に占める核の体積％を表す式を立てよう。計算問題では，**求める答の式全体を立てることが大切です**。

$$\frac{\frac{4}{3}\pi 3500^3\,\mathrm{km}^3}{\frac{4}{3}\pi 6400^3\,\mathrm{km}^3}\times 100=\left(\frac{3500}{6400}\right)^3\times 100=0.55^3\times 100\fallingdotseq 17\ \%$$

（分子：核の体積　分母：地球全体の体積）

このように計算して，**問 2** の正解は，17 に近い値の②の 20 です。

核の体積と地球全体の体積をそれぞれ別個に計算していたのでは，労力（ろうりょく）がかかります。求める全体の式を立てると，分母と分子の $\frac{4}{3}\pi$ が消えるよね。だから，まずは全体の式を立てることが大切です。

でもね，この計算は面倒だ。こうしたらどうですか。例の適当な数値に変えて楽する方法です。途中の 3 乗の部分ですが，35 が 7 で割り切れるから，6400 km も 7 で割り切れる 6300 km にしてしまおう。

$$\frac{3500\ \mathrm{km}}{6300\ \mathrm{km}}\fallingdotseq\frac{5}{9}\fallingdotseq 0.6$$

になりますね。0.6 を 3 乗して，さらに 100 を掛（か）ければよいので，

$$0.6^3\times 100\fallingdotseq 22\ \%$$

です。だから，正解は 22 に近い値の②の 20 です。

【問題 6・答】 7 － ②

ステップアップ！

●計算問題の対処法

- 求める答の式全体を立てる。
- 式を立てたら，概算できないか検討する。

ところで，問題の ② の図で，核の半径は地球の半径の半分程度です。だから，核の体積は，地球全体の体積の，

$$\left(\frac{1}{2}\right)^3=\frac{1}{8} \qquad \therefore\ \frac{1}{8}\times 100=12.5\ \%$$

と求めることができます。これはちょっといい加減（かげん）すぎるかな。① の 10 に近いよね。でも，先ほど求めた核の半径 3500 km は，地球半径 6400 km の半分の 3200 km よりも大きいから，上の計算で求めた核の体積よりも実際の核の体積は大きいはずだ。つまり，12.5 よりは大きいはずだから，① の 10 は選べないよね。だから，12.5 に最も近く，それよりも大きい ② の 20 が正解。

この手法に慣（な）れていない人が多いですね。つまり，**半径が a 倍になれば，球の表面積は a^2 倍に，体積は a^3 倍になる**という手法。先ほどのステップアップに示した公式（→ p. 22）で，球の表面積は $4\pi r^2$ でした。半径が a 倍の ar になれば，その表面積は，$4\pi(ar)^2$ だから，整理して $a^2\cdot 4\pi r^2$ です。つまり，半径 ar の球の表面積は，半径 r の球の表面積 $4\pi r^2$ の a^2 倍の表面積になります。体積も同じように考えることができます。

ステップアップ！

●半径，面積，体積の関係

半径が a 倍になれば，表面積は a^2 倍に，体積は a^3 倍になる。

マントルの運動

地球の内部は数千℃の高温の世界です。そのような高温
地表に向かって熱が伝わっています。なぜ高温なのかは，
ところで講義するので，待っていてください。

さて，熱が伝わるということだから，まずは熱を発生さ
数千℃は無理ですが，ここにホッカイロがあります。授業
て，手の上に載（の）せると，ほら，暖かいでしょ。それは高温
ら低温の君の手に直接，熱が伝わっているからです。この
といいます。

地球内部から熱が伝わってくる場合，数千 km の距離を
くりと伝わるのは非常に効率が悪い，つまり，熱が伝わ
夏の陽射（ひざ）しが強い日に，海水浴に行くと，海岸の砂は
ですね。でも，砂を少し掘ると，冷たく感じます。これ
にくいからです。岩石も同じです。強い日射を表面で受
導によって熱が伝わりにくいので，表面の温度がどんど
石内部の温度はあまり上がらない。

地球も伝導によって内部から熱を伝えているだけでは
まいます。マントルだとドロドロに融（と）けてしまう。現実
固体だから，融けてはいない。ということは，地球内部
伝導ではないということになります。

お風呂に入ったとき，上の方は熱くて下の方はぬる
そのままにしていては，高温の上の方から下のぬるい
わりません。伝導では効率が悪い。どうするかといえ
すよね。そうすると，お風呂の水全体に熱が行き渡る
かき混ぜれば，熱が効率よく地球表層（ひょうそう）へ伝わります

マントルは固体だから，かき混ぜることはできない
もないんです。固体とはいっても，数千℃というか
長い時間をかけて，ゆっくりと流動します。

次ページの図 14 のように，高温のマントルの下部

共通テストに出るポイント！

《マントルの運動》

- マントル内を上昇するプルームによって表層へ熱が運ばれている。
- プルームは，表層ではホットスポットとなって火山活動が生じる。

地球を構成する物質

核は，外核も内核も鉄，マントルと地殻は岩石というところまで述べました。もう少し詳しく，特に地球の表層部分，マントルの上部と地殻を構成する物質について述べておきます。

地球表層のようす

下の図15を見てください。地球の表層部の模式図(もしきず)です。**地殻とマントルの境界面を，発見者の名前をとってモホロビチッチ不連続面といいます。**略して，**モホ不連続面**とか**モホ面**ともいいます。

上部マントルは，おもにかんらん石(せき)という鉱物からなるかんらん岩(がん)が構成物質です。かんらん石は鉱物の名称，かんらん岩は岩石の名称だから，区別して使ってください。

表層の地殻ですが，大陸地域と海洋地域でいろいろ違いがあります。図15を見て，その違いをいくつかあげてみてください。

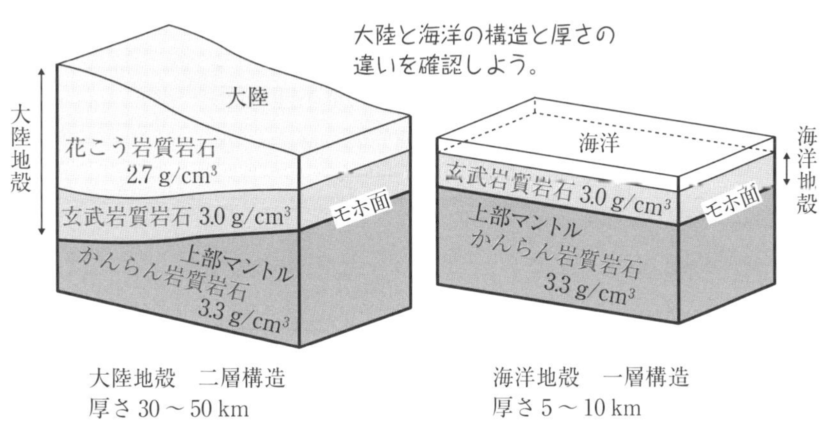

図15　地球表層のようす

まずは，厚さ。**大陸地殻は平均 30 ～ 50 km で，5 ～ 10 km の海洋地殻よりも厚い**です。

次は，構造の違いです。

海洋地殻は玄武岩質岩石だけからできているのに対して，**大陸地殻は上部が花こう岩質岩石，下部が玄武岩質岩石**からできています。つまり，大陸地殻は二層構造です。

ここでいう「花こう岩質」とか「玄武岩質」というのは，花こう岩や玄武岩と化学組成が似ているという意味です。実際，海洋地殻の表層は玄武岩からできていて，大陸地殻の上部には花こう岩が多いのですが，これ以外の岩石もあります。それらをひっくるめると，花こう岩や玄武岩の化学組成と似ているので，花こう岩質，玄武岩質という言葉を使います。「質」という言葉が付いていることに注意してください。なお，大陸地殻の下部は「玄武岩質」ですが，玄武岩からできているのではありません。

共通テストに出るポイント！

《 地球表層の構造と組成 》

大陸地殻：厚い(30 ～ 50 km)。
上部…花こう岩質岩石
下部…玄武岩質岩石
海洋地殻：薄い(5 ～ 10 km)
玄武岩質岩石
地殻とマントルの境界面
―― モホロビチッチ不連続面(モホ不連続面) ――
上部マントル：かんらん岩質岩石

地殻の元素組成

地殻に関して，その元素(げんそ)の組成を図16に示しました。

地殻の元素組成は多い方から順に，O(酸素)，Si(ケイ素)，Al(アルミニウム)，Fe(鉄)，Ca(カルシウム)，Mg(マグネシウム)，Na(ナトリウム)，K(カリウム)です。Si(ケイ素)とO(酸素)で70％以上を占めている点に注目してください。

第3回の講義のときに必要になるので，ケイ素と酸素が半分以上を占めることと，欲(よく)をいえば，アルミニウムが三番目であることも知っていてほしいので，すべての順番を次のように覚えておいてください。

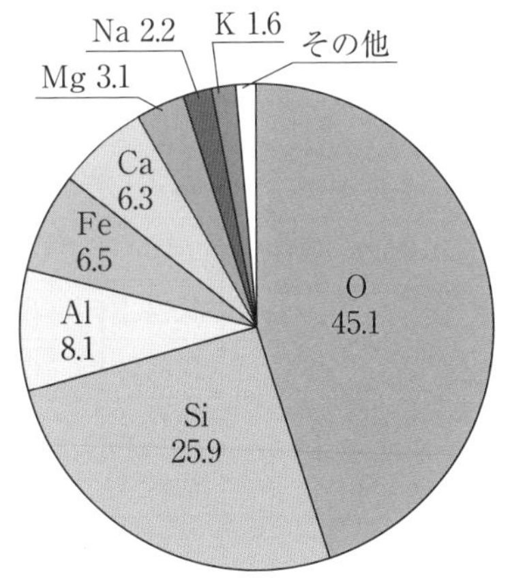

図16　地殻の元素組成

共通テストに出るポイント！

《 地殻の元素組成 》

O	Si	Al	Fe	Ca	Mg	Na	K
押	し	あ	て	刈る	マグ	中	

測定とグラフの作成

さて，地球内部の層構造は，構成する物質の種類と状態の違いによって区分されています。これに関連して，次の問題を考えてください。共通テストで出題される形式の問題の一つで，実験の結果を報告するときの場面を想定したものです。

問題7　岩石の密度測定

マントルや地殻は岩石からできているので，その密度の違いを理解する目的で次のような実験を行った。

【実験の方法】

① かんらん岩と花こう岩をそれぞれ6個用意し，それぞれの質量〔g〕を電子てんびんを用いて測定する。

② 一定量の水を入れたメスシリンダーにそれぞれの岩石を沈め，水の体積の増加分を読みとる。この増加分が岩石の体積〔cm^3〕を表している。

【実験の結果】

表1　花こう岩の質量と体積

	質量〔g〕	体積〔cm^3〕
試料1	60.5	22.9
試料2	67.1	25.4
試料3	73.9	27.4
試料4	78.0	28.9
試料5	85.2	32.4
試料6	88.9	32.8

表2　かんらん岩の質量と体積

	質量〔g〕	体積〔cm^3〕
試料1	62.9	19.3
試料2	67.4	20.5
試料3	70.1	21.4
試料4	73.6	22.7
試料5	86.9	26.2
試料6	92.1	28.4

測定結果を方眼紙にプロットし，各点に最も近いところを通る直線を引いて次ページの図1を作成した。

図1中の30.0 cm^3と80.0 g付近を直線が通ることから，花こう岩の平均密度として2.67 g/cm^3という値を報告した。この報告およびグラフに対して寄せられた意見のうち**考慮しなくてもよいもの**を，次の①～⑤のうちから一つ選べ。**8**

① 二本の直線のどちらがかんらん岩か花こう岩であるのかを書き入れた方がよい。

② 縦軸は，50ではなく，0から表して，原点を通る直線を引いた方がよい。

③ 少なくとも二つの測定値を通る直線を引いた方がよい。

④ 表計算ソフトを使って密度の平均値を求め，図1から求めた値と比較してみるとよい。

⑤ 直線の傾きを比べれば，花こう岩とかんらん岩の密度の大小関係が分かる。

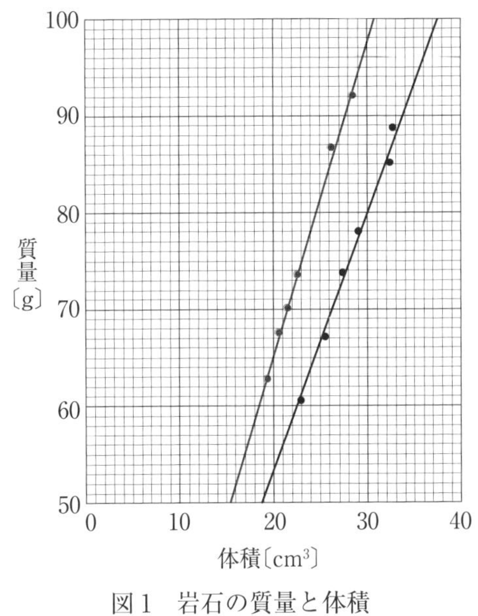

図1 岩石の質量と体積

実験の方法

測定機器は水平な台の上に置きます。そして，電子てんびんの場合は，何も載(の)せない状態で表示される数値をゼロにリセットする作業，つまり0点調整が最初に必要です。メスシリンダーの場合は，水面が傾いていると，その読みに誤差(ごさ)が生じます。

メスシリンダーを用いるときは，水面を上から見おろしたり，下から見あげたりしては，読みに狂いが生じます。目の位置を水面と同じ高さにして，**メスシリンダーの最小目盛りの$\frac{1}{10}$まで目分量(めぶんりょう)で読み取る**のが，メスシリンダーやばねばかりなどの目盛りがついている器具の読み取り方です。これは，**実験器具に限らず，グラフでも最小目盛りの$\frac{1}{10}$まで目分量で読み取るのが基本です**。例えば，図1では，縦軸も横軸も1刻みの目盛りになっています。だから，その$\frac{1}{10}$の0.1の位まで読み取ることになります。

グラフの作成

① 図1を見る限り，二本の直線のどちらが花こう岩なのか，かんらん岩なのかが分かりません。これは，区別できるようにしなければいけないので，妥当な意見です。

② 原点を通るというのは，質量が0gのときに，体積も0cm^{3}であるという意味です。質量が0で体積が存在したり，体積が0で質量が存在したりするという物質はないよね。だから，今回の場合，質量が0ならば，体積も0という原点を必ず通る，つまり，**測定した値以外に確実に直線が通る点というのが定まっている**のだから，その点を通るように直線を引きます。妥当な意見ですね。

③ 何のために直線を引くのだろうか？ **密度というのは，どのような物質から構成されているのかを考える目安**になる値です。つまり，測定した岩石の構成物質の種類やその割合が密度を左右する要因になります。同じ岩体から採取した岩石であっても，鉱物の割合などは採取する場所によって微妙に異なります。そのため，密度も微妙に異なり，わずかな違いが生じます。それを平均するために，1個ではなく，いくつかの岩石の質量と体積を測定します。

測定した値を方眼紙にプロットしたあとに，**それぞれの測定値のなるべく近くを通るように，原点から直線を引きます**。同じ物質の体積と質量は比例関係にあるから，直線を引くのです。同じ物質であるならば，体積が2倍になれば，質量も2倍になるはずだからね。

原点と測定値の一つを通る直線を引くと，その測定値から得られた密度が求まるだけであって，平均値を求めたことにはなりません。また，どの測定値を選ぶかによって密度の値が異なります。

二つの測定値を結ぶ直線は，そもそもどの二つの測定値を選ぶのかが恣意的です。だから，この意見は妥当ではないので ③ が正解です。

④　試料の数が少ないので，表計算ソフトを使えば，簡単に平均密度を求めることができ，グラフから求めた値の検算もできます。実際に求めてみると，花こう岩の平均密度は 2.67 g/cm^3，かんらん岩の密度は 3.27 g/cm^3 になります。妥当な意見ですね。

グラフの読み方

⑤　**比例関係にあるグラフの場合，その傾きが何を意味するかを常に考えてください。**この問題の場合，縦軸が質量，横軸が体積を表しているので，直線の傾きとは，

$$\frac{\text{縦軸の値}}{\text{横軸の値}}=\frac{\text{質量}}{\text{体積}}=\frac{\text{g}}{\text{cm}^3}$$

になります。つまり，g ÷ cm^3 = g/cm^3 だから，直線の傾きは，密度を表しています。したがって，「直線の傾きを比べれば，花こう岩とかんらん岩の密度の大小関係が分かる」は正しく，傾きの大きいかんらん岩の方が，花こう岩よりも密度が大きいです。

直線の傾きというと，数学の問題を解くときに必要だと思いますが，その意味を考えたことがありますか？ 数学ではグラフの縦軸や横軸の単位を気にすることはありません。けれども，地学をはじめ，科学では，単位がとても重要です。この問題の場合，傾きは「質量÷体積」なので，密度を意味するのです。

ステップアップ！

直線の傾きが何を表しているのかを常に考える。

以上の意見を踏まえて作成したのが次ページの図 17 です。

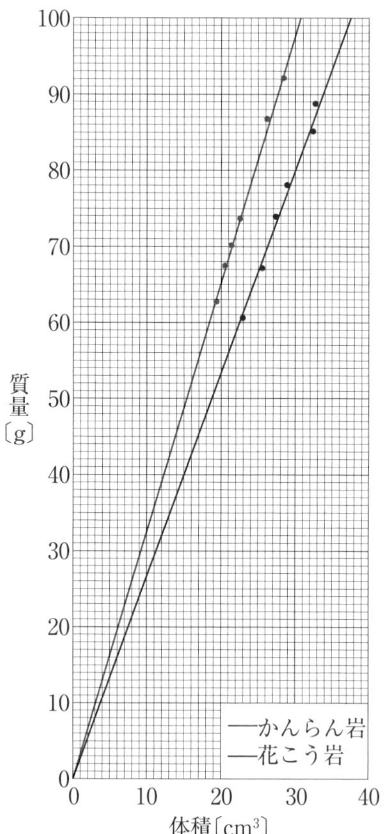

図 17　岩石の質量と体積

さて，この実験の結果から，花こう岩の密度は 2.67 g/cm^3，かんらん岩の密度は 3.27 g/cm^3 という結果を得ました。

大陸地殻の上部を構成する花こう岩質岩石の密度は約 2.7 g/cm^3，大陸地殻の下部や海洋地殻を構成する玄武岩質岩石の密度は約 3.0 g/cm^3，上部マントルを構成するかんらん岩質岩石の密度は約 3.3 g/cm^3 という値が示すように，**密度の大きい物質が深いところにあります**。図 15(→ p. 27)で確認してください。

【問題 7・答】 **8** － ③

単位の意味

もう一つ，この問題を通して知っていてほしいことは，g/cm^3 という密度の単位が意味する内容です。何かというと，計算方法です。密度を求めるためには，g ÷ cm^3 という計算をすればよいという内容をこの g/cm^3 という単位は表しています。**「/」という記号は，「÷」という記号そのものを表しています。**

Q．別の例でいえば，速さの単位の km/ 秒の意味は？

——距離の単位「km」を時間の単位「秒」で割れば，速さが求められるという意味だよね。

単位は，計算問題やグラフの読解問題に強くなるための基本の一つです。**問題に単位が指定してあれば，どのような計算を行えばよいのかがわかる。**

ところで，ここまでいくつかの計算をしましたが，そのときに「÷」という記号は説明のために使っただけで，問題を解くための割り算は分数の形の式で表しています。「÷」という記号を使っている人がいたら，今日からは，「÷」という記号はこの世に存在しないものとして，使わないようにしてください。

今回はグラフの描き方，グラフの傾きの意味，単位について話したのですが，まだまだ注意点はあります。それは，次回以降になります。

ステップアップ！

- 「/」という記号は「÷」という意味の記号。
- 単位は，どのような計算を行えばよいのかの指針である。

第3章 プレート

地震，火山活動，造山運動など，さまざまな地殻変動をプレートの動きによって統一的に説明する考え方を**プレートテクトニクス**といいます。この章では，プレートテクトニクスについて説明します。

陸と海

次の図18を見てください。太陽系の三つの惑星，金星，火星，地球の地形の高度分布を比較したグラフです。

Q. 金星や火星と比較して，地球の高度分布には異なる特徴があります。わかりますか？

——地球には二つのピークがあるところです。

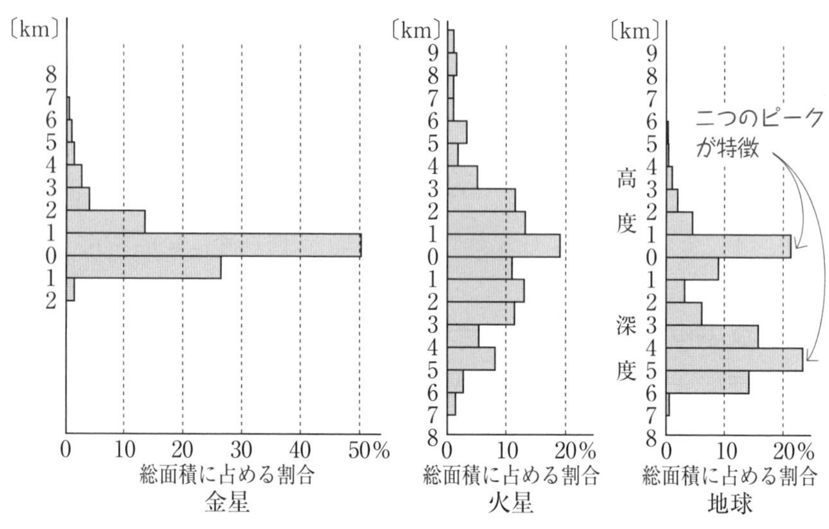

図18　惑星の高度分布

総面積に占める割合の高いところが，地球には，高度0～1 kmと深度4～5 kmの二つありますが，金星と火星には，一つしかありません。地球の0～1 kmの高度は大陸，4～5 kmの深度に相当するのは海洋底ですね。**地球には，大陸と海洋という大きな地形の違いがある**が，金星と火星にはありません。

地球の表面には他の惑星と異なって，水を湛えた海が広がっています。表面積では，**海：陸≒7：3**の割合で，海の方が広いです。表面に液体の水を湛えている点も他の惑星と異なりますが，水を湛える地球の地形そのものが他の惑星と異なっているのです。

この違いは，たんに地形の高度というだけではなく，表層付近の内部構造も，他の惑星と地球は異なるからです。

地球表層部分の区分

地殻の構造と組成は大陸と海洋とで異なっています。**大陸地殻は二層構造で厚く，上部が花こう岩質岩石，下部が玄武岩質岩石**からできています。この 30 ～ 50 km の厚い大陸地殻に比べ，**海洋地殻は 5 ～ 10 km で薄く，玄武岩質岩石からなる一層構造**です。

このように大陸と海洋で地殻が異なり，地球の地形の高度分布の特徴を生み出していますが，その違いは，地殻という表層部分だけが原因となっているのではありません。

地殻とマントルは岩石の種類の違いによって区分しましたが，地球表層は，かたいかやわらかい(流動しやすい)かという観点からも区分できます。次の図 19 を見てください。

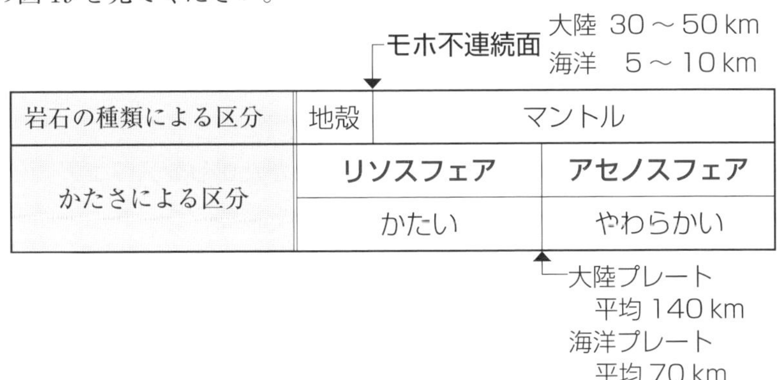

図 19　地球表層の区分

地球の表層は，**リソスフェア**というかたい岩板に覆（おお）われています。リソスフェアの下を**アセノスフェアといい，やわらかい層です**。リソスフェアの最下部とアセノスフェアの最上部は同じ種類の岩石ですが，そのかたさに違いがあります。

このリソスフェアは，地球全体を層状に取りまいているのではなく，何枚かの岩板に分かれています。その岩板が**プレート**です。プレートが生まれ，移動し，衝突してマントル内に沈み込んでいく過程でさまざまな地学現象が生じます。それを説明する考え方が**プレートテクトニクス**です。

やわらかく，流動性のあるアセノスフェアが潤滑油（じゅんかつゆ）のようなはたらきをして，かたいプレートがその上をゆっくりと移動します。これは，太陽系の惑星のなかで地球だけに見られる現象です。

プレートの種類

地殻の種類に大陸地殻と海洋地殻の二種類があるように，プレートにも大陸プレートと海洋プレートの二種類があります。大陸地域を含むのが大陸プレート，海洋地域を含むのが海洋プレートです。大陸地殻が海洋地殻よりも厚かったのと同様，**平均 140 km の厚さの大陸プレートの方が平均 70 km の厚さの海洋プレートよりも厚いです。プレートの厚さは平均 100 km 程度**と覚えておこう。

共通テストに出るポイント！

《プレート》

- やわらかいアセノスフェアの上にあるかたいリソスフェア。
- 厚　さ：100 km 前後（海洋プレート ＜ 大陸プレート）

では，復習をかねて，次の問題はどうかな？

Q. 海洋プレートの大部分を占める岩石の種類は何？

―― かんらん岩質岩石です。

ません。不思議でしょ？

これは，第2章で述べた**ホットスポット**がアイスランドにはあるからと考えられています。海洋プレートをつくる火山活動に加えて，ホットスポットを原因とする火山活動も生じているので，アイスランドは中央海嶺上に広がる大きな島になっています。

また，アフリカ大陸の南東部に**アフリカ大地溝帯**があります。ここは大陸ですが，陸地が裂けて，将来はアフリカ大陸が分裂し，新しい海洋が誕生すると考えられている場所です。プルームが上昇して，大陸を引き裂いています。図14(→ p. 26)で確認してください。

共通テストに出るポイント！

《 発散する境界 》

海洋プレートがつくられ，側方に拡大する境界。

中央海嶺：(例) 大西洋中央海嶺，東太平洋海嶺

アイスランド，アフリカ大地溝帯

収束する境界

中央海嶺で誕生した海洋プレートは，次第に厚くなり，密度も大きくなって，やがて地球内部へ沈み込むようになります。この**沈み込む境界が海溝やトラフです**。溝状にくぼんだ地形が6000 mよりも深い場合は海溝，それよりも浅い場合はトラフといいます。日本海溝や南海トラフがその例です。ここでは地震，火山活動，造山運動というさまざまな地殻変動が生じています。地震については第2回，火山活動と造山運動については第3回と第4回のテーマです。

大陸プレートの下へ海洋プレートが沈み込む場合もあるし，海洋プレートの下へ海洋プレートが沈み込む場合もあります。つまり，プレートどうしが接するところでは，**平均密度の大きいプレートの方が沈み込む**。

第2章のマントルの運動で述べたように，**660 km付近の上部マントルと下部マントルの境界付近までプレートは沈み込みます**(図14，p. 26)。

海洋地殻の厚さは5～10 kmで，海洋プレートの厚さは数10～100 kmです。海洋地殻の厚さを10 km，海洋プレートの厚さを100 kmとすると，海洋地殻が海洋プレート全体に占める体積は10%にすぎません。

つまり，玄武岩質の海洋地殻が10%，残りの90%はマントルだから，**海洋プレートの大部分はかんらん岩質岩石です**。

大陸地殻は厚さ30～50 km，大陸プレートは厚さ100～250 kmだから，やはり，大陸プレートの大部分は，かんらん岩質岩石からできている。

プレート境界

リソスフェアは，何枚かのプレートに分かれています。世界のプレートの分布を図20に示しました。

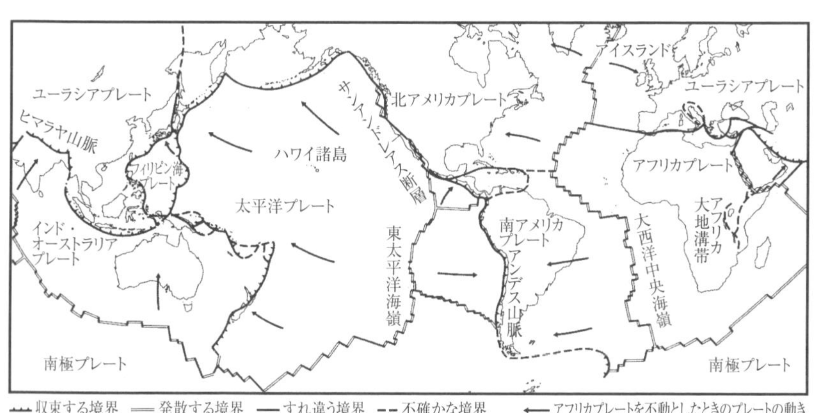

図20　世界のプレート

大陸プレートと海洋プレート

地球ではプレートが運動しており，大陸プレートと海洋プレートという性質の異なるプレートの存在が図18(→ p. 36)の地形の二つのピークを生む原因になっています。

ユーラシアプレート，北アメリカプレート，南アメリカプレート，アフリカプレート，南極プレート，インド・オーストラリアプレートが代表的な大陸プレートです。それぞれ，ユーラシア大陸，北アメリカ大陸などと

いう大陸を含むプレートです。六大陸の名称を知っていれば，あらためて覚える必要はないですね。

でもね，図20の北アメリカプレートの分布を見るとわかるように，北アメリカプレートの大西洋の部分は海洋です。ここのプレートの表層は，海洋地殻です。だから，**大陸プレートといっても，そのプレート全域で，プレートの表層が大陸地殻からできているのではありません**。

大陸プレートと海洋プレートというのは，便宜的な分け方で，大陸がプレートの表層を占めていれば大陸プレート，海洋が占めていれば海洋プレートという言葉を使う場合もあります。

図20の欄外に小さな文字で書いてあるように，**プレートの境界には三種類があります**。その境界は大きく次の三つの種類に分かれています。境界の名称は，教科書ごとに異なっているので，**発散する境界，収束する境界，すれ違う境界の三種類**の名称を使うことにします。

「発散する」とは，線状の境界からプレートが広がって離れ，遠ざかること，「収束する」とは，線状の境界に向かってプレートが近づいて衝突することを意味します。

共通テストに出るポイント！

《 プレートの境界 》

① 発散する境界(拡大する境界)
② 収束する境界(沈み込む境界，衝突する境界)
③ すれ違う境界

発散する境界

発散する境界は，海洋プレートがつくられて両側に拡大する境界です。海洋では，中央海嶺がその境界です。代表例は，大西洋の真ん中に南北に連なる**大西洋中央海嶺**と，南アメリカ大陸の西側の太平洋にある**東太平洋海嶺**です。図20で，その場所を確かめてください。

中央海嶺は，海底の大山脈ともよばれますが，陸上の大山脈とは異なり

ます。周囲に比較して高まりのある地形が連なっているという意味
脈という言葉で形容するだけであって，陸上の大山脈と同じように
はいけません。くわしくは第4回の造山運動のところで述べますが
**海嶺が海底の大山脈というようによばれるときは，本来の意味の大
はなく，それに似ている地形だ**という意味にすぎないと思っていて
い。その中央海嶺付近の断面図を図21に示します。

海洋プレートが両側に広がっていく中央海嶺では，海洋プレー
る隙間に，やわらかく温度の高いアセノスフェアの物質(マグマ)が
冷却・固化して海洋地殻とともに海洋プレートがつくられます。
は密度が小さいために，高く盛り上がり，海嶺をつくっています。
は，海洋プレートの形成に伴う地震や火山活動が生じています。

誕生した海洋プレートは海嶺から離れるにつれて海水によっ
れ，その下のアセノスフェアの温度も次第に下がっていきます。
とアセノスフェアの物質は固化し，プレートの一部に変わる。つ
21のように**海嶺から離れるにつれて，海洋プレートが厚くなり**
21のように，海洋地殻は海嶺から離れても厚さは変わらず，プ
体に占める海洋地殻の割合は次第に小さくなります。つまり，密
いマントル物質が占める割合が高くなって，**プレート全体の平均
きくなり，プレートは沈み，海が深くなります**。

発散する境界は，深海だけにあるのではありません。たとえば
ランド。図20の北東部にありますね。大西洋中央海嶺の上にあ
火山島です。ここには，**ギャオ**とよばれる裂けた地形がのびてい
西洋中央海嶺のほかのところには，アイスランドのような大きな

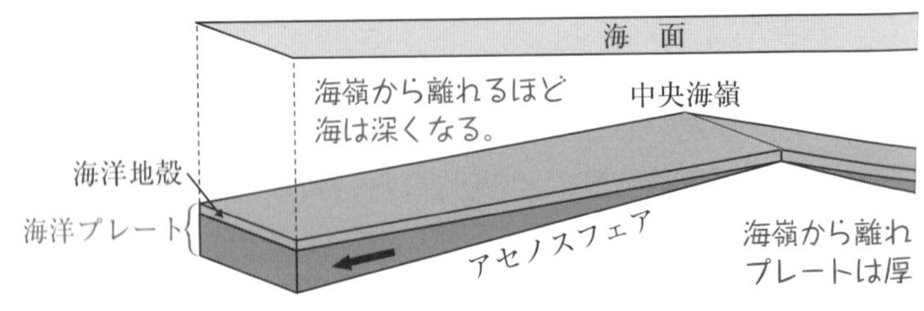

図21　発散する境界(中央海嶺)

収束する境界には，もう一つのタイプがあります。それが**衝突**（しょうとつ）**する境界**です。**大陸プレートどうしがぶつかるところ**です。たとえば，**ヒマラヤ山脈**一帯です。大陸プレートの上部には密度の小さい花こう岩質地殻があります。そのため，どちらの大陸プレートも沈み込みにくく，衝突して巨大な山脈をつくっています。図20のインド洋のインドネシアの南西にあるジャワ海溝がベンガル湾を通って，その続きがヒマラヤ山脈になっています。昔，インド亜大陸は南半球にあり，今のヒマラヤ山脈付近にジャワ海溝の続きがありましたが，インド亜大陸が北上してユーラシア大陸に衝突し，ヒマラヤ山脈が形成され，現在では海溝は消えています。

共通テストに出るポイント！

《収束する境界の種類》

① 沈み込む境界…海洋プレートが沈み込む海溝やトラフ。
（例）日本海溝，南海トラフ

② 衝突する境界…大陸プレートどうし：（例）ヒマラヤ山脈

すれ違う境界

図20の大西洋中央海嶺は，所々で切れています。その部分を拡大すると，図22のようになります。中央海嶺を真上から見た図です。

海嶺で生まれた海洋プレートは，海嶺の左右に分かれて移動しますが，図22の赤い線の部分を境に，黒い矢印で表したプレートの移動方向が逆になっています。ここが**プレートのすれ違う境界であるトランスフォーム**

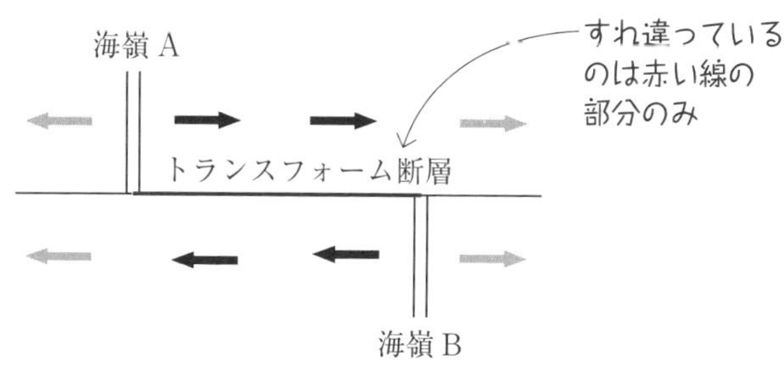

図22　すれ違う境界

断層です。トランスフォーム断層は海嶺と海嶺を結んだ部分のみで，その延長ではプレートはすれ違わず，灰色の矢印のように同じ方向に移動しています。つまり，図22の左端の方から真ん中の裂(さ)け目に沿(そ)ってたどると，たんなる裂け目だったものが海嶺Aのところから海嶺Bのところまでは，プレートがすれ違うように姿を変え，海嶺Bから右の方では再び裂け目に変わっています。このように姿を変える(transform)ので，トランスフォーム断層といいます。

海嶺と海嶺を結ぶところにあるのが代表的なトランスフォーム断層ですが，海溝と海嶺，海溝と海溝を結ぶところにもトランスフォーム断層はあります。最も有名なトランスフォーム断層は，北アメリカ西海岸にある**サンアンドレアス断層**です。図20(→ p. 39)にその位置を示したように，北アメリカプレートと太平洋プレートがすれ違っているトランスフォーム断層です。1906年に発生し，数千人が死亡したサンフランシスコ地震はこの断層の活動によるものです。

共通テストに出るポイント！

《 すれ違う境界 》

おもに海嶺と海嶺を結ぶ部分でプレートどうしがすれ違っている。

（例）サンアンドレアス断層

以上のように，プレートの境界には三つの種類があります。図23に模(も)式(しき)的にプレート境界を表しました。

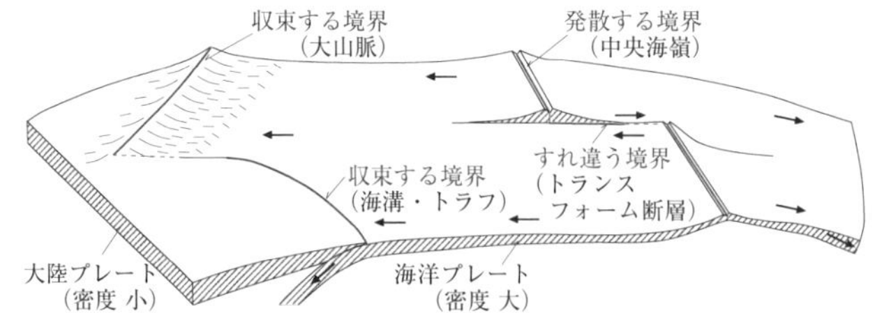

図23　プレート境界

発散する境界で海洋プレートがつくられ，側方に移動する。この発散する境界の海嶺はトランスフォーム断層によってずれていて，プレートがすれ違っている。移動した海洋プレートは，海溝やトラフから沈み込んだり，ヒマラヤ山脈のように二つの大陸プレートが衝突している。このようにプレートが沈み込んだり，衝突している境界がプレートの収束する境界です。

共通テストに出るポイント！

《 プレート境界の例 》

① 発散する境界(拡大する境界)
　(例) 中央海嶺，アフリカ大地溝帯
② 収束する境界(沈み込む境界，衝突する境界)
　(例) 海溝・トラフ，大山脈(造山帯)
③ すれ違う境界
　(例) トランスフォーム断層

日本列島付近のプレートとその境界

以上のように，プレートの境界には「発散する境界」，「収束する境界」，「すれ違う境界」の三種類があります。では，日本列島付近はどうなのか。日本列島周辺のプレートとそのプレート境界を図24に示しました。

四枚のプレートの名称は覚えておこう！

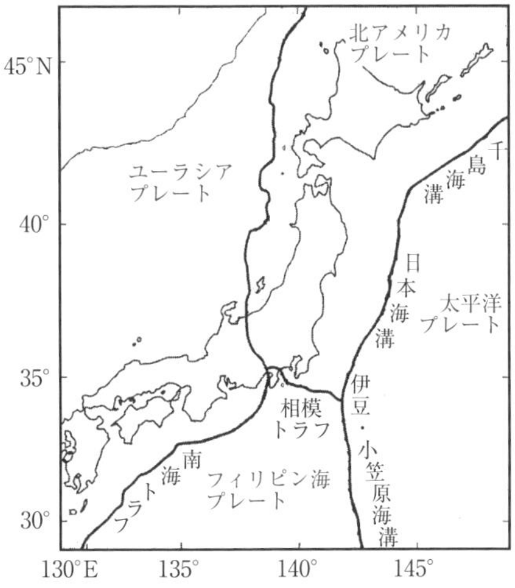

図24　日本付近のプレート

日本列島付近のプレートを大陸プレートと海洋プレートに区分すると，次のようになります。大陸と海洋の名前がついているので，見分けやすいですね。

共通テストに出るポイント！

《日本列島付近のプレート》

- 大陸プレート：ユーラシアプレート，北アメリカプレート
- 海洋プレート：太平洋プレート，フィリピン海プレート

太平洋プレートは，南アメリカ大陸西方の東太平洋海嶺(→図 20，p. 39)**で生まれ，2 億年くらいをかけて移動し，千島海溝や日本海溝から北アメリカプレートの下へ沈み込み，伊豆・小笠原海溝からフィリピン海プレートの下へ沈み込んでいます。**一方，**フィリピン海プレートは，相模トラフや南海トラフ，琉球海溝(南西諸島海溝)からユーラシアプレートの下へ沈み込んでいます**。ユーラシアプレートと北アメリカプレートの境界には，海溝やトラフなどの顕著な地形はないので，両者は衝突していると考えられますが，よくわかっていません。日本列島付近の北アメリカプレートは独立した小さなプレートになっているという説もあります。

なお，日本列島やマリアナ諸島のようにプレートが沈み込む境界に弧を描いて連なる島々を**島弧**といいます。海溝と一体になっているので**島弧―海溝系**ともいいます。ハワイ諸島のような島々は，プレートが沈み込む境界にはないので，島弧とはいいません。

日本列島付近のプレート境界については，太平洋側に注目しておこう。**太平洋側の境界は，すべてが収束する境界です**ね。しかも，三つのプレートが接するところが近くに二か所あるという複雑な構造になっているのが関東周辺です。関東平野付近は，相模トラフから北アメリカプレートの下へフィリピン海プレートが沈み込み，その下へ日本海溝から沈み込んだ太平洋プレートが沈み込んでいる複雑な構造になっています。

プレート境界に関して，共通テストに特有の問題があるので，一つ解いてみよう。

問題 8 日本列島付近のプレート境界

ある仮説は，それが成り立たないことを示す例(反例)をあげることができれば，否定できる。次に示すプレート境界に関する仮説 X について，反例となる地域として最も適当なものを，下の ① ～ ④ のうちから一つ選べ。

9

仮説 X

プレートの収束する境界は，大陸プレートと海洋プレートの境界だけにある。

反例となる地域

① 日本海溝　② 伊豆・小笠原海溝
③ 南海トラフ　④ 東太平洋海嶺(かいれい)

「反例(はんれい)」という，地学基礎では聞き慣れない言葉が登場したね。数学で学んでいるのだけれども，数学ほど厳密な用い方はしていません。つまり，設問の文章にあるように，**反例というのは，ある事柄が成り立たないことを示す例，ある事柄に反する例という意味**だ。問題に示された仮説 X を否定するには，「プレートの収束する境界は，大陸プレートと海洋プレートの境界だけではない」ことを示せればよいのだから，プレートが収束する境界のうち，「大陸プレートと大陸プレートの境界」もしくは「海洋プレートと海洋プレートの境界」があることを示せばいい。そうすると，② の伊豆・小笠原海溝は，フィリピン海プレートの下へ太平洋プレートが沈み込んでいるのだから，海洋プレートと海洋プレートの境界に相当する。したがって，② が正解だね。

① は北アメリカプレートの下へ太平洋プレートが沈み込んでいるので

「大陸プレートと海洋プレートの境界」，③ はユーラシアプレートの下へフィリピン海プレートが沈み込んでいるので，やはり「大陸プレートと海洋プレートの境界」だね。④ の東太平洋海嶺は，プレートが収束する境界ではなく，発散する境界だから論外(ろんがい)です。

従来の問題だと，「大陸プレートと海洋プレートの境界として**誤っているもの**を選べ」という形式だったものを「仮説と反例」という形式に置きかえた出題形式です。「誤っているものを選べ」に似た問題だと考えてください。

【問題 8・答】 9 － ②

共通テストに出るポイント！

《仮説と反例》

反例とは，問題に示された仮説や定義などを否定する例。

プレートの移動速度

現在のプレートの移動速度は，人工衛星を利用した GPS(Global Positioning System 全地球測位(そくい)システム)などによって計測できます。GPS は携帯電話でも位置情報として活用されていますね。

次の問題で紹介するのは VLBI(Very Long Baseline Interferometry 超長基線電波干渉(かんしょう)法)といって，銀河系から遠く離れた天体から放射された電波を複数地点でとらえて観測局間の距離を求める方法で得られたデータです。

北アメリカプレート上にある茨城県つくばと太平洋プレート上にあるハワイ島コキーパークの間の距離の変化を表したもので，観測開始から 2011 年東北地方太平洋沖地震が発生するまでのデータです。

海洋地殻の厚さは5～10 km で，海洋プレートの厚さは数10～100 km です。海洋地殻の厚さを10 km，海洋プレートの厚さを100 km とすると，海洋地殻が海洋プレート全体に占める体積は10%にすぎません。

つまり，玄武岩質の海洋地殻が10%，残りの90%はマントルだから，**海洋プレートの大部分はかんらん岩質岩石です**。

大陸地殻は厚さ30～50 km, 大陸プレートは厚さ100～250 km だから，やはり，大陸プレートの大部分は，かんらん岩質岩石からできている。

プレート境界

リソスフェアは，何枚かのプレートに分かれています。世界のプレートの分布を図20に示しました。

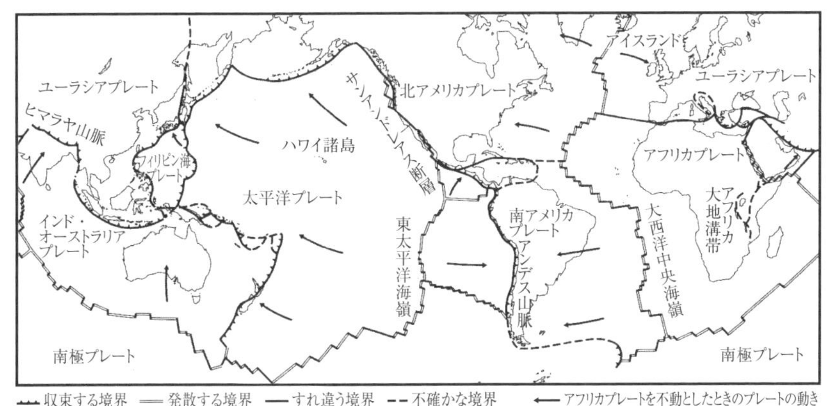

図20　世界のプレート

大陸プレートと海洋プレート

地球ではプレートが運動しており，大陸プレートと海洋プレートという性質の異なるプレートの存在が図18(→ p. 36)の地形の二つのピークを生む原因になっています。

ユーラシアプレート，北アメリカプレート，南アメリカプレート，アフリカプレート，南極プレート，インド・オーストラリアプレートが代表的な大陸プレートです。それぞれ，ユーラシア大陸，北アメリカ大陸などという大陸を含むプレートです。六大陸の名称を知っていれば，あらためて覚える必要はないですね。

でもね，図20の北アメリカプレートの分布を見るとわかるように，北アメリカプレートの大西洋の部分は海洋です。ここのプレートの表層は，海洋地殻です。だから，**大陸プレートといっても，そのプレート全域で，プレートの表層が大陸地殻からできているのではありません。**

大陸プレートと海洋プレートというのは，便宜的な分け方で，大陸がプレートの表層を占めていれば大陸プレート，海洋が占めていれば海洋プレートという言葉を使う場合もあります。

図20の欄外に小さな文字で書いてあるように，**プレートの境界には三種類があります**。その境界は大きく次の三つの種類に分かれています。境界の名称は，教科書ごとに異なっているので，**発散する境界**，**収束する境界**，**すれ違う境界の三種類**の名称を使うことにします。

「発散する」とは，線状の境界からプレートが広がって離れ，遠ざかること，「収束する」とは，線状の境界に向かってプレートが近づいて衝突することを意味します。

共通テストに出るポイント！

《 プレートの境界 》

① 発散する境界（拡大する境界）
② 収束する境界（沈み込む境界，衝突する境界）
③ すれ違う境界

発散する境界

発散する境界は，海洋プレートがつくられて両側に拡大する境界です。海洋では，中央海嶺がその境界です。代表例は，大西洋の真ん中に南北に連なる**大西洋中央海嶺**と，南アメリカ大陸の西側の太平洋にある**東太平洋海嶺**です。図20で，その場所を確かめてください。

中央海嶺は，海底の大山脈ともよばれますが，陸上の大山脈とは異なります。周囲に比較して高まりのある地形が連なっているという意味で大山脈という言葉で形容するだけであって，陸上の大山脈と同じように考えてはいけません。くわしくは第4回の造山運動のところで述べますが，**中央海嶺が海底の大山脈というようによばれるときは，本来の意味の大山脈ではなく，それに似ている地形だ**という意味にすぎないと思っていてください。その中央海嶺付近の断面図を図21に示します。

海洋プレートが両側に広がっていく中央海嶺では，海洋プレートが離れる隙間に，やわらかく温度の高いアセノスフェアの物質(マグマ)が上昇し，冷却・固化して海洋地殻とともに海洋プレートがつくられます。この部分は密度が小さいために，高く盛り上がり，海嶺をつくっています。ここでは，海洋プレートの形成に伴う地震や火山活動が生じています。

誕生した海洋プレートは海嶺から離れるにつれて海水によって冷やされ，その下のアセノスフェアの温度も次第に下がっていきます。そうするとアセノスフェアの物質は固化し，プレートの一部に変わる。つまり，図21のように**海嶺から離れるにつれて，海洋プレートが厚くなります**。図21のように，海洋地殻は海嶺から離れても厚さは変わらず，プレート全体に占める海洋地殻の割合は次第に小さくなります。つまり，密度の大きいマントル物質が占める割合が高くなって，**プレート全体の平均密度も大きくなり，プレートは沈み，海が深くなります**。

発散する境界は，深海だけにあるのではありません。たとえば，アイスランド。図20の北東部にありますね。大西洋中央海嶺の上にある大きな火山島です。ここには，**ギャオ**とよばれる裂けた地形がのびています。大西洋中央海嶺のほかのところには，アイスランドのような大きな島はあり

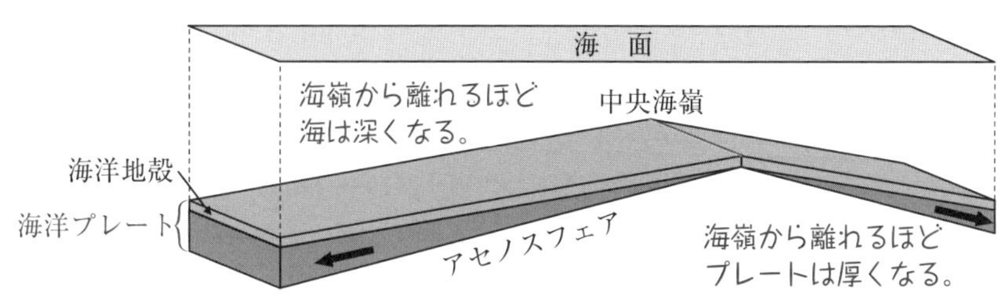

図21　発散する境界(中央海嶺)

ません。不思議でしょ？

これは，第2章で述べた**ホットスポット**がアイスランドにはあるからと考えられています。海洋プレートをつくる火山活動に加えて，ホットスポットを原因とする火山活動も生じているので，アイスランドは中央海嶺上に広がる大きな島になっています。

また，アフリカ大陸の南東部に**アフリカ大地溝帯**があります。ここは大陸ですが，陸地が裂けて，将来はアフリカ大陸が分裂し，新しい海洋が誕生すると考えられている場所です。プルームが上昇して，大陸を引き裂いています。図14(→ p. 26)で確認してください。

共通テストに出るポイント！

《 発散する境界 》

海洋プレートがつくられ，側方に拡大する境界。

中央海嶺：（例）大西洋中央海嶺，東太平洋海嶺
アイスランド，アフリカ大地溝帯

収束する境界

中央海嶺で誕生した海洋プレートは，次第に厚くなり，密度も大きくなって，やがて地球内部へ沈み込むようになります。この**沈み込む境界が海溝やトラフです**。溝状にくぼんだ地形が6000 mよりも深い場合は海溝，それよりも浅い場合はトラフといいます。日本海溝や南海トラフがその例です。ここでは地震，火山活動，造山運動というさまざまな地殻変動が生じています。地震については第2回，火山活動と造山運動については第3回と第4回のテーマです。

大陸プレートの下へ海洋プレートが沈み込む場合もあるし，海洋プレートの下へ海洋プレートが沈み込む場合もあります。つまり，プレートどうしが接するところでは，**平均密度の大きいプレートの方が沈み込む**。

第2章のマントルの運動で述べたように，**660 km付近の上部マントルと下部マントルの境界付近までプレートは沈み込みます**（図14，p. 26）。

問題 6　地球の内部

地球全体の体積のうち，核が占める割合は何%程度であるか。その数値として最も適当なものを，次の ①～⑤ のうちから一つ選べ。 **7** %

① 10　② 20　③ 30　④ 40　⑤ 50

核の半径を最初に求めよう。地球の半径は約 6400 km，地表から核までの深さは約 2900 km だから，核の半径は，

$$6400\ \text{km} - 2900\ \text{km} = 3500\ \text{km}$$

です。火星の半径がおよそ 3400 km だから，**地球の内部に火星 1 個分の大きさの核が埋まっている**ということですね。

核の半径が求まったところで，地球の体積と核の体積をそれぞれ求めるのではなく，地球全体に占める核の体積%を表す式を立てよう。計算問題では，**求める答の式全体を立てることが大切です**。

$$\frac{\overbrace{\frac{4}{3}\pi 3500^3\ \text{km}^3}^{\text{核の体積}}}{\underbrace{\frac{4}{3}\pi 6400^3\ \text{km}^3}_{\text{地球全体の体積}}}\times 100 = \left(\frac{3500}{6400}\right)^3 \times 100 = 0.55^3 \times 100 \fallingdotseq 17\ \%$$

このように計算して，**問 2** の正解は，17 に近い値の②の 20 です。

核の体積と地球全体の体積をそれぞれ別個に計算していたのでは，労力がかかります。求める全体の式を立てると，分母と分子の $\frac{4}{3}\pi$ が消えるよね。だから，まずは全体の式を立てることが大切です。

でもね，この計算は面倒だ。こうしたらどうですか。例の適当な数値に変えて楽する方法です。途中の 3 乗の部分ですが，35 が 7 で割り切れるから，6400 km も 7 で割り切れる 6300 km にしてしまおう。

$$\frac{3500\ \text{km}}{6300\ \text{km}} \fallingdotseq \frac{5}{9} \fallingdotseq 0.6$$

になりますね。0.6 を 3 乗して，さらに 100 を掛ければよいので，

$$0.6^3 \times 100 \fallingdotseq 22\ \%$$

です。だから，正解は 22 に近い値の②の 20 です。

【問題 6・答】 7 － ②

ステップアップ！

●計算問題の対処法

- 求める答の式全体を立てる。
- 式を立てたら，概算できないか検討する。

ところで，問題の ② の図で，核の半径は地球の半径の半分程度です。だから，核の体積は，地球全体の体積の，

$$\left(\frac{1}{2}\right)^3=\frac{1}{8} \qquad \therefore\ \frac{1}{8}\times 100=12.5\ \%$$

と求めることができます。これはちょっといい加減（かげん）すぎるかな。① の 10 に近いよね。でも，先ほど求めた核の半径 3500 km は，地球半径 6400 km の半分の 3200 km よりも大きいから，上の計算で求めた核の体積よりも実際の核の体積は大きいはずだ。つまり，12.5 よりは大きいはずだから，① の 10 は選べないよね。だから，12.5 に最も近く，それよりも大きい ② の 20 が正解。

この手法に慣（な）れていない人が多いですね。つまり，**半径が a 倍になれば，球の表面積は a^2 倍に，体積は a^3 倍になる**という手法。先ほどのステップアップに示した公式（→ p. 22）で，球の表面積は $4\pi r^2$ でした。半径が a 倍の ar になれば，その表面積は，$4\pi(ar)^2$ だから，整理して $a^2\cdot 4\pi r^2$ です。つまり，半径 ar の球の表面積は，半径 r の球の表面積 $4\pi r^2$ の a^2 倍の表面積になります。体積も同じように考えることができます。

ステップアップ！

●半径，面積，体積の関係

半径が a 倍になれば，表面積は a^2 倍に，体積は a^3 倍になる。

マントルの運動

地球の内部は数千℃の高温の世界です。そのような高温の地下からは，地表に向かって熱が伝わっています。なぜ高温なのかは，太陽系の形成のところで講義するので，待っていてください。

さて，熱が伝わるということだから，まずは熱を発生させてみようか。数千℃は無理ですが，ここにホッカイロがあります。授業前に振っておいて，手の上に載(の)せると，ほら，暖かいでしょ。それは高温のホッカイロから低温の君の手に直接，熱が伝わっているからです。この熱の移動を**伝導(でんどう)**といいます。

地球内部から熱が伝わってくる場合，数千 km の距離を伝導で熱がゆっくりと伝わるのは非常に効率が悪い，つまり，熱が伝わりにくい。

夏の陽射(ひざ)しが強い日に，海水浴に行くと，海岸の砂はかなり温度が高いですね。でも，砂を少し掘ると，冷たく感じます。これは，砂が熱を伝えにくいからです。岩石も同じです。強い日射を表面で受けても，内部に伝導によって熱が伝わりにくいので，表面の温度がどんどん上がる一方，岩石内部の温度はあまり上がらない。

地球も伝導によって内部から熱を伝えているだけでは，熱がこもってしまいます。マントルだとドロドロに融(と)けてしまう。現実には，マントルは固体だから，融けてはいない。ということは，地球内部の熱の輸送形式が伝導ではないということになります。

お風呂に入ったとき，上の方は熱くて下の方はぬるいことがあります。そのままにしていては，高温の上の方から下のぬるい方へなかなか熱は伝わりません。伝導では効率が悪い。どうするかといえば，かき混(ま)ぜるんですよね。そうすると，お風呂の水全体に熱が行き渡る。そう，地球内部もかき混ぜれば，熱が効率よく地球表層(ひょうそう)へ伝わります。

マントルは固体だから，かき混ぜることはできないかというと，そうでもないんです。固体とはいっても，数千℃というかなり温度が高いから，長い時間をかけて，ゆっくりと流動します。

次ページの図 14 のように，高温のマントルの下部から上部に向かって，対流によって熱が運ばれています。**高温で密度が小さいマントル物質が上昇するところをプルーム**(ホットプルーム)といいます。図 14 の赤い矢印の部分です。

マントルの下部から上昇したプルームは，660 km 付近で滞留し，さらに表層に向かって枝分かれして上昇しています。ハワイ島の地下にはそのようにして高温のマントル物質が上昇してきていて，火山が活動しています。このような場所を**ホットスポット**といいます。アフリカ大陸の地下にもあります。ホットスポットは地球上にいくつもありますが，**代表的な場所の一つとしてハワイ島がある**ことは覚えておいてください。次回以降，2 回ほど登場する予定だから。

地球表面から沈み込んだ冷たくて密度の大きいプレートも 660 km 付近で滞留し，長い年月を経ると状態が変化して，やがて核まで下降していきます。図 14 の黒い矢印の部分です。

上昇したり，下降したりする限界の **660 km という深さが下部マントルと上部マントルの境**になっています。第 2 回の地震のところで，この深さが出てくるので，覚えておいてください。

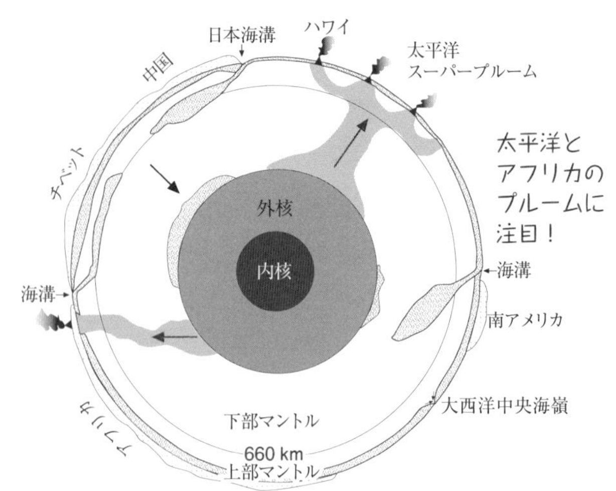

図 14　プルーム

問題9　プレートの移動速度

次の図は，つくばとハワイ島コキーパークにある観測局のデータであり，両地点は年々近づいていることがわかる。両地点は1年あたり何cmの割合で近づいていたか。その数値として最も適当なものを，下の①～⑥のうちから一つ選べ。 **10** cm/年

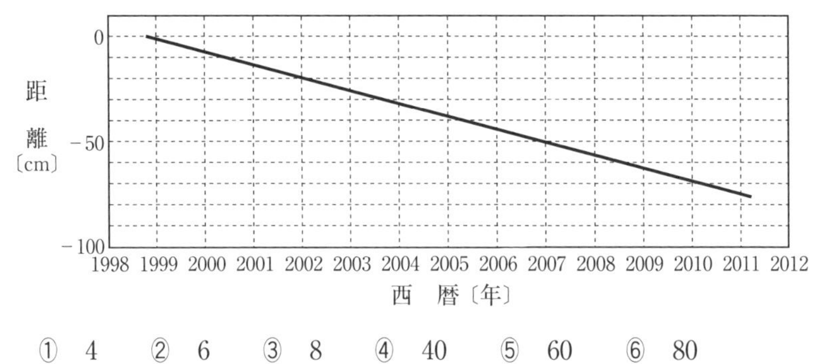

① 4　② 6　③ 8　④ 40　⑤ 60　⑥ 80

グラフの目盛りと直線の交点を探すのが正確な読み方ですが，共通テストは数値を選ぶ問題だから，おおよその読みで大丈夫(だいじょうぶ)です。たとえば，1999年の距離を0，2007年の距離を50 cmと読むと，

$$\frac{50\ \text{cm}}{(2007-1999)\text{年}}=\frac{50\ \text{cm}}{8\text{年}}\fallingdotseq 6.2\ \text{cm/年}$$

です。もしくは，2000年と2010年の間の10年間の距離変化が約63 cm程度だから，6.3 cm/年程度と読んでも構いません。だから，正解は②です。

【問題9・答】 10 －②

ここで求めた値の桁(けた)から推測すると，**プレートの移動速度は1年間に数cm～10 cm程度**で，プレートごとにその速度は異なります。

共通テストに出るポイント！

《プレートの移動速度》

1年に数cm～10 cm程度。

現在のプレートの移動については GPS や VLBI の観測から知ることができますが，過去のプレート運動はどうだろうか？

ホットスポットのあるハワイ島周辺には，図 25 のように，ハワイ島から西北西方向にハワイ諸島が連なり，さらに西北西に追いかけると，海底に海山があります。この海山の列は雄略海山付近で折れ曲がり，北北西に天皇海山列が連なっています。

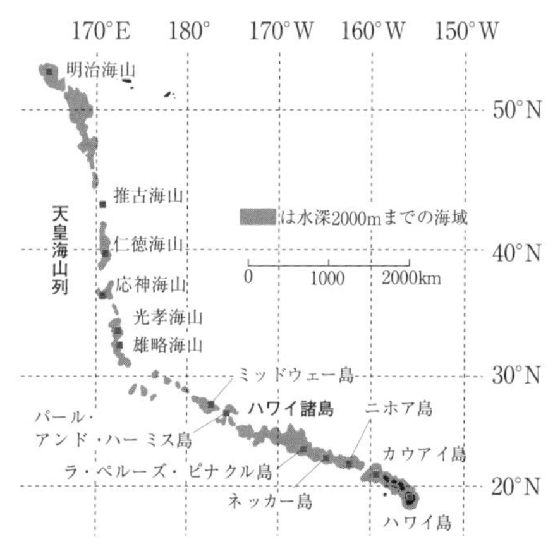

図 25　ハワイ諸島と天皇海山列

ハワイ諸島や天皇海山列は，現在のハワイ島の地下にあるホットスポットで形成された島や海山です。海山は，海底から 1000 m 以上の高さまでそびえ立つ孤立した山ですが海面下にあって，陸にはなっていません。

ホットスポットはプレートよりも下にあって，不動の点と考えられます。プレートの移動に左右されて動くことはありません。不動のホットスポットの上をプレートが移動しながら，火山島が形成されます。プレートの移動によってホットスポットから離れた火山島は，火山活動が止み，海上に顔を出していた島は侵食されていきます。先ほどの図 21(→ p. 41)のように，海溝に向かって海が深くなるので，島はやがて海面下に沈み，海山になります。ハワイ諸島や天皇海山列は，このようにして形成されました。

だから，ハワイ島を出発点にしてハワイ諸島，さらに折れ曲って天皇海山列が並んでいる方向がプレートの移動方向を表しています。また，島や海山の年代を調べれば，プレートの移動速度もわかります。これだけのヒントで，次の問題を解いてもらおうか。図 25 を参考にしてください。

問題 10 過去のプレートの移動

問1 ミッドウェー島やハワイ島がホットスポットで誕生した頃，太平洋プレートはどの方位に向かって移動していたと考えられるか。その方位として最も適当なものを，次の ①～④ のうちから一つ選べ。 **11**

① 北北西　② 西北西　③ 南南東　④ 東南東

問2 応神海山や光孝海山が火山島としてホットスポットで誕生した頃，太平洋プレートはどの方位に向かって移動していたと考えられるか。その方位として最も適当なものを，次の ①～④ のうちから一つ選べ。 **12**

① 北北西　② 西北西　③ 南南東　④ 東南東

問3 次の図1は，ハワイ島にあるホットスポットからハワイ諸島を構成する島までのそれぞれの距離を横軸に，島の形成された年代を縦軸にとって代表的な島をプロットした図である。また，図2は，雄略海山から天皇海山列を構成する海山の距離を横軸に，海山の形成された年代を縦軸にとって代表的な海山をプロットした図である。図1と図2を比較すると，どちらの方が太平洋プレートの移動速度は速かったか。図1，図2のそれぞれの期間では，プレートの移動速度はそれぞれ一定であったとするとき，最も適当なものを，下の ①～③ のうちから一つ選べ。 **13**

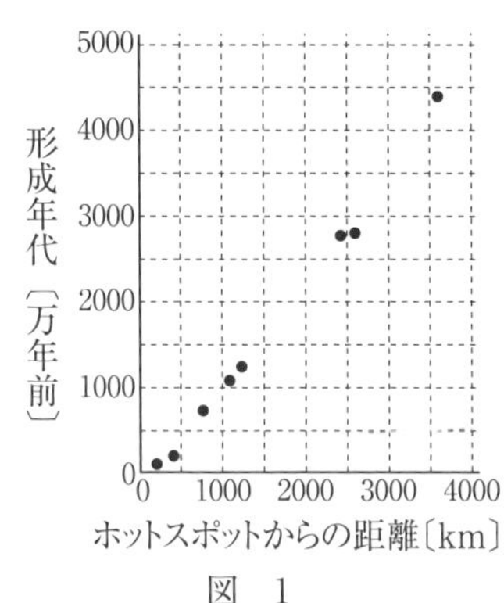

図 1

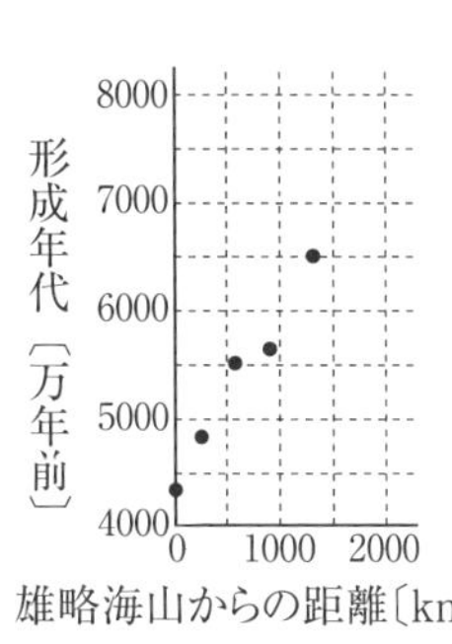

図 2

① 図1　② 図2　③ ほぼ同じである。

図26の左図のように，固定した赤鉛筆があります。その上から，紙を被(かぶ)せて，穴を開けます。赤鉛筆の芯(しん)が紙の上に出ています。これが火山島です。上から見ると，右図のように火山島が赤い点になっています。次に，紙を少し持ち上げ，左図の矢印のように左方向へ紙を動かし，また，穴を開けます。これを繰り返します。

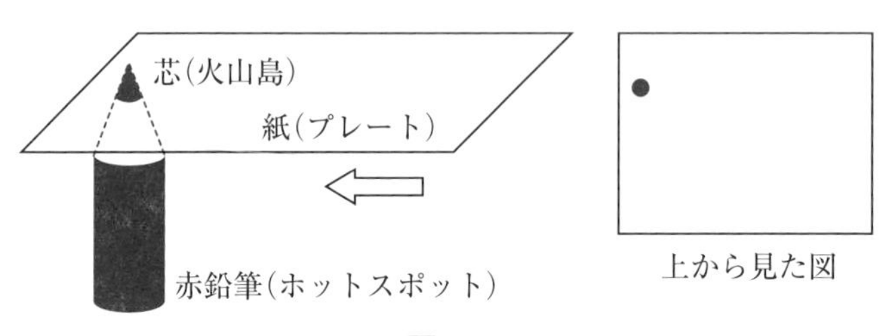

図26

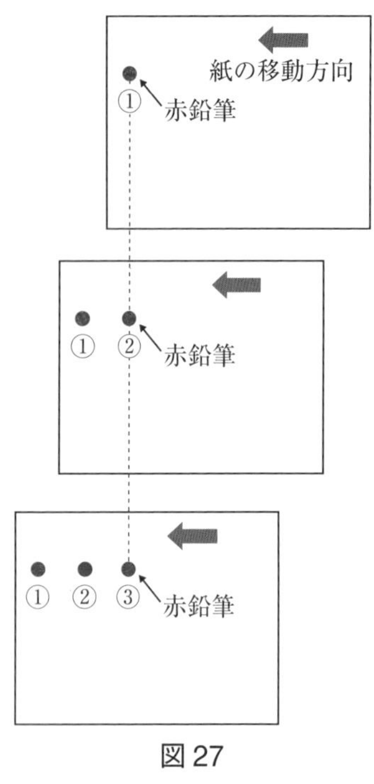

図27

そうすると図27のように，最初の火山島は①，紙全体が左へ移動して，赤鉛筆の上には火山島②が形成されます。続いて，①と②が左へ移動して，赤鉛筆の上に火山島③が，というように次々と紙に穴があいていきます。一番下の図で，現在，ホットスポットのある③の位置に火山島があって，②，①と遡(さかのぼ)るにつれて穴のあいた時期が古くなっています。

同じように，図25(→ p. 50)で確認すると，現在のホットスポットのある位置がハワイ島です。そこから西北西へハワイ諸島がならんでいる。だから，ハワイ島を載(の)せた太平洋プレートは，現在，西北西へ移動しているとわかります。したがって，**問1** の正解は ② です。

ところが，雄略(ゆうりゃく)海山付近から天皇海山列は北北西にむかって並んでいます。雄略海山が形成されたのは約4300万年前です。この年代付近で太

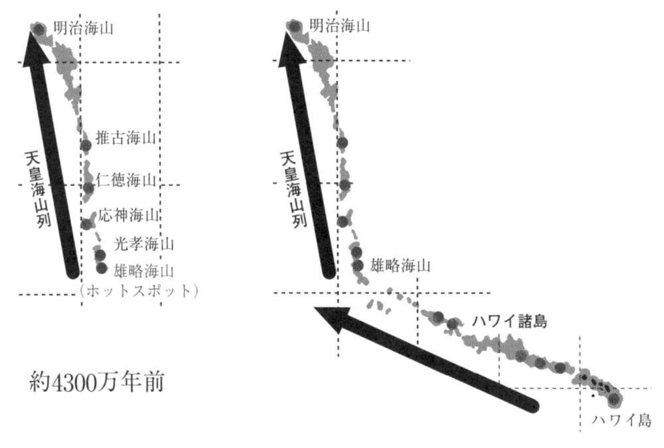

図 28　プレートの移動方向の変化

平洋プレートの移動方向が変わった事実を折れ曲がりが示しています。

天皇海山列の海山も，もともとはハワイ島が現在あるホットスポットで形成され，太平洋プレートの移動とともにその位置を変えていきました。つまり，図 28 の左図のように，雄略海山が火山島としてホットスポットで誕生した約 4300 万年前までは，ホットスポットから北北西へ離れる方向に天皇海山列が並んでいるので，太平洋プレートは北北西へ移動していた。したがって，**問 2** の正解は ① です。

以上をまとめると，図 28 の右図のように，**ホットスポットを始点にして，そこから離れる方向へ，火山島や海山に沿って矢印を描くと，プレートの移動方向がわかります。**

このように，**プレートの移動方向は長い地質時代の間に変化する**。では，プレートの移動する速さはどの程度かというのが，**問 3** です。

問題では，それぞれの期間のプレートの移動速度は一定である旨(むね)が述べられています。つまり，それぞれの図で，距離と時間が比例関係になっています。だから，図中のそれぞれの点を結んで，所々で折れ曲がる線を引いてはいけません。たとえば，次ページの図 29 がその一例です。

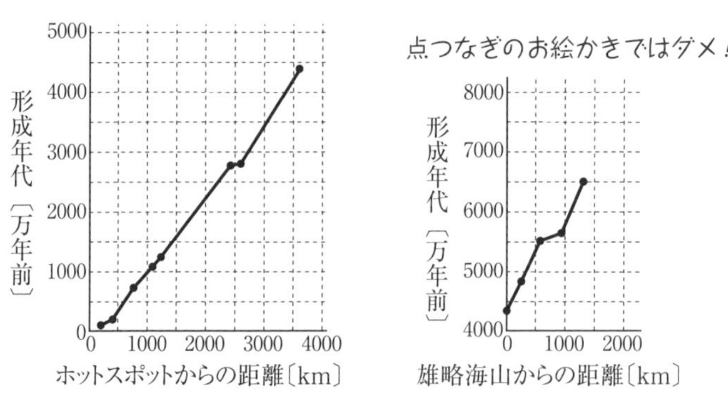

図 29　誤っているグラフの描き方

問題の図 1 では，原点を通って各点に近いところを通る直線を引きます。それに対して，問題の図 2 では，原点を通ってはいけない。縦軸上にある点が雄略（ゆうりゃく）海山だから，ここが原点になります。そうすると，図 30 中の直線がそれぞれ引けます。

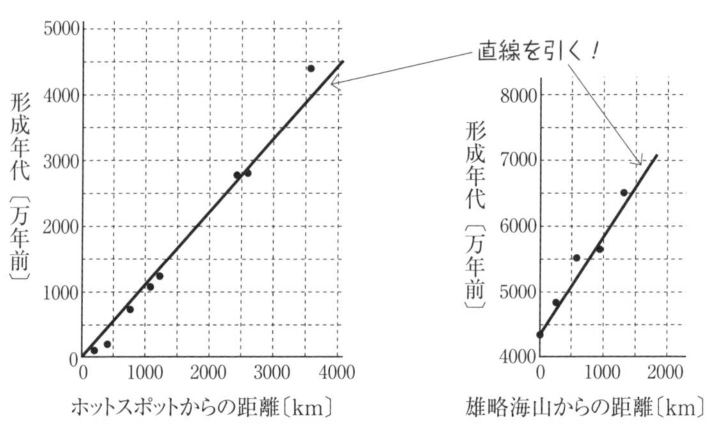

図 30　正しい線の引き方

ステップアップ！

比例関係が成り立ちそうな場合は，直線を引く。

グラフの読み方は，問題 9(プレートの移動速度)で解説しました。それを応用すると，図 30 のハワイ諸島では 4000 km 離れた地点の年代が約 4400 万年と読めるので，1 年当たり何 cm であるかという速さを求めると，

$$\frac{4000\ \text{km}}{4400\ \text{万年}} = \frac{4000 \times 10^5\ \text{cm}}{4400 \times 10^4\ \text{年}} \fallingdotseq 9\ \text{cm/年}$$

単位の換算に注意

です。問題の図 2 の天皇海山列の場合は，0 km の雄略海山の年齢が約 4300 万年，1500 km 離れた地点の年齢が 6700 万年程度と読めるので，

$$\frac{1500\ \text{km}}{(6700 - 4300) \times 10^4\ \text{年}} = \frac{1500 \times 10^5\ \text{cm}}{2400 \times 10^4\ \text{年}} = 6.3\ \text{cm/年}$$

です。つまり，現在の太平洋プレートの移動速度の方が大きな値になり，正解は ① です。

ステップアップ！

1 km = 10^5 cm と覚えておくと，換算が楽。

でもね，この方法は素人(しろうと)の解き方です。問題の図 1 と問題の図 2 の移動速度を比較する問題なんだから，グラフの傾きを比較すればよいはずです。それに気づかないといけない。問題 7 の ⑤ (→ p. 33)の解説で話したよね。

となると，図 30 で引いた直線の傾きは，右図の方が大きいです。だから，問題の図 2 の過去の方が，速度が大きい？

先ほど計算して出した答と違うよね。

縦軸の年代を y 年，横軸の距離を x km，比例定数を a とすると，問題の図 1 は $y = ax$ というグラフです。このとき，比例定数 a は y/x だから，直線の傾きを表し，単位は「年/km」です。この単位は，速さの単位「km/年」の逆数になっています。だから，傾きが小さいほど速いんだと見抜かないといけない。したがって，問題の図 1 の方が速いので，正解は ① です。このように考えます。**傾きを考えるときは，分母と分子の単位が何を表しているのかを確かめてください。**

【問題 10・答】 **11** － ②　**12** － ①　**13** － ①

ステップアップ！

- グラフの場合，直線の傾きで比較をする。
- 傾きの単位$\left(\dfrac{\text{縦軸}}{\text{横軸}}\right)$に注意を払う。

共通テストに出るポイント！

《 プレートの移動 》

- 現　在：GPSを利用して調べる。
- 過　去：ホットスポットで形成された火山島や海山の配列と年代から調べる。
  ホットスポットを始点に，そこから離れる方向にプレートは移動した。

今回の後半で扱ったプレートテクトニクスは，次回の地震，第3回の火山の分布，第4回の造山(ぞうざん)運動など，地球表層で生じているさまざまな現象を説明する考え方です。三種類のプレート境界で生じる現象を下にまとめておくので，参考にしてください。

共通テストに出るポイント！

《 プレート境界付近で生じる現象 》

① 発散する境界(拡大する境界)
　地震，火山活動
② 収束する境界(沈み込む境界，衝突境界)付近
　地震，火山活動，造山運動
③ すれ違う境界
　地震

今回は，地球の形と大きさ，地球の内部構造と組成，プレートテクトニクスを中心に講義をしました。また，グラフの作成と読み方，計算問題の対処法についても演習問題を通して講義をしました。「共通テストに出るポイント」と「ステップアップ」をもう一度見返して，全体を振り返ってください。

次回は，地震についての講義です。試験のためだけではなく，生きていく上でも大切な内容です。

第2回
固体地球とその変動(2)

地　震

日本は地震国です。日本の歴史書に最初に現れた地震の記録は西暦 416 年の日本書紀の記述です。以来，何らかの被害を生じさせた地震の回数は理科年表によると 2019 年 9 月までに 436 を数えます。単純計算で 4 年に 1 回は日本のどこかで地震の被害が生じていることになります。

今回は，地震に関しての講義です。地震についての基礎的な知識を身につけてください。

第1章　地　震

地震計の記録

ちょいと地震を発生させますか。ここに白いチョークがあります。岩石の一種ですね。今，教卓でゴシゴシこすっていますが，これは活断層らしきものをつくっているところです。わかりにくいので，チョークにつけた傷にマーカーで赤い色をつけます。よし，これで準備が整いました。

チョークの両端を持って力を加えますよ。まだ割れないね。もう少し力を加えると，……。

ペキッと音がして，チョークが割れました。どこで割れたかというと，ほら，さっき傷をつけたところです。地殻にもこういう弱いところがあって，それに力が加わり続けると，破壊が生じる。これが地震。

ところで，チョークが割れて，ペキッという音が届きましたね。破壊とともに音波が発生して，それが空気中を伝わり，君の耳がその音を感知しました。同じように，地下の岩盤が破壊されると，地震波という波が地下を広がっていきます。それをとらえる機器が地震計です。

地震の場合，はじめ，コトコトと小さな揺(ゆ)れを感じて，「お，地震だ」と思うと，やがてユサユサと大きな揺れが来ます。この**最初に感じる小さな揺れが初期微動(しょきびどう)で，それに続く大きな揺れが主要動(しゅようどう)です**。ぼくたちがこのように地震動を感じるのと同じように，地震計も二種類の地震波を記録します。図1が地震計の記録です。

観測点にはじめに到着する地震波をP波，続いて到着する地震波をS波といいます。Primary wave と Secondary wave の略です。直訳すれば，第一波，第二波ですが，学術用語はカッコイイものが採用されるので，それぞれP波，S波といいます。第一波よりもP波といった方が，何だかありがたみがあるというか，いかにも「地学！」といった感じがしませんか。

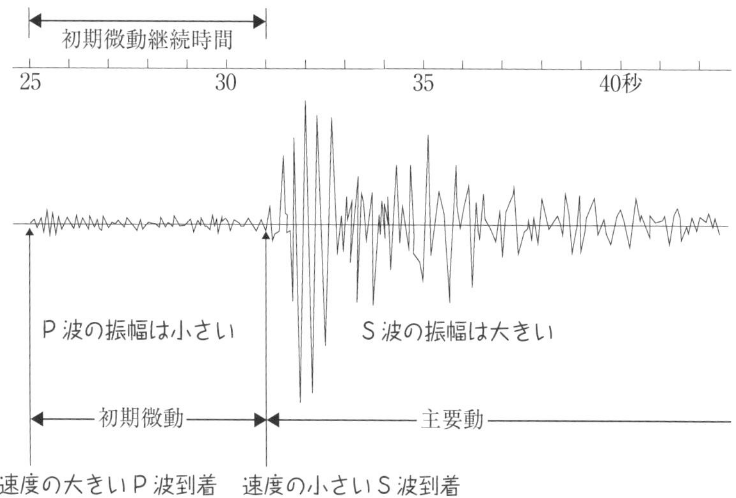

図1　地震計の記録

P波もS波も震源(しんげん)で同時に発生しますが，**P波の方がS波よりも速いので，観測点には先に到着します**。地表付近だとP波は5～7 km/s，S波は3～4 km/s程度の速さで，P波の速さはS波の速さの約$\sqrt{3}$倍です。また，**初期微動が続いている時間を初期微動継続時間**といいます。

地震が発生した場所，つまり，最初に**破壊が生じたところが震源，その真上の地表の点を震央(しんおう)といいます**。

地震計の記録を見ると，もう一つ，P 波と S 波の違いがわかるね。揺れ幅，つまり振幅(しんぷく)。**振幅は，P 波が小さく，S 波が大きい**。これをコトコトという揺れとユサユサという揺れの大きさの違いとしてぼくたちは感じます。

共通テストに出るポイント！

《 地震波の性質 》

- P　波…最初に到着し，初期微動をもたらす。速度大。
- S　波…二番目に到着し，主要動をもたらす。速度小。

震度とマグニチュード

S 波が到着すると，大きな揺れを感じます。この地震動（地震による揺れ）の強さを表す数値が**震度**です。人が感じないものから，家屋(かおく)が倒壊(とうかい)する強いものまでさまざまな段階があります。

震　度

気象庁の震度階級は 0 から 7 までの 10 階級に分かれています。**0，1，2，3，4，5 弱，5 強，6 弱，6 強，7 の 10 階級**です。5 と 6 はそれぞれ二つに分けているのではなく，5 弱，5 強，6 弱，6 強ともそれぞれ独立した震度階級だから，合計 10 階級です。この震度は，現在では地震計の一種の**震度計**で計測された加速度の値を一定の範囲で区切って，震度 1 とか震度 3 という階級として発表されています。だから，震度 3 が震度 1 の 3 倍の揺れの強さというような定量的な関係はありません。なお，震度 0 は，人間は揺れを感じないのだけれども，地震計では揺れが記録される震度です。

マグニチュード

この震度に対して，**地震が放出するエネルギーの規模を表すのがマグニチュードです**。これは全世界共通で，記号では M が使われます。例えるならば，単独の加害者の規模を表すのがマグニチュードで，それによる複数の被害者の被害の程度を表すのが震度です。

そのマグニチュードと放出されたエネルギーの関係は，**マグニチュードが 1 大きくなるごとに，エネルギーが$\sqrt{1000}=10\sqrt{10}\fallingdotseq 32$ 倍ずつ増加する**ように定められています。だから，マグニチュードが 2 大きくなると，エネルギーは，$\sqrt{1000}\times\sqrt{1000}=1000$ で，ちょうど 1000 倍になります。

日常的には，マグニチュードが 0.1 大きくなるごとにエネルギーは約$\sqrt{2}$倍ずつ増加すると覚えていると，地震が放出したエネルギーを比較しやすいです。ここで，マグニチュードの計算の練習をしよう。

問題 1　マグニチュードとエネルギー

マグニチュードが 0.1 大きくなると地震が放出するエネルギーは約$\sqrt{2}$倍になる。M8.4 の地震は，M7.0 の地震の何倍のエネルギーを放出するか。その数値として最も適当なものを，次の ①～⑤ のうちから一つ選べ。
[1] 倍

①　4　　②　$4\sqrt{2}$　　③　128　　④　180　　⑤　256

Mは，$8.4-7.0=1.4$ 大きいです。**Mが 1 大きくなると，エネルギーは約 32 倍**になります。これはしっかりと覚えておかないといけない。残りの 0.4 倍は，問題文に「マグニチュードが 0.1 大きくなるとエネルギーは約$\sqrt{2}$倍になる」とあるので，$\sqrt{2}$を 4 回掛(か)ければいい。足してはいけませんよ。

$\sqrt{2}\times\sqrt{2}\times\sqrt{2}\times\sqrt{2}=4$ 倍　⟵倍になるというのは，かけ算だ
ですね。

だから，

$32\times4=128$ 倍

の ③ が正解です。

【問題 1・答】 [1] － ③

共通テストに出るポイント！

《震度とマグニチュード》

- 震　度…観測地における地震動の強さの程度を表す。

  0，1，2，3，4，5弱，5強，6弱，6強，7の10階級。

- マグニチュード…地震が放出したエネルギーの大きさの尺度（しゃくど）。

  Mが1大きくなると，エネルギーは約32倍。

  Mが2大きくなると，エネルギーは1000倍。

地震が発生するしくみ

地下の岩盤（がんばん）に力が加わり，岩盤が破壊されて地震は生じます。地殻の深いところにある岩盤では，加えられた力に応じてゆっくりと変形が進みますが，浅いところにある岩盤では，加えられた力による歪（ひず）みが蓄積され，やがて断層の形成を伴う急激なずれによって破壊が生じます。過去に生じた断層では，両側の岩盤はくっついていますが，その強度を上まわるところまで歪みがたまると，固着（こちゃく）していた断層がずれて地震が発生します。

このずれによる**破壊の開始点が震源**です。地震が発生した場所，という一般的な震源の定義をもう少し厳密にいうと，このような表現になります。

震源から岩盤のずれがはじまり，3 km/秒ほどの速さで破壊が面状に広がって断層が動きます。次ページの図2のように，**地震を発生させた断層を震源断層**といいます。その一部が地表に現れたとき，**地表地震断層**（地震断層）といいます。1995年兵庫県南部地震では，淡路島（あわじしま）に野島（のじま）断層という地表地震断層が現れています。

また，このようにして生じた地震では，はじめの大きな地震，つまり**本震**（ほんしん）のあとに，マグニチュードの小さな地震が引き続いて生じます。この小さな地震を**余震**（よしん）といい，余震が生じた領域を**余震域**といいます。

本震によって破壊が生じた領域を**震源域**といい，余震域は本震の後しばらくは震源域に一致していますが，次第に広がっていきます。この**余震域の分布から，震源断層の広がりを推定できます**。

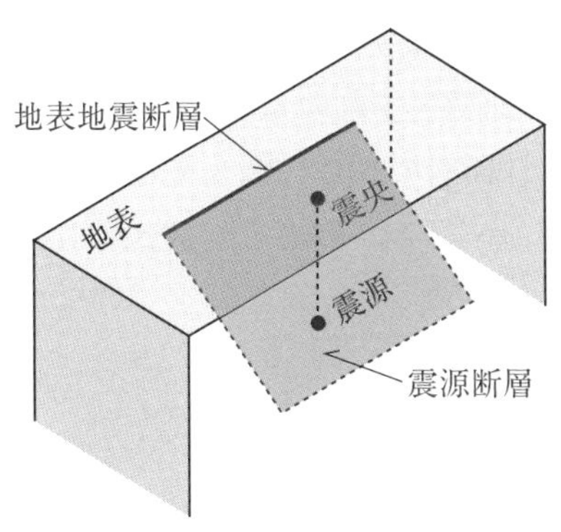

図２　震源・震央と断層

ここで，断層の面積がマグニチュードによってどれほど変わるのか，計算してみよう。共通テストでは，与えられた情報をもとにして考察するという形式の問題があります。次の問題２は，文章で与えられた情報を数式で表現する能力が問われています。

問題２　断層とマグニチュード

地震のエネルギーは，地震の際に生じる断層面の面積(長さ×幅)と断層のずれの量の積に比例する。マグニチュード 7.0 の地震を発生させた断層の長さを 40 km, 幅を 21 km, ずれの量を 1.3 m と仮定する。マグニチュード 8.0 の地震のずれの量が 4.1 m の時，断層面の面積はおよそ何 km^2 になるか。その数値として最も適当なものを, 次の ①～⑤ のうちから一つ選べ。

２ km^2

① 270　② 850　③ 2700　④ 8500　⑤ 27000

この問題で与えられていない数値があります。それは**マグニチュードが１大きくなると，地震が放出するエネルギーは約 32 倍になる**，という基本事項です。

問題文に示してあるように, 地震のエネルギーは, 地震の際に生じる「断層面の面積と断層のずれの量の積に比例する」ので，マグニチュード 7.0 の地震の「断層面の面積×断層のずれの量」の約 32 倍がマグニチュード 8.0

の地震のエネルギーになります。マグニチュード8.0の地震の断層面の面積をx km^{2}とすれば,「面積×ずれの量」は$x \times 4.1$です。マグニチュード7.0の地震のエネルギーは「断層の長さ×幅×ずれの量」が$40 \times 21 \times 1.3$だから,その32倍がマグニチュード8.0の地震が放出したエネルギーに等しいので,

$$x \times 4.1 = (40 \times 21 \times 1.3) \times 32$$

$$x \fallingdotseq 8520 \text{ km}^2$$

です。したがって，正解は④です。

マグニチュード7.0の地震の断層面の面積は$40 \times 21 = 840$ km^{2}だから,この問題で求めたマグニチュード8.0の地震の断層面の面積は，そのおよそ10倍になっています。また，ずれの量は，$4.1 \div 1.3 \fallingdotseq 3.2$倍，つまり約$\sqrt{10}$倍です。図3のように，断層の形が同じであると仮定すると，マグニチュード8.0の地震の断層面は，長さ，幅，ずれの量とも約$\sqrt{10}$倍になっています。これらの積が地震のエネルギーに比例するので，マグニチュード8.0の地震のエネルギーは，マグニチュード7.0の地震に比べ,

$$\sqrt{10} \times \sqrt{10} \times \sqrt{10} = 10\sqrt{10} \fallingdotseq 32 \text{ 倍}$$

になります。

同じようにマグニチュードが2大きくなれば，断層面は長さ，幅，ずれの量とも10倍になり，エネルギーは$10 \times 10 \times 10 = 1000$倍になります。地震が断層のずれによって生じるというだけではなく，**断層の面積やずれの量がマグニチュードに反映される**という点も重要です。

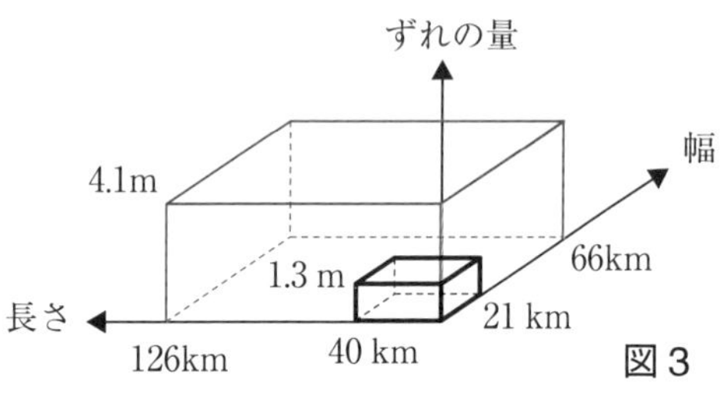

図3

【問題2・答】 **2** －④

共通テストに出るポイント！

《断層とマグニチュードの関係》

- Mは断層の面積とずれの量の積に比例する。

地震と断層の種類

ここで，岩盤に加わる力と断層の種類の関係をまとめておこう。断層に関しては，第4回でも，断面図を読むときに必要となる知識ですが，ここでは力との関係に注目して説明しよう。

断層の種類には，縦方向にずれる断層と横方向にずれる断層があります。まずは，縦方向にずれる断層です。

正断層と逆断層

正断層と逆断層は，断層面を境(さかい)に上盤(うわばん)側がどのような動きをしたのかで区別します。上盤は，水平面に対して上下方向ではなく，断層面に対して上側の地盤か下側の地盤かで区別します。図4を見てください。

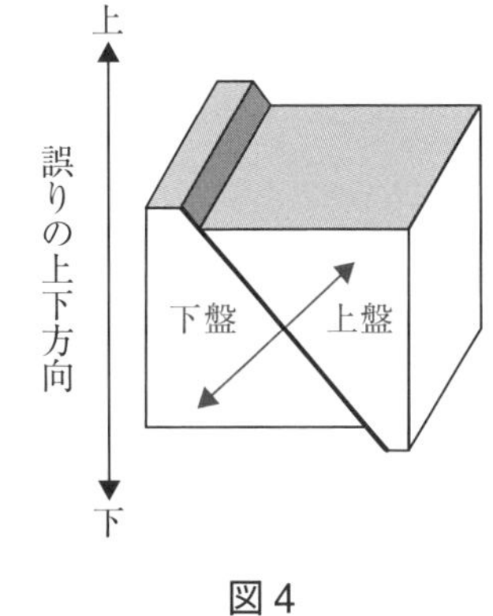

図4

図4の薄い赤色の上面を見ると，左側が上に出っ張っていて，右が下がっています。だから，左側が上盤で，右側が下盤と判断するのは誤りです。断層に対して垂直な赤い線を引くと，右側が断層に対して上側にあるので上盤です。あわてないように，上盤の判断をしてください。

さて，この**上盤が下がっていれば正断層(せいだんそう)，上がっていれば逆断層(ぎゃくだんそう)です**。図4は，上盤が下がっているので正断層ですね。なお，上盤と下盤の区別ができないときは，**垂直断層(すいちょくだんそう)**といいます。

力との関係でいうと，**水平方向に引っ張る力がはたらいたときに生じる断層が正断層，水平方向に圧縮する力がはたらいたときに生じる断層が逆断層です**。次ページの図5で，断層面に対して，水平方向の力がおよそ45°の方向にはたらいている点も見逃さないようにしてください。

水平方向に加わる力の違いで，引っ張る力ならば正断層，圧縮する力ならば逆断層であると区別してください。

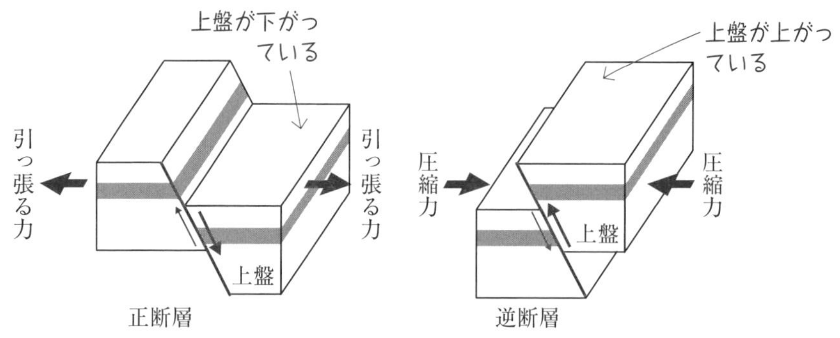

図５　正断層と逆断層

横ずれ断層

もう一つの種類に横ずれ断層があります。図６を見てください。水平方向に力がはたらいても，正断層や逆断層という縦方向のずれは生じず，水平方向に地盤が移動している断層です。

断層を挟んで向こう側の地盤が右にずれていれば右横ずれ断層，逆に，**向こう側の地盤が左にずれていれば左横ずれ断層**といいます。図６で，横ずれ断層の場合も，加わった力は，断層面に対しておよそ45°の方向になっている点を確認してください。

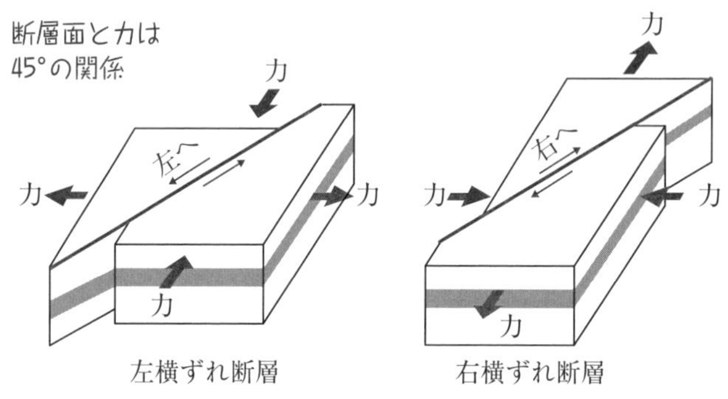

図６　横ずれ断層

共通テストに出るポイント！

《 断層の種類 》

① 正断層…………上盤側が下がる。水平方向に引っ張る力。

② 逆断層…………上盤側が上がる。水平方向に圧縮する力。

③ 右横ずれ断層…断層の向こう側の地盤が右にずれる。

④ 左横ずれ断層…断層の向こう側の地盤が左にずれる。

大森公式

再び，図1(→ p. 59)の地震計の記録にもどります。地震計の記録を用いると，震源までの距離を求めることができます。次の問題を解いてください。

問題3 大森公式

次の図は，縦軸に震源からの距離，横軸に地震発生からの時間を取って，複数の観測地点の地震計の記録を横に並べたものである。図中の直線Aは各観測点に[ア]が到着した時刻を結んだ線，直線Bは各観測点に[イ]が到着した時刻を結んだ線である。したがって，この地域を伝わるP波の速さは，S波の速さのおよそ[ウ]倍である。

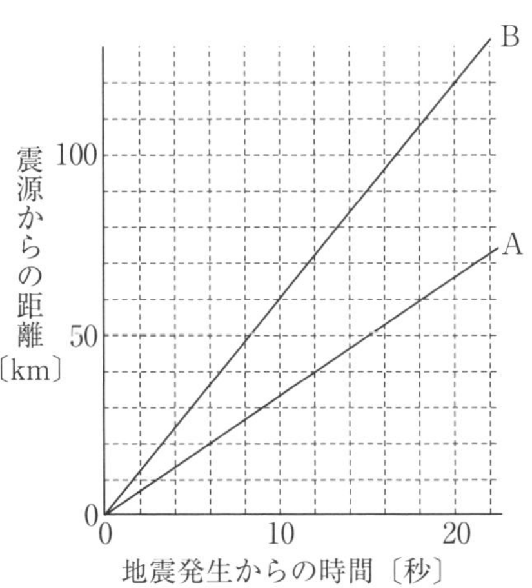

問1　前ページの文章中の［ア］〜［ウ］に入れる語と数値の組合せとして最も適当なものを，次の ①〜④ のうちから一つ選べ。［3］

	ア	イ	ウ
①	P 波	S 波	0.55
②	P 波	S 波	1.8
③	S 波	P 波	0.55
④	S 波	P 波	1.8

問2　震源からの距離が 120 km の地点の初期微動継続時間はおよそ何秒か。その数値として最も適当なものを，次の ①〜⑥ のうちから一つ選べ。［4］秒

①　10　　②　12　　③　14　　④　16　　⑤　18　　⑥　20

問題のグラフは，図 1(→ p. 59)のような地震計の記録を震源に近い方から遠い方へ(問題の図では原点の 0 km から上へ向かって)並べて作成したものです。

次ページの図 7 に地震計の記録の一例を震源からの距離 20 km 地点に描いておきました。この地点では，a 点から初期微動が始まり，b 点から主要動が始まっています。初期微動の始まる a 点は直線 B 上にあるので，直線 B は P 波を表し，主要動の始まる b 点は，直線 A 上にあるので，直線 A は S 波を表しています。したがって，［ア］には S 波，［イ］には P 波が入ります。

次に P 波と S 波の速さをそれぞれ求めてみよう。直線 A や直線 B が**図中の方眼の交点にある位置を見つける**と，計算しやすいね。

たとえば，震源からの距離が 60 km の c 点に P 波は 10 秒要して伝わっています。したがって，P 波の速さは，

$$\frac{60\ \text{km}}{10\ \text{秒}} = 6.0\ \text{km/秒}$$

です。同じように，方眼の交点を探すと，震源からの距離が 120 km の地点に P 波は 20 秒要して伝わっています。こちらで計算してもいいですね。

S 波に関しては，震源からの距離が 60 km の d 点に 18 秒の時間を要し

て到着しているので，

$$\frac{60\text{ km}}{18\text{ 秒}} = \frac{10}{3}\text{ km/秒}$$

です。だから，［ウ］は，

$$\frac{6.0\text{ km/秒}}{\left(\frac{10}{3}\right)\text{ km/秒}} = 1.8\text{ 倍}$$

になります。したがって，**問 1** の答は ④ です。

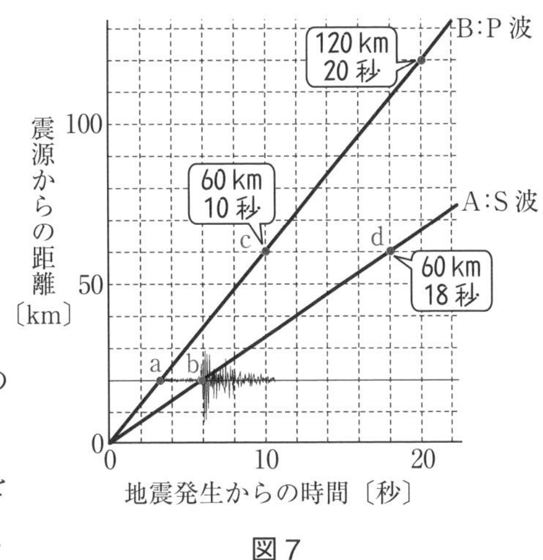

図 7

このようにすれば，確かに答を求めることができます。けれども，速さの単位は km/秒だから，同じ時間にどれだけの距離を伝わったのかを比較するか，同じ距離をどれだけの時間を要して伝わったのかを比較すれば，速さは比較できます。この場合も，方眼の交点を利用しよう。

震源からの距離を 10 km ごとに表す横の破線では，60 km の破線上に c 点と d 点があります。この二点は，同じ距離を表す破線の交点上にあります。つまり，60 km 地点に P 波は c 点の 10 秒，S 波は d 点の 18 秒に伝わっています。だから，P 波の速さは S 波の速さの，

$$\frac{18\text{ 秒}}{10\text{ 秒}} = 1.8\text{ 倍}$$

です。同じ距離を伝わるのに要した時間を比較したのですね。

第 1 回の問題 10(→ p. 54，図 30) では，グラフの傾きから速さの大小関係を読み取りましたが，今回の問題は，その具体的な数値をグラフから直接読み取りました。グラフから直接読み取る場合は，どの地点で比較してもいいけれど，計算がしやすいところを選ぶべきです。

次に，**問 2** ですね。120 km 地点には，P 波のグラフしか描かれてないので，図から初期微動継続時間を直接読み取れません。

先ほど用いた c 点と d 点に注目しよう。60 km 地点の初期微動継続時間は，c 点に到達した P 波と d 点に到達した S 波の時間差だから，次ページ

の図8のように8秒です。だから，震源までの距離が60 kmの2倍の120 km地点の初期微動継続時間は，8秒の2倍の16秒です。したがって，**問2**の正解は ④ です。

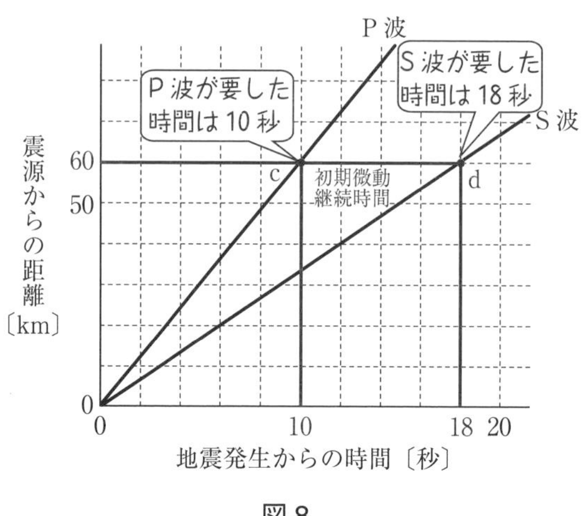

図8

何だか簡単に求めてしまいましたね。それは**大森公式**(おおもりこうしき)を知っているからです。

この大森公式とは，どのようなものなのか，早速(さっそく)，導き出してみよう。

震源からの距離がD kmの地点に伝わるP波の速さをV_P km/秒，S波の速さをV_S km/秒とします。次ページの図9のように，震源で発生したP波がD kmの距離を伝わるのに要する時間は$\dfrac{D}{V_P}$秒，震源で発生したS波がD kmの距離を伝わるのに要する時間は$\dfrac{D}{V_S}$秒です。**初期微動継続時間は初期微動が継続している時間です**。つまり，P波が観測点に届いて初期微動が始まり，S波が届くと初期微動が終わり，主要動が始まる。それまでの間の初期微動が続いている時間が初期微動継続時間だから，S波が伝わるのに要した時間とP波が伝わるのに要した時間の差が初期微動継続時間です。

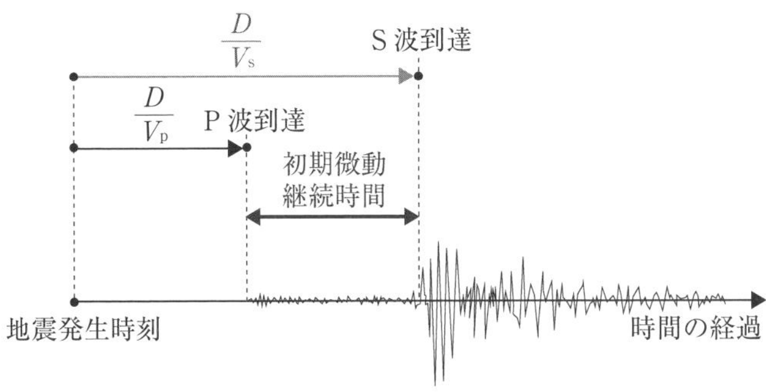

図 9　地震計の記録と大森公式の関係

初期微動継続時間を T 秒とすると,

$$\frac{D}{V_S} - \frac{D}{V_P} = T$$

が成り立ちます。この式を変形して,

$$D = \frac{V_P \times V_S}{V_P - V_S} T \quad \cdots \quad ①$$

導き出せるようにしよう！

です。先ほど求めた P 波の速さ 6.0 km/秒と S 波の速さ $\frac{10}{3}$ km/秒を代入すると,

$$D = \frac{6.0 \times \frac{10}{3}}{6.0 - \frac{10}{3}} T = 7.5\,T$$

です。つまり，**震源までの距離は初期微動継続時間に比例します**。

$D = kT$ を震源距離に関する大森公式といいます。比例定数 k，つまり $\frac{V_P \times V_S}{V_P - V_S}$ は**大森定数**とよばれ，日本付近では 6 ～ 8 km/ 秒になります。

震源までの距離が初期微動継続時間に比例するというのが，大森公式の内容ですが，**問 2** では，震源までの距離が 2 倍になれば，初期微動継続時間も 2 倍になるから，この問題では 8×2＝16 秒と求めました。

なお，大森公式については，**震源までの距離は初期微動継続時間に比例する**という内容だけではなく，①の式を導き出せるようにしてください。また，**比例定数も 6 ～ 8 である**と覚えておいてください。6 ～ 8 が面倒ならば，**$D = 7T$** でも十分です。この式を導き出した大森房吉(ふさきち)(1868 年～

1923 年)は，$D = 7.42T$ と表しています。

大森房吉は，世界で初めて連続記録が可能な地震計を発明し，「日本地震学の父」とよばれる東京帝国大学の教授です。

【問題 3・答】 3 －④　4 －④

共通テストに出るポイント！

《 大森公式 》

震源距離を D，初期微動継続時間を T とすると，

$$D = kT \quad (k = 6 \sim 8)$$

震央と震源の決定

大森公式を用いると，震央や震源を決定できます。図 10 の図 a のように，観測点 A で大森公式を用いて震源までの距離がわかったとします。その距離を D とすると，観測点 A を中心として半径 D の半球(球の下半分)の表面上に震源が存在します。空中に震源はないので，地下の半分の球の表面に震源があるんですね。

次に，観測点 B でも同様の方法によって震源までの距離がわかったとします。そうすると，図 b のように A を中心とした半球と B を中心とした半球の交線上に震源があります。この交線は半円(図 b の赤い破線)です。

また，観測点 C でも震源までの距離がわかったとすると，C を中心とする半球と B を中心とする半球の交わる半円(図 c の赤い破線)の周上に震源があるとわかる。

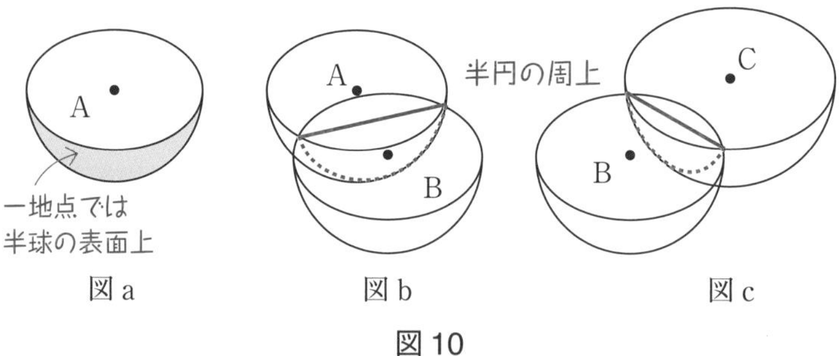

図 10

図 b と図 c を重ねると，図 11 の図 d のようになります。このとき，図 11 の図 b と図 c で求めた二つの半円を取り出すと，図 e のようになります。それぞれの半円の弧の上に震源はあるのだから，二つの半円の弧の交点が震源，その真上の地表の点が震央です。

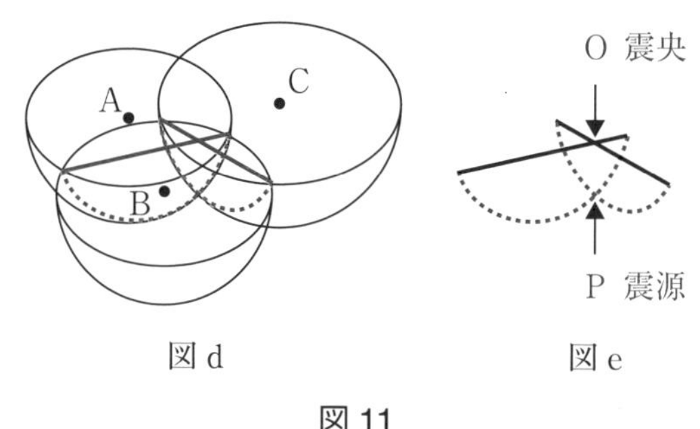

図 d　　図 e

図 11

ところで，図 e の震央ですが，これは，三か所の観測点からそれぞれの震央距離に応じた円を地図の上に描いたとき，三つの円の共通弦(げん)が交わる点になっています。次の図 12(平面図)の図 f の O 点です。

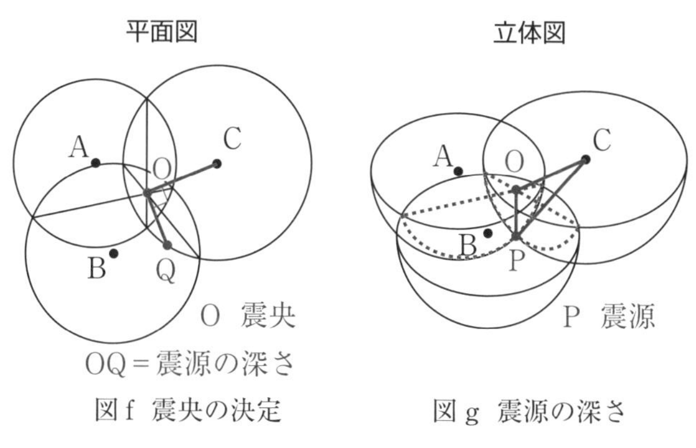

図 f 震央の決定　　図 g 震源の深さ

図 12

また，図 g(立体図)のように，直角三角形 OPC の OP が震源の深さですが，これは，図 f で点 O から OC に垂直に引いた線が C を半径とする円と交わる点 Q までの距離に等しくなります。

直角三角形OQCと直角三角形OPCにおいて，OC共通，CQとCPは円や半球の半径だから等しいので，二つの直角三角形は合同（ごうどう）の関係にあります。したがって，OQ = OPであり，図f上では，OCに垂直に，Cを中心とする円周まで線分を引けば，OQの長さが震源の深さを表すことになります。

以上をまとめると，**少なくとも三か所の観測点で震源距離がわかれば，震央の位置と震源の深さを決定できます**。

ところで，OCの長さが震央距離，観測点Cの震源距離もわかります。そうすると，ここまで説明した方法とは異なる手法によって震源の深さを求めることもできます。三平方の定理を使うと，どうなるかな？

図12の図gを見てください。直角三角形OPCでは，

$$OP^2 = CP^2 - OC^2$$

の関係があるよね。だから，

$$震源の深さ = \sqrt{(震源距離)^2 - (震央距離)^2}$$

からも，震源の深さを求めることができます。作図をするか，三平方の定理を用いるのかは問題によって判断してください。

共通テストに出るポイント！

《震源の決定》

- 三か所以上の震源距離から求める。
- 三つの円の共通弦が交わる点Oが震央。
- 図fのOQの長さが震源の深さ。
- 震源の深さ$=\sqrt{(震源距離)^2-(震央距離)^2}$

さて，以上の手法が理解できたかどうか，次の問題を解いてみよう。

問題 4　震央の決定と震源の深さ

ある地震について，3 地点 X，Y，Z で観測された初期微動継続時間は，それぞれ 11.4 秒，8.6 秒，8.6 秒であった。この地域では震源距離 D km と初期微動継続時間 T 秒との間に $D = 7T$ の関係が成立している。この関係をもとに，次の図 1 にそれぞれの地点を中心に震源距離を半径とする円を描いた。この地震の震源の深さとして最も適当なものを，下の ① ～ ④ のうちから一つ選べ。 **5** km

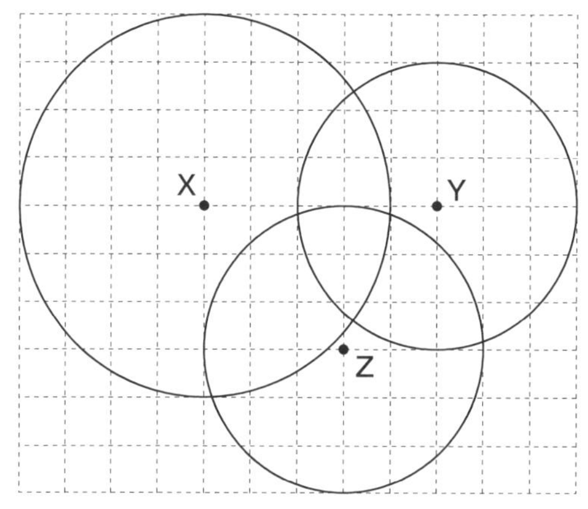

図 1　地点 X，Y，Z(黒丸)とそれらを中心に震源距離を半径とする円

①　10　　②　20　　③　40　　④　80

この問題では，図 1 の正方形のマス目の辺の長さがどれだけであるのか，問題文には書いてありません。これを最初に解決しないと，問題を解くことはできない。解決のヒントは問題文中の $D = 7T$ という大森公式です。地点 X の初期微動継続時間は 11.4 秒だから，震源距離は，

$$7 \times 11.4 = 79.8 \fallingdotseq 80 \text{ km}$$

です。地点 X を中心に震源距離を半径とする円は，図 1 では半径が正方形 4 マス分あります。だから，$80 \div 4 = 20$ km が正方形の一辺の長さになります。

次に，先ほど説明した震源の深さを求める作図をします。次ページの図 13 では，X と Y を中心に描いた二つの円の共通弦と，X と Z を中心に描

いた二つ円の共通弦を引き，その交点を **O** としました。この **O** 点が震央です。次に **Y** と **O** を結び，その線分と直角に **O** から線分をのばして **Y** を中心とする円の円周と交わる点を **P** としました。

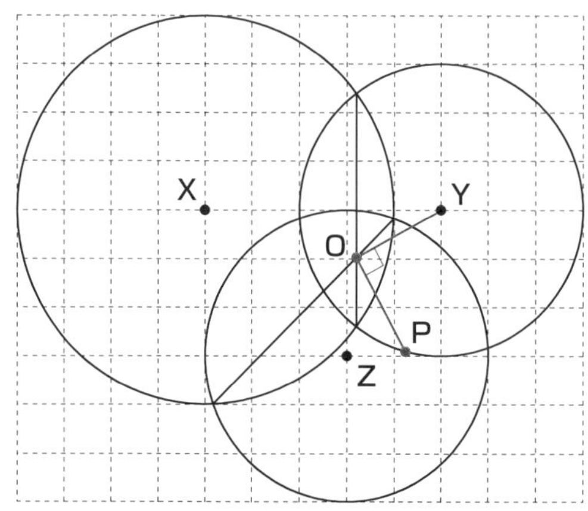

図 13　震央の位置と震源の深さ

線分 **OP** の長さが震源の深さです。この線分 **OP** の長さは，二マス程度の長さがあります。一マスの辺の長さは約 20 km であることを最初に求めたので，$20 \times 2 = 40$ km が，求める震源の深さになります。**YP** は，Y を中心とする円の半径だから 60 km ，**YO** は，図から判断して 40 km です。三平方の定理を応用して，

$\sqrt{60^2-40^2} = \sqrt{2000} = 20\sqrt{5} \fallingdotseq 45$ km

のように求め，③ を正解だと判断してもいいです。でもね，図 13 を見ると，**YO** と **OP** はほぼ同じ長さだから，**OP** の長さが震源の深さだと知っていれば，このような計算をせずに，正解がわかります。

【問題 4・答】 **5** － ③

この問題のように，**グラフの縦軸や横軸の一目盛りの大きさ（長さ）を考察させるという問題**は，手を替(か)え品を替え，共通テストでは出題される可能性があります。問題の文章中にそれを求めるための情報があるはずなので，それを見つけてください。

⚙ 押し引き分布

さて，震源や震央を決定する方法は，大森公式だけではありません。もう一つの手法を紹介しよう。1 か所の観測点に上下方向，南北方向，東西方向それぞれの揺れを記録する地震計があったとします。その一例を次の図 14 に示しました。

P から始まる初期微動に続いて **S** から主要動が始まっています。このとき，P 波による最初の動き，つまり，初期微動の始まりを**初動**(しょどう)といいます。図 14 の記録では，上下方向では上へ 5.9 mm，東西方向では西へ 4.2 mm，南北方向では北へ 4.2 mm 動いています。

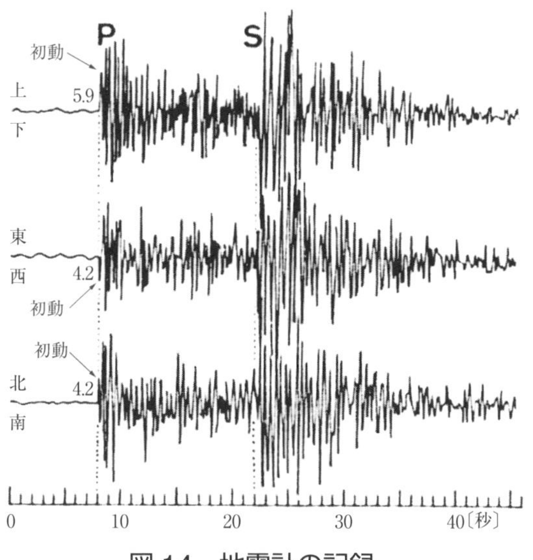

図 14　地震計の記録

東西方向と南北方向の動きを合成して，水平方向ではどのように揺れたかを最初に考えます。さらに，求めた水平方向の動きと図の上下方向の動きを合成すると，震央の方位がわかります。

また，上下方向の動きは，地震計が上に動けば，震源から押されるようにP 波が届き，地震計が下へ動けば，震源の方に向かって引かれるようにP 波が届いたことになります。このとき，**震源から押されるように届**

く **P** 波を「押し波」，引かれるように届く **P** 波を「引き波」といいます。

以上の説明から，次の問題を考えてみてください。

問題 5　押し引き分布

ある観測点 **A** で，前ページの図 14 のような地震計の記録が得られた。

問 1　観測点 **A** から見て，震央の方位として最も適当なものを，次の ①～④ のうちから一つ選べ。 **6**

①　北東　　②　南東　　③　南西　　④　北西

問 2　観測点 **A** 以外に，多くの観測点に届いた初動の「押し波」(●)と「引き波」(○)の分布を次の図 1 に示した。また，図 1 中の赤い丸(•)は，この地震による余震の震央である。この地震を発生させた断層の種類として最も適当なものを，下の ①～④ のうちから一つ選べ。 **7**

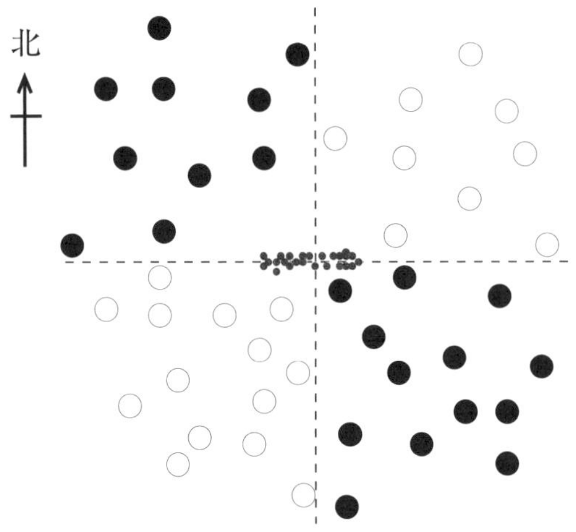

図 1　押し波と引き波の分布，および余震の震央

①　東西方向にのびる右横ずれ断層

②　東西方向にのびる左横ずれ断層

③　南北方向にのびる右横ずれ断層

④　南北方向にのびる左横ずれ断層

問1 最初に水平方向の動きを合成します。図15のように，東西方向では西へ4.2 mm，北へ4.2 mmですから，これを合成すると，北西方向へ$4.2 \times \sqrt{2} \fallingdotseq 5.9$ mmになります。これで水平方向の動きが北西方向だとわかったので，この動きと上下方向の動きを合成します。図16のように，北西方向に5.9 mm，上方向へ5.9 mmですから，観測点**A**では北西の上方向の初動だったことがわかります。地震は地下で発生するので，観測点**A**へは，南東方向から押し波が届いたことになります。つまり，震源は観測点**A**の南東方向の地下にあるので，その真上の震央は観測点**A**の南東方向にあることになり，正解は②になります。

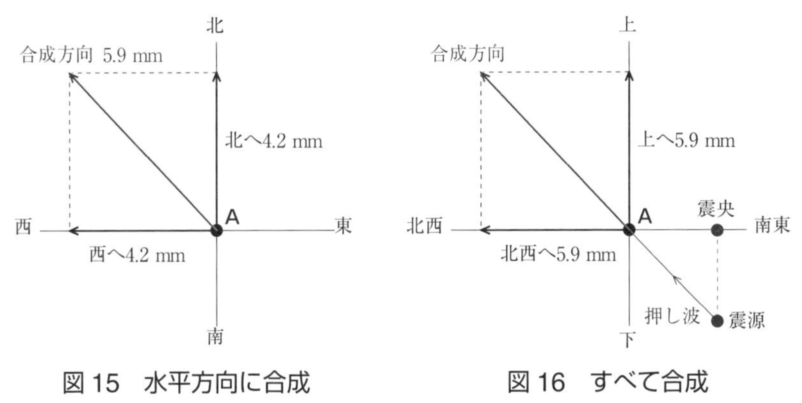

図15 水平方向に合成　　図16 すべて合成

問2 観測点**A**には押し波が届いていましたが，同じように多くの地点で押し波が届いたのか，引き波が届いたのかを調べた結果が，問題の図1中の●と○の分布です。問題の図1に示されているように，これらの分布は，4つの領域に分けることができます。**4つの領域に分けた線分が交わる点が震央になります**。震央に向かって引かれるように引き波の矢印を，震央から押し出されるように押し波の矢印を次ページの図17に描きました。

余震は，本震を発生させた断層上で発生するので，**余震域が断層を表しています**。したがって，この断層は，次ページの図18のように東西方向にのびています。

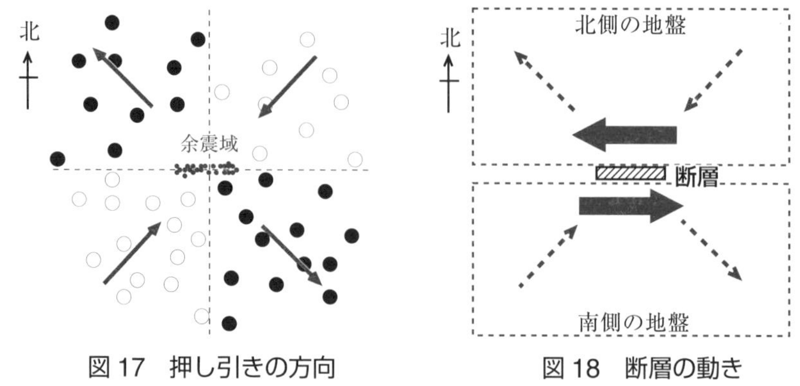

図 17　押し引きの方向　　　図 18　断層の動き

断層を境にして北側の地盤と南側の地盤に分けたとき, 北側の地盤では, 押しの矢印と引きの矢印の向きが連続するように, 赤く太い矢印を描きました。これが断層の北側の地盤の動きです。

断層の北側の地盤を東西二つに分けたとき, 東側の地盤は, 東西方向では震央に向かって西へ引かれ, 西側の地盤は, 東西方向では震央から押されるように西に動いているので, 断層による地盤の動きを表す赤く太い矢印を東から西へ描くのです。同じように, 断層の南側の地盤の動きは, 西側では震央に向かって東へ引かれ, 東側では震央から押されるように東へ動いています。

このように, 断層に平行に描いた赤く太い矢印が地盤の動きになります。このとき, 北側の地盤は左側へ動いているので, 断層の種類は左横ずれ断層になります。

したがって, 正解は, ② の東西方向にのびる左横ずれ断層です。

【問題 5・答】 **6** －② 　**7** －②

プレート境界と地震

次の図19は，M4.0以上の地震のうち，震源の深さが100 km以下の浅い地震の震央を表しています。

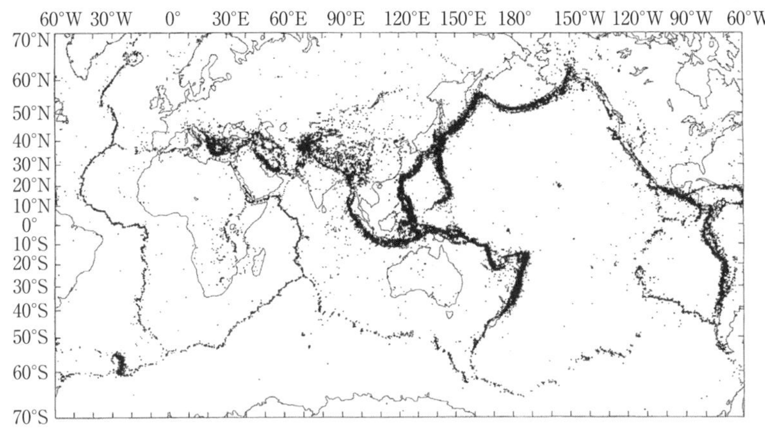

図19　浅い地震の震央分布（国際地震センターISC　改）

Q. この図とよく似た図が，前回に登場していました。どの図ですか？

――39ページの図20です。確認して比べてください。

地震が多発し，図19で黒々とした帯状（おび）になっているところは，プレートの境界付近です。発散する境界，収束する境界，わかりにくいけれど，すれ違う境界でも地震が多発しています。これらのプレート境界付近では，移動するプレートによって水平方向から力がはたらき，岩盤に歪み（ひず）がたまりやすいところです。

プレートの境界のうち，**発散する境界**，つまり中央海嶺（かいれい）では，プレートが両側に離れるため，水平方向に引っ張る力が作用し，**正断層による地震**が発生しやすくなっています。しかし，歪みはたまりにくく，すぐに解放されるので，マグニチュードの大きい地震の発生頻度（ひんど）は低いです。また，リソスフェアというかたくて破壊されやすい部分は中央海嶺付近では薄いので，震源の浅い地震が多く発生します。

プレートが**すれ違う境界**，つまりトランスフォーム断層では，**横ずれ断**

層型の地震が発生します。43 ページの図 22 で説明したように，プレートがすれ違っているところは海嶺と海嶺に挟まれた部分だから，地震もこの部分で発生します。トランスフォーム断層の延長部分では発生しません。

もう一つのプレートの境界，収束する境界ではさまざまな型の地震が発生します。次の図 20 を見てください。

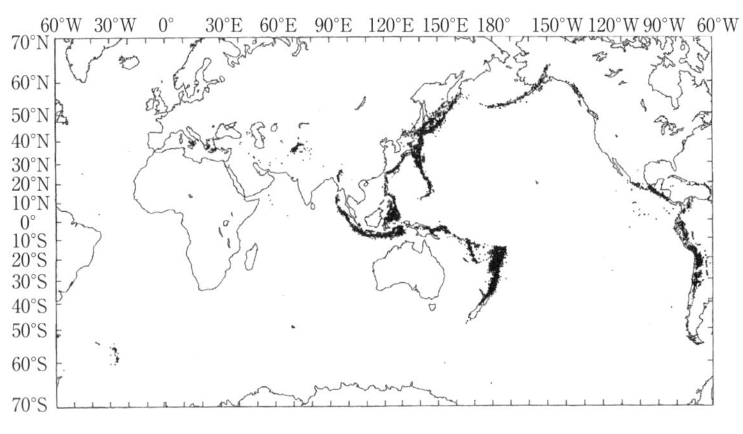

図 20 深い地震の震央分布(国際地震センター ISC 改)

これは深さが 100 km を超える**深発地震**の分布を表しています。39 ページの図 20 と比較すると，**深発地震は，プレートが収束する境界で特徴的に発生しています**。また，この境界ではマグニチュードの大きな地震が発生する点も，他のプレート境界とは異なる特徴です。日本列島は，プレートが収束する境界付近にあるので，もう少し詳しく解説しよう。

共通テストに出るポイント！

《 地震の分布 》

- プレート境界付近に集中する。
- 深発地震は，プレートが収束する境界付近のみで発生する。

日本列島付近の地震

プレートが収束する境界付近に位置する日本列島では，さまざまの種類の地震が発生します。海溝型地震，深発地震，内陸地震(内陸地殻内地震)に種類を分けて解説します。

海溝型地震

図 21 は，1885 年以降の日本列島付近で被害が生じた地震の震央を表した図です。半径の大きいものほどマグニチュードが大きいのだけれども，マグニチュードが小さい地震であっても被害が生じています。

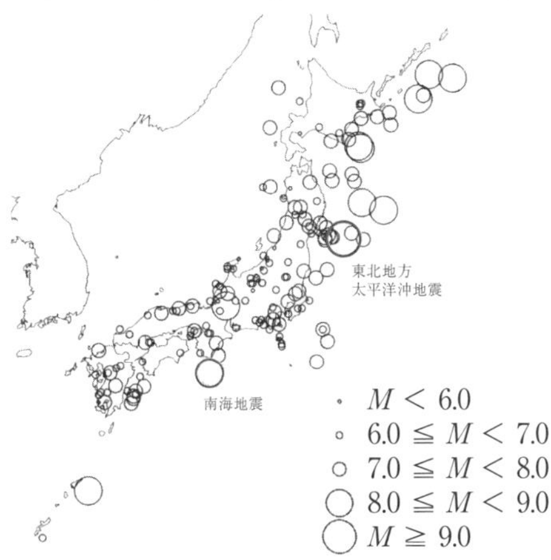

(理科年表　改)

図 21　日本列島付近の地震

マグニチュードが 8.0 を超える巨大な地震のほとんどは，千島海溝，日本海溝，南海トラフ，琉球海溝(南西諸島海溝)近くの大陸プレート側で発生しています。ここでは，**沈み込む海洋プレートによって圧縮されつつ引きずり込まれていた大陸プレートの海溝付近が，急激に反発して元に戻って地震が発生します**。

沈み込む海洋プレートによって大陸プレートに歪みがたまりやすいのが太平洋側の海溝やトラフ付近で，マグニチュードも大きくなります。圧縮力がはたらくので，**逆断層型の地震になる場合が多い**です。この地震を**海溝型地震**もしくは**プレート境界地震**といいます。海溝型地震は，たとえば，図 21 中の太い線で ○ 印を表した 1946 年南海地震(M8.0)，2011 年東北地方太平洋沖地震(M9.0)です。

海溝型地震では，どのような変動が地殻に現れるのか，それを考えてもらうため，次の問題を解いてください。

四国の室戸岬(むろとみさき)は南海トラフに近い場所にあるため，南海地震前後の変動が大きく現れます。ここを例にしよう。

問題 6　地震と地殻変動

地震と地殻変動との関係を見ると，西南日本の太平洋岸は，一般に，巨大地震に伴って急激に隆起するが，地震と地震との間では緩やかに沈降する。このことから，左の図のようなモデルが考えられる。この地域では 150 年おきに巨大地震が発生し，その間は 5 mm/年の速さで沈降しているが，地震に伴って 1.2 m 隆起する。

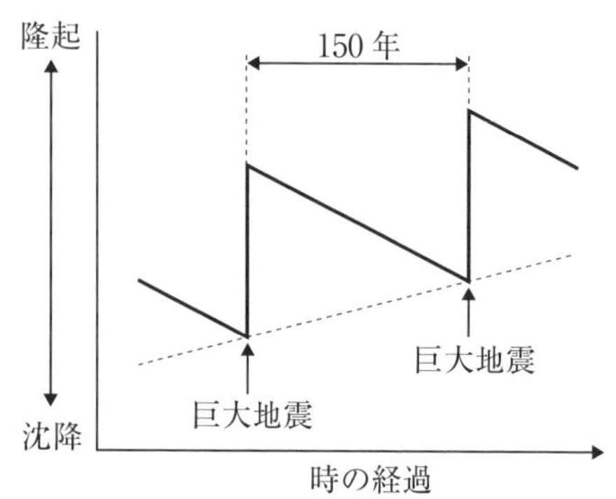

問 1　このようなモデルが成り立つ地域の 1 年当たりの平均隆起量は，およそ何 mm であるか。その数値として最も適当なものを，次の ①～④ のうちから一つ選べ。 **8** mm/年

① 1　② 3　③ 6　④ 9

問 2　巨大地震発生前後には上下方向の変動以外に水平方向の変動も生じる。ほぼ北東－南西方向に続く南海トラフでは，フィリピン海プレートがユーラシアプレートの下へ南海トラフとほぼ直交する方向に沈み込んでいる。南海トラフ近くにある四国の室戸岬を例にすると，その動きはどのようになるか。その模式図として最も適当なものを，次の ①～④ のうちから一つ選べ。ただし，⇩は地震発生時を表す。 **9**

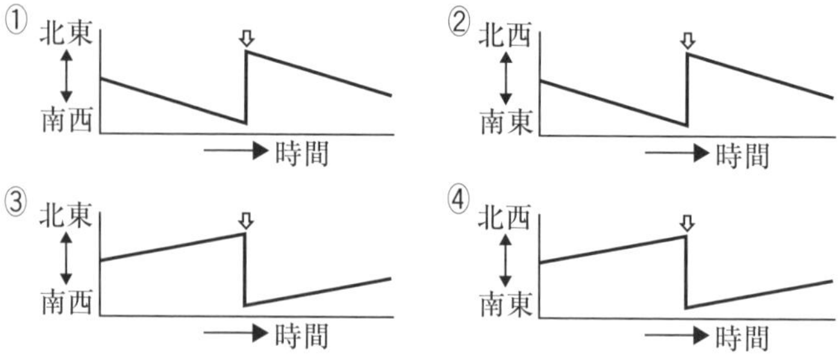

問題文中の「5 mm/年の速さで沈降（ちんこう）」は，1年あたり5 mmずつ沈降しているという意味です。そして，150年ごとに地震が発生するたびに，1.2 m隆起（りゅうき）する。

この150年という時間の経過を基準に考えると，150年間で沈降量は，

5 mm/年×150年＝750 mm

です。また，巨大地震が発生したときの隆起量1.2 mは1200 mmです。というように**単位をmmに統一する**のも大切です。

その結果，150年間では，

1200 mm－750 mm＝450 mm

の隆起量になります。これを年平均，つまり「150年間で450 mm」を1年間についての値に直すので，

$$\frac{450\ \text{mm}}{150\ \text{年}}=3\ \text{mm/年}$$

です。したがって，**問1**の正解は②です。

上に三つの計算式が出てきましたが，すべて単位を書いて計算しています。**単位も書いて計算するのは，計算問題を間違えないようにする工夫の一つです。**

ステップアップ！

●計算のミスを少なくする方法

単位も書いて計算する。

次は，**問2**です。第1回，図24(→ p. 45)を見ると，四国沖（おき）の南海トラフは北東－南西方向にのびています。問題文にも書いてあります。この記述から，フィリピン海プレートの運動方向を考えないといけない。つまり，北東－南西方向にのびている南海トラフから，ほぼ直角の方向にフィリピン海プレートは沈み込む。つまり，フィリピン海プレートは，ユーラシアプレートの下へ北西方向に沈み込んでいます。

「沈み込む海洋プレートによって引きずり込まれていた大陸プレートが，急激に反発し，元に戻って地震が発生します」と先ほど述べました。これは上下方向の動きです。水平方向ではどのようになるかというと，フィリピン海プレートに押されて圧縮力を受けているユーラシアプレートは，押されているのだから北西方向に縮んでいます。これが急に反発して地震が発生すると，北西とは逆方向の南東方向にのびます。したがって，**問2**の正解は ④ です。

【問題6・答】 8 － ②　9 － ④

共通テストに出るポイント！

《 海溝型地震 》

沈み込む海洋プレートによって陸側のプレートに歪(ひず)みが蓄積し，マグニチュードの大きな逆断層型地震が発生する。

深発地震

日本列島付近では，海溝型地震以外にも地震が発生しています。図20(→ p. 82)で見たように，100 km よりも深いところで発生する地震がその一つです。これは，次ページの図22のように，**沈み込んだ海洋プレートに沿って発生する地震で，深さ約700 km付近まで続いています。この地震を深発(しんぱつ)地震といい，プレートが収束する境界で特徴的に発生する地震です。**これらの地震は，マグニチュードが大きくても，震源が深いので，地表に伝わるまでに弱まり，震度はあまり大きくなりません。なお，この深発地震面は，1935年にその存在を和達清夫(わだちきよお)(1902年～1995年)が発表しています。

Q. 深さが約700 km という数値は何を表していましたか？

―― 上部マントルと下部マントルの境界の深さです。26ページの図14で確認してください。

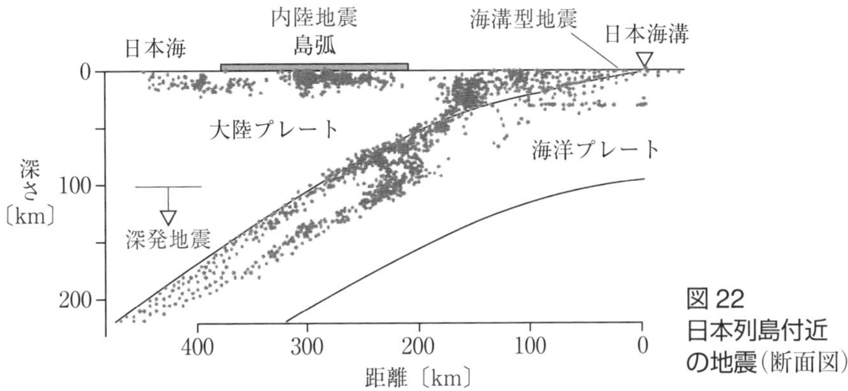

図 22 日本列島付近の地震（断面図）

内陸地震（内陸地殻内地震）

もう一つは，**内陸地震（内陸地殻内地震）**といわれる地震で，大陸地殻上部で発生する地震です。この地震も，沈み込む海洋プレートが大陸プレートを圧縮する力が原因です。図 21（→ p. 83）で，日本列島上に小さな円が多く描かれているように，このタイプの地震は**震源が浅いため，マグニチュードが小さくても，震度が大きく，震央の近くで大きな被害が発生する**場合があります。

海溝型地震の場合は，比較的早く歪みが蓄積されるので地震発生の周期は数十年～百数十年ですが，海溝から遠く離れた内陸地震の場合，歪みはゆっくりと時間をかけて蓄積されるので，それが解放される地震の発生周期は長く，数百年～数万年になります。

内陸地震でもマグニチュードが 8.0 を超えるものが発生しています。図 21 の日本列島上の大きな円です。これは，1891 年濃尾地震（M8.0）です。明治 24 年に岐阜県本巣市で発生した地震で，このときに現れた地表地震断層は，国指定の特別天然記念物に指定されています。

余談になるけれども，図 21（→ p. 83）では，1885 年から 2019 年の 135 年の間にマグニチュードが 8.0 を超える地震が 11 回発生している。平均すると，約 12 年に 1 回の頻度になります。マグニチュードが 8.0 を超える地震は，めったに発生しないのではなく，頻繁に発生しているのです。

共通テストに出るポイント！

《 プレート境界付近の地震 》

① 発散する境界：正断層型。震源は浅い。*M* は小さい。

② すれ違う境界：横ずれ断層型。震源は浅い。

③ 収束する境界：海溝型地震…逆断層型。*M* が大きい。
内陸地震……震源が浅いため，震度が大きい。
深発地震……沈み込む海洋プレートに沿う。
深さが約 700 km まで続く。

日本列島付近の地震の問題を一つ解いてもらおう。

問題 7　日本列島付近の地震

次の図は，日本列島付近で発生した深発地震の震源の深さが等しい地点を結んだ等深線(単位は km)である。

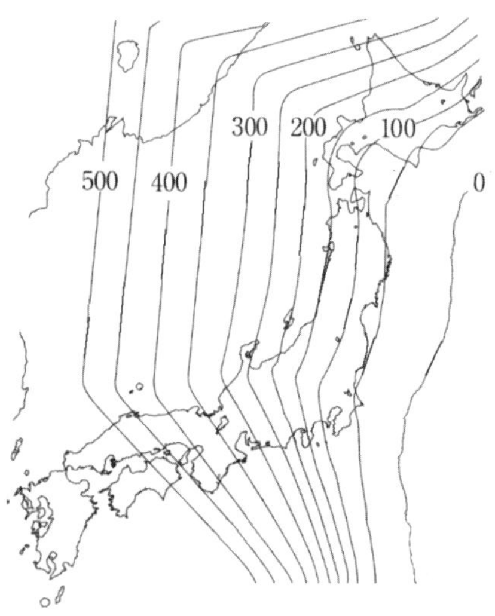

問 1　図に示した等深線は，どのプレートで発生した地震によるものか。最も適当なものを，次ページの ①～④ のうちから一つ選べ。 **10**

① フィリピン海プレート　② 太平洋プレート
③ ユーラシアプレート　④ 北アメリカプレート

問2 図中の等深線から考えて，プレートの沈み込む角度が大きいのはどの付近か。最も適当なものを，次の ①～④ のうちから一つ選べ。
11

① 千島海溝　② 日本海溝
③ 伊豆・小笠原海溝　④ 南海トラフ

問1 45 ページ図 24 で，日本列島付近の海溝やトラフの分布を確認してください。問題の図中の等深線は千島(ちしま)海溝，日本海溝，伊豆(いず)・小笠原(おがさわら)海溝とほぼ平行になっているので，これらの海溝から沈み込んだ太平洋プレートで発生する地震を表しています。だから，正解は ② ですね。

問2 地形図の等高線は，高度が高くなるにしたがって数値が大きくなりますが，問題の図中の等深線(とうしんせん)は深くなるにつれて数値が大きくなります。日本海溝と伊豆・小笠原海溝からそれぞれ西方に向かって 500 km の深さの等深線までの水平方向の距離を比べると，日本海溝からの水平距離の方が伊豆・小笠原海溝からの水平距離よりも長くなっています。両方とも海溝から 500 km までの深発地震面の深さ，つまり沈み込む太平洋プレートの上面までの深さを表しているので，図 23 のように，簡略化した断面を描いてみると，伊豆・小笠原海溝の方が日本海溝よりも急な角度でプレートが沈み込んでいます。だから，正解は ③ ですね。

このような図中に描かれた**等高線や等深線は，線が込み入っているところの傾きが大きいです**。

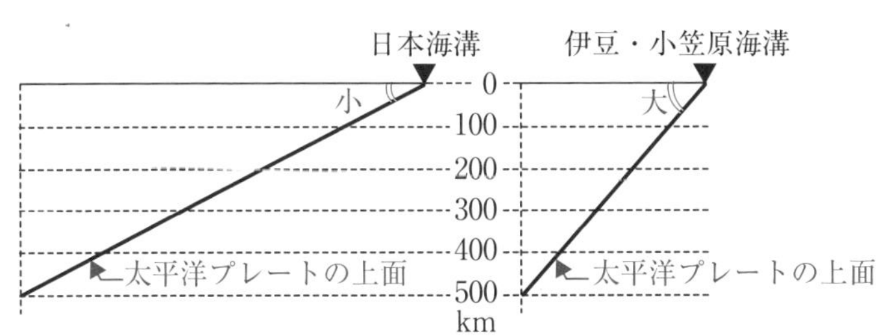

図 23　プレートの沈み込む角度

【問題 7・答】 **10** － ②　**11** － ③

ステップアップ！

等高線や等深線では，線が込み入るほど，急な角度（急傾斜）である。

このように，太平洋プレートが沈み込む角度は場所によって異なっています。角度だけではありません。伊豆・小笠原海溝付近では，太平洋プレートのなかで最も古い部分が沈み込んでいて，その沈み込む角度は急です。日本海溝からはそれよりも新しい太平洋プレートの部分が沈み込んでいて，その沈み込む角度は，伊豆・小笠原海溝付近よりも緩（ゆる）やかです。**海溝に沿って，同じ年代のプレートの部分が沈み込んでいるのでもなく，沈み込む角度も同じではありません。**

地震が発生する条件

さて，ここまでの話からわかるように，地震は地球のどこでも発生するわけではありません。

Q. では，地震が発生する地域が備えている特徴は何だろうか？

―― 一つは，力が加わっている地域という特徴です。プレートの境界付近がそのような条件を満たします。これは説明したよね。

図 19（→ p.81）の震央分布からわかるように，水平方向から**力が加わっているプレートの境界付近で地震は発生しています**。けれども，図 22（→ p.87）の日本列島付近の断面図では，プレートの境界付近のどこでも地震が発生しているのではない。となると，もう一つ，地震が発生する条件があるはずだ。図 22 の深いところでは，沈み込むプレートの表層だけで地震が発生している。それ以外に，地震は発生していない。

プレートの直下は，アセノスフェアです。アセノスフェアはやわらかいという特徴があった。このことから考えると，もう一つの条件は，**かたい岩盤があるところで地震は発生する**ということだね。岩盤がかたいときには，力が加わって破壊される。やわらかいと変形して歪（ひず）みが解消され，地震は発生しない。

第2章 地震災害と防災

祖母からは1891年濃尾(のうび)地震($M8.0$)について伝え聞いていますが，それ以外にも，父母からは1944年東南海(とうなんかい)地震($M7.9$)，1945年三河(みかわ)地震($M6.8$)，1946年南海地震($M8.0$)の経験を聞いているし，ぼく自身は1978年宮城県沖地震($M7.2$)と2011年東北地方太平洋沖地震($M9.0$)を経験しています。ぼくたちは，地震が頻発(ひんぱつ)する日本列島に住んでいます。一生のうちに，数回はマグニチュードが8前後の巨大地震や，マグニチュードは小さくても被害の大きい内陸(ないりく)地震に遭遇(そうぐう)します。地震に遭遇するのは必然だから，それに対処する知恵を持っていなければなりません。

緊急地震速報

現在では，**緊急地震速報**を受け取ることができます。地震の被害を軽減(けいげん)させる手段の一つです。

二か所以上の地震計にP波が届くと，地震の発生時刻，震源の位置，マグニチュードを即座(そくざ)に決定し，震源からの距離とマグニチュードから各地の震度を推定して気象庁は緊急地震速報を発表します。そうすると，震源から遠く離れた地域では，主要動をもたらすS波が届く前に，地震に対処する時間的余裕が生まれます。

現在運用されているシステムでは，最大震度5弱以上の揺れが予想されるとき，震度4以上の地域が対象になっています。5弱というと，つり下げてある蛍光灯(けいこうとう)が激しく揺れ，棚の食器が落ちる程度の揺れです。地震に驚くというよりも恐怖を感じる揺れです。

共通テストに出るポイント！

《緊急地震速報》

震源近くでP波を観測し，S波による主要動が始まる前に知らせる。

Q. 震源までの距離を求める方法については，大森公式を学びましたが，これは緊急地震速報に用いることはできません。なぜですか？

――緊急地震速報は，P 波の到着とともに震源の位置を決定します。大森公式から震源までの距離を求めるには，初期微動継続時間の測定が必要です。つまり **S** 波が届かないと大森公式は使えないからです。S 波が届いてからでは速報を出すには遅すぎる場合が多いから。

ということは，気象庁は別の手法で震源までの距離，発生時刻，マグニチュードを推定していることになります。これは，P 波の波形を解析（かいせき）する経験的手法です。そのため，誤差が生じるのはいかんともしがたいのです。緊急地震速報の精度（せいど）を 85% 程度まで持って行きたいという研究機関の努力が続けられています。そこで，緊急地震速報の問題です。

問題 8　緊急地震速報

ある日，次の図 1 の震源（地表付近）で地震が発生し，観測点 X に設置された地震計に P 波が到達してから 4 秒後に緊急地震速報が出された。図 1 に示す地点 A ～ D のなかで，S 波が到達する前に緊急地震速報を受信した地点の組合せとして最も適当なものを，次ページの ① ～ ④ のうちから一つ選べ。

ただし，地下構造は均質であり，震源距離と地震発生から P 波・S 波が到達するまでの時間との関係は，図 2 に示すとおりである。また，緊急地震速報は，発信と同時に各地点で受信されるものとする。 **12**

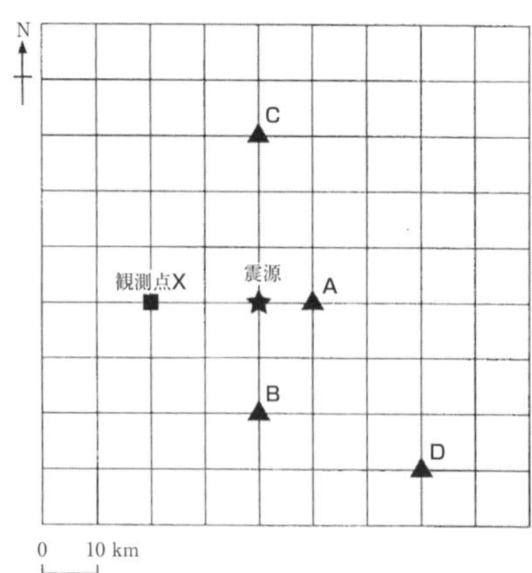

図 1　震源，観測点 X，および地点 A ～ D の位置

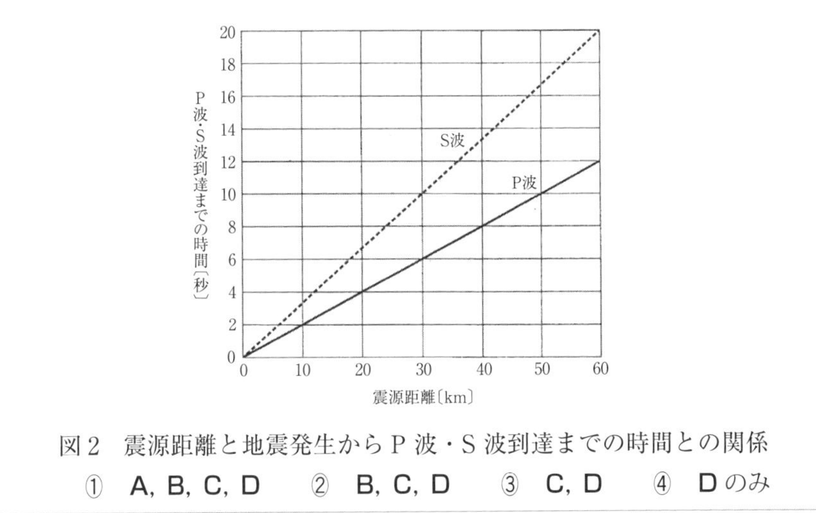

図 2　震源距離と地震発生からP波・S波到達までの時間との関係

① **A, B, C, D**　② **B, C, D**　③ **C, D**　④ **D**のみ

観測点 **X** は，図 1 では震源から 20 km 離れています。したがって，図 2 の震源距離 20 km に P 波が到達したのは，地震発生から 4 秒後です。その 4 秒後に緊急地震速報が出されたので，問題の図 2 に●の印でこれら二つを書き込んだ図が，次の図 24 です。

次に，地点 **A** ～ **D** に S 波が到達する時間を S 波のグラフ上に●の印でプロットしました。例えば，地点 **A** は，震源から 10 km 離れているので，震源距離 10 km の S 波の破線上の●印に S 波が届きます。

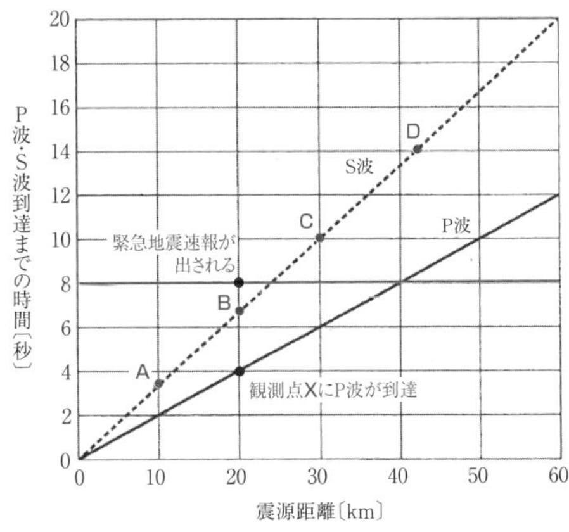

図 24　緊急地震速報と地震波到達までの時間との関係

緊急地震速報は地震発生から8秒後に出されたので，その時間よりも後にS波が届くのは，図24の赤い線よりも上のS波の線上の地点になります。つまり，地点**C**と地点**D**では，強い揺れが来る前に，緊急地震速報を受け取ったのです。正解は ③ ですね。

① と ② には，緊急地震速報を受け取る前にS波が届いている地点**A**と**B**が入っているので，正解ではありません。④ では，地点**C**が抜けているので，正解ではありません。**すべての地点について検討して正解を選んでください**。余分な地点がある，不足している地点があるというような観点で，最も適当な選択肢を選ぶのです。

【問題8・答】 **12** － ③

活断層

緊急地震速報以外に，地震に対処する方法はないのだろうか。

またもや，チョークです。ゴシゴシと傷をつけます。さっきもやったように，力を加えると，この傷が断層だから，ここからチョークは割れるはずです。力を加えていきます。まだ，割れない。まだかな。

割れた！

このチョークが，いつ割れるか，それはわかりませんよね。地震だって同じです。地震がいつ発生するのかという時刻の予測はできません。

地下の岩盤に力が加わっていって，歪(ひず)みが蓄積されて，あるときに割れる。でも，そろそろチョークが割れるんではないかと，君たちが期待したように，地震でも「そろそろ」というのはわかりますね。特に，海溝型地震は数十年～百数十年の周期で発生するので，「数十年以内」には発生するだろうという程度の予測はできます。「何年」というところまでの予測は難しい。

けれど，チョークの場合，傷をつけたところから割れたように，地震の場合も，過去に地震を発生させた断層があるのだから，そこで地震が発生する。マグニチュードは，その断層の広がりから予測できるよね。

このように，**最近数十万年間に活動を繰り返し，今後も地震を発生させる可能性のある断層を活断層(かつだんそう)といいます**。海溝型地震も内陸(ないりく)地震も活断層に注目すれば，地震の発生する場所とマグニチュードの予測は，ある程度できます。

内陸地震の多くは活断層ですが，活動周期が長いので，海溝型地震と異なり，いつ発生するかの予測は難しいです。自分が住む場所の近くに，活断層が通っているかどうか，それくらいは調べておいた方がいい。せっかく，地学で地震について学んだのだから，試験対策だけではなく，実生活にも役立ててください。

共通テストに出るポイント！

《活断層》

最近数十万年間に活動を繰り返し，今後も地震を発生させる可能性のある断層。

地震災害

地震には津波をはじめ，さまざまな災害が伴います。

津　波

沿岸部に住む人にとって，知っておかなければならないのが津波です。2011 年東北地方太平洋沖地震では甚大(じんだい)な被害が出ました。

海底に震央があり，震源が浅く，震源域が広い地震の場合，断層のずれによって広い範囲の**海底が隆起もしくは沈降**し，海底に変動が生じます。この海底の隆起によって海水が押し上げられ，海底の沈降によって海水は押し下げられて海面も大きく変動します。この海面の変動によって津波が発生します。**地震波が海面を変動させるのではない。**

海底が隆起した場合は押し波，海底が沈降した場合は引き波が生じ，海岸へは**津波は押し波で来る場合もあれば，引き波で来る場合もあります。**津波の周期は 10 分から数 10 分で，第一波の波高(はこう)(波の高さ)が最も高いとは限らず，後に来る津波の波高が高い場合もあります。

問題9　津波の速度

津波の速さは，重力加速度と海の深さの積の平方根に比例する。重力加速度を $10\ \mathrm{m/s^2}$ とするとき，深さ 100 m の大陸棚(たいりくだな)を伝わる津波の速さとして最も適当なものを，次の ①～④ のうちから一つ選べ。 **13** km/時

① 1.9　② 8.9　③ 32　④ 115

津波の伝わる速さを求める計算式は，教科書には載(の)っていません。けれども，**共通テストでは，与えられた情報から数式を立てて計算するタイプの問題があります**。もちろん，この問題に示した式を覚えている必要はありません。式を立てることができれば，十分です。

重力加速度と海の深さの積というのは，10×100 ですね。津波の速さは，その平方根に比例するのだから，問題文に従って式を立てると，

$$\sqrt{10\times 100}=10\sqrt{10}\fallingdotseq 10\times 3.2=32$$

です。けれども，正解は ③ ではありません。ここで計算した数値の単位は m/s だからです。単位も含めて，改めて計算式を立てると，

$$\sqrt{10\ \mathrm{m/s^2}\times 100\ \mathrm{m}}=\sqrt{1000\ \mathrm{m^2/s^2}}=10\sqrt{10}\ \mathrm{m/s}\fallingdotseq 32\ \mathrm{m/s}$$

単位は文字式だと考えればよい

です。これを km/時に換算(かんさん)すると，

$$\frac{32\times 60\times 60}{1000}=115\ \text{km/時}$$

です。したがって，正解は ④ です。

この問題のように，m と km，秒と時という異なる単位が含まれている場合，単位の換算(かんさん)が必要です。計算をする前に，**問題文の単位が統一されているかどうかをまずは確認してください**。さらに，単位の換算のミスを防ぐには，単位を含めて計算式を立てる癖をつけるといい。

【問題9・答】 **13** － ④

ステップアップ！

- 問題文中の単位に注意する。
- 単位を含めて計算式を立てる。

津波は，海面から海底までの海水全体が揺れて，深い海ほど速く進み，5000 m の深さではジェット機程度の時速 800 km で伝わり，海が浅くなると，速度は小さくなりますが，上の問題で計算したように，100 m の深さの大陸棚(たいりくだな)では時速 115 km，つまり高速道路を走行する自動車程度，海岸に近づくにつれて遅くなるといっても，**海岸に押し寄せるときには，ぼくたちが全力疾走(しっそう)しても逃げ切れない速さ**です。

津波が海岸に近づくと，水深が浅くなって，伝わる速さは遅くなると同時に波が高くなります。津波が水深の浅い沿岸に近づくと，波の先端ほど水深が浅くなるので，水深の浅い津波の先端部にブレーキがかかって，そこに後方部の海水が乗り上げるようになって波が高くなります。

とくに，三陸(さんりく)海岸のように，海から陸に向かって狭(せま)くなる湾(わん)では，両側から包(つつ)み込まれて圧縮されるようにして海面が高くなり，津波が斜面を駆け上がります。この津波が遡(さかのぼ)る高さは遡上高(そじょうこう)とよばれ，津波の波高とは異なります。遡上高は，津波の波高の 4 倍くらいにはなり，2011 年東北地方太平洋沖地震では 40 m を超えたところもあります。**津波の高さと津波が遡上する高度は異なるので，気をつけてください。**

共通テストに出るポイント！

《津　波》

- 海底に震央があり，震源が浅く，震源域の広い地震によって発生。
- 陸地に近づくほど波が高くなる。
- 押し波で来る場合も引き波で来る場合もある。
- 第一波が最も高いとは限らない。

液状化(えきじょうか)

地震動による家屋(かおく)などの損壊(そんかい)や津波以外に，さまざまの災害が地震に伴います。1923 年の関東大震災のときは，火災とその熱風(ねっぷう)による死傷者が建物の倒壊による死傷者を上まわっています。また，2011 年東北地方太平洋沖地震では千葉県など，海岸の埋立地で地盤の液状化による家屋の被害が多数生じています。

子供の頃に，雨が降った後のグラウンドなどで，表面は湿っている程度のときに，靴(くつ)で地面を繰り返したたくと，靴のまわりに水がしみ出してくるのを経験したことはありませんか？ これと同じ現象が液状化です。

平野の地下には，地下水を含む砂の層があります。次の図25の①のように，砂の粒子(りゅうし)どうしはくっついていて，その隙間に水が入っている状態です。地震が発生すると，その振動によって，②のように，くっついていた砂の粒子どうしが離れ，砂が水中に浮いた状態になります。これを**液状化**といいます。

地盤が強度を失い，重い建物は沈み，軽い下水管(げすいかん)やマンホールは浮き上がります。水に混じった砂が地面に噴出(ふんしゅつ)すると，地下では③のように，地震前よりも引き締まった状態になります。地盤の液状化は，平野部だけではなく，内陸部でも，沼や水田を埋め立てたところなどで発生します。造成(ぞうせい)された宅地(たくち)では，元はどのような場所であったのか，沼地ではなかったかなど，古い地図で確かめておく必要があります。

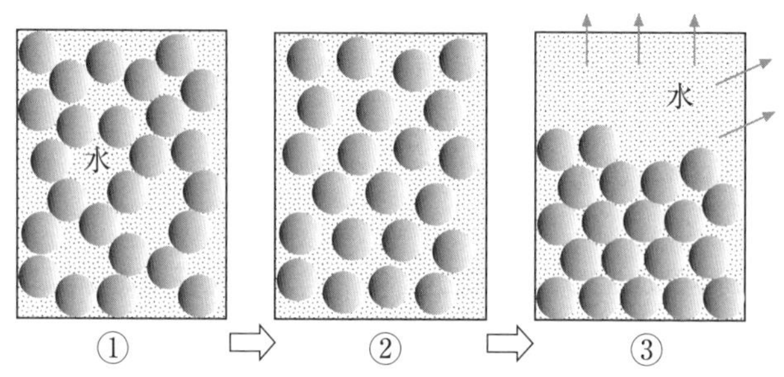

図25　液状化のしくみ

共通テストに出るポイント！

《 液状化 》

- 地震動によって砂の粒子どうしが離れて水中に浮き，地盤がゆるむ。
- 海岸や沼地の埋立地で発生しやすい。

今回は，地震がテーマでした。演習問題を見るとわかるように，地震をテーマとした問題では，読図問題がしばしば出題されます。三地点の観測から震央を決定したり，震源の深さを求める問題，緊急地震速報，マグニチュード，大森公式に関連した計算問題など，図を題材として問題が組み立てられています。最低限の知識に加えて文章や図の読解力が問われています。演習問題の図やグラフを振り返って，読解のポイントが何であったのかを再度確認してください。

また，君たちが生きている間に，巨大地震は発生すると考えられます。南海地震の再来だけではなく，内陸地震も警戒し，最低限の備えはしておいてください。また，地震が発生したとき，どのような行動を取れば最善なのか。これも考えておいてください。何が起きるかはわからないけれども，対処し，**減災**(げんさい)は可能なはずです。

次回は，日本列島に住むものにとってもう一つ，地震とともに備えなければならない火山活動について講義をします。前回学習したプレートテクトニクスも関係します。

第3回

固体地球とその変動(3)

火成岩と火山活動

岩石には，火成岩，変成岩，堆積岩の三種類があります。今回のテーマの火成岩は，マグマが冷却・固結した岩石です。変成岩は，地下深くにある岩石が，熱や圧力の作用によって異なる岩石に変化した岩石で，次回の造山運動とともに説明します。堆積岩は，海底などに堆積した堆積物からなる岩石で，これも次回です。

火山活動は，第１回のホットプルーム，プレートの運動と密接な関係があります。その火山活動を理解するためには，火成岩の知識が必要です。そこで，まずは火成岩に関して説明します。覚える内容が多い分野だから，大変だけれど，若い君たちは何とかなるんじゃないかな。

第１章　火成岩

火成岩体の産状

火成岩はマグマが冷却・固結した岩石です。火成岩のもととなる**マグマは，SiO_2(二酸化ケイ素)を主成分とする，1000℃前後の高温の液状の物質です**。**マグマは，上部マントルのアセノスフェアなどで発生し**，周囲の岩石よりも密度が小さいために浮力によって地殻にまで上昇してきます。また，**マグマは，地球上のどこでも発生するのではなく，限られた場所で発生する**ため，火山も限られた地域で活動しています。

地下深くから上昇してきたマグマは，地殻に達すると，周囲の岩石の密度がマグマの密度とほぼ同じになるので，やがて上昇が止まって，冷え固まり，火成岩になります。また，火山の地下に蓄えられ，やがて火山活動が生じます。

マグマが地下深くでゆっくりと固結すれば深成岩に，地表近くや地表で急速に冷やされて固結すると火山岩になります。このように冷え固まった火成岩を野外で観察できます。地下深くで冷え固まった火成岩は，その後の地殻変動によって地表に現れますが，地下に存在していたときの状態を想像すると，次の図1のようになります。

地下に分布する岩体を貫いてマグマが入ってくる現象を**貫入**といいます。そのようにして形成された岩体を**貫入岩体**といいます。

岩体という言葉は，次のように考えるとわかりやすいと思います。生物の体は細胞からできている。その細胞が組織をつくって，心臓や肺などの器官をつくり，その器官が集まって身体がつくられます。同じように，鉱物が組織をつくって岩石が形成され，その岩石が岩体をつくっています。

対比すれば，言葉の使い方に，次のような類似関係があります。

細胞　→　器官　→　身体
鉱物　→　岩石　→　岩体　　似てるよね

火成岩から形成されていれば火成岩体，花こう岩から形成されていれば花こう岩体というように，「岩体」という言葉の前にさまざまの修飾する言葉をつけて岩体の種類を表しています。貫入岩体も，マグマが貫入して

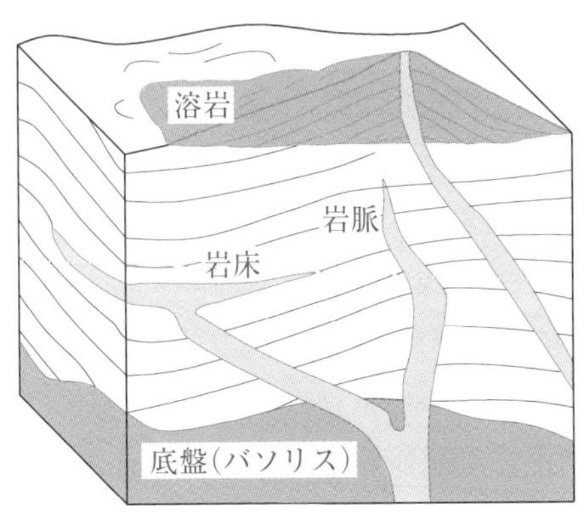

図1　火成岩体の産状

形成された岩体という意味です。

図1のように，貫入岩体の種類としては，岩脈(がんみゃく)，岩床(がんしょう)，底盤(ていばん)(バソリス)があります。**地層を切るように貫入している岩体を岩脈，地層面に沿って貫入している岩体を岩床**といいます。これらは，周囲の地層と接するところでは比較的急速に冷えるために火山岩ですが，内部はゆっくりと冷えて深成岩になる場合もあります。底盤も貫入岩体です。**底盤は，地表に現れている場合，100 km² 以上の広大(こうだい)な面積を占める貫入岩体**で，深成岩の花こう岩がこの産状(さんじょう)を示す場合が多いです。

地表にマグマが達すると，溶岩として噴出(ふんしゅつ)します。溶岩は貫入するのではなく，「噴出する」という言葉を使います。地表で急速に冷やされるので，溶岩は火山岩です。溶岩が海底に噴出した場合は，図2のように枕(まくら)が積み重なったように見え，**枕状溶岩**といいます。海水によって急速に冷やされて丸みを帯(お)び，表面はガラスに覆(おお)われ，断面には急速に冷却されて形成された放射状の割れ目が見えます。

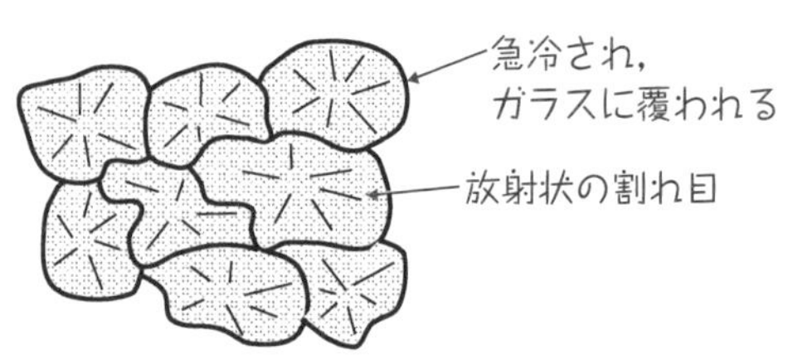

図2　枕状溶岩の断面

マグマの冷却速度と火成岩

以上のように，マグマが最初から最後まで地下深くでゆっくりと冷え固まると深成岩，地表や地表近くで急冷されて冷え固まると火山岩になります。これは，岩石の組織を観察すると区別できます。

先ほど岩体の説明で述べたように，鉱物が組織をつくって岩石になっている。だから，組織というのは鉱物の集まる様子を表す言葉です。

また，**原子(げんし)が規則正しく配列している物質を結晶(けっしょう)といい**，岩石をつくっている鉱物(**造岩(ぞうがん)鉱物**)のほとんどは結晶です。

マグマが地下深くで最後までゆっくり冷えると，結晶(鉱物)は大きく成長し，図3のような粗粒の結晶からなる組織の火成岩が形成されます。この**粗粒の結晶のみからなる組織を等粒状組織**といい，**等粒状組織を示している火成岩を深成岩といいます**。

一方，地下深くでゆっくりと冷えて大きく成長した結晶(斑晶)を含んだまま，マグマが地表付近に貫入したり，地表に噴出すると，マグマは急冷されます。そのとき，急に冷やされてマグマから晶出し始めた結晶は大きく成長できず，小さな結晶やガラス(火山ガラス)として固結します。そのため，図4のような，**大きな斑晶とそれを取りまく石基からなる組織**を示します。これを**斑状組織**といい，**斑状組織を示している火成岩を，火山岩といいます**。火山岩では，地下深くでゆっくりと冷え，大きく成長していた結晶が斑晶で，最後に急冷されて斑晶の周囲に石基が形成されます。地表だけではなく，地表に近い地下でも急冷される点に注意してください。火山岩という名称から，火山活動に伴った場合にだけ火山岩が形成されると勘違いしないでくださいね。

なお，石基を構成する**ガラスは結晶ではない**ので，「石基は小結晶とガラスからなる」といいます。ガラスが結晶ならば，区別する必要はないので「石基は小結晶からなる」と表現すればいいはずです。それをわざわざ「石基は小結晶とガラスからなる」と表現するのは，ガラスが結晶ではないからです。

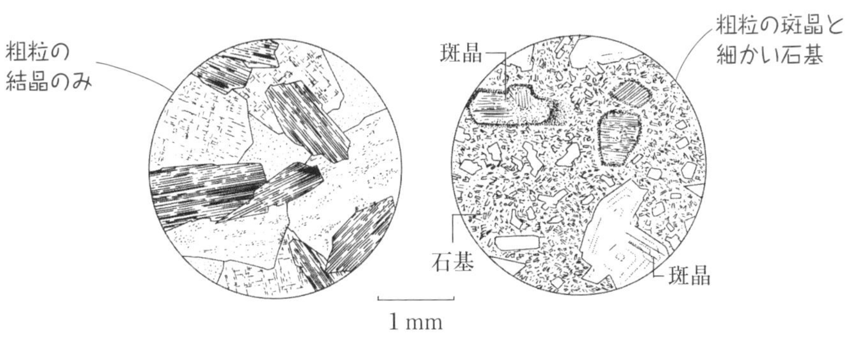

図3　等粒状組織　　　図4　斑状組織

共通テストに出るポイント！

《 火成岩の組織 》

- 深成岩…粗粒の結晶からなる等粒状組織。
- 火山岩…小結晶とガラスからなる石基が斑晶を取り巻く斑状組織。
  斑晶は石基よりも先にマグマから晶出した。

さて，ここまでの内容を問題で確認してみよう。

問題 1　火成岩の組織

次の図は，厚い玄武岩の岩脈の縁，中心部および両者の間の，三か所から採取した岩石の組織を模式的に示したもので，各図の横幅は約 2 mm である。これらのうち，岩石の縁，中心部から採取した岩石の組織を示す図の組合せとして最も適当なものを，下の ①～⑥ のうちから一つ選べ。

1

ア　　イ　　ウ

	縁	中心部		縁	中心部		縁	中心部
①	ア	イ	②	ア	ウ	③	イ	ウ
④	イ	ア	⑤	ウ	ア	⑥	ウ	イ

マグマが地下に貫入した場合，周囲の岩石と接する部分は急冷されるので，結晶は大きく成長できず，図**イ**のように石基の結晶が細かい。図**イ**中の大きな結晶は斑晶で，急冷される前に晶出していた鉱物です。中心部に近づくにつれ，マグマはゆっくりと冷えるので，小結晶も成長する時間的余裕があり，図**イ**に比べると大きな結晶が多く存在し，図**ウ**の斑状組織を示すようになります。中心部では，マグマはゆっくり冷え，すべてが粗粒

の結晶からなる等粒状組織を示すようになります。つまり，図アです。したがって，岩脈の縁（ふち）から中心部へ向かって図イ→図ウ→図アのように岩石の組織は変化します。正解は ④ ですね。

【問題1・答】 1 − ④

鉱物の晶出順序

マグマから鉱物が生じることを「鉱物が晶出する」といいます。鉱物が結晶としてマグマから出てくるという意味です。103ページの図3では，マグマの冷え方の違いだけではなく，鉱物の晶出順序がわかります。次の問題に模式的（もしきてき）な等粒状組織の図を示しました。図中の鉱物の晶出順序を決定してみてください。

問題2　鉱物の晶出順序

次の図のような等粒状組織を示す深成岩に四種類の鉱物 A ～ D が含まれていた。これらの鉱物はどのような順序でマグマから晶出したと考えられるか。最も適当なものを，下の ① ～ ⑨ のうちから一つ選べ。 2

鉱物A　鉱物B　鉱物C　鉱物D

	早期←→晩期		早期←→晩期		早期←→晩期
①	A B C D	②	A C B D	③	B D A C
④	B A C D	⑤	C B A D	⑥	C D B A
⑦	C A B D	⑧	D B A C	⑨	D C B A

第3回 固体地球とその変動(3)

最初にマグマから晶出し，成長しはじめた鉱物は，周囲に成長を妨(さまた)げる鉱物がないため，その鉱物本来の形を示す結晶として成長します。このような鉱物の形を**自形**(じけい)といいます。それに遅れて晶出し始めた鉱物が成長を続けると，すでに晶出していた他の鉱物と接するようになり，自由な成長が妨げられます。このような，自由な成長が部分的に妨げられた鉱物の形を**半自形**といいます。最後にマグマから晶出する鉱物は，すでに晶出している鉱物の隙間(すきま)を埋めるように成長し，その鉱物本来の形を取れなくなります。このような鉱物の形を**他形**(たけい)といいます。

問題の図では，**周囲の鉱物から浮き上がって見える鉱物 A が自形です。**周囲の鉱物に邪魔(じゃま)されて成長したようには見えないはずです。その**下に重なって見える鉱物が半自形です。**自形の鉱物の下に重なっているように見えるのは，半自形の鉱物の成長が邪魔された証拠です。鉱物 B と鉱物 C が半自形ですが，鉱物 B は鉱物 C の上に重なっているので，鉱物 C よりも先に晶出しています。鉱物 D は，最後に隙間を埋めて晶出した他形です。以上から，鉱物は A → B → C → D の順にマグマから晶出したとわかります。したがって，正解は ① です。

【問題 2・答】 **2** － ①

共通テストに出るポイント！

《 鉱物の晶出順序 》

自形→半自形→他形の順にマグマから晶出。
図では，上から下へ重なる順に晶出。

有色(ゆうしょく)鉱物と無色(むしょく)鉱物

岩石をつくっている鉱物を**造岩(ぞうがん)鉱物**といい，火成岩の造岩鉱物は二種類に分類できます。**有色鉱物**と**無色鉱物**です。

有色鉱物は，読んで字のごとく，色の有(あ)る鉱物です。肉眼で観察すると，濃い緑色や黒い色です。**マグネシウム(Mg)と鉄(Fe)を特徴的に含みます。** かんらん石，輝石(きせき)，角閃石(かくせんせき)，黒雲母(くろうんも)が有色鉱物です。

無色鉱物は，無色透明だったり，白色の鉱物です。 Mg や Fe は含まず，二酸化ケイ素(SiO_2)組成の石英(せきえい)，Si や O に加えて，それ以外の元素も含む斜長石(しゃちょうせき)やカリ長石などの長石が無色鉱物です。

マグマから晶出する鉱物の順序は，次のポイントに示したように有色鉱物と無色鉱物の二つの系列(けいれつ)があります。

共通テストに出るポイント！

《マグマから晶出する順序》

- 有色鉱物：かんらん石→輝石→角閃石→黒雲母
- 無色鉱物：Ca に富む斜長石→ Na に富む斜長石，カリ長石，石英

換気扇(かんきせん)真っ黒，

カナ社長，「係長，席へ！」

ゴロ

鉱物の晶出順序は，覚えるしかない。ということで，語呂合わせ。

換気扇真っ黒，カナ社長，「係長，席へ！」

「**か**ん**ら**ん石，**輝**石，角**閃**石，**黒**雲母」の順が「換気扇真っ黒」，「**Ca** に富(と)む斜長石→ **Na** に富む**斜長**石」が斜長石の成分の変化の「カナ社長」，「**カリ長**石，**石英**」が「係長，席へ！」です。換気扇が真っ黒のようです，カナ社長。すると，社長が「係長，席へ」と言ってよびつけるのです。

ケイ酸塩鉱物の結晶構造とへき開

今日，最初に述べたように，火成岩をつくっている基本単位は鉱物です。鉱物については，教科書の本文ではあまり詳しく扱っていませんが，実験や実習の項目で，かなり詳細な特徴が載(の)っています。

火成岩を構成している鉱物は，それぞれ化学組成が異なりますが，どの鉱物もケイ素(Si)と酸素(O)を共通して含んでいます。このような**ケイ素と酸素を含む鉱物をケイ酸塩(さんえん)鉱物といいます**。先ほどお話しした火成岩の造岩鉱物は，すべてケイ酸塩鉱物です。

SiO_4 四面体

ケイ酸塩鉱物は，酸素原子(O)を四つの頂点として，中心にケイ素原子(Si)が位置する正四面体を骨格とする鉱物です。図5に示した，この骨格を **SiO_4 四面体**といいます。この SiO_4 四面体が鎖状(くさりじょう)や面状，あるいは立体的に結びついて，規則正しい構造をつくっています。

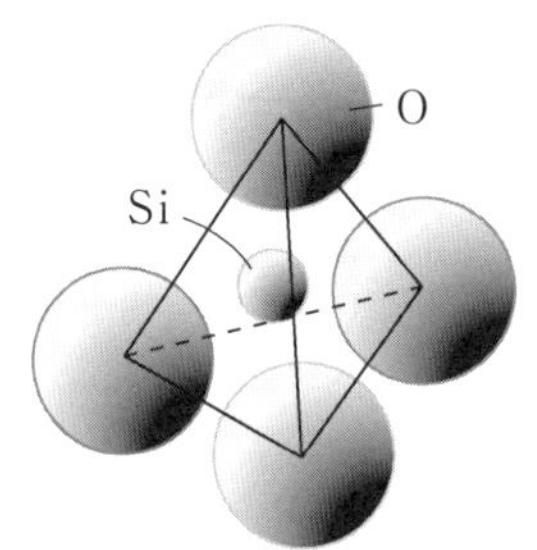

図5　SiO_4 四面体

火成岩をつくる主要な造岩鉱物はケイ酸塩鉱物で，SiO_4 四面体がその鉱物の結晶構造を形づくっていますが，ケイ酸塩鉱物に「塩」という言葉が入っているように，ケイ素と酸素以外にも各種の陽イオンを含んでいます。**SiO_4 四面体が骨格をつくり，その骨格を結びつける陽イオンがある**ということです。

たとえば，有色鉱物は，ケイ素と酸素以外に，マグネシウムと鉄のイオンを特徴的に含んでいます。一例をあげると，輝石は次ページの図6のように，SiO_4 四面体どうしが鎖状に結びついています。この図は，一つ一

つの SiO_4 四面体を上から見て描いた図です。輝石は有色鉱物だから，Si や O 以外に Mg^{2+} や Fe^{2+} を含み，この Mg^{2+} や Fe^{2+} が四面体どうしを結びつけて輝石の結晶は形成されています。

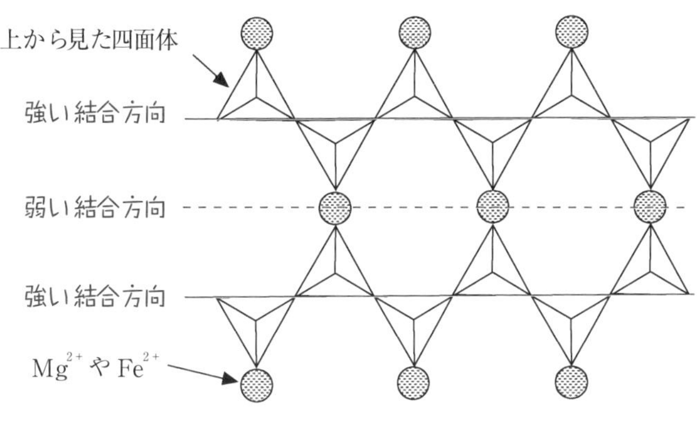

図6　輝　石

SiO_4 四面体が鎖状に結合している方向には強い結びつきがありますが，Mg^{2+} や Fe^{2+} が四面体の鎖を結びつけている方向は，弱い結合になっています。そのため，輝石を観察すると，この弱い方向に割れやすい面を形成しています。このように**鉱物が特定の方向に割れて平らな面が生じやすい性質をへき開**といいます。

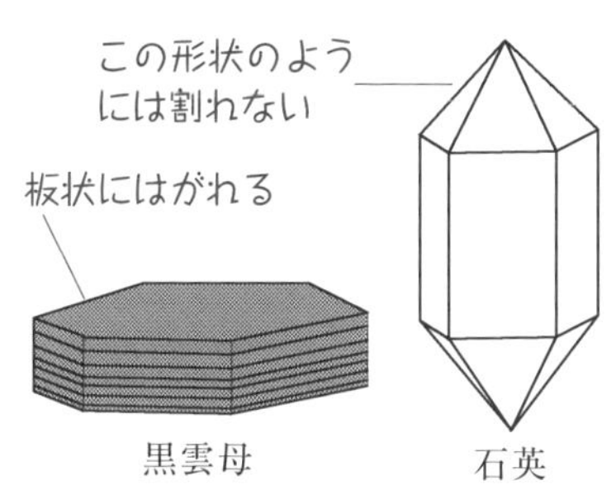

図7　黒雲母と石英

図7左図のように，**黒雲母はシート状に薄（うす）くはがれやすいへき開を示す**ので「千枚はがし」という異名があるくらいです。SiO_4 四面体が平面上に広がって，その面どうしを Mg^{2+} や Fe^{2+} などが結びつけているからです。

石英は，図7右図のきれいな結晶を示す場合があり，水晶（すいしょう）といったほうが馴染（なじ）みがあると思いますが，**石英にはへき開はなく，ガラスと同じ不規則な割れ方をします**。図7右図のようには割れません。

火成岩の造岩鉱物の特徴を次の表1にまとめておきます。

表1　火成岩の造岩鉱物

	鉱　物	色	へき開
有色鉱物	かんらん石	**淡緑色**～淡褐色	不明瞭
	輝　石	淡緑色～暗褐色	あり
	角閃石	濃緑色～暗褐色	あり
	黒雲母	茶褐色～**黒色**	**シート状**
無色鉱物	斜長石	無色～**白色**	あり
	カリ長石	**白　色**	あり
	石　英	**無色透明**～白色	**なし**

共通テストに出るポイント！

《火成岩の造岩鉱物》

- SiO_4 四面体が結晶の骨格をつくる。
- へき開…特定の方向に鉱物が割れやすい性質。

（例）黒雲母…シート状に薄くはがれる。

石　英…へき開はない。

火成岩の化学組成

再び，火成岩の内容にもどります。**火成岩に含まれる代表的な元素は，O，Si，Al，Fe，Ca，Mg，Na，K** です。

Q.ところで，これと同じ元素組成を示すのは，地球のどの部分でしたか？

――第1回で説明しましたね。「おしあてかるまぐなか」の地殻の元素組成です。

地球表層の岩石には火成岩が多いので，海洋地殻ならば玄武岩質岩石，大陸地殻上部は花こう岩質岩石，大陸地殻下部は玄武岩質岩石，というように火成岩の名称でその組成を代表させていました。

火成岩の元素組成のうち，最も多い元素は酸素(O)とケイ素(Si)です。だから，おもに火成岩によって形成されている地球表層の地殻やマントルは，ケイ酸塩鉱物によって形成されているともいえます。

この組成は，それぞれの元素で表せますが，火成岩の場合，酸化物の形で一般的には表します。つまり，

SiO_2，Al_2O_3，FeO や Fe_2O_3，CaO，MgO，Na_2O，K_2O

です。

このように酸化物の形で化学組成を表すと，**火成岩に最も多く含まれる酸化物は SiO_2(二酸化ケイ素)です**。この**最も多い SiO_2 の質量%で火成岩を分類します**。

SiO_2 質量%が 45% 未満ならば**超塩基性岩**，45 ～ 52%の範囲ならば**塩基性岩**，52 ～ 63%の範囲ならば**中性岩**，63%以上ならば**酸性岩**に分類します。なお，63%ではなく，66%という数値を用いている教科書もありますが，国際地学連合火成岩分類委員会推奨の 63%を区切りにしておきます。

最も多い酸化物は SiO_2 でしたが，次に多い成分は Al_2O_3 です。SiO_2 と Al_2O_3 が一番目と二番目である点は共通していますが，それ以外の酸化物は火成岩によってその質量%が大きく異なります。

共通テストに出るポイント！

《 SiO_2 質量%による火成岩の分類 》

SiO_2 質量%	45		52		63	
分類名	超塩基性岩		塩基性岩		中性岩	酸性岩
		私語，		五人，		無惨

色指数

火成岩，特に深成岩は，含まれる有色鉱物の体積%によって分類することがあります。**有色鉱物の体積%を色指数といいます**。この数値によって，超苦鉄質岩，苦鉄質岩，中間質岩，ケイ長質岩に深成岩を分類します。けれども，色指数の区切りの数値は教科書によってまちまちです。区分境界の数値は無理に覚えず，**有色鉱物が多ければ苦鉄質岩，少なければケイ**

長質岩と覚えておこう。

SiO_2 質量％による区分と対比させると，**超苦鉄質岩は超塩基性岩，苦鉄質岩は塩基性岩，中間質岩は中性岩，ケイ長質岩は酸性岩に対応します**。

共通テストに出るポイント！

《 色指数による火成岩の分類 》

	超苦鉄質岩	苦鉄質岩	中間質岩	ケイ長質岩
有色鉱物の量	多い ←			→ 少ない

共通テストでは，色指数の区分の数値よりも色指数の求め方が出題されます。一例を解いてみよう。どのようにして色指数を求めるかについての説明は，問題文中にあります。**共通テストでは，与えられた情報，つまりヒントを活用する能力が問われているのです。**

問題３　色指数

ある深成岩体から標本を採取し，表面を研磨(けんま)したうえで方眼を引いたトレーシングペーパーを当てて，有色鉱物のみを鉛筆で黒く塗りつぶした。その結果を次の図に示した。図中の 200 か所の交点のうち，有色鉱物の位置する交点の数をカウントし，その割合から色指数を求めた。

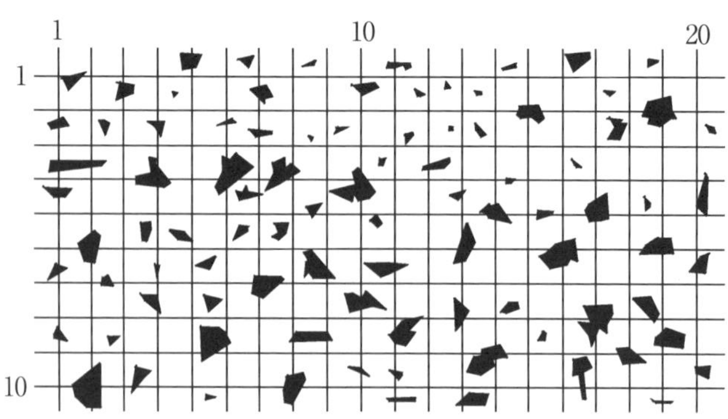

問1　この岩石の色指数として最も適当なものを，次の ① ～ ⑤ のうちから一つ選べ。 **3**

① 7　② 9　③ 11　④ 14　⑤ 18

問2　この岩石を色指数によって分類したときの名称として最も適当なものを，次の ① ～ ③ のうちから一つ選べ。 **4**

① 苦鉄質岩　② 中間質岩　③ ケイ長質岩

問1　問題文に指定してあるように，200 の交点のうち，有色鉱物が位置する交点の数の割合を求めればよいので，有色鉱物の数をまずは数えよう。次の図8の赤い丸印のように，縦横に引かれた直線の交点に位置する有色鉱物の数は 18 あります。

交点は全部で 200 あるので，交点上にある有色鉱物の割合は，

$$\frac{18}{200} \times 100 = 9$$

交点の数を読みおとして
100 としないように気をつけよう

なので，正解は ② です。

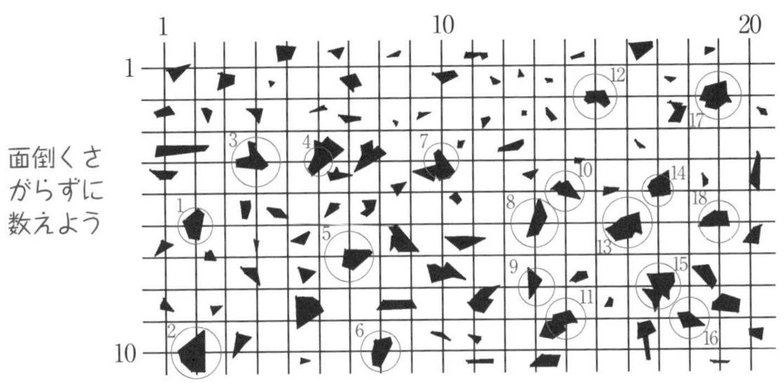

図8　交点上にある有色鉱物

問2　色指数は 0 ～ 100 までの間にあるので，9 という数値はかなり小さい値です。したがって，色指数が小さい深成岩の名称，つまり ③ のケイ長質岩を選べばいい。このように，色指数は苦鉄質岩，中間質岩，ケイ長質岩の区切りの数値を知らなくても，数値が大きいか小さいかで判断で

きます。

【問題3・答】 3 －② 4 －③

火成岩の分類

火成岩はその組織によって，等粒状組織ならば深成岩，斑(はん)状組織ならば火山岩に分類されます。また，SiO_2 質量％によって，超塩基性岩，塩基性岩，中性岩，酸性岩に分類されます。また，色指数によって超苦鉄質岩，苦鉄質岩，中間質岩，ケイ長質岩にも分類されます。

これらを組み合わせると次のポイントに示した表のようになり，具体的な火成岩の名称が定まります。たとえば，塩基性の火山岩は玄武岩，酸性の深成岩は花こう岩です。

かんらん岩は，上部マントルをつくる代表的な深成岩で，それに対応する火山岩は高校地学では履修(りしゅう)範囲外の岩石だから，表には載(の)せてありません。かんらん岩は，上部マントルを構成する超塩基性岩(超苦鉄質岩)だと覚えておいて，それ以外の火成岩は，次のように覚えておこう。

SiO_2 質量％が小さいものから大きいものの順に，火山岩，深成岩は，

玄安流(げんあんりゅう)，反戦歌

です。それぞれの岩石の最初の文字を並べただけですが，短くて覚えやすいはずです。デイサイトという火山岩も教科書に載(の)っていますが，流紋岩の一種と考えておけば十分です。

共通テストに出るポイント！

《火成岩の分類》

	超塩基性岩	塩基性岩	中性岩	酸性岩	
	超苦鉄質岩	苦鉄質岩	中間質岩	ケイ長質岩	
火山岩		玄武(げんぶ)岩	安山(あんざん)岩	流紋(りゅうもん)岩	玄安流
深成岩	かんらん岩	斑(はん)れい岩	閃緑(せんりょく)岩	花(か)こう岩	反戦歌

ところで，玄武岩は，次の図９の兵庫県豊岡市の玄武洞に名称の由来があります。玄武というのは，中国の四神の青竜，朱雀，白虎，玄武の一つで，亀，もしくは，高松塚古墳の北面に描かれている亀に蛇が巻きついている想像上の動物です。

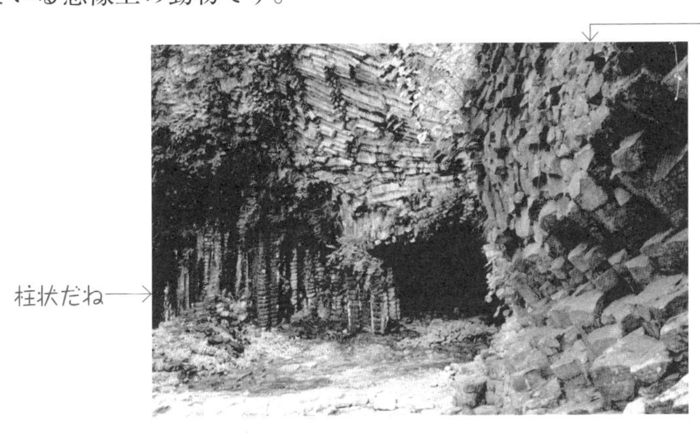

図９　玄武洞の柱状節理

岩体の規則的な割れ目を節理といいます。玄武岩には亀の甲羅の亀甲(六角形)の断面で柱状にのびる節理が発達している場合があります。

玄武岩の岩体に見られる節理，つまり柱状の節理の断面が六角格子模様に類似しているから，玄武岩という名がつけられています。

また，「玄」には，黒いという意味があるね。「玄人」と「素人」って，わかるかな？　プロとアマですけど。あまり使わないかな。

安山岩は andesite，つまりアンデス山脈の岩石，アンデス andes の「安」と山脈の「山」をとって安山岩です。安山岩は由緒正しくアンデス山脈と関係があると知っていて損はないと思います。日本列島と同じように，アンデス山脈が続く地域もプレートの沈み込む境界付近にあるから。

流紋岩は，流れたような紋様のある岩石。後で説明するように，粘り気のある溶岩に多いので，流動した筋が見られる場合があります。

ついでだから，深成岩の名称についても少しだけ述べておきます。

斑れい岩は，すべて漢字で書くと「斑糲岩」。「糲」は黒いお米の粒の意味で，それが集まったように見えるので斑糲岩と名づけられています。

閃緑岩は，角閃石を含む場合が多く，黒いというよりも黒緑色に見えるので，閃緑岩。

困ったことに，花こう岩(花崗岩)の語源は，はっきりしていません。石材の名称としては，御影石(みかげ)が一般には使われています。

火成岩のまとめ

ここで，まとめをしておこう。次の図10を見てください。

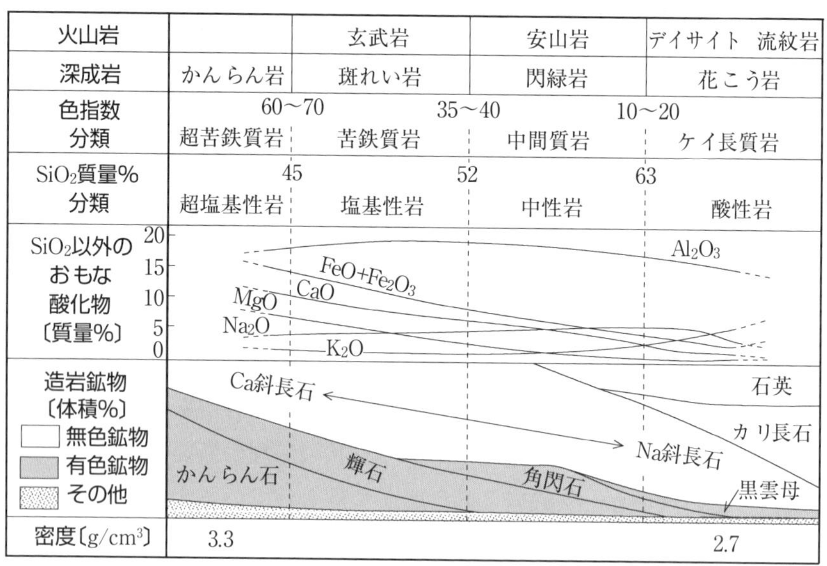

図10　火成岩のまとめ

火成岩は，マグマの冷却速度の違いから等粒状組織を示す深成岩と斑状組織を示す火山岩に分類されます。火成岩の化学組成の中で最も量が多いSiO_2の質量%によって超塩基性，塩基性，中性，酸性に分けられ，これと対応するように色指数によって超苦鉄質，苦鉄質，中間質，ケイ長質に火成岩は分類されます。

酸化物の形で表した火成岩の化学組成は，量的に最も多い成分がSiO_2ですが，図10中のその他の酸化物も含めて，**玄武岩もしくは斑れい岩つまり，塩基性岩(苦鉄質岩)のあたりが，おしあてかるまぐなかの順**になっています。つまり，「SiO_2，Al_2O_3，$FeO + Fe_2O_3$，CaO，MgO，Na_2O，

K_2O」の順です。教科書によって順序に若干の違いがありますが，覚え方の参考にしてください。

なお，有色鉱物の量は苦鉄質岩に多く，ケイ長質岩では少ないので，有色鉱物に特有の $FeO + Fe_2O_3$ と MgO は図 10 の右に向かって減っていきます。**火成岩の密度は，有色鉱物の量が多いほど大きい**ので，苦鉄質岩の密度は，ケイ長質岩よりも大きいです。

CaO と Na_2O については，**塩基性岩に含まれる斜長石は Ca に富み，ケイ長質岩に含まれる斜長石は Na に富む**ので，図 10 の右に向かって，CaO は減少し，Na_2O は増加します。カリ長石の「カリ」はカリウム(K)なので，カリウムの多いカリ長石を含むケイ長質岩になるほど，つまり，図 10 の右に向かってカリウムの量が増えていきます。このように，鉱物と酸化物を関連づけることも重要です。

それぞれの岩石に含まれる鉱物は，図 11 のように鉱物を並べて，ある火成岩に含まれる鉱物は，その火成岩の両隣を含めたものです。たとえば玄武岩は，かんらん石，輝石，角閃石，Ca に富む斜長石が造岩鉱物です。

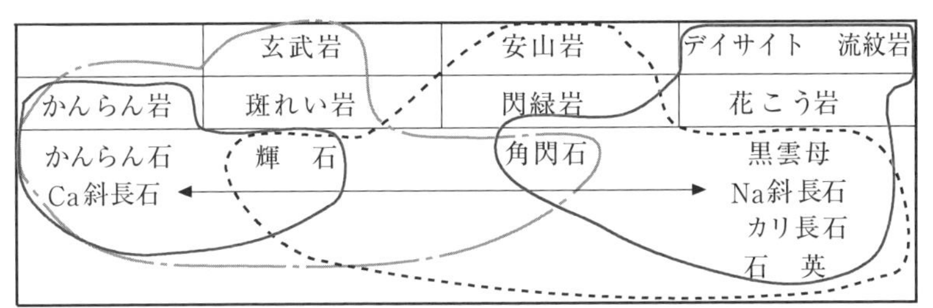

図 11　火成岩に含まれる鉱物

ここまでの復習ということで，次ページの問題を解いてみよう。

第3回 固体地球とその変動(3)

問題4　火成岩

マグマが地下の深いところでゆっくり冷え固まると深成岩になる。次の表1は，3種類の深成岩(斑(はん)れい岩，花こう岩，閃緑(せんりょく)岩)に含まれるおもな造岩鉱物の割合を測定した結果である。

表1　岩石試料A～Cに含まれる鉱物の割合〔体積%〕

岩石試料	石英	斜長石	カリ長石	黒雲母	角閃石	輝石	かんらん石
A	31	25	36	6	2	−	−
B	3	64	−	−	25	8	−
C	−	55	−	−	−	35	10

問1　表1中の岩石試料A～Cの岩石名の組合せとして最も適当なものを，次の ①～⑥ のうちから一つ選べ。 **5**

	A	B	C
①	斑れい岩	花こう岩	閃緑岩
②	斑れい岩	閃緑岩	花こう岩
③	花こう岩	斑れい岩	閃緑岩
④	花こう岩	閃緑岩	斑れい岩
⑤	閃緑岩	斑れい岩	花こう岩
⑥	閃緑岩	花こう岩	斑れい岩

問2　表1に示されたデータに基づいて，岩石試料Bの色指数として最も適当なものを，次の ① ～ ⑥ のうちから一つ選べ。 **6**

①　8　　②　25　　③　33　　④　64　　⑤　67　　⑥　92

問3　花こう岩について述べた文として最も適当なものを，次の ① ～ ④ のうちから一つ選べ。 **7**

①　斜長石は斑れい岩中のものよりNaに富んでいる。

②　閃緑岩よりFeOやMgOに富んでいる。

③　海洋地殻に多く分布する。

④　化学組成は安山岩とほぼ一致する。

問1　鉱物組成から考える問題です。先ほどの図11を自分で描いて判断してください。岩石試料Aは花こう岩もしくは閃緑岩，岩石試料Bは閃緑岩もしくは斑れい岩，岩石試料Cは斑れい岩です。岩石試料Cは，鉱物組成から考えて，斑れい岩かかんらん岩のどちらかですが，かんらん岩は選択肢にないので，岩石試料Cは斑れい岩です。組み合わせて ④ が正解です。

問2　有色鉱物はどれかという問題に等しいですね。色指数は岩石全体に占める有色鉱物の体積％だから，表1の有色鉱物の体積％から考えればいい。岩石試料Bには，有色鉱物として角閃石と輝石が含まれているので，25＋8＝33という結果から，正解は ③ です。図10の色指数をみると，確かに閃緑岩の範囲に入っています。岩石Aの色指数は8だからケイ長質岩の花こう岩，岩石Cの色指数は45だから苦鉄質岩の斑れい岩だ。これも図10の数値を確認してみよう。

問3　一つ一つの選択肢を吟味しよう。

①　「**カナ社長**」だから，斜長石は，カ(Ca)が図10の左側で，ナ(Na)が右側だ。つまり，図10の左側の塩基性岩(苦鉄質岩)の斑れい岩中の斜長石はCaに富み，右側の酸性岩(ケイ長質岩)の花こう岩中の斜長石はNaに富む。だから，この選択肢が適当ですね。

②　FeOやMgOは，有色鉱物に特徴的に含まれる酸化物です。岩石試料Aの花こう岩の色指数は，6＋2＝8，岩石試料Cの斑れい岩の色指数は，35＋10＝45だから，花こう岩の方が斑れい岩よりも有色鉱物の量が少ない。つまり，斑れい岩に比べて花こう岩はFeOやMgOが少ない。したがって，この選択肢は適当ではない。

もちろん，色指数から考えなくても，花こう岩は白い色をしていて，黒い色の斑れい岩よりも有色鉱物は少ないと判断してもいいです。そういえば，一つ，忘れていましたね。**有色鉱物の多い深成岩ほど色が黒く，無色鉱物の多い深成岩ほど色は白い**です。

共通テストに出るポイント！

《 有色鉱物の量との関係 》

有色鉱物の量	多　い	←→	少ない
色指数	大きい	←→	小さい
FeO，MgO	多　い	←→	少ない
火成岩の色	黒　い	←→	白　い
火成岩の密度	大きい	←→	小さい

③　海洋地殻は玄武岩質岩石から形成されているので，この選択肢は適当ではない。花こう岩は，大陸地殻上部を代表する岩石です。

④　花こう岩も流紋岩も酸性岩(ケイ長質岩)だから，花こう岩の化学組成は，流紋岩とほぼ一致します。だから，この選択肢は適当ではない。

【問題 4・答】 5 －④　6 －③　7 －①

火成岩に関しての講義はここまでです。図 10 について，覚え方を示しておいたので，何と何が関連しているのかを理解しつつ，図 10 を自分で再現できるようにしてください。

第2章 火山活動とその災害

ここからは，火山についてです。つまり，玄武岩(げんぶがん)，安山岩(あんざんがん)，デイサイト，流紋岩(りゅうもんがん)という火山岩に関係する内容です。

火山噴火のメカニズム

突然ですが，火山噴火(ふんか)に関する次の問題を解いてみてください。問題文中に考察のための情報はあるので，解けると思います。

問題5　火山噴火

火山の活動にはそれぞれ個性があるため，噴火を予知するためには，古文書の記録や地層に残された噴出物から過去の活動の性質や経過，周期性などを明らかにしておくことが役に立つ。また，山体の膨張や，火山活動に関連した地震を継続的に観測し，噴火が近づいた兆候を検知することも必要である。ハワイ島のキラウエア火山の山頂部の傾斜の増減からみた山体の隆起(膨張)・沈降(収縮)と火口における噴火の時期(矢印)との関係を表す図として最も適当なものを，次の ① ～ ④ のうちから一つ選べ。

8

①
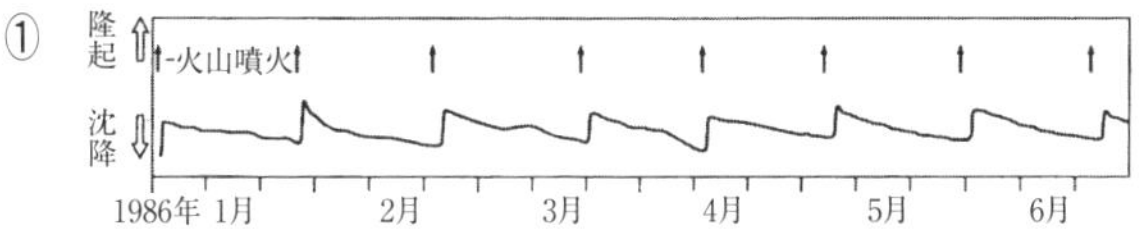

②
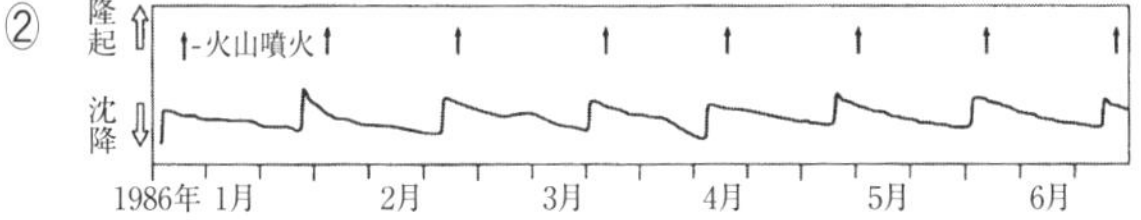

③
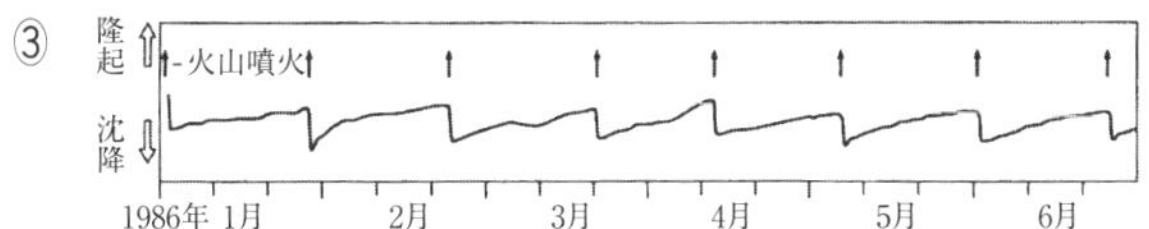

④
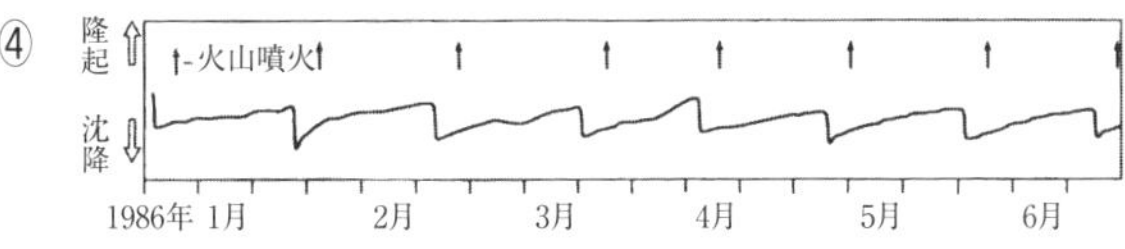

この問題では，知識が問われているわけではありません。火山噴火が近づいた兆候の例が設問の文中に示してあり，それと図を照らし合わせて正解を選択する問題です。知識問題だと決めつけてしまうと，問題の文章が目に入らなくなります。**小問の文章が長い場合，その中に，問題を解く上で重要な情報が入っています**。そのような情報を見つける能力が共通テストでは問われています。知識で対処する前に，**問題を解く上での情報が盛り込まれていることを前提として，設問の文章は読んでください**。問題3(→ p. 112)の色指数についても，知識ではなく，設問の文章にその求め方という情報が示されていたね。

ステップアップ！

問題を解く上での情報があると考えつつ，設問の文章は読む。

問題文の前半で，「山体の膨張や，火山活動に関連した地震を継続的に観測し，噴火が近づいた兆候を検知する」という文章があります。「噴火が近づくと山体が膨張する」と述べられているので，山体の膨張つまり隆起が続いて，やがて噴火し，その後は収縮(沈降)して，再び山体が膨張(隆起)して噴火を繰り返すのだから，③ が正解です。

【問題 5・答】 8 − ③

さて，なぜこのような現象が生じるのだろうか？

次ページの図12のように，地下深くで発生したマグマは，周囲の岩石よりも密度が小さく，地殻中を上昇します。周囲の岩石の密度が小さくなるとマグマの上昇は止まり，さらに地下深くからマグマが供給され続け，マグマが火山の地下に溜まります。これを**マグマ溜り**といいます。マグマ溜りでマグマが発生しているのではなく，もっと深いところで発生したマグマが集まって形成されるのがマグマ溜りです。

マグマが地下深くにあるときは，マグマの中には水蒸気や二酸化炭素な

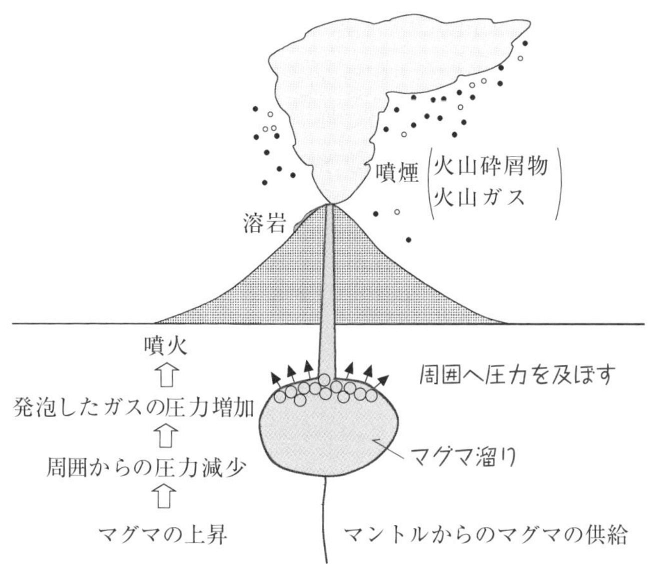

図 12　噴火のメカニズムと火山噴出物

どのガス成分が溶け込んでいますが，マグマが地下深くから上昇して周囲からの圧力が減少すると，ガス成分がマグマから分離して泡立（あわだ）ち始めます。ガスは気体だから，マグマに溶け込んでいたときよりも体積が増加します。このガスがマグマ溜りの上部に集まり，今度は周囲の岩盤に圧力を及（およ）ぼして，やがて噴火に至（いた）ります。

Q．液体の中に溶け込んでいた気体が勢いよく出てくる現象を見たことがあると思います。液体の中から気体が出てきて発泡する身近な現象は？

―― 炭酸飲料の蓋（ふた）を開けると，液体の中に溶け込んでいた二酸化炭素が泡となって勢いよく吹き出すのと同じです。

炭酸飲料は，製造工程で，低温下で圧力をかけて二酸化炭素を溶け込ませてあるので，圧力がかかっている状態にあります。蓋を開けると圧力が急に下がって，二酸化炭素が泡をつくって吹き出します。マグマの中に溶け込んでいた火山ガスも，マグマが地下から上昇するとともに圧力が下がってマグマの中から出てきて発泡（はっぽう）します。

さて，問題にあった山体の隆起は，地下からマグマが上昇するとともに発泡したガスが，地下から周囲の岩石に圧力を及ぼすため，山体が膨張して生じる現象です。「山上がり」ともいわれ，噴火が近づいた証拠です。

この後に火山が噴火すると，山体の地下にあった物質が噴出され，山体は収縮(沈降)します。そして，再び地下にマグマが供給されて，山体が膨張します。この繰り返しの図が，正解の ③ です。

噴火予知

地震は，火山活動によっても発生します。噴火が近づくと，地下のマグマの活動によって火山周辺の地震活動が活発化するので，その地震を常時観測しています。問題5のように山体の膨張や収縮も観測しています。

その他には，火山から放射される赤外線から温度変化を調べたり，火山ガスの成分変化も観測しています。

過去およそ1万年以内に噴火したり，噴気活動がある火山を活火山といいます。日本国内にある111の活火山のうち，50の火山について，24時間体制で監視しています。気象庁，大学，自治体などが協力して，特に警戒しなければならない火山を観測していますが，予算の関係で半分以上の火山は対象から外されています。

火山が噴火しそうなときは，「火口周辺警報」や「**噴火警報**」が発令され，入山規制や危険地域の住民に避難が促されています。

火山噴出物

火山の噴火が始まると，火口からさまざまな物質が噴出してきます。これらを**火山噴出物**といいます。**溶岩**，**火山ガス**，**火山砕屑物(火砕物)**です。

溶岩は，マグマが地表に噴き出たものでもあるし，それが固結した場合も溶岩といいます。

マグマの中に含まれていた気体成分が**火山ガス**で，**そのほとんどが水蒸気(H_2O)です**。水蒸気以外には，二酸化炭素(CO_2)，硫化水素(H_2S)，二酸化硫黄(SO_2)，塩化水素(HCl)なども含まれます。また，噴火のときだけではなく，ふだんも地下の割れ目を通って噴気孔などから火山ガスはもれ出ています。

火山砕屑物(火砕物)は，固まりかけたマグマが爆発的に破壊・放出され，冷えて固まった破片です。鍋でお湯を沸かすと，ふつふつと煮えたぎって泡がはじけて飛沫が飛びます。マグマの一部が発泡しながら空中に放出されると，たくさんの孔が空いた**軽石**になります。たぶん，お風呂に軽石があるでしょ？　かかとをこするやつ，穴ぼこだらけの，あれですよ。この軽石が噴火とともに砕けて細かくなったものが**火山灰**です。

あまり発泡していないマグマが空中に噴出されると，いろいろな形の**火山弾**になります。形に特徴がないと，火山礫や火山岩塊といいます。

火山砕屑物（火砕物）については堆積岩の分野で扱うので，今回は次のポイントの内容程度を覚えておいてください。

共通テストに出るポイント！

《 火山噴出物 》

① 溶　岩

② 火山ガス：水蒸気が主成分。

③ 火山砕屑物（火砕物）：火山灰，軽石，火山弾など。

火山活動の様式

問題５の問題文の冒頭に「火山の活動にはそれぞれ個性がある」という文章がありました。火山活動の個性は何によって決まるのだろうか？

火山のそれぞれがまったく異なる活動をするのではなく，マグマの性質によってその活動の特徴を分類できます。マグマの性質のうち，粘り気，つまり粘性が特に重要です。**溶岩は粘性が低い（小さい）ほど流動しやすく，粘性が高い（大きい）ほど流動しにくい**性質があります。溶岩の粘性は，溶岩の温度と SiO_2 質量％に左右されます。

高温の溶岩であるほど粘性は低く，低温であるほど粘性は高くなります。これは，常識的に考えて，高温のドロドロした物質が冷えるにしたがって固まっていく，つまり温度が低くなると粘り気が高くなり，ついには固まるという例から，低温な溶岩ほど粘性が高いことはわかるだろう。

もう一つの SiO_2 質量％は，**SiO_2 質量％が小さいほど溶岩の粘性は低く，**

SiO_2 質量%が大きいほど溶岩の粘性は高くなります。物質の組成の違いも粘り気に影響を及ぼしています。

Q．ところで，第1章で SiO_2 質量%で火成岩を分類しました。このように分けたときの分類の名称は？

―― SiO_2 質量%が小さい方から，塩基性，中性，酸性でしたね。

火山活動に関しては，火山岩が関係しているのだから，塩基性の火山岩は玄武岩，中性の火山岩は安山岩，酸性の火山岩は流紋岩でした。これらの火山岩の名称を使って，溶岩やマグマも玄武岩質，安山岩質，流紋岩質という言葉で特徴を表してもいい。

つまり，**玄武岩質のマグマの温度は高く，SiO_2 質量%が小さいので粘性が低い**。火山ガスも，マグマから抜け出しやすい。そのため，あまり爆発的な噴火にはならず，**玄武岩質の活動をする火山では，溶岩を遠方まで流し出す噴火**をする。

一方，**流紋岩質のマグマは，温度が低く，SiO_2 質量%が大きいので粘性が高い**。そのため，**地表に出てきた溶岩はあまり流れず，その場で盛り上がったり，ガスの圧力によって噴煙(ふんえん)を上げる激しい噴火**になります。

もう一つ，火山噴火ではマグマに含まれるガス成分の量がその活動と関係します。粘性の低い玄武岩質のマグマの場合は，ガス成分の発泡が容易(ようい)に生じ，ガス成分はマグマから抜け出しやすいのに対して，流紋岩質のマグマのように粘性が高い場合は，発泡が生じにくいけれども，発泡が始まると，それが急速にマグマ全体に広がって大量のガスを一気に噴出するため，激しく爆発する傾向があります。

つまり，玄武岩質の粘性の低いマグマの場合は火山ガスが抜け出しやすく，流紋岩質の粘性の高いマグマの場合はガス成分が抜け出しにくいという性質があります。マグマ中のガスが早めに抜け出すと爆発的な噴火にならず，ガスが抜け出しにくいと激(はげ)しい噴火になります。

マグマの性質にかかわらず，マグマの熱によって地下水の温度が上昇し，やがて急激に気化した水蒸気が一気に膨張して激しい爆発が生じることがあります。これを**水蒸気爆発**といいます。2014年9月の御嶽山(おんたけさん)の噴火では，山頂付近にいた観光客を中心に死者 58 名・行方不明 5 名という戦後最多の犠牲者が出ました。

共通テストに出るポイント！

《 溶岩の性質 》

	玄武岩質	安山岩質	流紋岩質
SiO_2 質量%	小さい	←――――→	大きい
温　度	高温（1200℃）	←――――→	低温（900℃）
粘　性	低い（小さい）	←――――→	高い（大きい）
ガス含有量	少ない	←――――→	多い

火山の形状

マグマの性質によってその活動が異なる結果，形成される火山の形状（火山地形）にも違いが生じます。図 13 を見てください。

玄武岩質のマグマの場合，多くの割れ目から大量の溶岩が噴出すると，インドの**デカン高原**のような**溶岩台地**（だいち）が形成されます。火口や小規模の割れ目から溶岩が繰り返し流れ出すと，**ハワイ島のマウナロア山**やキラウエア山のような**盾状火山**（たて）になります。

安山岩質のマグマの場合，玄武岩質のマグマよりは粘性が高いので，溶岩はあまり遠方にまでは流れ出しませんが，噴煙（ふんえん）を上げて火山砕屑物（さいせつ）も噴

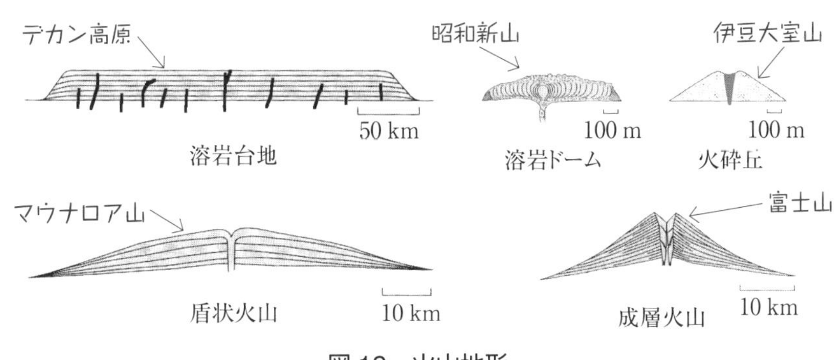

図 13　火山地形

出します。そのため，溶岩と火山砕屑物が積み重なった**成層火山**になります。

富士山が成層火山の代表例ですが，富士山はおもに玄武岩から形成されています。SiO_2 質量％が52％のところを区切りとして人間が玄武岩と安山岩に分けたのだけれども，火山はそんなことは気にしません。富士山の場合は SiO_2 質量％が52％をまたぐ活動をします。あるときは52％以下の玄武岩質，またあるときは52％を超えた安山岩質の活動をします。

安山岩質のマグマが短期間に噴火し，粒径の大きい火山砕屑物が火口の周囲に円錐状に積み重なると，**火砕丘（火山砕屑丘）**が形成されます。伊豆大室山がその例です。

デイサイト～流紋岩質のマグマの場合，溶岩の粘性が高いので，地表に噴出した溶岩はあまり流れず，その場で盛り上がって**溶岩ドーム（溶岩円頂丘）**を形成します。北海道の**昭和新山**などです。

火山の活動は，休止期を挟んで何回も行われます。数十万年から100万年間もかけて，休み休み，火山は活動します。盾状火山や成層火山はそのような複数回の火山活動によって形成され，**複成火山**といいます。富士山は数十万年前に活動を開始し，1万5千年ほど前には成層火山の形状になったと考えられています。今の富士山の内部に四つほどの古い火山が埋もれています。

何回もの活動によってつくられた複成火山に対して，溶岩ドームや火砕丘は一時期の火山活動によって形成されるので，**単成火山**といいます。溶岩ドームは，その成長が短期間だから，昭和新山のように成長の様子が観察され，記録が残っている火山もあります。

さて，このあたりで火山活動について総まとめをしよう。次ページのポイントに示した表です。

共通テストに出るポイント！

《 火山活動の特徴 》

溶岩の性質	火山岩名	玄武岩	安山岩	デイサイト　流紋岩
	SiO_2質量%と分類	45　塩基性	52　中　性	63　酸　性
	温　度〔℃〕	高い　1200 ←→ 900　低い		
	粘　性	低い（流れやすい）←→ 高い（流れにくい）		
	ガス含有量	少ない ←→ 多い		
活動様式		大量の溶岩流 ←→ 溶岩は盛り上がる ← 爆発的噴火 火砕流 →		
火山の形		盾状火山 溶岩台地	成層火山 火砕丘	溶岩ドーム （溶岩円頂丘）
火山の例		マウナロア山 デカン高原	富士山　浅間山 伊豆大室山	昭和新山

粘性は，マグマの SiO_2 質量%と温度によって決まる。玄武岩質だと粘性は低く，流紋岩質になるにつれて，つまり低温になり，SiO_2 質量%が増えるにしたがって粘性は高くなる。そのため，玄武岩質の火山は，溶岩を遠方にまで流し出す穏(おだ)やかな噴火なのに対して，安山岩質や流紋岩質の火山は爆発的な噴火をする。このような活動の繰り返しによって，玄武岩質の活動では盾状火山や溶岩台地，安山岩質の活動では成層火山や火砕丘が形成されます。流紋岩質の活動の場合は，激しい噴火であるとともに，溶岩ドームが形成されます。

これらに伴(ともな)う火山災害に関しては，今回の最後で扱います。ポイントの表をしっかりと頭の中に入れて，次ページの問題 6 を解いてください。

問題 6　火山と火山活動

マグマの粘性は，溶岩によってつくられる地形的特徴や噴火の特徴に影響する。(a)粘性の低い溶岩は薄く広く流れる。粘性の高い溶岩は，流れにくく厚く盛り上がる。マグマをとりまく環境も噴出物の産出状態(産状)に影響する。同じマグマであっても，(b)噴出する場所が水中の場合と，陸上の場合とでは産状が異なる。このことから，古い火山岩について，噴出当時の環境を推定することができる。

問 1　上の文章中の下線部(a)に最も関連の深いものを，次の ① ～ ④ のうちから一つ選べ。 **9**

① 盾(たて)状火山　　② 岩　床

③ 溶岩ドーム(溶岩円頂丘)　　④ 底盤(バソリス)

問 2　粘性の高いマグマでは，含まれているガスが抜けにくいためにガスの圧力が次第に増加し，ついには固まりかけたマグマが爆発的に破壊・放出される。そのような固体の噴出物の名称として最も適当なものを，次の ① ～ ④ のうちから一つ選べ。 **10**

① 玄武岩質溶岩　　② 安山岩質溶岩

③ 火山砕屑(さいせつ)物(火砕物)　　④ 火山ガス

問 3　火山岩を，もととなるマグマの粘性の違いによって並べるとどうなるか。最も適当なものを，次の ① ～ ⑥ のうちから一つ選べ。 **11**

	低 ←	粘性	→ 高
①	流紋岩	安山岩	玄武岩
②	流紋岩	玄武岩	安山岩
③	安山岩	流紋岩	玄武岩
④	安山岩	玄武岩	流紋岩
⑤	玄武岩	安山岩	流紋岩
⑥	玄武岩	流紋岩	安山岩

問 4　文章中の下線部(b)に最も関係の深いものを，次の ① ～ ④ のうちから一つ選べ。 **12**

① マグマ溜(だま)り　　② 枕(まくら)状溶岩

③ 岩　脈　　④ 等粒状組織

問1　② の岩床と ④ の底盤(バソリス)は，101 ページの図 1 の火成岩体の産状で，地下にマグマが貫入して形成される岩体です。下線部の溶岩は地表に噴出したものだから，これらの選択肢は選べません。「粘性の低い溶岩」は，玄武岩質の溶岩です。玄武岩質マグマによる火山活動によって形成される火山は盾状火山だから，選択肢 ① が正解です。③ の溶岩ドーム(溶岩円頂丘)は粘性の高い流紋岩質マグマによって形成される火山です。

問2　④ の火山ガスは気体だから，「固体の噴出物」ではない。① の玄武岩質溶岩と ② の安山岩質溶岩は「マグマが爆発的に破壊・放出され」たものではなく，火口や割れ目から流れ出したり，それが固結したものだから，正解ではない。もちろん，① の玄武岩質溶岩は粘性が低いので「粘性の高いマグマ」という条件からも外れます。残った ③ の火山砕屑物(火砕物)が正解です。火山灰や軽石などです。火山砕屑物(火砕物)の「砕」は「砕ける」という意味だから，「破壊」されたことがわかりますね。

問3　これは，基本中の基本問題。⑤ が正解です。玄武岩質マグマの粘性は低く，安山岩質，流紋岩質になるにしたがって粘性が高くなります。

問4　「噴出する」のだから，地下深くにある ① のマグマ溜り，地下深くでマグマが貫入して形成される ③ の岩脈，地下深くで固結した深成岩の組織の ④ の等粒状組織は，該当しません。102 ページの図 2 に示した枕状溶岩の ② が正解です。水中で急冷されたために，表面がガラスで覆われ，内部に放射状の割れ目がある，枕を積み重ねたような形の溶岩です。

【問題 6・答】 9 － ①　10 － ③　11 － ⑤　12 － ②

世界の火山

火山活動の特徴や火山の形について述べてきましたが，その分布はどうだろうか？

火山国日本に暮らしているぼくたちには，火山は馴染みがありますが，地球上の火山分布を見ると，火山は地球上のどこにでもあるのではなく，偏った地域に分布しています。特に，火山が帯状に連なって分布しているところを**火山帯**といって，次ページの図 14 のようになっています。

太平洋をぐるりと取りまく環太平洋火山帯，インド洋の東岸のインドネシア付近，地中海北部からアフリカにかけて火山が密集しています。

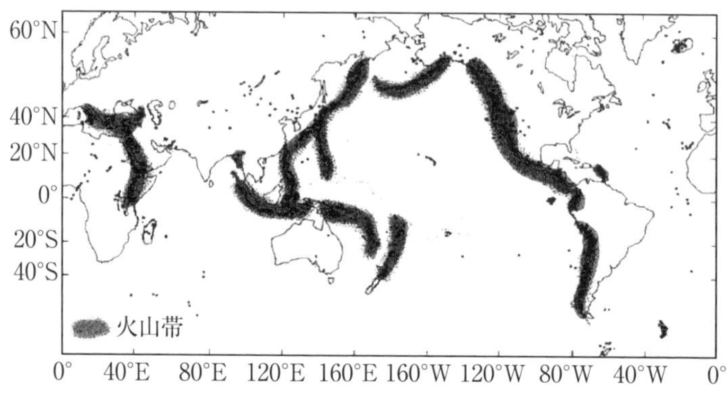

図 14　世界の火山

Q. この図で，アフリカ大陸付近の火山帯を除いた他の地域に共通する特徴は何だろうか？

―― プレートが沈み込む境界です。

第 1 回の図 20(→ p. 39)と火山帯を重ねた図 15 を用意したので，確かめてください。プレートが収束する境界のほとんどと一致していますね。

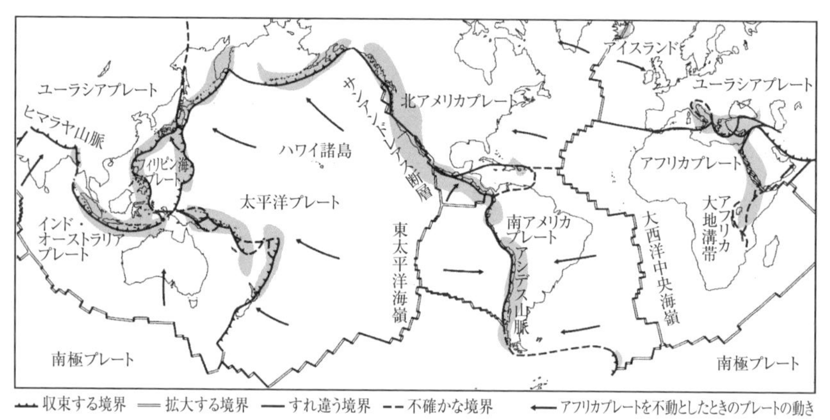

図 15　プレート境界と火山帯

環太平洋火山帯，インド洋の東岸のインドネシア付近，地中海北部は，プレートが収束する境界です。一致しているよね。

アフリカ大陸の火山帯は，アフリカ大地溝帯で，プレートが発散する境界です。

つまり，**プレートが収束する境界や発散する境界に火山は多く分布しています**。

Q. プレートが収束する境界のうち，火山帯と一致していないところがあります。どこですか？

―― ヒマラヤ山脈です。

ニュージーランド付近にもありますが，注目してほしいのはヒマラヤ山脈付近です。ここは，プレートが収束する境界のうち，プレートどうしが衝突している境界ですね。図 14 を見ると，一つも火山が分布していないのではなく，少しはあるものの，他の収束する境界のように多くの火山があるのではない。第 2 回の図 20(→ p. 82)の深発地震が発生するところも，プレートが収束する境界でした。ヒマラヤ山脈付近を見てください。火山と同じように，深発地震が少ないですね。日本列島付近のように深発地震の分布が黒々と現れていません。日本列島のようなプレートが沈み込む境界とヒマラヤ山脈のような大陸を載せたプレートどうしが衝突する境界は，同じプレートが収束する境界でも，地震や火山活動の様相が少し異なるようです。次回の造山運動で，また取りあげます。

話は変わって，もう一つ，火山が分布する場所があります。図 14 の太平洋のど真ん中です。ここはプレート境界ではありません。ハワイ島です。ハワイといえば？

ワイキキ，ホノルル，サーフィン，じゃないよね。ホットスポット！

地学を習ったら，ホットスポット。ハワイ島では，玄武岩質マグマによる火山活動が行われていて，マウナロア山やキラウエア山が形成されている。**ホットスポット上の火山だ**。忘れてはいけないよね。プレートの発散する境界にあるアフリカ大地溝帯やアイスランドの火山もホットスポットが関係しています。

ハワイ島やアイスランドの火山は，玄武岩質マグマによる火山活動が「特徴的」に行われています。「特徴的」という言葉にも気をつけてください。主たる火山活動は玄武岩質マグマですが，それ以外の安山岩質などのマグマによる火山活動もする場合があるという意味です。

火山の分布についてまとめると，次のようになります。

共通テストに出るポイント！

《 世界の火山分布 》

① 収束する境界付近…日本列島：安山岩質マグマなど多様な火山活動。
② 発散する境界………中央海嶺，アイスランド，アフリカ大地溝帯
：おもに玄武岩質マグマの火山活動。
③ ホットスポット……ハワイ島：玄武岩質マグマの火山活動。

日本列島の火山

収束する境界の火山については，日本列島の火山が代表例です。

先ほどの図 14 のニュージーランドやジャワ海溝(スンダ海溝)に沿ったインドネシアの島々も日本列島と同じ，プレートが収束する境界にある火山帯です。これらの地域の火山活動も日本列島と同じだと考えられます。

プレートが発散する中央海嶺(かいれい)やホットスポットのあるハワイ島では，高温の物質がマントルから上昇して，火山が活動している。それに対して，冷えて，重くなったプレートが海溝やトラフからマントル内へ沈み込んでいるのが，日本列島周辺ですよね。

冷たいプレートが沈み込んでいるところなのに，火山の活動があるというのは，不思議ではありませんか？

不思議解決の糸口は，プレートと火山の関係です。沈み込むプレートと火山の分布には妙(みょう)な一致点があるんです。

次ページの図 16 に示したのが火山前線です。**火山分布の海溝側の限界を連(つら)ねた線が火山前線(火山フロント)です**。火山前線と海溝の間には火山はなく，火山前線よりも大陸側に火山が分布しています。**火山前線は，プ**

レートが沈み込む境界に特徴的に見られ，プレートが発散する境界やホットスポットでは，このような特徴は見られません。

北海道から東北地方を通って，関東地方から南下して伊豆（いず）・小笠原（おがさわら）諸島へ続く火山前線があります。西日本にもありますね。

典型例は北海道から伊豆・小笠原諸島へ続く火山前線だから，こちらを例にしよう。

Q. この火山前線の分布の特徴は，何だろうか？

—— 海溝とほぼ平行に分布している点ですね。

ところで，海溝とほぼ平行な線が，第2回の図にあったよね。覚えているかな？

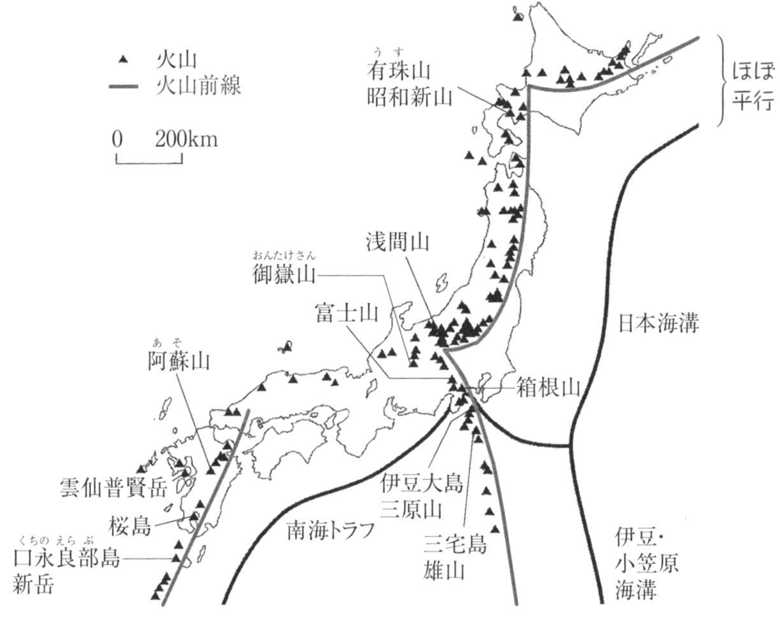

図 16　火山前線

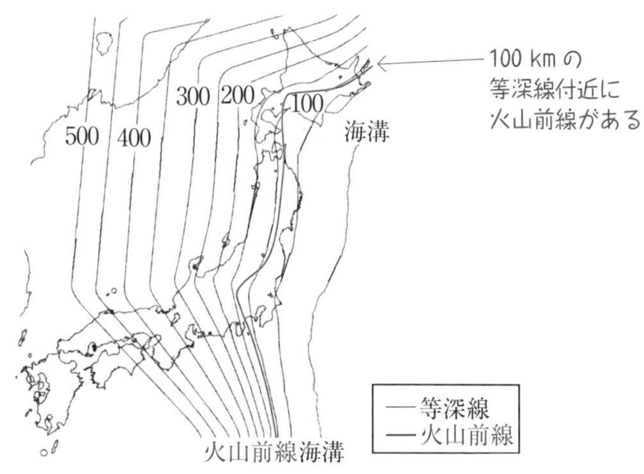

図 17　火山前線と深発地震の深さ

第 2 回の問題 7(→ p. 88)の図に，火山前線の分布を書き込んだものが，上の図 17 です。深発(しんぱつ)地震の深さが 100 km 付近の等深線(とうしんせん)とほぼ平行に火山前線が分布している。これは，偶然ではないよね。深発地震面の深さは，沈み込んだプレートの上面付近を表しているのだから，火山も沈み込んだプレートと何かしらの関係があるはずです。

沈み込むプレートが原因となってマグマが発生し，火山活動が生じます。海洋プレートに含まれる水が原因という人もいれば，沈み込むプレートによって日本列島の地下のアセノスフェアで上昇流が生じるのが原因という人もいます。マグマの発生については 4 単位「地学」の内容です。「地学基礎」では，**沈み込むプレートと日本列島の火山の間には深い関係がある**と知っていれば十分です。

共通テストに出るポイント！

《 火山前線 》

- 海溝に平行に分布する。
- プレートが沈み込む境界にのみ存在する。

プレートの発散する境界やハワイ島のようなホットスポットでは，玄武岩質マグマによる火山活動が特徴的ですが，日本列島では，安山岩質マグマによる火山活動を中心にして多様な火山活動が見られます。つまり，玄武岩質や流紋岩質マグマによる火山活動を行う火山もあります。これについては，火山地形のところですでに述べています。

少し詳しくいうと，**フィリピン海プレートが関係する火山，たとえば，三宅島の雄山，伊豆大島の三原山，富士山は，玄武岩質マグマによる火山活動をする**場合が多いです。もちろん，火山の一生は長いので，ときには安山岩質マグマによる活動をする場合もあります。デイサイト～流紋岩質マグマの火山活動をする火山としては，島原半島の雲仙普賢岳，北海道の有珠山などです。雲仙普賢岳には平成新山，有珠山の近くには昭和新山という溶岩ドームがある。デイサイト質マグマの活動で形成された単成火山だ。

火山災害と火山の恵み

最後に，火山とぼくたちの生活の関係です。火山活動は，災害をもたらすとともに，恵みももたらします。

溶岩流

火山災害にはいろいろな種類があります。粘性の低い玄武岩質の溶岩が流れ出ると，火口からかなり離れたところまで達し，1983 年の**三宅島・雄山**の噴火では阿古という集落の一部が**溶岩流**にのみ込まれています。

火山ガス・火山灰

三宅島の雄山は 2000 年にも噴火しています。このときは，大量の**二酸化硫黄**が噴出され，関東地方でもその刺激臭を感じた人びとがいます。島民は，4 年半にわたる避難生活を強いられました。

二酸化硫黄だけではなく，**二酸化炭素**による死者がでている火山もあります。青森県の八甲田山です。1997 年，訓練中の自衛隊員が窪地に溜まっている二酸化炭素に気づかずに入り込んで，窒息死しています。二酸化炭素は無味無臭だから気づきません。二酸化炭素は空気よりも重いので，窪地に溜まりやすく，火山周辺では，窪地に気をつけないといけないね。

火山灰や火山ガス(特に**二酸化硫黄**)が大量に上空に噴出されると，日射を遮って地表の気温を低下させる場合があります。火山灰は数日～1か月程度で地表に落下しますが，大規模な噴火によって噴煙が成層圏にまで達すると，噴煙中の二酸化硫黄が微小な水滴に取り込まれて，成層圏にとどまり，地表に届く日射量を減少させます。1991年のフィリピンのピナトゥボ火山の噴火では，数年にわたって地球の平均気温が0.4℃程度低下し，日本では1993年に「平成の米騒動」とよばれる冷害が発生しています。

また，2010年に噴火したアイスランドのエイヤフィヤトラヨークトル火山の噴火では，火山灰に含まれるガラスが航空機のエンジンに吸い込まれると排気口付近で冷え固まってエンジンに損傷を与えるため，ヨーロッパを中心におよそ30か国の空港がしばらくの期間，閉鎖されました。火山灰が1mm積もるだけで，空港の閉鎖や停電が発生します。

火山泥流・火砕流

他の災害としては，火山泥流と火砕流があります。

雪が降り積もっている火山で噴火が生じると，**水と火山砕屑物(火砕物)が入り混じった火山泥流**が火山の麓に流れてきます。北海道の十勝岳では，このような災害が特に危惧され，**ハザードマップ**も「十勝岳火山噴火による泥流危険予測図」となっています。大正時代の噴火では時速60kmというスピードで火山泥流が流れ下っています。

フィリピンのピナトゥボ火山の1991年の噴火では，噴出した火山灰などに台風の豪雨がしみ込んで火山泥流が発生し，広大な地域を覆いました。降り積もった**火山灰の重みによって倒壊した建物**も多く，アメリカの軍事基地が2か所，近くにありましたが，放棄されています。

このピナトゥボ火山の噴火では火砕流も発生しています。近年の日本では，雲仙普賢岳で発生した火砕流が人命を奪っています。

高温の火山ガスと火山砕屑物とが一体となって山の斜面を高速で流れ下る場合があります。これが火砕流です。温度は数百℃，なかには時速100

km 程度の速度で流れ下る場合もあります。**溶岩に比べ，その速度が大きいだけではなく，地表から数百 m の厚さもあります**。

雲仙普賢岳の噴火では，1991 年 5 月に溶岩ドーム（溶岩円頂丘）の一部が崩れて火砕流が発生しました。これによって，43 名の死者が出ています。それ以前に発生していた火砕流と新しく形成された溶岩ドームを眺めることができる場所に集まっていた報道関係者や消防団員，世界的な火山の映像の第一人者などが犠牲になりました。

1792 年の雲仙普賢岳の噴火では，火山性の地震によって眉山が崩壊し，島原城下を通って有明海になだれ込み，津波が発生しました。その津波は，対岸の肥後（熊本）を襲い，火山とそれに伴う災害としては日本で最多の死者を出しています。「島原大変肥後迷惑」という言葉が残っています。

カルデラと火砕流

この火砕流ですが，雲仙普賢岳で生じた火砕流は小規模なものです。もっと恐ろしい火砕流があります。9 万年前の阿蘇山の噴火です。この噴火によって阿蘇山は図 18 のような**カルデラ**を形成しました。

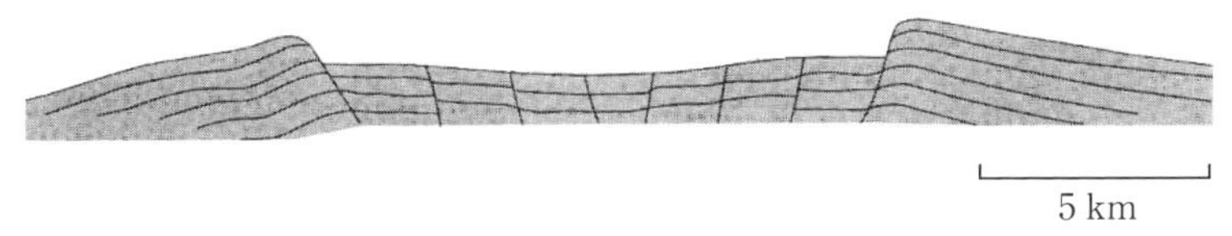

図 18　カルデラ

9 万年前のことです。阿蘇山の地下に巨大なマグマ溜りがありました。このマグマ溜りのマグマが一気に地下から噴出。おそらく上空十数 km の高度にまで噴煙が柱のように吹き上がり，四方八方へ火砕流が上空から広がっていきました。九州の半分は火砕流や厚い火山灰に覆われ，一部の火砕流は海を渡って 130 km ほど離れた山口県にまで達しています。次ページの図 19 中に雲仙普賢岳のある島原もあります。その○印よりも小さいのが，雲仙普賢岳の火砕流の規模だから，阿蘇山の噴火がいかに激しかったのかわかるだろう。

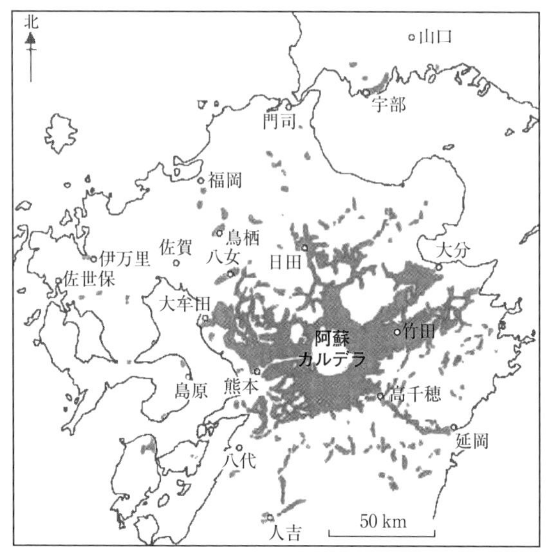

（大木，小林　1987「日本の火山」）

図 19　9 万年前の阿蘇山噴火による火砕流の分布

マグマ溜（だま）りにあった物質が一気に噴出されたので，マグマ溜りのあった空洞を上から押しつぶすように山体が陥没（かんぼつ）し，阿蘇山はカルデラを形成しました。阿蘇山のような**大規模なカルデラは，吹き飛ばされるのではなく，陥没して形成されます**。ほどなく，阿蘇山では再び火山活動が生じ，カルデラの中に中央火口丘（かこうきゅう）が形成されました。

このときの噴火による火山灰は，日本各地で発見されています。次ページの問題の図を見てください。

問題 7　火山灰の分布

9 万年前の阿蘇山の噴火では，火山から噴出された火山灰は偏西風によって遠方まで運ばれた。次の図 1 は，この噴火による火山灰が発見された地点を黒丸●で表した地図である。なお，図 1 中の太線で囲まれた地域では 15 cm 以上の厚さの火山灰層が発見されている。

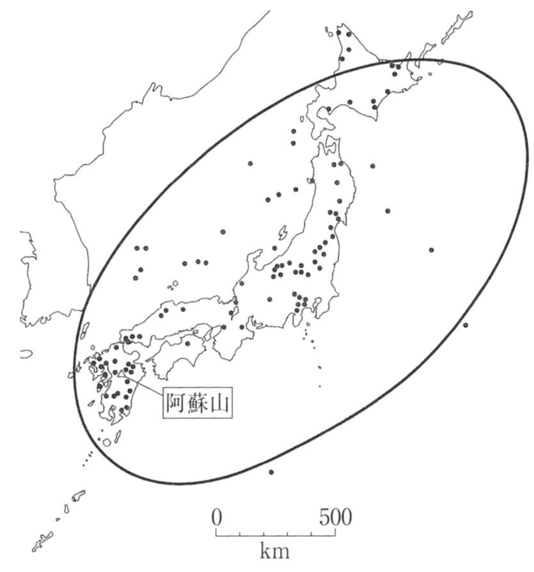

図 1　阿蘇山の噴火によって放出された火山灰の分布

上の図 1 から読み取れる事柄として最も適当なものを，次の ① ～ ⑥ のうちから一つ選べ。 **13**

① 日本海では，水深が深い場所ほど，厚い火山灰が堆積した。

② 九州で見つかった火山灰層は，すべての地点で厚さが 100 cm を超える。

③ 四国では，火山灰は 1 地点にしか堆積しなかった。

④ 本州では，阿蘇山から遠く離れるほど，厚い火山灰が堆積した。

⑤ 本州中央部の火山灰層が最も厚く，そこから離れるにしたがって，火山灰層は薄くなり，太線上で 15 cm の厚さになっている。

⑥ 北海道では，15 cm に満たない火山灰層が存在する。

① 図1には日本海の水深が表されていません。だから，図1から読み取れる事柄ではないと判断できます。また，本州に面した日本海では15 cm 以上の厚さの火山灰層が発見されています。陸に近く浅い海でも，そこから離れた深い日本海でも，15 cm 以上の火山灰が見つかっているので，水深と火山灰層の厚さの間に関係がないと判断してもいいです。

② 火山灰層の厚さが100 cm の範囲は，図1には示されていません。この情報は図1にはないので，図1から読み取れる事柄ではありません。したがって，この選択肢は適当ではない。

③ 四国にある黒丸は1地点のみです。この地点で阿蘇山の火山灰が発見されていますが，この地点でしか火山灰が堆積しなかったとは考えられません。なぜなら，図1中の太い線の範囲内で15 cm 以上の厚さの火山灰が見つかっていて，四国はその範囲内に収まっています。つまり，四国の他の地点では発見されていないだけであり，堆積しなかったのではないと考えられます。したがって，この選択肢は適当ではない。

④ **日本上空には偏西風という西から東へ吹く風が吹いているので，上空まで噴き上げられた火山灰は偏西風に乗って，火山の東側に広く分布します**。阿蘇山近くの火山灰層が厚く，阿蘇山から離れるにしたがって，広範囲に広がって火山灰は降り積もるので，阿蘇山から遠く離れるほど火山灰層も薄くなります。したがって，この選択肢は適当ではない。

⑤ 図中の太線で囲まれた地域で，内側になるほど火山灰層が厚くなっているかどうかは，具体的な数値が示されていないので，わかりません。したがって，この選択肢は適当ではない。

⑥ 図1中の太線で囲まれた範囲で見つかった火山灰層の厚さは15 cm 以上です。北海道では，この太線の外側，例えば北海道の北の方に位置している稚内近くにも黒丸があります。この黒丸は，火山灰が見つかったものの，太線の外側だから，火山灰層の厚さは15 cm に満たないです。したがって，この選択肢が適当です。

【問題7・答】 13 － ⑥

共通テストに出るポイント！

《 火山災害 》

① 溶岩流……おもに粘性の小さい玄武岩質マグマの火山活動。
② 降灰(こうはい)……重みによる家屋の倒壊，航空機のエンジン損傷など。
③ 火砕流……火山ガスと火山砕屑物(さいせつぶつ)が一体となって高速で流れる。
④ 火山泥流…水と火山砕屑物が一体となって高速で流れる。
⑤ 有毒ガス…二酸化硫黄(いおう)，二酸化炭素など。

火山の恵み

火山はさまざまな災害をもたらしますが，**温泉**という恵みも与えてくれるし，火山周辺は，**地熱発電**(ちねつはつでん)の適地(てきち)です。地熱発電は，建設費がかかりますが，マグマによって熱せられた水蒸気を用いて発電するので，環境への負荷(ふか)が少ない発電方法です。図 20 のように，**地熱発電所は火山前線よりも大陸側**，つまり火山がある地域に設置されています。北海道〜東北地方

図 20　地熱発電所

と，九州に多いね。ただし，国立公園や国定公園に指定されている地域が設置場所として適しているので，景観を損(そこ)なう，また，温泉が近くにある場合も多く，源泉(げんせん)が枯(か)れる心配があるなどとして反対運動が根強いです。火山とうまく付き合っていくのが，火山国日本の知恵だけれども，難しいね。

また，**火山に関係する金属資源**もあります。日本周辺の海域には多くの種類の有用元素を伴う鉱床(こうしょう)が眠っています。伊豆(いず)・小笠原(おがさわら)海溝付近では，マグマによって熱せられた熱水(100℃以上でも液体の水)が噴出し，この中に有用な金属が含まれています。東北地方でかつて稼働(かどう)していた鉱山も，新第三紀の火山活動に伴う金，銀，銅などを採掘(さいくつ)していました。

共通テストに出るポイント！

《火山の恵み》

鉱物資源，温泉，地熱発電，観光 など。

今回は，火成岩と火山活動がテーマでした。出題頻度が高いから，また，覚えるところも多いから，『マーク式基礎問題集』(河合出版)の問題演習で知識を確実にしてください。火成岩に関しては116ページの図10を描けるようにしてください。覚え方は紹介したから。

次回は，堆積岩(たいせき)と変成岩という岩石，それらの形成に伴う地層や造山運動について講義します。

第4回
移り変わる地球(1)

堆積岩と地層の形成・造山運動と変成岩

今回は，堆積岩と地層の形成，造山運動と変成岩が講義内容です。地層は，次回の地球の歴史の調べ方を理解するために必要な内容です。もちろん，今までの講義の中で述べたプレートテクトニクスも造山運動と深い関係があります。

第3回までは，どちらかというと現在に焦点を当てていましたが，今回と次回は，時間のスケールが長くなります。

地学は，物理や化学と異なって，歴史を扱う分野も対象としています。歴史という点では日本史や世界史と似ていますが，歴史の中身だけではなく，その調べ方を重視する点が異なります。どのようにして，地球の歴史を調べるのか，その手法の初歩を「地学基礎」では学びます。

地球の歴史を調べるためには，まずは堆積岩という岩石とそれから形成されている地層について知る必要があります。ここから今日は始めよう。

第1章 堆積岩と地層の形成

続成作用と堆積岩

陸上で侵食された物質は，河川などによって運搬されて堆積します。最も多量の物質が堆積するのは，陸と海の境界付近です。海岸から続く海底は傾斜が緩やかであり，**大陸棚**とよばれています。この大陸棚に多くの物質が堆積します。

続成作用

堆積した物質には水が多く含まれていますが，その上に次々と堆積物が積み重なっていくと，その重みによって深いところにある堆積物から次第に水が絞り出され，堆積していた粒子と粒子の間の隙間が狭くなって粒子どうしが密着するようになります。水を含んだスポンジや雑巾を上から押すと，体積が減少するとともに水が絞り出されて出てくるのと同じです。

やがて，粒子から溶けだしたり，水の中に含まれていた物質が沈殿して粒子どうしを接着し，粒子はバラバラの状態から，くっつき合うようになります。**粒子どうしをくっつける物質は，炭酸カルシウム($CaCO_3$)や二酸化ケイ素(SiO_2)**などです。粒子どうしがくっつけられていくと，長い年月の間に堆積物は固まり，堆積岩になります。このように**堆積物が堆積岩に変化する過程を続成作用といいます**。文字から意味を類推できない用語なので，しっかりと覚えておいてください。

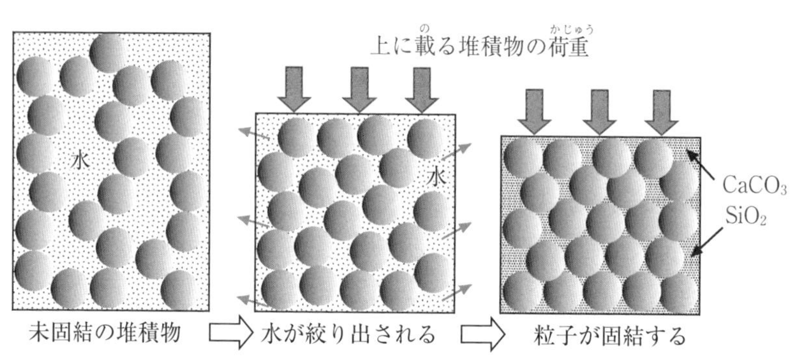

図１　続成作用

共通テストに出るポイント！

《 続成作用 》

- 堆積物が堆積岩になる作用。
- 上に載る堆積物の重みで水が絞り出され，粒子間の隙間が狭まる。
- 炭酸カルシウムや二酸化ケイ素が粒子どうしをくっつける。

堆積岩の分類

堆積岩が形成される過程は話したから，次は堆積岩の分類です。

火成岩は，マグマが冷却・固結してできた岩石だから，マグマの冷え方によって火山岩と深成岩に分類し，最も多い成分の SiO_2 の質量％によって，塩基性岩，中性岩，酸性岩に分類したり，色指数(いろしすう)によって苦鉄質岩(くてつしつがん)，中間質岩，ケイ長質岩に分類しました。

Q. 堆積岩の場合は，どのような基準で分類すればいいのだろうか？

――堆積物が続成作用を受けて堆積岩に変わるのだから，もとになる堆積物を基準にすればいいはずです。

堆積物を基準にするといっても，堆積物のどのような特徴に注目すればよいのかが問題になります。どのような過程を経た物質なのか，その種類や大きさはどうか，などです。

風化(ふうか)や侵食(しんしょく)によってできた岩石の破片(はへん)を**砕屑物**(さいせつぶつ)といいます。砕(くだ)かれて屑(くず)になった物質という意味で，礫(れき)，砂(すな)，泥(どろ)です。このような**砕屑物からできている堆積岩を砕屑岩**といいます。

同じような砕屑物であっても，第3回の火山活動で取りあげた，火山から噴出(ふんしゅつ)された火山灰や軽石(かるいし)のような**火山砕屑物（火砕物(かさいぶつ)）などからできている堆積岩は，火山砕屑岩**もしくは火砕岩(かさいがん)といいます。

海水中を浮遊(ふゆう)して生活している小さな生物の遺骸(いがい)が長い年月の間に降り積もったり，サンゴの遺骸からできているような堆積岩，つまり，**生物の遺骸が集まってできた堆積岩を生物岩**といいます。

また，**水が蒸発して，水中に溶けていた成分が沈殿**(ちんでん)してできた堆積岩もあります。これは**化学岩**といいます。

以上のように，堆積岩は砕屑岩，火山砕屑岩（火砕岩），生物岩，化学岩に大きく分類します。これらは，もとになる物質，つまり堆積岩を構成している物質の種類によって分類しています。これらの大きな分類名を案外忘れている人が多いから，しっかり覚えておいてください。

共通テストに出るポイント！

《 堆積岩の分類…構成物質による分類 》

① 砕屑岩……………………礫，砂，泥などの砕屑物からなる。
② 火山砕屑岩(火砕岩)……火山灰などの火山砕屑物からなる。
③ 生物岩……………………生物の遺骸からなる。
④ 化学岩……………………水中に溶けていた成分からなる。

以上のように分類した堆積岩をさらに細かく分類しよう。その基準は，先に述べた堆積岩の種類によって異なります。

砕屑岩と火山砕屑岩は，それを構成する粒子の大きさによってさらに細かく分類するのに対して，**生物岩と化学岩はその組成によって分類**します。

砕屑岩

砕屑物は，粒径(粒子の大きさ)によって次のように分類されています。2 mm 以上の粒子を礫，2～$\frac{1}{16}$ mm の粒子を砂，$\frac{1}{16}$ mm 以下の粒子を泥といいます。泥はシルトと粘土に分ける場合もあります。

共通テストに出るポイント！

《 砕屑物の分類 》

粒径〔mm〕	2	$\frac{1}{16}$	
名称	礫	砂	泥

礫 に 砂はイロイロ

2 mm 以上の粒子，つまり礫が主体となっている砕屑岩は**礫岩**，2～$\frac{1}{16}$ mm の粒子，つまり砂が主体であれば**砂岩**，$\frac{1}{16}$ mm 以下の粒子，つまり泥が主体であれば**泥岩**といいます。

火山砕屑岩(火砕岩)

火山砕屑物が集積してできた堆積岩が，火山砕屑岩(火砕岩)です。**火山砕屑物も，砕屑物と同じように粒子の大きさによって分類**していますが，粒径が小さい場合は火山灰，大きい場合は火山礫や火山岩塊といいます。粒径を区切る数値は覚える必要はありません。

おもに**火山灰からできている火山砕屑岩を凝灰岩といいます**。他に，火山角礫岩や凝灰角礫岩も火山砕屑岩の一種ですが，覚えておくのは，火山灰からできている凝灰岩だけで十分です。「火山」とか「凝灰」という言葉が入っていたら火山砕屑岩だとわかれば十分です。

生物岩

生物岩の代表例は石灰岩とチャートです。**石灰岩は，炭酸カルシウム($CaCO_3$)**の殻や骨格をもった紡錘虫(フズリナ)，有孔虫，サンゴの遺骸からできています。図2のような「星の砂」という沖縄のお土産がありますが，これは有孔虫の殻です。図3は，紡錘虫の殻です。

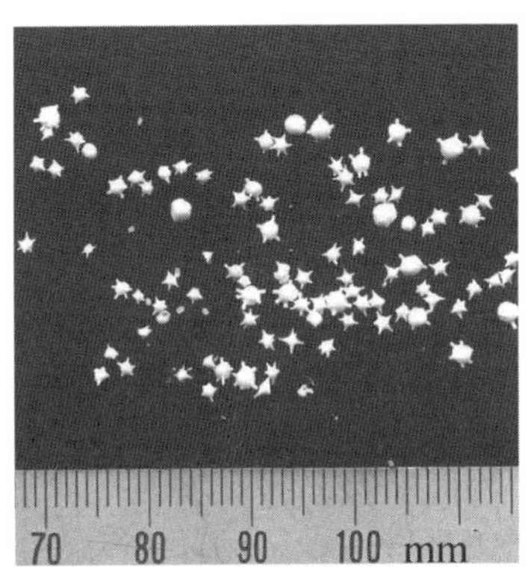

図2　星の砂

図3　紡錘虫

石灰岩は資源としても重要です。セメントをつくるのに必要だから，欠かせない資源ですね。この石灰岩は日本各地に分布しているから，輸入に頼らなくてもよい資源の一つです。

チャートは，**放散虫**というプランクトンの遺骸が集積した堆積岩です。

放散虫は海洋表層を漂(ただよ)っている生物ですが，SiO_2 の殻(骨格)をつくります。この殻がゆっくりと海底に沈んでいって，堆積します。どの程度ゆっくりなのか，実際に堆積する速さを計算してみよう。

問題 1　深海の堆積物の堆積速度

地球深部探査船「ちきゅう」は，世界各地の海底でボーリングを行って，海底下の地質構造や年代を明らかにしてきた。ある海域の調査では，次の図のような柱状試料が採取された。この試料は主としてプランクトンの遺骸(いがい)を大量に含んでいた。海底下 450 m から 350 m にかけての深海底堆積物の堆積速度は 1000 年あたり何 mm になるか。その数値として最も適当なものを，下の ① ～ ④ のうちから一つ選べ。 **1** mm/1000 年

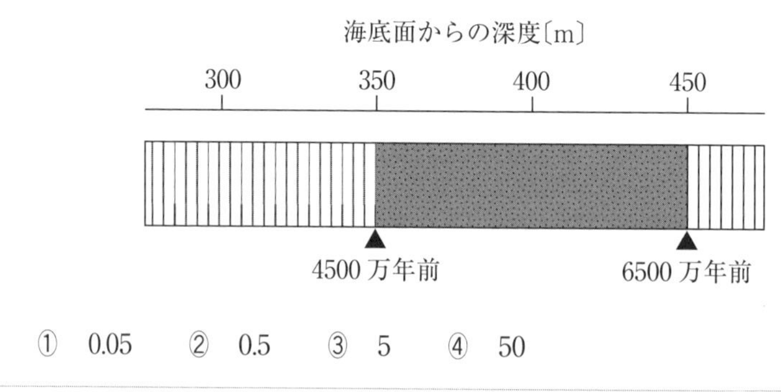

①　0.05　　②　0.5　　③　5　　④　50

海底下 450 m の堆積物の年代が 6500 万年前，350 m の堆積物の年代が 4500 万年前だから，

$$\frac{(450-350)\,\text{m}}{(6500-4500)\,\text{万年}} = \frac{100\,\text{m}}{2000\,\text{万年}} = \frac{100\times1000\,\text{mm}}{2000\times10000\,\text{年}}$$

m を mm に換算！

$= 0.005$ mm/ 年

と計算できるけれども，これは 1 年当たりの量だから，1000 倍すれば 1000 年当たりの量になります。つまり，$0.005\times1000=5$ mm です。

【問題 1・答】 **1** － ③

1000 年間で 5 mm という非常にゆっくりとした速さで堆積物が形成されています。このような深海底の堆積物のほとんどは放散虫の殻からできています。有孔虫は $CaCO_3$ の殻をつくるプランクトンですが，深い海では，殻が沈んでいく途中で溶けてしまうので，**溶けにくい SiO_2 からなる放散虫の殻が深海底の堆積物のほとんどを占めています**。

化学岩

水に溶け込んでいた成分が沈殿してできた堆積岩が**化学岩**です。沈殿岩ともいいます。海水が蒸発した場合，残った塩類の主成分は**塩化ナトリウム($NaCl$)なので，岩塩**という化学岩ができます。

これ以外には **$CaSO_4 \cdot 2H_2O$ 組成の石膏**も化学岩です。生物の遺骸が入っていない石灰岩やチャートも化学岩に分類します。

共通テストに出るポイント！

《 堆積岩の分類 》

分類名	構成物質		堆積岩名
砕屑岩	砕屑物	礫 砂 泥	礫岩 砂岩 泥岩
火山砕屑岩 (火砕岩)	火山砕屑物 (火砕物)	火山灰	凝灰岩
		火山礫など	凝灰角礫岩 火山角礫岩
生物岩	石灰質(サンゴ，紡錘虫) ケイ質(放散虫，ケイ藻)		石灰岩 チャート
化学岩	$NaCl$ $CaSO_4 \cdot 2H_2O$ $CaCO_3$ SiO_2		岩塩 石膏 石灰岩 チャート

⚙ 地層と堆積構造

火成岩の分野で「岩体」という言葉を紹介しました。火成岩の岩体を火成岩体，貫入している火成岩体なら貫入岩体というように岩体という言葉を用いました。堆積物や堆積岩の場合，その岩体を**地層**といいます。逆に，花こう岩の岩体は花こう岩体といい，花こう岩層とはいいません。

砕屑物などが運搬されて堆積すると地層がつくられます。地層は，英語では bed です。一定の広がりと厚さがあり，積み重なっているときは，境界面で区切られた板状の層です。一枚一枚の地層は，粒子の大きさ，組成，色などの違いによって区切られています。その境界面を**層理面**といいます。

斜交葉理（クロスラミナ）

層理面と層理面に挟まれた一枚一枚の地層を観察すると，いろいろな模様が見えます。たとえば，次の図4のように，一枚の地層内部の粒子がつくる模様が層理面と斜めに交わっている場合があります。これを**斜交葉理（クロスラミナ）**といいます。斜交葉理は砂などが水流によって運ばれて形成される模様で，水流の方向を推定できます。一枚一枚の葉理を見ると，**葉理が傾いている方向へ水が流れた**とわかります。

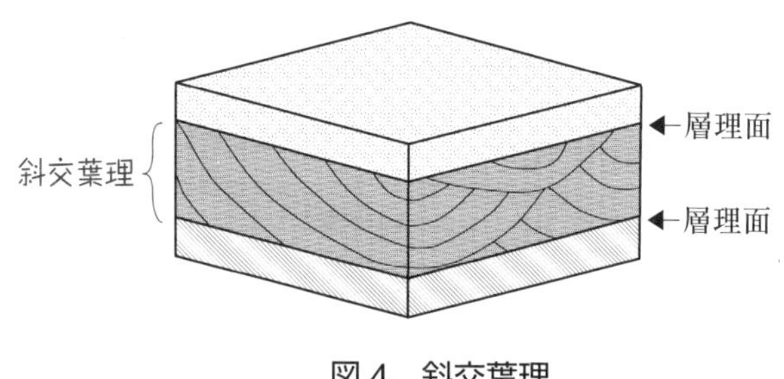

図4　斜交葉理

Q. 図4の真ん中の地層中に，いくつかの斜交葉理が認められます。水流の方向を矢印で表してみてください。

—— 正解は，次ページの図5です。葉理が傾いている方向に水は流れていました。

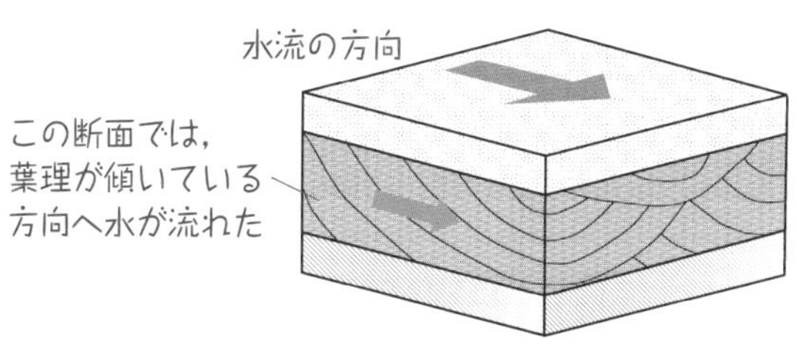

図5　斜交葉理と水流の方向

層理面に残る水流の痕跡（流痕）

斜交葉理に限らず，水の流れによって形成された痕跡（流痕）が地層に残っている場合があります。斜交葉理は地層内部の構造ですが，層理面に残っている痕跡として漣痕や底痕があります。

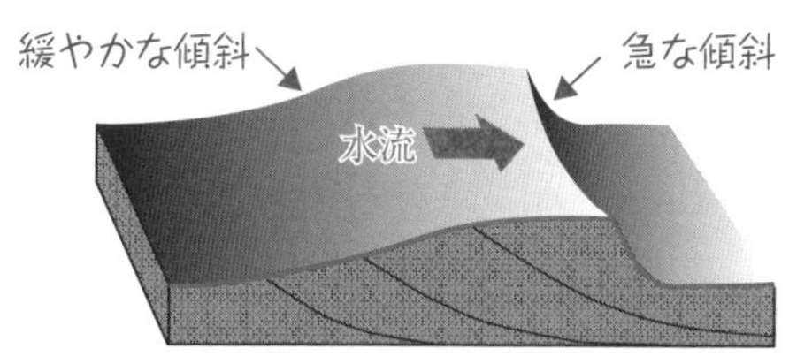

図6　漣痕（リプルマーク）

漣痕は，層理面の上面に形成される模様で，**リプルマーク**ともいいます。リプル（ripple）は漣を意味し，層理面が波打った模様です。これは，図6のように，水流によって砂などが図の左から右の方に運ばれ，途中で崩れて，再び水流によって運ばれていったときに，堆積物の表面につくられます。だから，一枚の地層の上面の層理面に波打った模様が認められれば，水流が流れた方向も知ることができます。

層理面の下面に形成される模様としては，**底痕（ソールマーク）**があります。ソールはsole，つまり，靴底です。これは，次ページの図7のように，水流によってできた渦によって削られた痕（削痕）を埋めるように堆積物が堆積して，層理面が下にくぼんでいるものです。その**くぼみから緩やかな斜面を形成して離れる方向に水は流れた**ことになります。地層の下面では，そのくぼみは出っぱっているので，**出っぱりが次第に平らになる方向に水が流れた**ことになります。

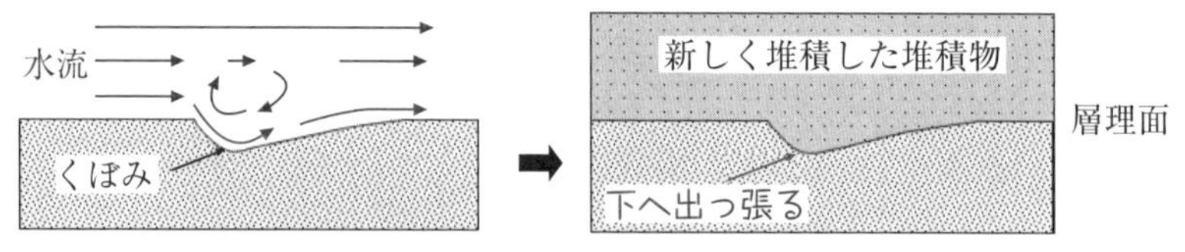

図7　底痕（ソールマーク）

級化層理（級化構造）

もう一つ，大規模な水流によって形成される地層の構造があります。深海底の堆積物には，泥の層の間に砂などの層が挟まれており，その砂などの層内部の下部から上部に向かって砕屑物の粒径が大きい粒子から小さい粒子へと変化している構造が観察できる場合があります。この構造を**級化構造**といい，そのような地層のようすを**級化層理**といいます（図8）。

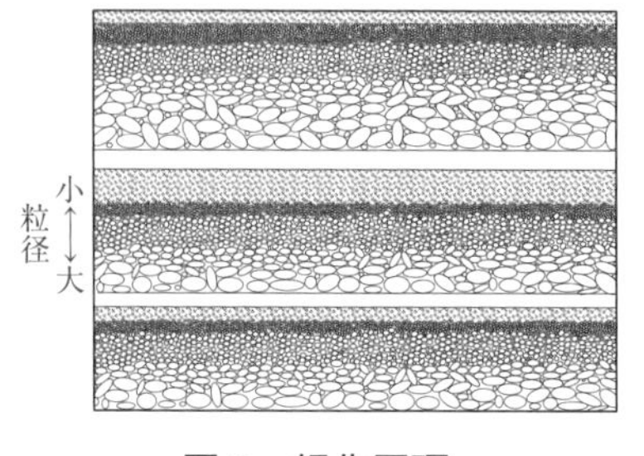

図8　級化層理

地震などがきっかけとなって，図9のように海水と泥や砂が入り混じった**乱泥流（混濁流）**が大陸斜面を流れ下ることがあります。土石流の先端部に大きな岩石が集まって流れ下るのと同じように，乱泥流でもその先端部に粗粒の粒子が集中していると考えられています。このような流れが堆積するときに，粒径の大きい粒子が早く沈み，細かい粒子はゆっくりと沈むので，一枚の地層の中で粒子の大きさが連続的に変化します。乱泥流によって堆積した地層を**タービダイト**といい，級化層理が特徴的に見られます。

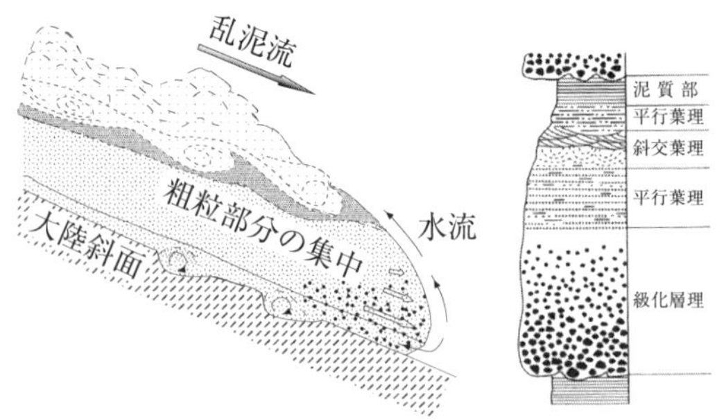

図9　乱泥流（混濁流）とタービダイト

共通テストに出るポイント！

《 水流による堆積構造 》

① 斜交葉理(クロスラミナ)…層理面と斜めに交わる葉理。
葉理の幅の広い方から狭い方向に水は流れた。

② 漣痕(れんこん)(リプルマーク)…地層の上面にある模様の一種。
緩やかな斜面を上り，急傾斜で下がる方向に水は流れた。

③ 底痕(ていこん)(ソールマーク)…地層の底面についた模様。
底面の出っぱりから離れる方向に水は流れた。

④ 級化層理(級化構造)…下部から上部へ向かって粒径が細かくなる。
乱泥流(混濁流)堆積物に多く見られる。

さて，解説が一区切りしたところで，次の問題を解いてみてください。

問題2　堆積岩の特徴

海洋底をプレートが移動する間に，その表面の玄武岩の上にさまざまな堆積(たいせき)物がたまっていく。陸から遠く離れた深海底では ア が堆積する。 ア からできる堆積岩はチャートである。プレートが陸に近づくと，細粒の陸源物質の供給が始まり，泥などが堆積する。泥の中には火山灰が挟まれることもある。さらに近づくと，海溝周辺で乱泥流(混濁流)によって運ばれた陸源の砕屑(さいせつ)物などからなるタービダイトが形成される。これらの堆積物はやがて固化し，堆積岩に変わっていく。

問1　上の文章中の ア に入れる語句として最も適当なものを，次の①～④のうちから一つ選べ。 **2**

① おもに有孔虫，サンゴ，二枚貝などの石灰質の殻

② 河川が運搬してきた木片や葉などが炭化した物質

③ おもに放散虫の遺骸(いがい)や海綿の骨針(こっしん)などのケイ質粒子

④ 海水中から沈殿した塩類

問2　上の文章中の下線部に関連して，このようにして形成された凝灰岩とタービダイトのでき方の共通点について述べた文は，次のa～dのうちどれとどれか。その組合せとして最も適当なものを，次ページの①～⑥のうちから一つ選べ。 **3**

a　長い年月の間に粒子どうしが密着したり，新たな鉱物が形成されたりして固くなった。

b　河川によって侵食された砂岩や泥岩の岩片が集合して形成された。

c　同じ厚さのチャートに比べて，ごく短期間に堆積した。

d　陸上の火山から噴出された火山灰や軽石などからなる。

①　aとb　②　aとc　③　aとd

④　bとc　⑤　bとd　⑥　cとd

問1　中央海嶺(かいれい)で誕生した海洋プレートは，誕生したばかりの頃は海底火山活動によって噴出した枕(まくら)状溶岩に覆(おお)われていますが，海嶺から離れるにつれてその上に物質が堆積し始めます。陸から遠く離れた深海では，風によって運ばれる火山灰などを除いて陸地から供給された物質はほとんど堆積しません。おもに海洋表層に生息しているプランクトン(浮遊(ふゆう)性生物)の殻(から)が堆積します。深海探査艇(たんさてい)の窓から見える海中の光景をテレビなどで見たことがあると思いますが，そのときに白い物質がかなり降っているのがわかります。これをマリンスノーといって，プランクトンの死骸(しがい)などがその正体です。これが降り積もって深海の堆積物をつくります。

① のような石灰質($CaCO_3$)の殻は，沈んでいく途中で溶けてしまうので，③ のようなケイ質粒子，つまり SiO_2 組成の粒子のみが深海底に降り積もります。それが続成作用を受けるとチャートになるので，正解は ③ です。151ページのポイントに示した表で確認してください。② の河川が運搬(うんぱん)してきた木片や葉などは陸地に近いところに堆積する場合が多いです。④ の海水中の塩類が沈殿(ちんでん)するのは，海水が大量に蒸発する陸域の湖などです。

問2　aは，続成(ぞくせい)作用の内容を述べている文です。火山灰が固まった凝灰岩(ぎょうかいがん)も，乱泥流(らんでいりゅう)（混濁流(こんだくりゅう)）によって運ばれた陸起源の砕屑物(さいせつぶつ)などからなるタービダイトも，続成作用を受けて堆積岩に変わっていくので，aの文は共通した特徴です。

b　砂岩や泥岩の岩片が集合して形成された堆積岩は砕屑岩だから，火山砕屑岩の凝灰岩とは関係がありませんね。

c　堆積する速さに関する問題です。共通テストでは，一つの観点をもとにして現象を比較する問題があります。移り変わる地球の分野では，歴史を扱う内容だから，期間や速さを観点にした問題が出題されることが多い。

問題１で求めたように，深海底堆積物からなるチャートは1000年間に数mmの厚さしか堆積しません。それに対して，火山灰は火山活動によって短期間に噴出されて堆積するし，乱泥流の堆積物のタービダイトも速い流れによって運ばれた堆積物です。だから，同じ厚さのチャートに比べて，凝灰岩やタービダイトはごく短期間で堆積したといえます。したがって，共通点として適当です。

d　凝灰岩の説明であって，タービダイトには当てはまりません。

以上から，aとcが凝灰岩とタービダイトに共通した特徴だから，②が正解です。

【問題２・答】 **2** －③　**3** －②

第2章 過去の地殻変動

地殻に力がはたらいて大きな変化が生じる現象を地殻変動といい，過去に生じた地殻変動は地層の記録から読み取ることができます。

第1回の問題10(→ p. 51)で計算したプレートの移動速度は年間数cmだったし，同じく第2回の問題6(→ p. 84)の平均隆起量は年間数mmでした。このように，**1年あたり数mm～数cmの小さな変化が積み重なって大きな地殻変動が生じます。**

地層に残る地殻変動

最近の地殻変動の痕跡は地形に残っていますが，古い時代の地殻変動については，昔の地形は長い年月の間に侵食されて残っていないので，地層や地質構造から推定します。

褶　曲

ここにテキストがあります。今は，水平な状態です。紙の一枚一枚が地層だと思ってください。これを両側から圧縮するように力を加えます。そうすると，グニャグニャに曲がります。地層がこのような状態を示しているときに，地層が**褶曲**しているといいます。下の図10です。

山のように折れ曲がって盛り上がった部分を**背斜**，谷のように折れ曲がってくぼんだ部分を**向斜**といいます。盛り上がった背斜が続く方向を**背斜軸**，くぼんだ向斜が続く方向を**向斜軸**といいます。背斜軸と向斜軸とを

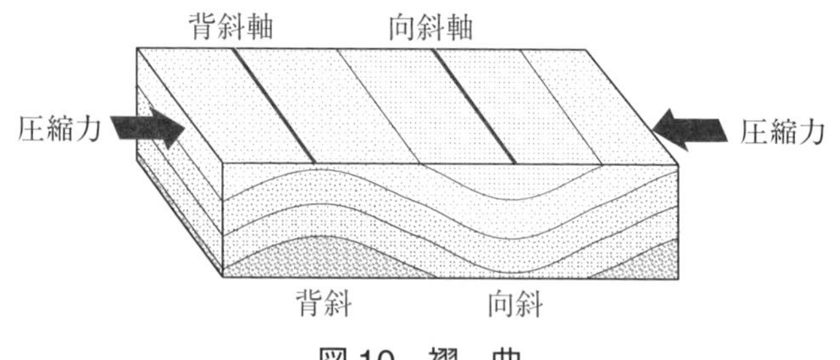

図10　褶　曲

合わせて褶曲軸といい，**褶曲軸に直交する方向から圧縮力が加わると，地層は褶曲します**。褶曲の軸の方向と加わった力の関係はよく問われます。

共通テストに出るポイント！

《褶　曲》

- 褶曲軸に直交する方向から圧縮する力によって地層が曲がる。
- 背　斜…山のように盛り上がっている部分。
- 向　斜…谷のようにくぼんでいる部分。

断　層

断層も地殻変動の証拠の一つです。断層については，地震の分野で区別の方法を教えました。復習をかねて次の問題を解いてください。

問題3　断　層

問1　次の図中の断層 a ～ d のうち，正断層と右横ずれ断層を表した模式図の組合せとして最も適当なものを，下の ① ～ ④ のうちから一つ選べ。ただし，図1は断面図，図2は平面図である。 **4**

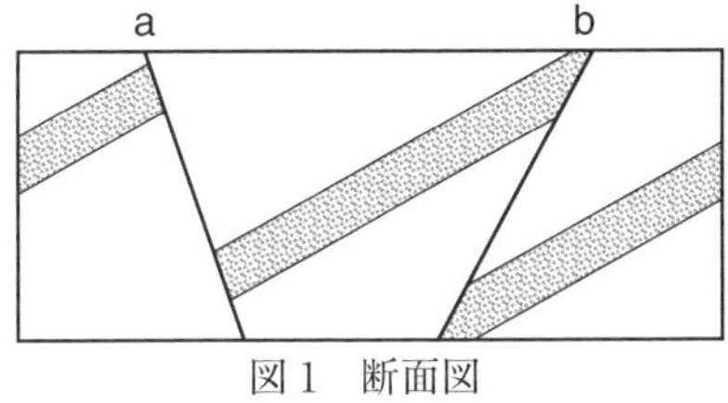

図1　断面図　　図2　平面図

①　a と c　　②　a と d　　③　b と c　　④　b と d

問2　褶曲(しゅうきょく)と同じように，水平方向からの圧縮力によって生じる断層として最も適当なものを，次の ① ～ ③ のうちから一つ選べ。 **5**

①　正断層　　②　逆断層　　③　垂直断層

問1　正断層は断面図で，右横ずれ断層は平面図で判断します。下の図11のように，断面図では**最初に上盤(うわばん)を決めます**。上盤がわからない人は，第2回の図4(→ p. 65)にもどって，判別できるようにしてください。

上盤が下がっていれば正断層だから，図11では a がそれに該当(がいとう)します。b は，上盤側が上がっているから逆断層です。

次に，平面図で，**断層を挟(はさ)んで向こう側の地盤が右にずれていれば右横ずれ断層**だから，平面図の断層 c がそれに該当します。断層 d は左横ずれ断層です。したがって，**問1** は a と c の組合せの ① が正解です。

問2　地層中に見られる断層は，過去の地殻変動によって力が加わった証拠になります。**正断層は水平方向に引っ張る力，逆断層は水平方向に圧縮する力によって形成されます。褶曲も水平方向に圧縮する力によって形成される**ので，正解は ② の逆断層ですね。このようにして，過去にどのような力が作用していたのかを断層や褶曲から知ることができます。

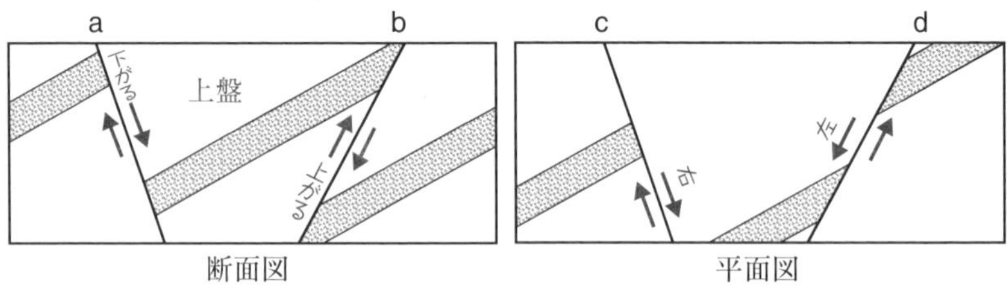

図11　断層の判別

不整合(ふせいごう)

堆積物は海底などで，下から上へ順に堆積していきます。このように，**同じような堆積環境のもとで時間的に連続して堆積が行われたとき，地層は整合(せいごう)の関係にある**といいます。また，**堆積する環境ではなくなり，侵食される環境に変わった後に，再び海底などの堆積環境に変わるという，時間的に不連続に堆積が行われた場合は，地層は不整合の関係にある**といいます。ここで述べている「時間的に」というのは，「空間的に」ではないのはもちろんですが，ぼくたち人間の一生に比べると途方もない長い時間を指しています。いわゆる地質学的時間です。

それでは「時間的に不連続に堆積が行われる」とは，どういうことなんだろうか？　ある地層が堆積する。その上に別の地層が堆積するまでの間に長い時間が経過する。つまり，堆積の長い中断があった。その場所が，堆積の場ではなくなるということだから，どのような場になったのかというと，侵食を受ける環境になった。堆積の場所はおもに海洋などの水中で，侵食の場所はおもに陸上です。ということは，海底下で堆積が行われていた地域が，陸上になったことを意味します。

海底で堆積した地層を具体例にすると，その**原因は二つ**考えられます。海底だったところが**隆起**(りゅうき)して陸上になったか，**海水面が低下**して海底が陸上になったかのどちらかです。

海底だったところが隆起して陸上になるときには，地殻に大きな力がはたらきます。断層や褶曲も地殻に力がはたらくと形成されますが，不整合の場合も，やはり地殻に長期間にわたって力がはたらいたことを表している場合があります。具体的に図で考えてみようか。

地殻変動による不整合の形成

次ページの図 12 の(a)のように，最初，海底に地層が堆積していました。これらの地層は最終的には不整合面の下の地層になるので，下位(かい)の地層と名づけておきます。この地域が地殻変動を受け，(b)のように，傾きつつ隆起し，陸上に露出(ろしゅつ)しました。陸上の環境では，地層は侵食されます。その後，(c)のように，この地域が沈降(ちんこう)し，海底の環境に変化しました。そうすると，侵食面の上に新しく堆積物が堆積し，この新しい堆積物が，やがて上位(じょうい)の地層になります。

下位の地層が堆積して，すぐに上位の地層が堆積したのではないので，下位の地層と上位の地層は不整合の関係です。文章で書くと数行ですが，不整合が形成されるには，非常に長い年月が経過(けいか)しています。

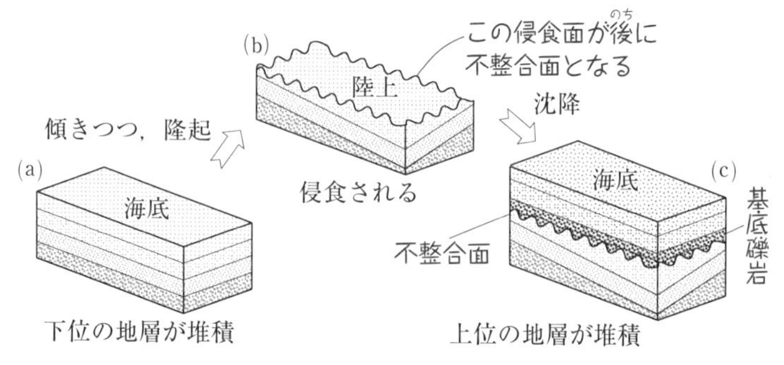

図 12　傾斜不整合の形成

海水面の変化による不整合の形成

もう一つ，地殻変動ではなく，海水面が上昇したり，下降したりして不整合が形成される場合があります。次の図 13 のような場合です。

(a)のように下位の地層が海底に堆積していました。何らかの理由，たとえば地球が寒冷化して，陸上の広い地域が氷河に覆（おお）われるようになると，海水面が低下します。そのため，今まで海底下であった地域が(b)のように陸上になります。

さて，陸上の環境では，川などによって地層は侵食されます。地球が温暖化して大陸を覆（おお）っていた氷河がとけると，海水の量が増えて海水面が上昇し，(c)のように再び海底となる。そして，堆積物が堆積します。この場合も，下位の地層と上位の地層は不整合の関係です。

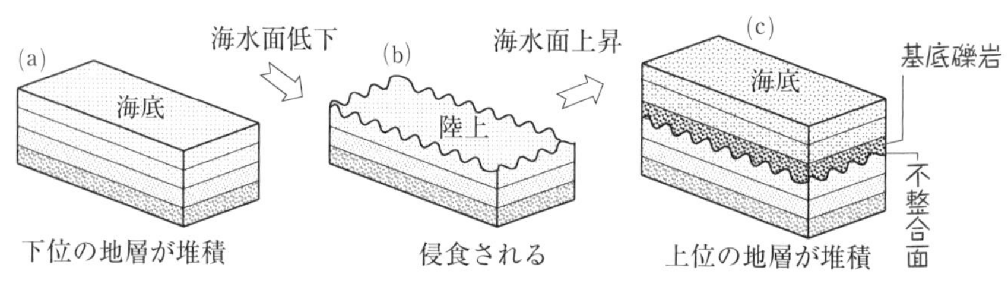

図 13　平行不整合の形成

不整合の形成過程を二種類解説しました。地殻変動による場合は，一般に下位の地層が傾いていて，その層理面が不整合面で断ち切られています。つまり，侵食されています。このような不整合を**傾斜不整合**といいます。一方，下位の地層の層理面と不整合面が平行な場合は**平行不整合**といって，おもに海水面の変化によって形成されます。

どちらの場合も，侵食面が下位の地層と上位の地層の境界面で，この面を**不整合面**といいます。

また，**不整合面の直上には粗粒の堆積物が分布している**場合が多く，これを**基底礫岩**といいます。不整合面の直上以外にある礫岩は基底礫岩とはいわないので，**問題文に基底礫岩という言葉があったら，ただちに不整合だ**とピンとくるといいですね。

この基底礫岩ですが，不整合面が形成されていた当時，陸上に分布していた地層や岩体が基底礫岩を構成する礫になります。図 12 や図 13 の不整合面の直下にある地層だけではなく，図には現れていない地層や岩体であっても，当時，陸上に露出していれば，侵食されて基底礫岩になります。

不整合面の直下の岩体や地層だけが基底礫岩の礫の供給源であると思っていませんか？

現在でも，磯，つまり岩石からなる海岸に行くと，干潮のときに波食台(海食台)が観察できるところがあります。波食台は，波によって侵食されて形成された面です。この地域が沈降しているならば，将来は不整合面になる可能性があるところです。その上に堆積している物質は，この周辺の崖で侵食された岩石です。つまり，陸上に現れていた地層や岩体から供給されたものです。だから，**基底礫岩の供給源は，不整合面がつくられていた時代に陸上に現れていた地層や岩体**なのです。

Q．それでは，次ページの図 14 のように，崖に地層が露出していました。これは傾斜不整合だろうか？　それとも平行不整合なのだろうか？

―― 平行不整合です。

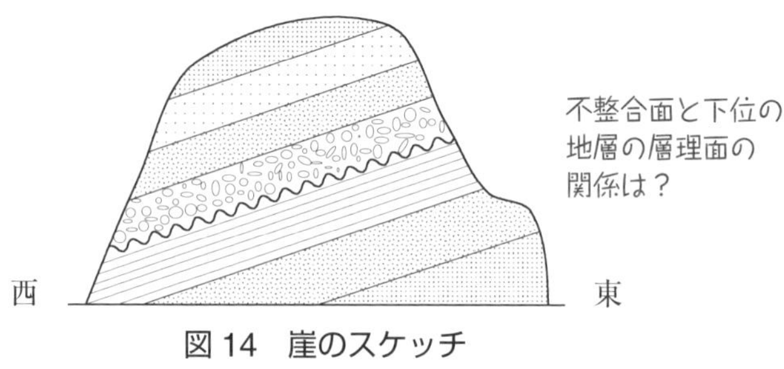
不整合面と下位の
地層の層理面の
関係は？
西
東

図 14　崖のスケッチ

地層や不整合面が水平に見える場合を平行不整合というのではない。不整合面や上位の地層の層理面と下位の地層の層理面が平行になっているというのが平行不整合の条件です。だから，図 13 のように水平になっていても，図 14 のように傾いていても，平行不整合です。

参考：地層の傾斜

上の図 14 の地層は水平ではなく傾いていますが，このとき，層理面が下がっていく方向，つまり，図 14 では西のほうに地層が傾いています。こういう場合，地層は西に傾斜しているといいます。

共通テストに出るポイント！

《 不整合 》

- 不整合の種類
  - ① 傾斜不整合…下位の地層の層理面が侵食されている。
地殻変動によって形成された。
  - ② 平行不整合…下位の地層の層理面と不整合面が平行。
おもに海水面の変動によって形成された。
- 基底礫岩……不整合面の直上にある粗粒の堆積物。
当時陸上に現れていた地層や岩体が供給源。

造山運動

地殻変動の締めくくりは，造山(ぞうざん)運動です。

火山噴火によって火山が形成されるのは，造山運動とはいいません。アルプス山脈やヒマラヤ山脈のような幅数十〜数百 km，延長数千 km に渡って延々(えんえん)と続く**大山脈をつくる地殻変動が造山運動です**。とはいえ，このような大山脈が形成されることだけが造山運動の内容を意味するのでもありません。大山脈が形成されるのは最終結果であって，大山脈が形成されるまでにさまざまな現象が地殻に生じています。地殻の構造が変わったり，地殻を構成する岩石も変化して別の岩石に変わっています。

たとえば，大山脈をつくる地層は褶曲(しゅうきょく)しています。褶曲山脈という言葉もある。褶曲した地層からできている山脈という意味ですね。

Q. 地層が褶曲しているというのは，どういうことでしたっけ？

—— 水平方向から圧縮力を受けたということ。

つまり，巨大な山脈が形成されるときには，水平方向からの圧縮力がはたらいたということです。褶曲の軸(じく)は，はたらいた力と直交する方向にのびているので，山脈がのびている方向に沿(そ)って褶曲軸ものびています。

Q. では，そのような圧縮力が広大な地域にはたらくところは，地球上のどこでしょうか？

—— プレートの収束(しゅうそく)する境界だよね。

プレートが発散(はっさん)する境界やすれ違う境界ではなく，**収束(しゅうそく)する境界でのみ，造山運動は生じます**。造山運動を受けたところを**造山帯(ぞうざんたい)**といいます。そのようなプレートが収束する境界は延長数千 km に渡っているのだから，造山帯も延長数千 km に渡って分布します。それに比べると造山帯の幅は幅数十〜数百 km で，延長に比べて 1 桁(けた)から 2 桁小さいです。幅が狭く，細長い，圧縮力を受ける地域で造山運動は生じます。

二つのタイプの造山運動

次ページの図 15 の世界の大山脈の分布を見ると，**ヒマラヤ山脈**，**アル**

プス山脈，ウラル山脈のように大陸の内部にある山脈と，**アンデス山脈**やロッキー山脈のように海岸線に沿って続く山脈とがあります。

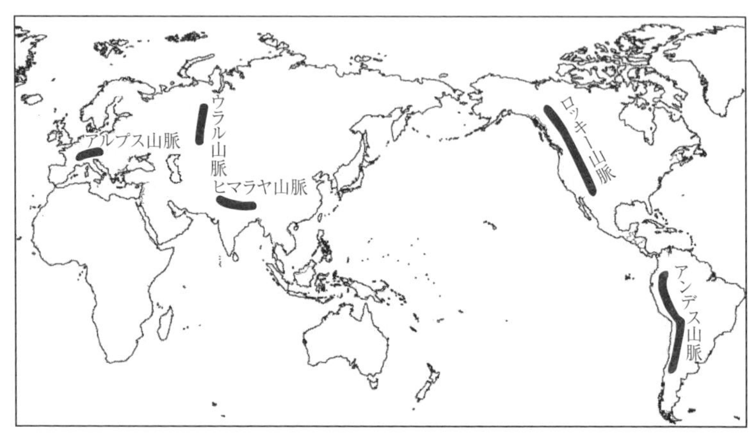

図 15　おもな山脈

ヒマラヤ山脈やアルプス山脈など**大陸内部にある山脈は，プレートが収束する境界のうち，衝突する境界**で形成された山脈です。二つの大陸プレートが衝突すると，どちらも密度の小さい大陸地殻を載せているため，マントル内へ沈み込みにくく，重なり合って隆起し，大山脈を形成すると考えられます。

一方，アンデス山脈やロッキー山脈など**海岸線に沿ってのびている山脈は，プレートが収束する境界のうち，沈み込む境界で形成された山脈です**。日本列島のような**島弧**もこのような地域だと考えられます。次ページの図16のように，大陸プレートの下へ，平均密度の大きい海洋プレートが沈み込むとき，沈み込む海洋プレート上には，海山を構成していた玄武岩や，チャートのような深海底の堆積物が載っていて，それらが沈み込むときにはぎ取られて大陸プレートの縁に付け加わります。また，乱泥流（混濁流）のような大陸の物質起源の堆積物も沈み込みに伴って付け加わります。このように付け加わってできたものを**付加体**といいます。このような付加体などがやがては隆起して大山脈をつくったと考えられます。

現在の日本列島は，プレートが収束する境界だから，**現在，日本列島で**

生じている地学現象は，造山運動に伴うものです。直接わかるのは，地震や火山活動ですが，日本列島の地下では地層が褶曲（しゅうきょく）したり，断層によって地層がずれたりして地殻変動が進行しています。

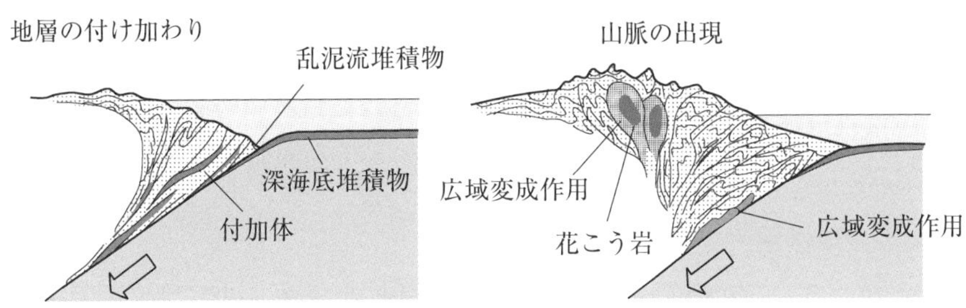

図 16　沈み込む境界の造山運動

共通テストに出るポイント！

《 造山運動 》

- プレートが収束する境界でのみ生じる。
- 地殻の構造の変化…断層や褶曲（しゅうきょく）
- 構成物質の変化…広域変成作用
- 最終的に大山脈をつくる。
- 造山帯の種類
  ① 衝突する境界の造山帯：ヒマラヤ山脈，アルプス山脈
  ② 沈み込む境界の造山帯：日本列島，アンデス山脈

変成作用

地層が褶曲（しゅうきょく）したり，断層によって地層がずれたりして，複雑な地質構造が造山運動によって形成されます。しかし，地殻の変化はそれだけにとどまらない。造山運動では，地殻を構成する物質，つまり岩石も変化を被（こうむ）ります。

地下深くで，圧力やマグマの熱によって岩石が固体のまま変化して，別の岩石に変わる。これを**変成作用**（へんせいさよう）といい，形成された岩石を**変成岩**といいます。

変成作用は，圧力の影響を受けているかどうかの違いで二つの種類に分けられています。

圧力の影響はほとんどなく，**マグマの熱によって生じる変成作用が接触変成作用**です。**造山運動の際に，圧力の影響を強く受けると広域変成作用**が生じます。**圧力の影響を受けている広域変成岩では，鉱物が一定方向に並ぶのに対して，圧力の影響を受けていない接触変成岩では，鉱物の並び方に方向性はありません。**

接触変成作用

最初は，マグマの熱の影響によって生じる接触変成作用についてです。

Q．ぼくたちは，人工的に接触変成作用を生じさせて，あるものをつくっています。何でしょうか？　毎日，使っている日用品です。

―― 茶碗などの陶磁器です。

粘土で形を作り，野焼きをした経験がある人もいると思います。温度が低いと素焼き，1000℃前後だと陶器，さらに温度が高いと磁器になって，かたさが増していきます。岩石も同じで，高温のマグマの熱によって岩石が変化する。

粘土でお皿の形を作って窯の中で焼いて，窯から出したら茶碗に変わっていたなんてことはないよね。何が言いたいのかというと，**変成作用は固体のままで生じる**ということです。岩石は融けずに，新しく鉱物ができたり，その組合せが変化したりして変成岩に変わります。**岩石全体が融けるような高温にさらされれば，生じるのはマグマで，それが冷え固まれば，定義からして火成岩になります。**変成岩ではありません。

砂岩や泥岩からなる地層中にマグマが貫入すると，マグマの周囲の幅数十 m ～数 km はマグマの熱によって変成作用を受け，**ホルンフェルス**という変成岩ができます。粘土は泥の一種だから，それからできたホルンフェルスはまさに陶磁器ですね。**ホルンフェルスはかたくて緻密な岩石です。**

石灰岩中にマグマが貫入すると，石灰岩をつくっていた微小な方解石の結晶が成長して，肉眼でも一粒一粒が識別できる**大きな方解石からなる結晶質石灰岩**ができます。一般には**大理石**とよんでいる変成岩です。石灰岩は堆積岩でしたが，その前に「結晶質」という言葉がついている「結晶質石灰岩」は堆積岩ではなく，変成岩だから，注意してくださいね。

共通テストに出るポイント！

《 接触変成作用 》

- マグマの熱による変成作用。圧力の影響は受けていない。
- 泥岩・砂岩 → ホルンフェルス…かたくて緻密。黒色のものが多い。
- 石灰岩 → 結晶質石灰岩（大理石）…粗粒の方解石。白い。

広域変成作用

接触変成作用以外に，変成作用にはもう一つの種類があります。造山運動によって生じる広域変成作用です。造山帯に広く分布するので，接触変成作用に比べれば，広大な地域に細長く数十～数百 km にわたって広域変成岩が分布しています。

接触変成作用は圧力の影響を受けていないので，**接触変成岩を構成する鉱物の並び方に方向性はありません**。一方，広域変成作用を受けて形成された**広域変成岩は，圧力の影響を受けているので鉱物が一定の方向に並んでいます**。

圧力の影響を強く受けてできた**結晶片岩は，特定の面に沿ってはがれやすい性質があります**。圧力の影響は弱く，むしろ熱の影響を強く受けた**片麻岩には縞状の構造があります**が，その縞に沿ってはがれることはありません。

接触変成岩は，もとになる岩石が何であったのかを知っていなければならないのだけれど，広域変成岩は，もとになる岩石にはさまざまな種類があるので，結晶片岩と片麻岩という名称とその特徴を覚えておけば十分です。

共通テストに出るポイント！

《 広域変成作用 》

- 造山運動による変成作用。圧力の影響を受けている。
- 結晶片岩(けっしょうへんがん)…特定の面に沿ってはがれやすい。
- 片麻岩(へんまがん)……粗粒の鉱物が縞(しま)模様をつくる。

では，変成岩の問題を解いてみようか。

問題 4　変成岩

次の図1は，花こう岩の貫入によって形成された変成岩の分布を示した平面図である。変成岩が分布する地帯は，変成岩に特徴的に含まれる鉱物Xの産するX帯と，鉱物Yの産するY帯に区分される。また，図2は，鉱物Xと鉱物Yが安定に存在するための温度と圧力の条件を示した図であり，図2中の線上の温度圧力条件下では，同じ岩石中に鉱物Xと鉱物Yの両方が含まれることを表す。

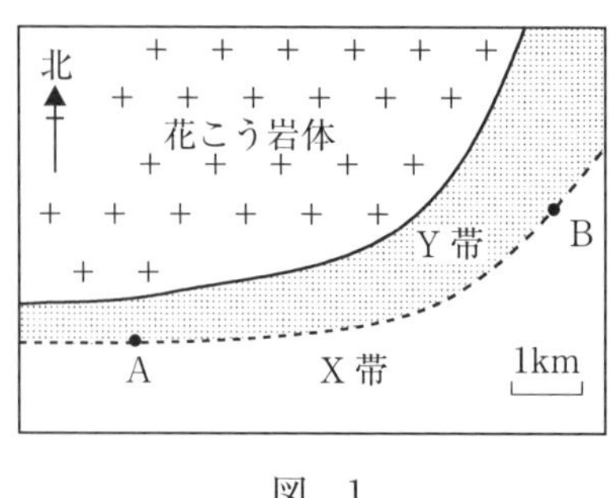

図　1

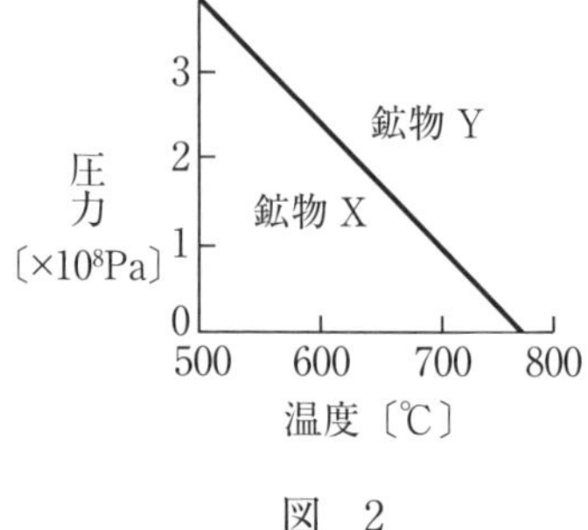

図　2

問1　図1中の地点Aと比較して地点Bが変成作用を受けた当時の温度と圧力について述べた文として最も適当なものを，次ページの①～④のうちから一つ選べ。ただし，花こう岩体と変成岩の境界は鉛直で，両地点から花こう岩体までの距離は，変成作用を受けた後に変化していないものとする。また，花こう岩体は均一な温度で貫入し，熱はどの方向にも同じように伝わったものとする。 **6**

① 温度は高く，圧力も高い。
② 温度は高く，圧力は低い。
③ 温度は低く，圧力は高い。
④ 温度は低く，圧力も低い。

問2 図1中の変成岩について述べた文として最も適当なものを，次の ① ～ ④ のうちから一つ選べ。 **7**

① この変成岩は，もとの岩石の構成鉱物が変化して形成されたもので，ホルンフェルスとよばれる。
② この変成岩中の黒雲母(うんも)などの板状結晶は，花こう岩体付近で一定方向に配列することが多い。
③ この変成岩は，プレートが沈み込む地域で形成された広域変成岩である。
④ この変成岩は，プレートが発散する境界で形成された片麻(へんま)岩である。

（センター試験　改作）

問1 は読解問題です。図1中の地点Aと地点Bは，ともにX帯とY帯の境界にあります。この境界上の変成岩に含まれる鉱物は，鉱物Xと鉱物Yの両方です。境界というのは，そこに両方の鉱物Xと鉱物Yが存在することを意味しています。一方，図2では，これら二種類の鉱物をともに含む岩石の温度圧力条件が線で示してあります。地点Aと地点Bは，問題の図2中の線上にあることになります。

花こう岩を形成したマグマが貫入(かんにゅう)したとき，熱はどの方向にも同じように伝わったので，花こう岩体に近いところにある地点Aの方が地点Bよりも高温の変成作用を受けたことになります。

次ページの図17にその関係を満たすように，鉱物Xと鉱物Yの境界線上に点を打ってみました。線の上にあって，高温なのが地点A，低温なのが地点Bになるように点を打ったのです。この結果，地点Bは地点Aよりも，温度は低く，圧力は高い条件下で変成作用を受けたことがわかります。したがって，正解は ③ です。このように，変成岩を題材として，岩石の生成条件をグラフから読み取るという考察問題が共通テストでは出題されます。

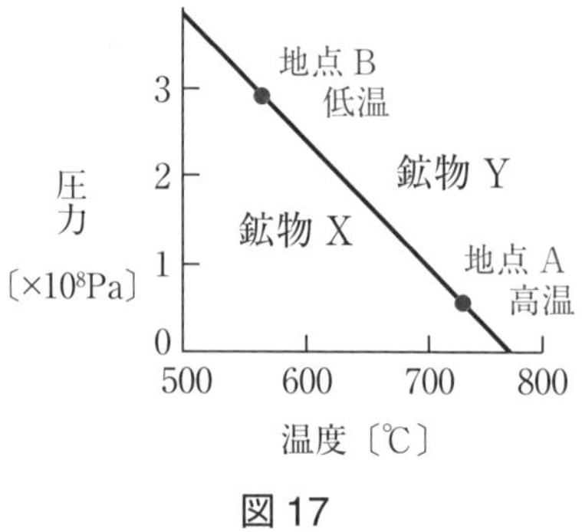

図 17

問 2　花こう岩の貫入によって変成作用を受けた岩石が何であるかは，問題には示されていません。わかっているのは，接触変成作用を受けて形成された変成岩だということだけです。

①　泥岩（でいがん）や砂岩（さがん）が接触変成作用を受けて形成されるホルンフェルスだと述べてあるので，適当ですね。

②　黒雲母（くろうんも）などの鉱物が「一定方向に配列する」と書いてあります。これは，圧力の影響を受けた広域変成岩の特徴で，接触変成岩ならば，鉱物の配列に方向性は認められないので，適当ではない。

③　広域変成岩だと書いてあるので，適当ではない。

④　広域変成岩の「片麻岩（へんまがん）」だから，適当ではない。それに，プレートが発散する境界，つまり中央海嶺（かいれい）などで片麻岩が形成されるという点も誤りですね。広域変成作用は，プレートが収束（しゅうそく）する境界で生じる現象です。先ほどの図 16(→ p. 167) に広域変成作用を受ける場所を示しておきました。地下の深いところですね。つまり，接触変成岩よりも圧力の高いところで広域変成岩は形成されます。ということで，正解は，① ですね。

【問題 4・答】 6 － ③　7 － ①

共通テストに出るポイント！

《変成岩のまとめ》

接触変成岩（マグマの熱が原因）	ホルンフェルス	泥岩や砂岩が変化。緻密でかたい。
	結晶質石灰岩（大理石）	粗粒の方解石からなる。
広域変成岩（造山運動が原因）	片麻岩	粗粒の鉱物が縞模様をつくる。
	結晶片岩	特定の面に沿ってはがれやすい。

堆積岩と地層，造山運動と変成岩について，今回は講義しました。次回は，これらを踏まえて地球の歴史の概要を講義します。共通テストの問題は，今回の地層の調べ方とその結果から得られた次回の歴史の内容が組み合わされて出題されます。また，岩石という観点から火成岩，堆積岩，変成岩を総合的に扱う問題も出題されます。問題集で覚えるべきところをしっかりと演習しておいてください。

第5回 移り変わる地球(2)

地球の歴史の調べ方と時代区分

今回は地球の歴史の調べ方についての講義をします。すでに第４回で地層と堆積構造(たいせきこうぞう)，過去の地殻変動(ちかくへんどう)などについて述べましたが，地球の歴史を調べるという観点(かんてん)から，もう一度これらの内容をとらえ直してみよう。また，そのようにして解明された地球の歴史の区分についても講義をします。

第１章 地球の歴史の調べ方

地層累重の法則

地球の歴史を調べるためには，その記録が連続して残っている必要があります。

Q.「連続して」という言葉に聞き覚えがあるよね。何でした？

――整合(せいごう)でしたよね。地層が時間的に連続して堆積している場合，それらの地層は整合の関係にある。

前回の第２章，不整合(ふせいごう)の項目でこの言葉が出てきました。海底などに砂や泥などが次々と堆積していく。その結果，下の方から上の方へ向かって積み重なった堆積物では，上の方が新しい。

地層はそのようにして形成されるので，**下の方にある地層が古く，上の方にある地層が新しいという関係**が成り立ちます。これを**地層累重(るいじゅう)の法則**といいます。地層累重の法則が成り立っているとき，年代の古い地層が下位(かい)に，新しい地層が上位(じょうい)に重なっています。

「累」という漢字は，数学で「累乗(るいじょう)」という言葉に使われています。2

の累乗ならば，2を次々と掛ける演算ですね。つまり，「累重」とは，次々と地層が重なっている状態をいいます。

共通テストに出るポイント！

《 地層累重の法則 》

下位の地層は古く，上位の地層は新しい。

それならば，常に下にある地層が古く，上にある地層が新しいかというと，そうは問屋が卸さない。地層は，長い年月の間に地殻変動を受けているので，下にある地層の方が新しく，上にある地層の方が古い場合があります。この場合，**地層が逆転している**といいます。どのような場合に認められるかというと，地層が褶曲しているときです。

一つ例をあげてみよう。

地質調査をしていたら，道路に沿って，図1のような二つの露頭があった。露頭は，草や木に覆われていなくて，地層や岩体を観察できる場所です。海岸の崖とか，山などを掘削した工事現場の切り通しです。

露頭Xと露頭Yには，A，B，Cの三枚の地層が現れていました。これに地層累重の法則を適用すると，露頭XではA，B，Cの順に地層は堆積

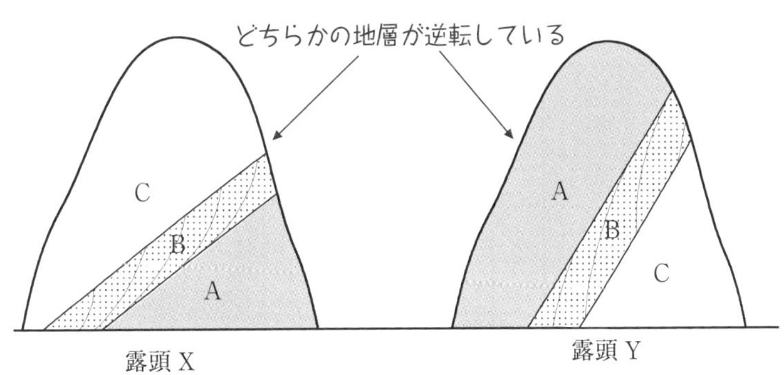

図1　露頭Xと露頭Yのスケッチ

したように見えるので，Aが最も古く，Cが最も新しい地層です。一方，露頭Yでは，C，B，Aの順に堆積したように見えるので，Cが最も古く，Aが最も新しい地層です。

露頭Xと露頭Yとで，地層の堆積順序が逆になっています。つまり，どちらかの露頭の地層が逆転しています。これを確かめないといけない。

堆積構造による地層の上下判定

露頭で観察した地層がどのような順に堆積したのかを決める作業を地層の上下判定といいます。それには，さまざまの手法がありますが，第4回で学んだ堆積構造を地層の上下判定に用いることができます。

復習をかねて，次の問題で地層の上下判定をしてください。新しい側の地層が上位の地層，古い側の地層が下位の地層で，斜交葉理(クロスラミナ)，底痕(流痕)，級化層理の三つを考えてみよう。

問題1　堆積構造による地層の上下判定

次のa～cの堆積構造が見られる地層において，上位側の地層はどちらか。最も適当なものを，図中の ①・② のうちからそれぞれ一つ選べ。

a：**1**　　b：**2**　　c：**3**

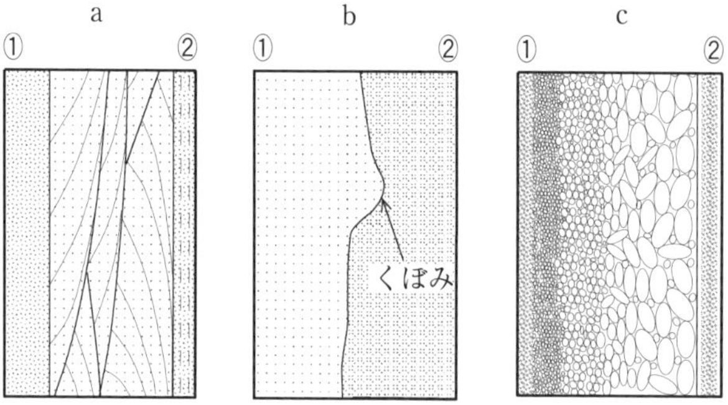

a　① ②

b　① ②　くぼみ

c　① ②

a　斜交葉理です。第4回の図5(→ p. 153)で，水流の方向を決めたときに用いた図です。葉理の幅の広い方から狭くなる方向に水は流れていました。このとき，すでに形成されていた葉理を断ち切って，次の葉理が形成される。「断ち切る」という言葉は，すでに存在していた葉理の一部を切り取るという意味です。たんに「切る」と表現する場合もあります。

問題の図では，① の左端の「葉理が認められない地層」とその右の「葉理が認められる地層」の境界の層理面に注目すると，この層理面が葉理を断ち切っています。葉理が認められる地層内部でも，水流によって形成された葉理が，それ以前に形成されていた葉理を断ち切っている部分があります。このような場合，**断ち切っている方が新しく，断ち切られている方が古い**ので，正解は ① 側が上位の地層です。

b　底痕(流痕)です。第4回の図7(→ p. 154)のように，水流によって堆積物が削られ，くぼんだ形状が底面に残った痕跡です。その上に新しく堆積物が堆積すると，くぼんだ部分の層理面が出っ張る形状になるので，層理面が出っ張っている ② 側が下位の地層，① 側が上位の地層です。

c　級化層理です。第4回の図9(→ p. 154)のように，乱泥流(混濁流)によって運ばれた堆積物の場合，粗粒の粒子が先に堆積し，その後に細粒の粒子が堆積したので，① 側が上位の地層です。

【問題1・答】 [1] －①　[2] －①　[3] －①

話は変わるけれども，斜交葉理が認められる地層と，その直上の地層の関係は不整合ではないかという質問をする人がいます。斜交葉理が形成されて，その一部が水流によって削られてから，新たに堆積物が堆積しているからです。つまり，二つの地層の堆積が時間的に連続していないから，不整合だと思って質問するのだろう。

不整合とは，海底で堆積した地層が隆起して陸上に現れて侵食される。海底という堆積の場から，陸上という侵食の場に環境が変化したことを意味しています。一方，斜交葉理の場合は，海底という堆積の場のまま形成される。

だから，斜交葉理は同じ堆積環境下で地質学的時間では連続して堆積しているとみなして十分です。**斜交葉理が認められる地層とその上位の地層は整合**の関係です。一方，不整合は，堆積環境から侵食環境(つまり陸上の環境)に変わり，地層などが侵食された後に，海底などの堆積環境に変わったという，大きな環境の変化を伴った，長期間の堆積環境の空白を挟んで地層が接している場合を指します。

堆積構造から地層の上下判定を行う手法は，まだあります。二つ紹介しておこう。

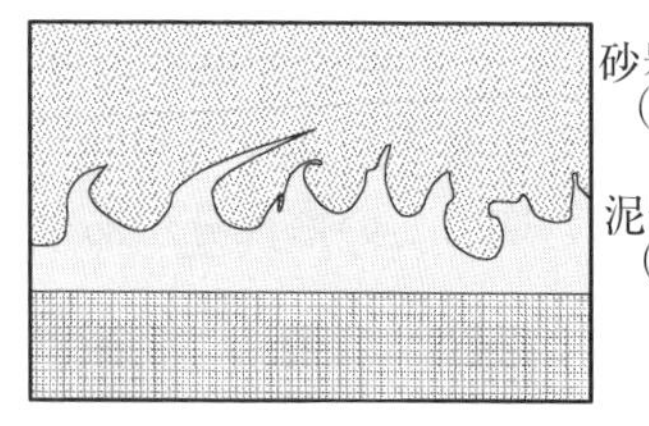

図2　荷重痕

一つは，**荷重痕**です。密度が小さく細かい泥などの粒子が堆積し，まだ続成作用を受けずに，やわらかい状態だったとします。その上に密度の大きい粒子，たとえば砂などが堆積し，さらにその上へと堆積物が堆積していくと，地層に荷重がかかり，密度の大きい砂などの粒子が沈み，密度の小さい泥が相対的に浮き上がって図2のような構造ができます。密度の大きい物質がその下にある密度の小さい物質に荷重をかけて，密度の大きい物質が垂れ下がったり，密度の小さい物質が浮き上がったりして層理面に凹凸が生じます。とくに，図2のような荷重痕は，炎が立ち上っているように見えるので，**火炎構造**ともいいます。

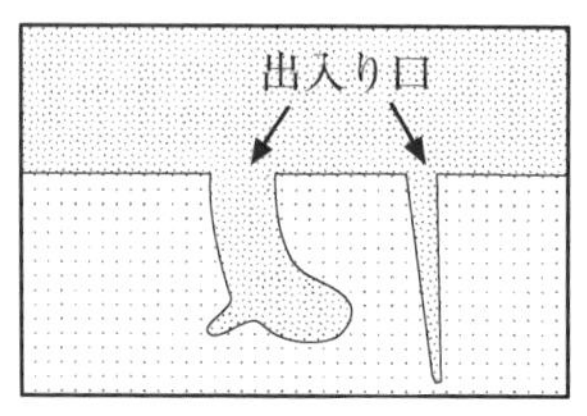

図3　生　痕

もう一つは，**生痕**です。**生物の活動によって形成された痕跡**です。海底の砂地や泥に潜って生活するカニなどの生物の巣穴です。図3のように，出入り口のある方が上位の地層になります。つまり，底痕と同じように，上位の地層の下面が出っ張っていたり，下位の地層中へくい込んでいる。

これら以外にも地層の上下判定をする手法はありますが，斜交葉理(クロスラミナ)，級化層理，底痕(流痕)，荷重痕，生痕を用いて地層の上下判定ができるようにしてください。

共通テストに出るポイント！

《 地層の上下判定 》

① 斜交葉理(しゃこうようり)……切っている葉理の方が上位。
② 級化層理(きゅうかそうり)…粗粒(そりゅう)側が下位，細粒(さいりゅう)側が上位。
③ 底痕(ていこん)(流痕)…層理面の下面についている。
④ 荷重痕(かじゅうこん)……垂(た)れ下がっている側が上位，立ち上る側が下位。
⑤ 生痕(せいこん)………層理面の下面についている。

さて，最初の図１中のＢ層中に斜交葉理が観察できたとします。図４です。

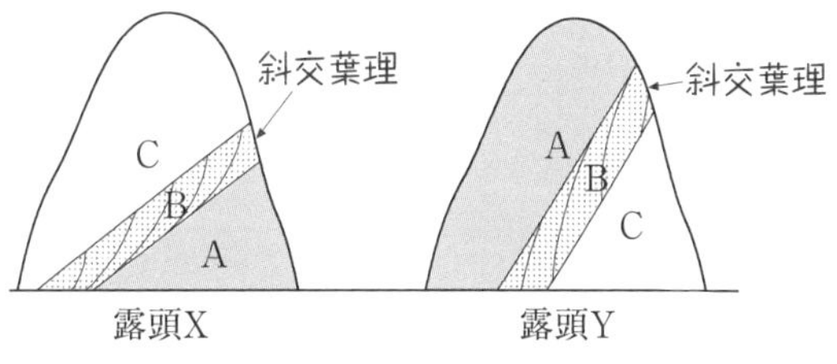

図４

Q. 図４の二つの露頭から考えられる地質構造は何だろうか？

―― 露頭Ｘでも露頭Ｙでも，Ｂ層とＣ層の境界の層理面がＢ層中の葉理を切っている。だから，Ｂ層よりもＣ層の方が新しい地層です。Ａ→Ｂ→Ｃの順に地層は堆積したのだから，露頭Ｙの地層は逆転している。そこで次の図５のように補うと，わかります。背斜(はいしゃ)構造ですね。地層はＡ，Ｂ，Ｃの順に堆積しましたが，露頭Ｙでは，褶曲によって地層が逆転しています。

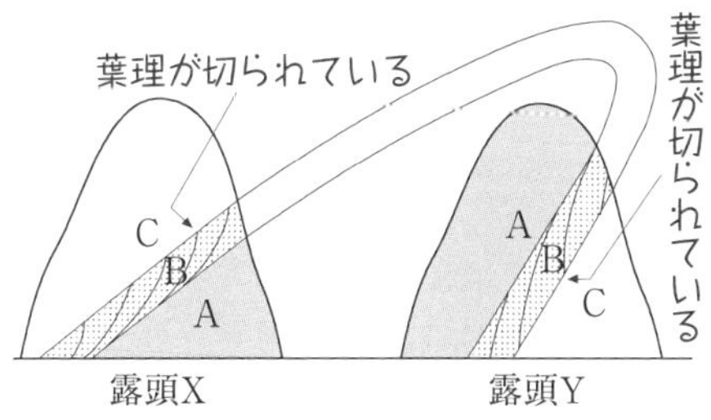

図５

褶曲による地層の上下判定

褶曲の話題が出てきたところで，一つ，応用問題を解いてみよう。地層の逆転はないとして考えてください。

問題 2　褶曲による地層の上下判定

次の図は，標高差のない平坦(へいたん)な地表に分布している地層の様子を表したものである。この地域に分布する地層は褶曲(しゅうきょく)しており，同じ地層が繰り返し出現している。この地域に分布する地層が堆積(たいせき)した順序はA→B→C→D→Eである。図中の褶曲軸X，Yの種類の組合せとして最も適当なものを，下の①～④のうちから一つ選べ。**4**

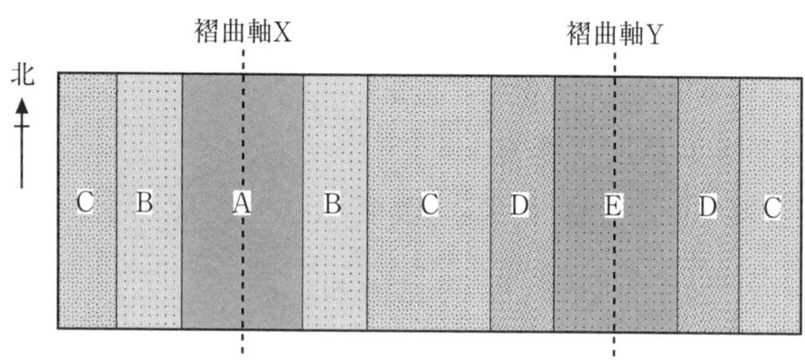

	褶曲軸X	褶曲軸Y
①	背斜軸	向斜軸
②	背斜軸	背斜軸
③	向斜軸	背斜軸
④	向斜軸	向斜軸

この問題の図は，断面図ではなく，平面図です。平らな地表に地層が分布していますが，地層は褶曲していると問題文に書いてあります。問題を解決する方法は，断面図を描くことです。**褶曲の種類には，背斜(はいしゃ)と向斜(こうしゃ)の**

2種類しかありません。褶曲軸Xが背斜軸だったらどうか，向斜軸だったらどうか？ どちらの場合に，地層が堆積した順序がA→B→C→D→Eになるのか。断面図を二通り，下の図6に示しました。

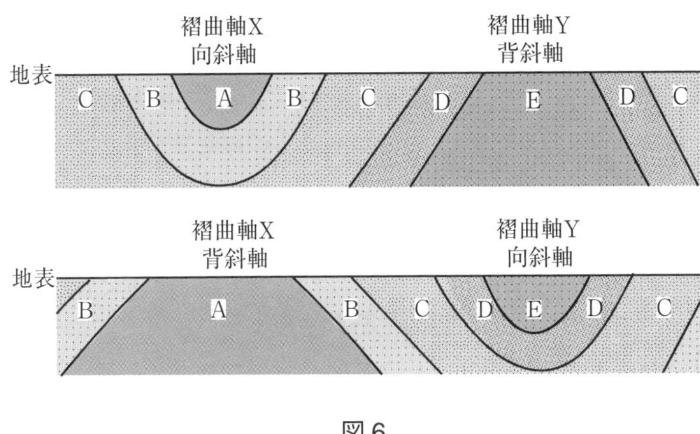

図6

図6からわかるように，地層が堆積した順はA→B→C→D→Eだから，正解は褶曲軸Xが背斜軸，褶曲軸Yが向斜軸になっている下の図です。したがって，正解は①です。

さて，この問題から何がわかるかというと，**背斜軸から両側へ離れるにつれて新しい地層が現れ，向斜軸から両側へ離れるにつれて古い地層が現れます**。断面図の場合ならば簡単ですが，平面図の場合は，すぐに見破る（みやぶ）のが難しいです。平面図の場合は，簡略化した断面図を作成して地層の上下判定を行ってください。

【問題2・答】 4 －①

共通テストに出るポイント！

《褶曲（しゅうきょく）した地層の上下判定》

向斜軸（こうしゃじく）から両側へ離れるにつれて古い地層が現れる。
背斜軸（はいしゃじく）から両側へ離れるにつれて新しい地層が現れる。

☼化　石

地球の歴史を解明するには，どのような順序で地層が堆積したかだけではなく，環境の変化や生物の世界の変遷も調べなくてはいけません。

生物の世界の変化を調べるためには，過去に地球上に生息していた生物の情報が必要です。そのような情報をもたらしてくれるのが化石です。

過去に生息していた生物を古生物といいます。その身体全体でもいいし，殻，骨，葉など，その一部でもいいし，さらには足跡や巣穴，排泄物も化石です。一般には貝殻に代表されるように，体のかたい部分が化石になりやすいけれど，条件によってはやわらかい部分も化石になります。たとえば，琥珀の中の昆虫化石とか，氷漬けのマンモスの化石です。

このうち，**生物の生活の痕跡の化石を生痕化石**といいます。地層の上下判定に用いた生痕です。

共通テストに出るポイント！

《化　石》

① 古生物の遺骸

② 古生物の活動した痕跡(生痕化石)

示相化石

化石のうち，**過去の地球環境の情報をもたらしてくれる化石を示相化石**といいます。生物は，種類によってその生活環境が異なります。人間のように，さまざまな環境に適応している生物は示相化石として役に立ちませんが，限られた環境に生息している生物もいます。現生の生物(現在，生息している生物)と比較するなどして生息環境が推定でき，地層の堆積環境が推定できる古生物の化石が，示相化石です。次の**二つの条件**を満たすものだけが，示相化石として役立ちます。

- **限定された環境に生息していた。**
- **生息地で化石となった。**

水流や海流によって，生息地から離れたところへ運ばれて遺骸が堆積し，化石となった場合は，その化石が生息していた環境と，その化石が埋まっていた地層の環境は一致しません。だから，生息地で化石となるという条件が必要です。たとえば，二枚貝の場合は，死後に貝殻が運搬される途中で，くっついていた二枚の殻は離れ，さらには破片になります。だから，示相化石に使える二枚貝の化石は，殻が閉じ，さらには生きていたときの向きで地層中に埋まっている必要があります。

代表的な示相化石は**造礁性サンゴ**です。サンゴ礁をつくるサンゴです。**熱帯から亜熱帯の海水温が高く，澄んだ浅海**にサンゴ礁はできます。サンゴの骨格は炭酸カルシウム($CaCO_3$)で，死ぬと，その遺骸が残り，それを土台にしてサンゴ礁は成長していきます。だから，生息地で化石となるという条件を満たします。たとえば，図7の古生代シルル紀の示準化石である**ハチノスサンゴ**はこのような環境を示すサンゴです。

海水と淡水が入り混じった水を汽水といいます。河口付近や海に面した湖などに汽水の環境が広がっています。**新生代新第三紀の熱帯～亜熱帯の汽水域**に生息した**ビカリア**という巻貝も示相化石の一種です。

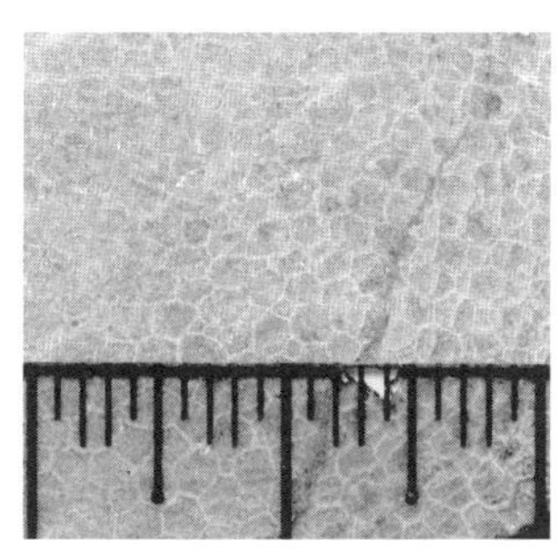

図7　ハチノスサンゴ

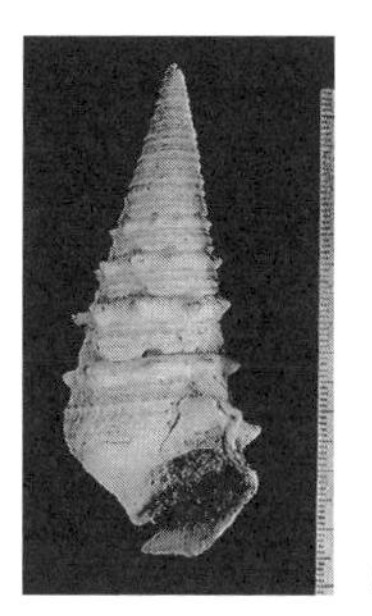

©瑞浪市化石博物館

図8　ビカリア

他にも示相化石の具体例が教科書に載っていますが，5社が発行している地学基礎の教科書を統合すると，造礁性サンゴとビカリアを具体例として覚えておけば十分です。

共通テストに出るポイント！

《 示相(しそう)化石 》

地層が堆積(たいせき)した環境を推定するのに役立つ化石。

（条件）① 限定された環境に生息していた。

② 生息地で化石となった。

（例）造礁性(ぞうしょうせい)サンゴ…熱帯～亜熱帯の暖かく澄んだ浅海。

ビカリア ………熱帯～亜熱帯の暖かい浅海(汽水域(きすい))。

示相化石について述べたので，ここまでの講義の中で，環境に関連する岩石や堆積構造には何があったか，思い出せますか？ まとめておきます。

共通テストに出るポイント！

《 堆積環境を知る手がかり 》

① 示相化石…(例) 造礁性(ぞうしょうせい)サンゴ，ビカリア

② 枕状溶岩(まくらじょうようがん)…海底火山活動

③ 放散虫(ほうさんちゅう)チャート…深海底

④ 斜交葉理(しゃこうようり)，流痕(りゅうこん)…水流のある海底。

⑤ 級化層理(きゅうかそうり)…乱泥流(混濁流)(らんでいりゅうこんだくりゅう)堆積物

示準化石

化石のもう一つ重要な役割は，**化石によって地球の歴史が組み立てられてきた**点です。生命が地球上に誕生して以来，生物は進化を続けてきましたが，一度絶滅(ぜつめつ)した生物とまったく同じ種類の生物が再び出現したことはありません。時間の経過とともに地球上に生息する生物は進化し，変わってきました。だから，同じ生物の化石が地層に含まれていれば，地層をつくっている岩石の種類が異なっていても，それらの地層は同じ時代に形成されたと判断できます。

ある生物が生存していた期間が短ければ短いほど，時代を細かく区切れます。そのような生物は，**進化による形態変化が速いために短期間に別の**

種類に進化した生物です。

また，地域が異なれば，同じ時代に堆積している堆積物の種類も異なります。そのような地層が同じ時代に堆積したことを化石から知るには，同じ種類の化石が**広い地域の地層から産出する**といいです。広範囲にその生物が生息していてもいいし，死後に海流にのって広い地域に遺骸が分散されてもいいです。さらに，滅多に見つからないものよりは，よく見つかる化石の方が有用です。つまり，**個体数が多い**ものです。

このような三つの特徴を兼ね備えた化石を**示準化石**といいます。「準」は「標準」の準と同じ意味だから，示準化石は，**ある時代を示す標準となる化石**という意味です。だから，示準化石を標準化石とよぶ人もいます。どのような示準化石を覚えていればよいのかは，あとで教えます。

共通テストに出るポイント！

《示準化石》

地層の時代を決めるのに役立つ化石。

（条件）① 進化による形態変化が速く，生存期間が短い。

② 地理的に広い地域の地層から産出する。

③ 個体数が多い。

地層の対比

示準化石によって地層の形成された時代を決定できますが，示準化石にはもう一つの用途があります。それは，離れた地域であっても，同じ示準化石が産出すれば，同じ時代に堆積した地層であるとわかることです。このような，地層が同じ時代に堆積したかどうかを確定する作業を**地層の対比**といいます。

鍵　層

地層の対比には，示準化石以外に特別の地層を用いる方法も可能です。**地層の対比に役立つ地層を**鍵層といって，**火山灰や凝灰岩が用いられる**

場合が多い。

火山灰や凝灰岩は，ある特定の時期の火山活動によって火山から噴出（ふんしゅつ）されます。地質学的な時間感覚でいえば，一瞬と考えて十分な短さです。火山灰は風に乗って広い範囲に降下（こうか）する。同じ火山の活動であっても，噴火の度（たび）ごとに性質が異なり，たとえば安山岩質のマグマの活動であっても火山灰に含まれる鉱物の量比やガラスの形などが異なります。同じ火山の同じ時期の活動によって噴出された火山灰かどうかは，それらを調べればわかります。

ここで一つ注意。鍵層となる地層は，今から何年前のものか，つまり年代がわからなくてもいい。むしろ，**年代がわからなくても，同じ時代に形成されたことを表すのが鍵層の利点**です。示準化石も同じです。今から何年前の化石なのかが直接わからなくても，その化石を含む地層は同じ時代に堆積したとわかるからです。

共通テストに出るポイント！

《鍵（かぎ）　層》

地層の対比に有効な地層。

（条件）① 短期間に堆積した地層である。
② 広範囲にその地層が分布する。
③ 他の地層と区別しやすい。

（例）火山灰，凝灰岩（ぎょうかいがん）

Q. 鍵層となる地層の特徴は示準化石の条件と同じです。なるべく短くそれを表現したら，どうなるかな？

—— 同じ時間面を示し，空間的な広がりをもつことです。次の表 1 のような関係です。

表 1　地層の対比

	示準化石	鍵　層
時　間	限定された時代に生息した。	短期間に堆積した。
空　間	広い地域の地層から産出する。	広範囲に分布する。

示準化石を使ったり，鍵層を使ったりして，地層の対比を行えば，地球の歴史を解明できそうだね。その前に，鍵層と示準化石の問題を練習しようか。

問題 3　地層の対比

次の図は，互いに離れた三つの地域P～Rで試料を採取し，a～dの化石の産出状況を調べたものである。また，凝灰岩 T_1 ～ T_3 は，この地域の鍵層である。図中の化石a～dのうち，示準化石としての条件を最もよく満たすものはどれか。下の ① ～ ④ のうちから一つ選べ。 **5**

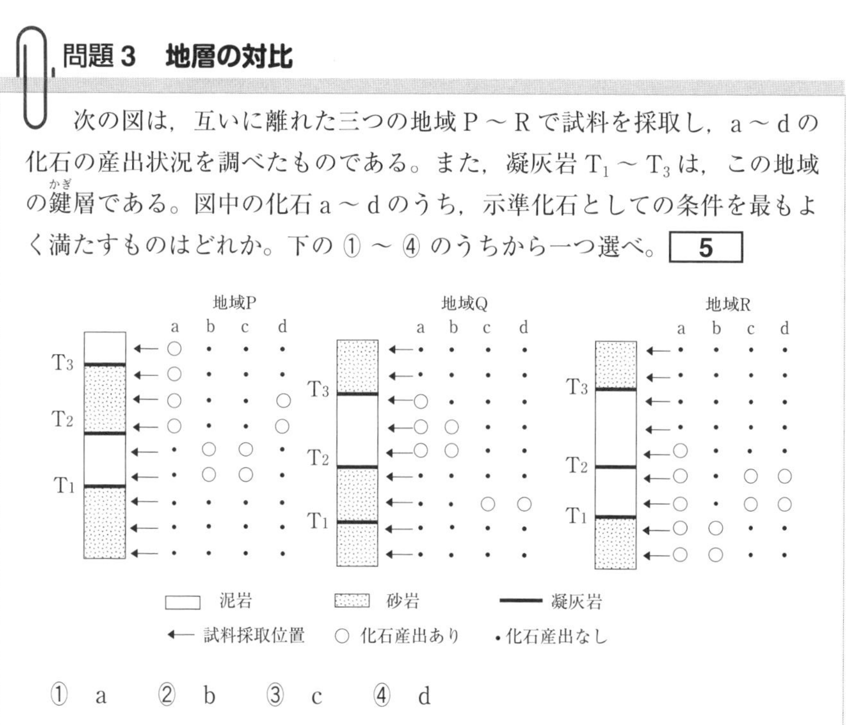

① a　② b　③ c　④ d

化石の産出状況を地域P一つにまとめてみると，次ページの図9のようになります。地域Qの産出状況を+，地域Rの産出状況を△として地域Pにまとめて重ね描きしました。たとえば地域Qのaは，鍵層の T_2 と T_3 の間で産出しているので，地域Pに重ね描きするときも，T_2 と T_3 の間の三地点に+の記号を描きます。自分でもさっそく作業をしてください。

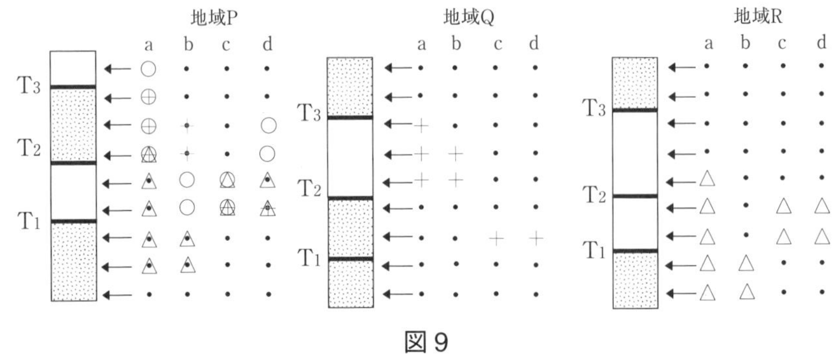

図9

示準化石の条件のうち，**広い範囲の地域の地層から産出する**という条件をa～dのすべての化石は満たしています。もう一つの**生存期間が限定される**という条件はどうだろうか？ 地域Pにまとめた図では，それぞれ産出する時代は限定されていますが，その時代を最も限定できる化石は，T_1とT_2の間の一部に挟（はさ）まれた二点にだけ産出が限定される化石cです。だから，生息していた期間が短いという示準化石の条件を最もよく満たす化石は，③のcになります。

実際には，1種類の化石で時代を決めるのではなく，化石の組み合わせで時代は決めます。今の問題でいえば，下位の方から，aとbが産出する時代，a～dのすべてが産出する時代，a，b，dが産出する時代，aのみが産出する四つの時代に区分できます。

このようにして，生物の世界の変遷（へんせん）を調べると，その世界が急激に変化するところで時代を区分できる。それについては，第2章で講義します。

【問題3・答】 5 －③

切る－切られる関係

地球の歴史を調べるためには，大きな地殻変動（ちかくへんどう）が生じた証拠（しょうこ）も必要です。このような証拠については第4回で講義をしています。「地層に残る地殻変動」の項目です。復習すると，褶曲（しゅうきょく）と断層という，地殻に大きな力が加わる変動です。これらを調べ，当時どのような力がはたらく地域であったのかを解明します。褶曲や逆断層の場合は圧縮力，正断層の場合は引っ張る力でしたね。また，第3回の第1章の冒頭で扱った火成岩の貫入も地殻変動の一つです。火山活動や造山運動が生じていた地域だったとわかります。さらに，傾斜不整合も地殻変動の大きな証拠です。隆起によって，海底の環境から陸上の環境に変化したのだとわかります。

これらのうち，断層，貫入，傾斜不整合には共通した特徴があります。それが**「切る－切られる」関係**です。「切る」という言葉は，先ほど斜交葉理(斜交層理)で説明しました。すでに存在していたものの一部を断ち切っているという意味です。次のポイントの図10を見てください。貫入，断層，傾斜不整合を表した断面図です。

左図は，地層中にマグマが貫入して冷却・固結した貫入岩体(岩脈)の場合です。この図では岩脈によって地層の層理面の続きが途中で断ち切られています。したがって，断ち切っている岩脈が新しく，断ち切られている地層が古い。真ん中の図では，断層が地層を断ち切ってずらしています。このとき，断ち切っている断層が新しく，断ち切られている地層が古い。右図では不整合面が存在し，下位の地層の層理面を断ち切っています。このとき，不整合面を底面としている地層が新しく，断ち切られている地層が古い。

以上のように，**貫入，断層，傾斜不整合では，断ち切っている方が新しく，断ち切られている方が古いという関係があります**。このような関係が生じているとき，地殻変動が生じていたという点も忘れないでください。

共通テストに出るポイント！

《 切る－切られる関係 》

断ち切るほうが新しく，断ち切られる方が古い。

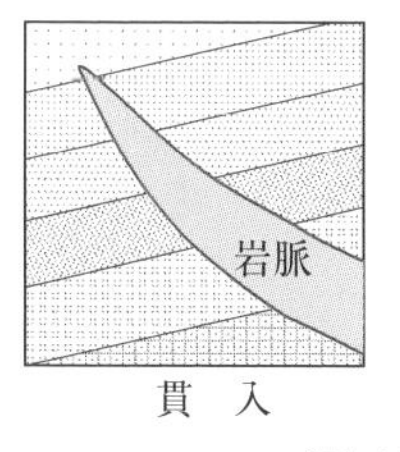

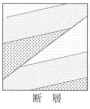

貫　入

断　層

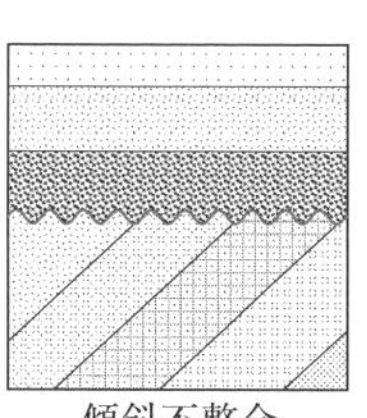

傾斜不整合

図10　切る－切られる関係

以上，地球の歴史の調べ方について述べました。図を読む問題で知識の確認をしよう。

問題 4　柱状図

ある地域において，同じ高度に位置するＰ～Ｓの四地点でボーリング調査を行った。各地点は互いに 100 m ずつ離れており，このボーリング調査の結果に基づいて作成した地質柱状図（ちゅうじょうず）を次に示す。

この地域には鍵層（かぎ）となるＡ～Ｃの３枚の凝灰岩（ぎょうかいがん）が分布している。また，Ｐ地点の深さ 100 m，Ｑ地点の深さ 20 m と 90 m，Ｒ地点の深さ 50 m と 80 m，Ｓ地点の深さ 80 m には不整合面があり，その直上には礫岩（れき）が密集していた。また，この地域には断層はなく，図中に示した不整合面以外の不整合面はなかった。

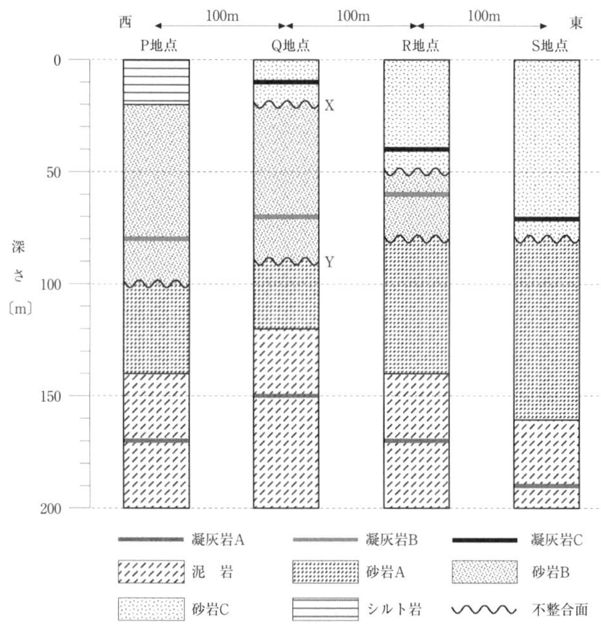

問 1　最下部の凝灰岩Ａを挟（はさ）む泥岩層の地質構造として最も適当なものを，次の ① ～ ④ のうちから一つ選べ。 **6**

① 東西方向から圧縮されて形成された背斜

② 東西方向から圧縮されて形成された向斜

③　南北方向から圧縮されて形成された背斜

④　南北方向から圧縮されて形成された向斜

問2　S地点で観察される不整合面は，Q地点で観察される不整合面Xと不整合面Yのどちらに対応するか。また，この不整合の種類は何か。これらの組合せとして最も適当なものを，次の①～④のうちから一つ選べ。 **7**

	対応する不整合面	不整合の種類
①	不整合面X	傾斜不整合
②	不整合面X	平行不整合
③	不整合面Y	傾斜不整合
④	不整合面Y	平行不整合

地質柱状図は，ある地点で地層が重なっている順序や厚さを柱状に表現した図です。**柱状図では，傾いている地層であっても水平に描くのが原則です**。柱状図で地層が水平に描いてあるからといって，地層が水平であるとは限らないという点に注意してください。

ステップアップ！

●柱状図

傾いている地層であっても水平に描くのが原則。

いくつかの柱状図から，地下の構造を描くときは次ページの図11のように，対応する層理面(そうりめん)や不整合面を線(対比線(たいひせん))で結びます。普通，図11の凝灰岩Aを例にして引いた赤い線のような対比線を描きますが，地下の構造が読み取りにくいので，柱状図の中央を結んで図11では地下の断面を表しました。縦や横の目盛(めも)りを見るとわかりますが，その長さに比べれば，柱状図で表している幅は，線で表せるくらい狭(せま)いからです。

柱状図の問題では，このように**柱状図を断面図に描き直してから，問題に取り組む**といい。

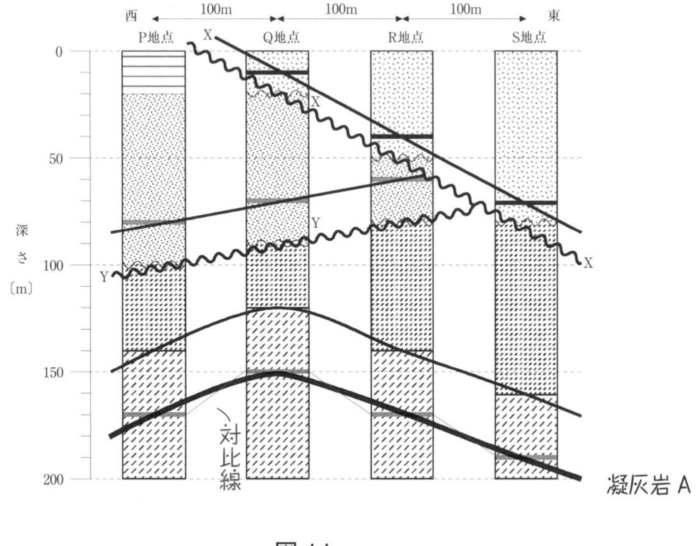

図 11

問 1　最下部の凝灰岩 A を挟む泥岩層の地質構造は，黒い太い線から判断して，背斜構造です。褶曲は，水平方向からの圧縮力によって形成されるので，東西方向の断面図では，東西方向から圧縮力を受けたのだとわかります。したがって，正解は ① です。

問 2　これも正しく断面を描けば，S 地点で観察される不整合面は，Q 地点で観察される不整合面 X の続きだと判断できます。S 地点の不整合面は，不整合面 Y の延長とずれています。不整合面 Y は，R 地点と S 地点の間のどこかで不整合面 X に切られて S 地点までは続いていません。

地層の対比は，この問題では鍵層を用いて行うので，鍵層となる凝灰岩 B と凝灰岩 C の分布から，S 地点で観察される不整合面は，Q 地点で観察される不整合面 X の続きだと判断します。**不整合面で対比しようとすると，判断を誤る場合があります。**

また，不整合の種類については，不整合面 X が下位の地層の層理面を断ち切っているので傾斜不整合です。不整合面 Y は，下位の地層の層理面を直接断ち切っているところはありませんが，不整合面 Y を境に下位の地層は褶曲しているのに対して上位の地層は全体として西に傾いている（西ほど深いところにある）ので，不整合面 Y を境にしてその上下の地層は平行になっていません。平行不整合であるなら，不整合面 X も凝灰岩 B も，凝灰岩 A と同じ形で褶曲しているはずです。そのようになっていないので，傾斜不整合です。

以上から，「不整合 X」と「傾斜不整合」の組合せの ① が正解です。

【問題 4・答】 6 − ①　7 − ①

ステップアップ!

●柱状図による対比

- 鍵層に注目する。
- 柱状図を断面図に描き直す。

第2章 地球の歴史の時代区分

地球の歴史の調べ方については第1章で述べました。第2章はその歴史の時代区分で，岩石の分野と同様，覚えるべき内容が多いです。

時代区分

地球の歴史には，**先(せん)カンブリア時代**，**古生代(こせいだい)**，**中生代(ちゅうせいだい)**，**新生代(しんせいだい)**という大きな区分があります。日本史の古代，中世，近世のような大きな時代区分です。**地球の歴史区分の基準は，動物の世界の変遷(へんせん)**に基づいています。

古生代，中生代，新生代と異なり，先カンブリア時代だけが浮き上がった名称になっています。これは，先カンブリア時代の地層からは，化石を見つけることが困難で，初期の研究者たちは先カンブリア時代には生物が地球上には現れていず，古生代になって地球上に生物が現れたと考えていたからです。つまり，化石が含まれる地層が忽然(こつぜん)と現れるところを境にして，それ以前を先カンブリア時代，それ以降を古生代などとし，古生代以降を動物の世界の変遷によって詳しく区分しました。

現在では，先カンブリア時代の地層からも化石が見つかっています。それであっても，先カンブリア時代の化石と古生代以降の化石には大きな違いがあります。

Q.なぜ，ある時代を境に化石が発見しやすくなったのだろうか？

――古生物が化石として残りやすいような組織をもつようになったからです。わかるかな？

化石とは，生物の遺骸(いがい)や生痕(せいこん)でしたよね。その生物の遺骸ですが，殻(から)や骨などのかたい部分は化石になりやすくて，やわらかい部分は化石になりにくい。ということは，先カンブリア時代の生物は，体にかたい部分がなかった。つまり，クラゲみたいにやわらかい組織のみの生物がほとんどだった。

先カンブリア時代の末期に，体の一部にかたい組織を備えた動物が現れ始め，それが一気に繁栄するようになったのが古生代の始まりです。体にかたい組織のある動物が地球上で繁栄し始めると，化石として残りやすくなります。だから，ある地層を境に，突然，大量の化石が現れる，つまり生物の存在の証拠が大量に出現し始める。そのため，古生代以降の時代を**顕生代**（けんせいだい），もしくは顕生累代（けんせいるいだい）といいます。「顕」は顕わ（あらわ），つまり，はっきりしているという意味です。それに対して，先カンブリア時代を隠生累代（いんせいるいだい），つまり隠されている時代という場合もあります。

共通テストに出るポイント！

《 先カンブリア時代とそれ以降の時代の違い 》

	先カンブリア時代	古生代以降
区分の基準	何年前かという数値	動物の世界の変遷
動物の違い	やわらかい組織のみ	かたい殻・骨格をもつ

現在では調査と研究が進み，**先カンブリア時代は，今から何年前という数値によって区切り**，古い方から，**冥王代**（めいおうだい）(約 46 億年前～ 40 億年前)，**太古代**（たいこだい）もしくは始生代(40 億年前～ 25 億年前)，**原生代**（げんせいだい）(25 億年前～約 5.4 億年前)の三つの時代に区分されています。

共通テストに出るポイント！

《 先カンブリア時代の区分 》

冥王代　太古代(始生代)　原生代

動物の世界の変遷

それでは，古生代以降，具体的にどのような動物が各時代を特徴づけるのか。これは進化の順です。次ページの表 2 にまとめてみました。この表は，地層累重（るいじゅう）の法則にしたがって，下の方から上の方に向かって時代が新しくなるように描いてあります。

先ほど述べたように，**先カンブリア時代には殻（から）や骨格（こっかく）などのかたい組織がない動物，つまり無殻無脊椎（むかくむせきつい）動物が繁栄し，古生代以降は殻などのかた**

い組織がある無脊椎動物や脊椎動物が繁栄しました。古生代の中期以降は**魚類**，**両生類**（りょうせいるい），中生代は恐竜（きょうりゅう）に代表される**爬虫類**（はちゅうるい），新生代は**哺乳類**（ほにゅうるい）と**鳥類**が繁栄する時代です。おおざっぱにいえば，進化の順ですね。ただし，**これらの動物が繁栄する時代は，出現した時代よりも後**だという点に注意してください。地球上に出現してすぐに繁栄するようになったのではありません。

共通テストに出るポイント！

表２　繁栄した生物

顕生代（けんせいだい）	新生代	脊椎動物（せきつい）	哺乳類（ほ）・鳥類	被子植物（ひし）
	中生代		爬虫類（は）	裸子植物（らし）
	古生代		両生類	シダ植物
			魚類	藻類（そう）
		有殻無脊椎動物		
先カンブリア時代		無殻無脊椎動物		

ぼくたちは動物だから，このような区分に納得できますが，植物の立場から見たらどうだろうか？ 藻類を含めて上の表２に植物界の変遷をつけ加えておきました。

Q．陸上の植物の世界の変遷は動物の世界の変遷と異なります。どのような違いがあるのだろうか？

――陸上の動物の世界が大きく変化する前に，陸上の植物の世界が大きく変化しているという点です。

シダ植物が繁栄する時代から裸子（らし）植物が繁栄する時代へと移り変わるのは古生代の終わり頃，裸子植物が繁栄する時代から被子（ひし）植物が繁栄する時代へと移り変わるのは中生代の終わり頃で，動物の世界の大きな変化に先立っています。

植物の世界が変化すると，動物の世界が変化する特徴があります。植物は光合成をして有機物をつくり，その植物を動物は食べています。だから，植物の世界が変われば，それに適応するように動物の世界も変わります。

共通テストに出るポイント！

《陸上の植物の世界の変化》 陸上の動物の世界の変化に先立つ。

古生代以降の詳細な時代区分

古生代，中生代，新生代はそれぞれ次の表3のように，「紀（き）」という単位で細分されています。

表3　地質時代と境界の年代

代	紀	境界の年代
新生代	第四紀	
		← 260万年前
	新第三紀	
	古第三紀	
		←6600万年前
中生代	白亜（はくあ）紀	
	ジュラ紀	
	三畳（さんじょう）紀	
		←2.5億年前
古生代	ペルム紀	
	石炭紀	
	デボン紀	
	シルル紀	
	オルドビス紀	
	カンブリア紀	
		←5.4億年前
先カンブリア時代		

古生代に何という名称の「紀」があったのか，中生代は，新生代はどうかを覚えていれば十分で，覚え方は，各紀の最初の文字だけです。

カオシデ石をペルムペロン，サンジュラ伯(白)は，三四で〜す

ただし，古第三紀と新第三紀は一つにまとめて「三」にしてあるので，古第三紀と新第三紀の二つがある点を念頭に置いて覚えておいてください。

また，今から何年前が各時代の境界であるのかは，表 3 に示した数値で十分です。この覚え方も，下のポイントに書いておきました。

先カンブリア時代と古生代の境界の 5.4 億が「ゴシゴシ」，古生代と中生代の境界の 2.5 億が「双子」，中生代と新生代の境界の 6600 万が「ロクロク」，新第三紀と第四紀の境界の 260 万が「風呂」です。

共通テストに出るポイント！

《紀の覚え方》

カオシデ石をペルムペロン，サンジュラ伯(白)は，三四で〜す

《境界の年代の覚え方》

ゴシゴシ双子は，ロクロクお風呂

おもな示準化石

以上のように地質時代は区分されていますが，示準化石として覚えておくものは，それほど多くはありません。教科書には多くの古生物の名称が載っていますが，共通しているものをあげると，次ページの表のようになります。新生代に関しては，古第三紀，新第三紀，第四紀に分けて覚えておこう。これ以外の古生物の名称も必要ですが，それは地球の歴史と結びつけておくといいので，次回に回します。

共通テストに出るポイント！

《《 示準化石 》》

	動　物	植　物
第四紀	マンモス，ナウマン象	
新第三紀	ビカリア，デスモスチルス	メタセコイア
古第三紀	カヘイ石（ヌンムリテス）	
中生代	イノセラムス 三角貝（トリゴニア） アンモナイト，恐竜，モノチス	イチョウ ソテツ類
古生代	フズリナ（紡錘虫（ぼうすいちゅう））…古生代後半 クサリサンゴ，ハチノスサンゴ 三葉虫（さんようちゅう），筆石（ふでいし），ウミユリ	ロボク フウインボク（封印木） リンボク（鱗木）

一応，覚えたかどうか，問題を出してみます。

問題 5　地質時代の区分

約 46 億年前に地球は誕生した。地球の歴史は，先カンブリア時代，古生代，中生代，新生代に区分されるが，そのうち大部分を占める時代は，先カンブリア時代である。

問 1　地球が誕生してから現在までに経過した時間を 1 か月（30 日間）に縮小すると，先カンブリア時代と古生代の境界は何日頃になるか。地球誕生時を 1 日午前 0 時とするとき，最も適当なものを，次の ① ～ ④ のうちから一つ選べ。 **8**

①　3 日　　②　4 日　　③　27 日　　④　28 日

問 2　古生代，中生代，新生代が続いた期間の大小関係として最も適当なものを，次の ① ～ ⑥ のうちから一つ選べ。 **9**

①　古生代＞中生代＞新生代　　②　古生代＞新生代＞中生代
③　中生代＞古生代＞新生代　　④　中生代＞新生代＞古生代
⑤　新生代＞古生代＞中生代　　⑥　新生代＞中生代＞古生代

問3　次の **10** ～ **12** の写真に示した化石が示す時代として最も適当なものを，下の ① ～ ④ のうちからそれぞれ一つ選べ。

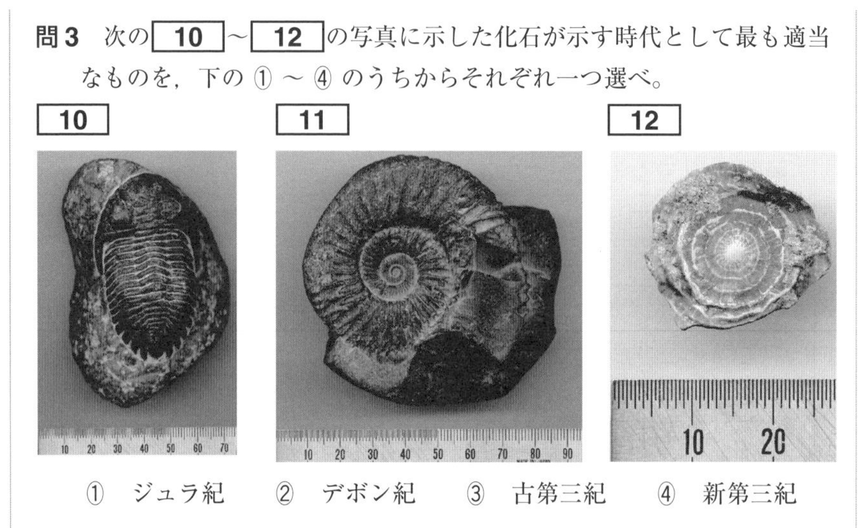

①　ジュラ紀　②　デボン紀　③　古第三紀　④　新第三紀

問1　ゴシゴシ双子は，ロクロクお風呂だね。

先カンブリア時代と古生代の境界が「ゴシゴシ」の5.4億年前だから，46億年を30日としたとき，次のような比例計算で求められます。

46億年：5.4億年＝30日：x日

x ≒ 3.5日

ここで求めた数値は，3.5日分を占めるという意味だから30，29，28で3日分だから，残りの0.5日分を考慮して，答は27日の ③ です。

問2　中生代の始まりは「双子」だから2.5億年前，新生代の始まりは「ロクロク」だから6600万年前。つまり，各時代の長さを求めると，

古生代の長さは，5.4億年－2.5億年＝2.9億年

中生代の長さは，2.5億年－0.66億年＝1.84億年

新生代の長さは，0.66億年(6600万年)

です。したがって，古生代＞中生代＞新生代という大小関係の ① が正解です。次ページの図12に各時代の長さを円グラフで表してみました。**問1**の結果からも，円グラフからもわかるように，先カンブリア時代が地球の歴史のほとんどを占めているね。**先カンブリア時代が非常に長く，古生**

代，中生代，新生代の順に，時代が新しくなるにつれて，その期間は短くなっています。

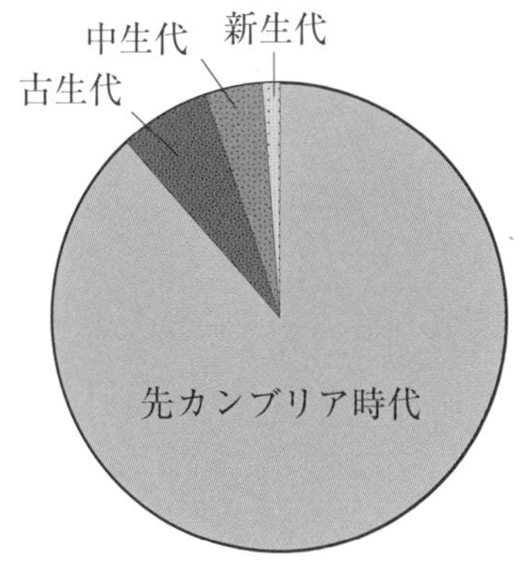

図 12　各時代の長さの比較

© KAIYODO

図 13　アンモナイト(復元模型)

問 3　[10]が三葉虫，[11]は巻き貝のように見えるけれどもアンモナイトです。タコとか，イカの仲間です。要するにタコやイカの頭を殻の中に押し込んでやれば，図 13 のようなアンモナイトの出来上がりです。

[12]がカヘイ石(ヌンムリテス)です。カヘイ石はあまりいい標本ではないのでわかりにくかったかも知れない。

さて，三葉虫は古生代の示準化石だから，古生代の「紀」の名称を選択すればいいですね。② のデボン紀が該当します。同じように，アンモナイトは ① のジュラ紀, カヘイ石は ③ の古第三紀です。アンモナイトは，古生代型アンモナイトといって，古生代の示準化石もありますが，他の古生代の示準化石と同じ地層から産出するなど，ことわりがない限り，中生代の示準化石だと考えればいいです。

三葉虫は古生代の示準化石として覚えていれば十分だけれど，選択肢では，古生代ではなく，古生代の「紀」の名称を選択する形式の出題があります。だから，**カオシデ石をペルムペロン，サンジュラ伯(白)は，三四で〜す**は覚えておいてくださいね。

【問題 5・答】 [8] − ③　[9] − ①　[10] − ②　[11] − ①　[12] − ③

大量絶滅

例えば，古生代はカンブリア紀，オルドビス紀などに細分されていますが，これは示準化石によって適当に分けたのではなく，その境界で大きな変化が認められるからです。18 世紀から地質時代の区分が行われて現在に至っていますが，そのような境界の中でも，多くの生物が絶滅（ぜつめつ）している境界の存在が浮かび上がってきました。

化石の記録が豊富な古生代以降，生物の種類は時代とともに変化していますが，次第に種類が増えていくとか，周期的に変動しているような特徴は見られません。しかし，短期間のうちに生物の種類が激減（げきげん）している時期が数回ある事実がわかっています。図 14 のように，古生代以降，短期間に生物の種類が激減する**大量絶滅が，少なくともオルドビス紀末（まつ），デボン紀後期，ペルム紀末，三畳紀（さんじょうき）末，白亜紀（はくあき）末の 5 回**ありました。ビッグ・ファイブとよばれている大量絶滅です。

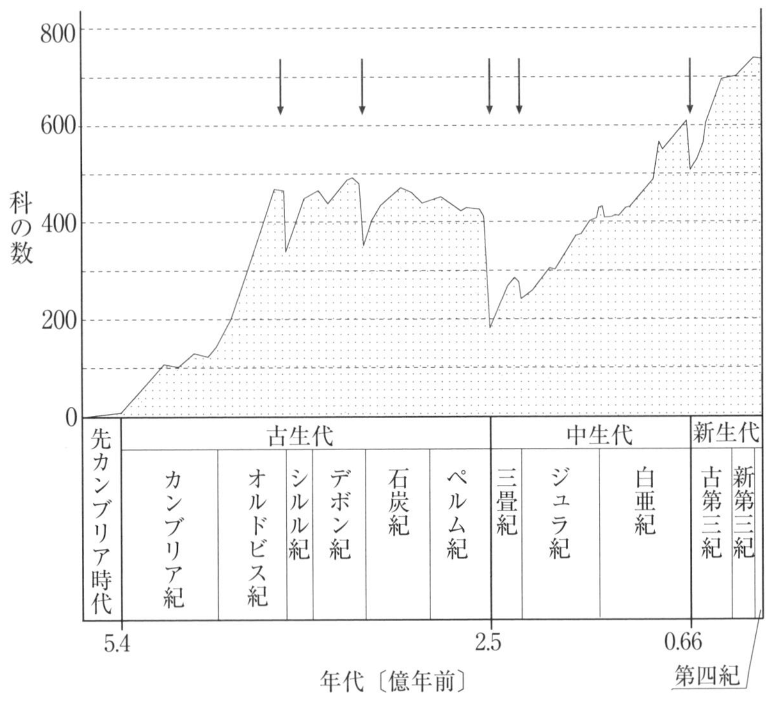

図 14　大量絶滅

先カンブリア時代にも大量絶滅は生じていたと考えられていますが，化石の記録が十分ではないため，詳細はわかっていません。

5回の大量絶滅の中で最大のものは，古生代と中生代の境界，つまりペルム紀と三畳紀の境界です。三葉虫や紡錘虫(フズリナ)など90～95%の海生動物が絶滅した境界です。

超大陸パンゲアの地下にプルームが上昇して大規模な玄武岩質マグマによる火山活動が生じ，それによって放出された非常に細かい微粒子が太陽光を反射して，地表に届く日射量が減り，その結果，光合成生物による光合成が抑制され，海水中の酸素の欠乏をもたらしたという説が有力視されています。

最も有名な大量絶滅は，**中生代と新生代の境界**，つまり白亜紀と古第三紀の境界です。恐竜やアンモナイトなどが絶滅しました。これは，メキシコのユカタン半島に落下した**隕石が原因**であるという説が有力視されています。この境界の黒色粘土層に地球表層の岩石にはほとんど含まれていないイリジウムという元素が高濃度に含まれていること，ユカタン半島にほぼ同時代の隕石衝突によるクレーターが発見されていることなどが証拠としてあげられています。

共通テストに出るポイント！

《 大量絶滅 》

① 古生代以降，少なくとも5回。
② 古生代と中生代(ペルム紀と三畳紀)の境界…最大の大量絶滅。
　(原因) 海洋の酸素欠乏，火山活動など。
③ 中生代と新生代の境界の大量絶滅。
　(原因) 隕石衝突によるという説が有力。

最後に，出題頻度が高いので，第1章と第2章の知識を活用する地質断面図の問題を解いてもらおう。地層などの形成順序，示準化石など総合的な知識を問う問題です。

問題 6　地質断面図

次の図 1 は，東西にのびる水平な道路に沿った露頭のスケッチである。地層 A はイノセラムスの化石を含む砂岩，地層 A と整合に重なる地層 B はアンモナイトの化石を含む泥岩であり，これらの地層の層理面は東に傾いている。地層 C は下部が礫岩(れきがん)，上部はビカリアの化石を含む泥岩であり，水平に分布している。地層 D ～ F はフズリナ(紡錘虫(ぼうすいちゅう))の化石を含む石灰岩であり，西に傾いている。岩体 G は，花こう岩であるが，年代は不明である。

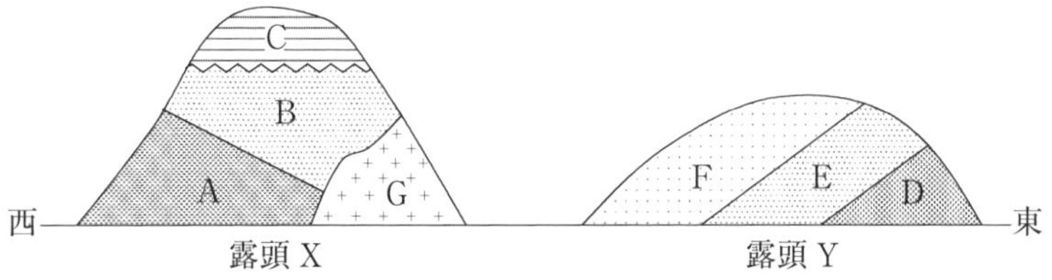

図 1　露頭 X と露頭 Y のスケッチ

問 1　「岩体 G は地層 C よりも古い時代に形成された」という仮説を立てた。どのようなことがわかれば，この仮説が正しいと考えられるか。最も適当なものを，次の ①～④ のうちから一つ選べ。 **13**

① 岩体 G が地層 F に貫入している。
② 岩体 G が地層 B に接触変成作用を及ぼしている。
③ 岩体 G に含まれる化石の年代が，地層 C よりも古い時代を示す。
④ 岩体 G に由来する礫が，地層 C に含まれている。

問 2　二つの露頭の観察をもとにして考察した事柄として最も適当なものを，次の ①～④ のうちから一つ選べ。 **14**

① 露頭 X と露頭 Y の地層は，向斜構造をなして東西に連続して分布している。
② 露頭 X と露頭 Y の間には断層が存在する可能性が高い。
③ G 岩体が，露頭 Y の地層を不整合の関係で覆っている。
④ 露頭 Y の地層が，不整合の関係で露頭 X の地層を覆っている。

問1　①　岩体Gが地層Fに貫入していれば，岩体Gは地層Fよりも形成時代が新しい。地層Fには紡錘虫の化石が含まれているので古生代後半の地層です。したがって，この場合，岩体Gは古生代後半以降に形成されたことになる。一方，地層Cはビカリアの化石を含むので新生代新第三紀の地層です。岩体Gが古生代後半以降に形成されたことがわかっても，新生代新第三紀より古いかどうかはわからない。つまり，第四紀の可能性もあるので，この選択肢は適当ではない。

②　岩体Gが地層Bに接触変成作用を及ぼしていれば，岩体Gは地層Bよりも形成時が新しい。地層Bにはアンモナイトの化石が含まれているので，中生代以降に形成された地層です。しかし，①と同様，新生代新第三紀よりも古いかどうかはわからない。つまり，第四紀の可能性もあるので，この選択肢は適当ではない。

③　岩体Gは地下深くで形成された花こう岩だから，化石を含むことはない。したがって，この選択肢は適当ではない。

④　岩体Gに由来する礫が，地層Cに含まれている場合には，地層Cが形成されたときに，地表のどこかに岩体Gが露出していて，それが侵食されて礫となったと考えられるので，岩体Gは地層Cよりも古い時代に形成されたと考えられ，この選択肢が適当です。

問2　①　露頭Xと露頭Yの地層は形成された年代が異なり，連続して分布している地層ではありません。露頭Xの地層が東へ傾き，露頭Yの地層が西へ傾いているからといって，向斜構造をなしているとはいいません。同じ地層が変形しているときに，褶曲しているというのです。したがって，この選択肢は適当ではない。

②　断層を挟んで接している地層や岩体は，その形成時代が全く異なっていても構わない。したがって，この選択肢は適当です。

③　不整合の関係で覆っているのは，地層です。G岩体のような地下深部で形成される深成岩が，地層を不整合の関係で覆うことはないので，この選択肢は適当ではない。

④　露頭Xの地層の方が露頭Yの地層よりも形成時期は新しい。したがって，古い時代を示す露頭Yの地層が不整合の関係で新しい時代の露

頭Xの地層を覆っていることはない。したがって，この選択肢は適当ではない。

【問題6・答】 13 －④　14 －②

今回は，地球の歴史の調べ方が主要なテーマでした。共通テストでは，観察を通した探究が求められています。今回の堆積構造や地層の対比は，その探究の過程で重要な内容になります。示準化石の名称とそれが示す時代，各時代の名称は，基本知識として重要です。これらは，地質断面図や柱状図を題材として問題が作成しやすく，読図問題としてほぼ毎年出題されるでしょう。問題集で慣れ親しんでください。

次回は，地球の歴史について，各時代の特徴について解説します。

第6回
移り変わる地球(3)

地球の歴史

今回は，地球の歴史の詳細についてです。日本史や世界史も歴史ですが，地球の場合は，およそ46億年という長い長い歴史だから，たかだか1万年程度の世界史の46万倍の内容，つまり日本史や世界史の教科書46万冊分の内容を学ぶかと思うと，気が遠くなります。でも，今回1回限りの講義だから，たいした内容を学ぶのではないね(笑)。

地質時代の区分については前回説明したので，今回はその詳細な内容です。地球誕生から始めよう。

地球の誕生

約46億年前，太陽系は誕生しました。宇宙が誕生したのが約138億年前だから，宇宙誕生から現在までの時間の$\frac{2}{3}$の時間が経過した頃に太陽系は誕生したことになる。太陽系が属する銀河系(天の川銀河)の円盤部(→ p. 421, 図10)には，宇宙空間に漂う星間物質が濃密な領域(星間雲)があり，それが回転しながら自らの重力によって収縮していきました(→次ページ図1)。**星間物質は水素やヘリウムからなる星間ガスと固体微粒子からなる星間塵で構成されていて，そのほとんどは星間ガスです**。回転しながら収縮していった星間雲の物質のほとんどは中心部に集まり，ここからやがて太陽が誕生します。その周囲の星間物質は回転しながら偏平になり，薄い円盤が形成されました。この円盤を**原始太陽系星雲**といい，惑星などが誕生する場です。原始太陽系星雲から惑星が誕生したのだから，この**原始太陽系星雲は惑星の公転の向きに回転していた**と考えられます。この円盤の中で，直径が数 km ～ 10 km 程度の**微惑星**が無数に形成されました。

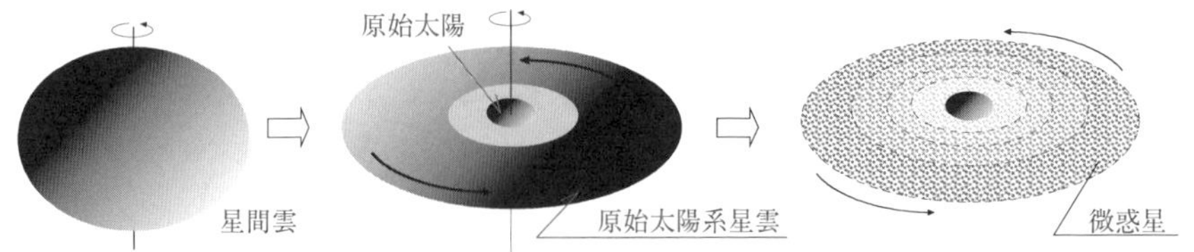

図1　太陽系の誕生

微惑星どうしは衝突・合体を繰り返し，月～火星程度の大きさの**原始惑星**へと成長していった。この原始惑星が衝突を繰り返し，現在の大きさ程度の地球が形成されたと考えられています。

Q. 火星の半径は，地球の半分程度です。火星程度の大きさの原始惑星が何個集まると，地球の大きさの惑星になるだろうか？

――8個です。

第1回の問題6に関連して簡単な計算方法を教えました(→ p. 24)。地球の核の半径がおおよそ火星の半径に等しいという話もしました。思い出したかな。**球の半径が a 倍になると，体積は a^3 倍になる**という内容です。これを使おう。半径が$\frac{1}{2}$ならば，体積は$\left(\frac{1}{2}\right)^3=\frac{1}{8}$です。だから，火星サイズの原始惑星が8個集まれば，地球の体積になります。ただし，この計算はあくまでも体積で比較したものだから，単純すぎます。たとえば，地球の質量は火星の約9倍です。原始惑星の大きさと平均密度がどの程度であったかによって，いくつの原始惑星が合体して地球が形成されたかは変わってきます。

微惑星には水や二酸化炭素が含まれており，衝突によってこれらがガスとして放出され，ある程度大きくなった原始惑星を覆う大気が形成されました。**水蒸気や二酸化炭素は，温室効果をもたらすガス**です。少なくとも現在の海をつくっている水のすべてが水蒸気になっていたのだから，膨大な量の水蒸気が原始惑星を覆っていた。二酸化炭素も水蒸気と同じように膨大な量があったと考えられています。

原始惑星どうしが衝突・合体し，地球程度の大きさにまで成長した頃には，衝突によって発生した熱は大気の温室効果によって宇宙空間に逃げにくくなっており，地表付近の気温は1500℃以上になっていたと推定されています。第3回で述べた溶岩の温度は900～1200℃程度です。これよりも地表付近の温度が高かったので，岩石からなる原始惑星の表層は融け，**マグマオーシャン(マグマの海)**に覆われていました。

マグマオーシャンの中では，重い鉄成分は底の方に沈み，軽い岩石の成分は上に浮き上がって，成分が分離しました。やがて，重い鉄成分は，地球内部へ沈み込み，地球の核を形成しました。核とマントルという層構造が地球内部に出来上がったのです。

Q. 現在の地球の核は，外核が液体，内核が固体です。ということは，46億年の間に何が進行したのだろうか？

―― 液体の外核が冷えて固体に変わり，地球中心に内核が形成された。

つまり，最初はすべてが液体だった核が，地球内部の温度が低下するにつれて，固体の内核に徐々に変わったのだから，将来，地球の外核はなくなる。固体の鉄からなる核に変わってしまう。実際，火星の場合は，体積が小さいので地球よりも早く冷え，核全体が固体に変わっています。

地球が誕生し，**マグマオーシャン(マグマの海)に覆われていた時代の大気は，水蒸気と二酸化炭素が主成分で，強い温室効果をもたらしていました**。やがて地球は冷え，地表も固化して，大気の温度も下がってきました。大気の温度が低下すると，水蒸気は凝結して雲となり，雨となって降り，蒸発して再び大気にもどり，また雨となって降り注ぎ，ついには地表に降り注いで原始海洋が形成されました。**原始海洋が誕生した頃の地球大気の主成分は二酸化炭素です**。強い酸性を示していた海洋も海底の岩石と反応して中和され，二酸化炭素が溶け込んだ雨が海洋に降り注ぎます。海水中にはカルシウムなどのイオンが溶け込んでおり，これと二酸化炭素は反応して海底に沈殿し，石灰岩などになって，海洋から二酸化炭素は取り除かれていきました。次ページの図2で46億年前には現在の10000倍近い量の二酸化炭素があったものが，20数億年前には1000倍程度にまで減少し

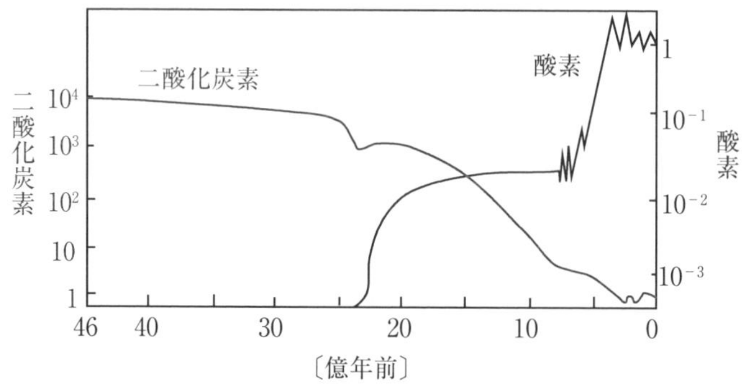

図２　二酸化炭素と酸素の変遷

ています。

共通テストに出るポイント！

《《 地球誕生 》》

① 約 46 億年前

② 原始太陽系星雲→微惑星（びわくせい）→原始地球

先カンブリア時代

前回(→ p. 201，図 12)確認したように，先カンブリア時代は地球の歴史の 90％近くを占める長い時代です。地球は約 46 億年前に誕生しましたが，そのような古い時代の岩石は地球由来（ゆらい）のものはなく，地球で発見されている**最古の岩石は，カナダ北部で発見されたアカスタ片麻岩（へんまがん）という 40 億年前の岩石**です。

片麻岩は広域変成作用によって形成される岩石だから，広域変成作用を受ける前の岩石は 40 億年よりも古い時代に形成されたということだね。

片麻岩の特徴は，
白黒の縞模様

図３　アカスタ片麻岩

冥王代…約46億年前～40億年前の時代

地球誕生の約46億年前から，最古の岩石が形成された頃の40億年前までの時代を**冥王代**といいます。この時代の初期の地球は，高温のマグマに覆われていました。

微惑星の衝突も少なくなり，地球の温度が低下すると，地球表面から固化が始まります。大気の温度も低下し，水蒸気が凝結して雲が生じ，雨となって地上に降り注ぎ，原始海洋が形成されました。当時の地球の気圧は現在の数100倍はあったので，このような高圧下では水は100℃以上でも液体として存在します。このような水を**熱水**といいます。当時は，熱い雨が降っていたのです。原始海洋が形成されると，やがて大気の主成分となった二酸化炭素も海洋に溶け込み，温室効果も弱くなっていきました。

共通テストに出るポイント！

《冥王代》

① 地球誕生(約46億年前)～最古の岩石(40億年前)までの時代。
② 初期にはマグマオーシャン(マグマの海)に覆われる。
③ 大気の主成分は水蒸気と二酸化炭素。
④ 原始海洋の形成によって大気の主成分は二酸化炭素になる。

太古代(始生代)…40億年前～25億年前までの時代

グリーンランドのイスアには約38億年前の礫岩や枕状溶岩が分布しています。枕状溶岩の存在は，地球に海洋が存在していた証拠です。海底火山活動によって枕状溶岩は形成されるのでしたね。いつ，地球に海洋が誕生したのかはわかりませんが，イスアの**枕状溶岩の存在から，少なくとも約38億年前には海洋が存在していた**と考えられます。

生物の形が確認できる最古の化石は約35億年前(34億6500万年前)のチャート中の繊維状の形態をした数十μm(1μm＝10^{-3} mm)の大きさの微生物です。

このような生物の仲間から，**約27億年前**，光合成によって効率よくエネルギーを得る生物が現れました。それが**シアノバクテリア**です。原核生物に分類される生物です。

地球上の生物は**原核生物**と**真核生物**に大きく分類できます。ぼくたちは真核生物で，シアノバクテリアのような**初期の生物は原核生物**です。真核生物の細胞に比べると，原核生物の細胞は小さく，ミトコンドリアや葉緑体がありません。ミトコンドリアは呼吸に関係する細胞小器官で，葉緑体は光合成に関係する細胞小器官です。また，遺伝情報をつかさどるDNAは，真核生物の場合は細胞内の核におさまっていますが，原核生物には膜で覆われた核が存在しない点も特徴の一つです。

約27億年前に現れたシアノバクテリアは光合成によって有機物を合成するとともに，酸素を放出しました。この酸素は，当時の海水中に溶け込んでいた鉄イオンを酸化し，生成された酸化鉄が海底に大量に堆積して図4のような**縞状鉄鉱層**を形成しました。チャートと酸化鉄が縞をつくっているこの縞状鉄鉱層の酸化鉄を多く含む部分が，ぼくたちが日常使っている鉄の資源です。シアノバクテリアに感謝ですね。

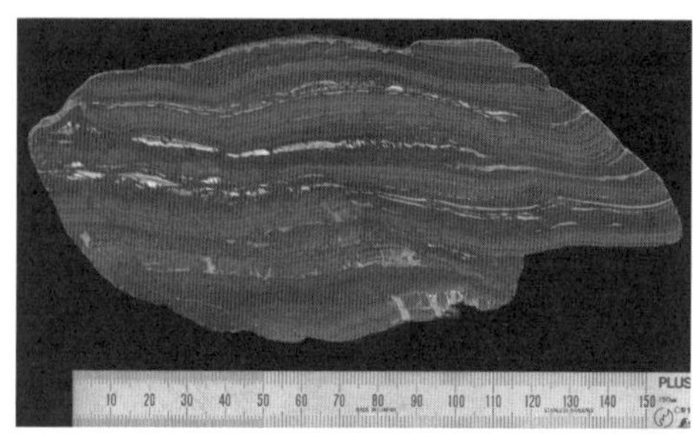

図4　縞状鉄鉱層

シアノバクテリアは現在までしぶとく生き残っています。シアノバクテリアは**ストロマトライト**という石灰質の層状の構造物をつくります。オーストラリアの西海岸には，現在でもストロマトライトが形成されている場所があります。

共通テストに出るポイント！

《太古代》　40億年前～25億年前

① 約38億年前の枕状溶岩…海洋の存在

② 約35億年前の最古の化石：バクテリア(原核生物)

③ 約27億年前…シアノバクテリアが光合成をして酸素を発生。
　ストロマトライトという構造物をつくる。

原生代…25 億年前〜約 5.4 億年前

シアノバクテリアが放出した酸素によって形成された**縞状鉄鉱層は約 25 億〜 19 億年前**のものが多く，この頃に大気中に酸素分子も微量ながら増加していったと考えられています。

原生代初期の約 23 億年前〜 22 億年前は全球凍結の時代でした。地球全体が氷に覆われた厳しい極寒の時代です。光合成を行っていたシアノバクテリアなどはその多くが死滅したと考えられますが，かろうじて生きのびた生物の中から，新しい型の生物が現れました。

約 19 億年前の縞状鉄鉱層からは最古の真核生物グリパニアの化石が見つかっています。大きさが数 cm の藻類と考えられる生物の化石です。この頃までに，種類の異なる原核生物が共生して大きな真核生物へと進化し，さらに多細胞の生物へと進化したと考えられています。

さて，19 億年ほど前の真核生物の出現から 10 数億年程度経過しました。**約 7.5 億〜 6 億年前，地球は全球凍結の時代**を再び迎えます。またもや生物は，危機にさらされました。特に，海洋が氷に覆われたために光合成を行う生物にとって危機的状況が長い間続きました。

長い全球凍結の時代が終わり，**約 5.7 億〜 5.5 億年前**，**エディアカラ生物群**が現れました。**ディッキンソニア**がその一例で，**1 m 前後の大きな生物も含む**生物群です。古生代以降の生物と異なり，体にかたい組織がないので，この時代の生物は化石になりにくく，よくぞ保存されたと誉めてあげたくなります。世界各地で発見されているので，当時は繁栄した生物だったのですね。この生物群のなかには，体にかたい部分がある生物も含まれていますが，そのような生物が繁栄するようになるのは，次の時代，古生代に入ってからです。

共通テストに出るポイント！

《《 原生代 》》 25 億〜約 5.4 億年前

① 約 25 億〜 19 億年前…シアノバクテリアの光合成
　酸素が鉄イオンを酸化→縞状鉄鉱層

② 約 23 億〜 22 億年前…全球凍結

③ 約 19 億年前…最古の真核生物（グリパニア）

④ 約 7.5 億〜 6 億年前…全球凍結

⑤ 約 5.7 億〜 5.5 億年前…エディアカラ生物群（かたい組織をもたない大型の生物を主とする）。

古生代…約 5.4 億〜約 2.5 億年前

古生代でおさえておくべき特徴は四つあります。

第一に，先カンブリア時代の動物と古生代の動物の特徴の違いです。これは，**先カンブリア時代の動物のほとんどは，やわらかい組織のみからなる体で，古生代に入ると殻や骨格などのかたい組織をもつ動物が繁栄するようになった**ことです。

第二にオゾン層の形成によって生物が陸地の環境に適応するようになった，つまり**生物の上陸**が始まったという点です。

第三は**石炭紀からペルム紀にかけて超大陸パンゲアが形成**され，**シダ植物の光合成によって石炭ができる**とともに**氷河時代**を迎えたことです。

第四は，**古生代末に生物の歴史上最大の大量絶滅**が生じたことです。

共通テストに出るポイント！

《《 古生代 》》 約 5.4 億〜約 2.5 億年前

① 初　期…かたい組織をもった生物が爆発的に出現。

② 中　期…オゾン層の形成と生物の上陸。

③ 後　期…超大陸パンゲアの成立，シダ植物の大森林，氷河時代。

④ 末　期…生物の歴史上最大の大量絶滅。

カンブリア爆発

古生代最初の**カンブリア紀に入ると，かたい殻（から）や骨格（こっかく）をもった多くの種類の動物が出現**しました。先カンブリア時代末の化石が100種類程度なのに対して，カンブリア紀には8000種類以上の生物の化石が見つかっています。このような爆発的な進化は，**カンブリア爆発**（カンブリア紀の大爆発）ともよばれています。

カンブリア紀の生物としては，**オパビニア**や体長60 cmくらいの肉食動物**アノマロカリス**に代表される**バージェス動物群**が有名です。

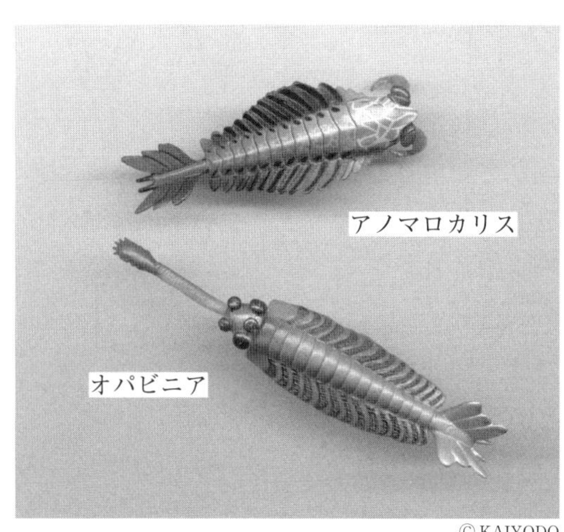

© KAIYODO

図5　バージェス動物群

中国で発見された**澄江（チェンジャン）動物群**には**海口魚**（ハイコウ）（ハイコウイクチス）という，親指程度の大きさの原始的な魚類の化石も見つかっています。顎（あご）がないので，このような魚類を無顎類（むがくるい）といいます。このように**脊椎（せきつい）動物の先祖である魚類もカンブリア紀に現れました**。

オゾン層の形成と生物の上陸

古生代を特徴づける二番目の要素は，生物の上陸（じょうりく）です。太陽光線に含まれる波長の短い紫外線（しがいせん）は，遺伝（いでん）をつかさどるDNAを傷つけたり，体をつくるタンパク質を変質させるなど，生物に有害です。だから，このような紫外線が大量に地上に降り注いでいる間は，生物は陸上で生息できず，紫外線を吸収してくれる水中で生活せざるを得ませんでした。

けれども，シアノバクテリアに続いて藻類（そうるい）が先カンブリア時代に出現し，光合成を行うようになると，大気中に酸素分子が増加していきました。波長の短い紫外線は酸素分子（O_2）を分解して酸素原子（O）に変え，この酸素原子が酸素分子と結びついてオゾン(O_3)がつくられます。オゾンも紫外線を吸収し，現在のように**オゾン層が大気中に形成され**，地表には紫外線のうち可視光線に近い波長の紫外線のみが届くようになると，陸上で生物が生存できる環境が整いました。

しかし，それだけでは，生物は上陸できません。陸上に適応(てきおう)する体のしくみが必要です。水中に生物は適応していたので，**乾燥(かんそう)から身を守り，重力に対して体を支えるしくみがないと陸上では生活できません。**

オルドビス紀末の地層から発見されたコケ植物と考えられる胞子(ほうし)の化石やムカデのような節足(せっそく)動物が這(は)った痕跡(こんせき)とみられる生痕(せいこん)化石から考えて，この時代に生物の上陸が開始されたと考えられています。

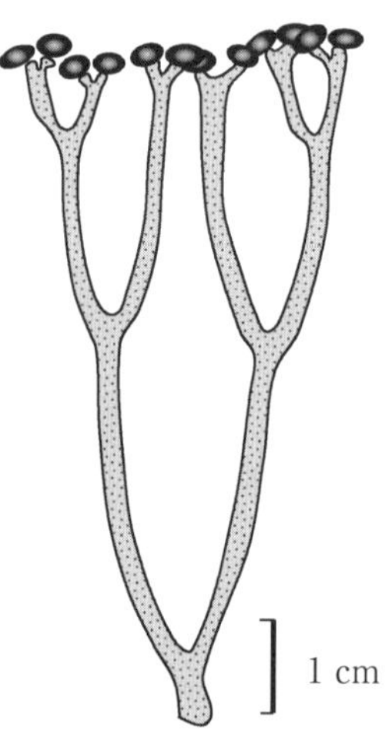

図6　クックソニア

確実な化石としては，植物では，図6のような，**シルル紀にクックソニアという陸上植物**の化石が発見されています。根も葉もない話ではなく，クックソニアは，本当に根も葉もない直径1.5 mm，高さ10 cm程度の茎(くき)の上部に胞子(ほうし)の袋(ふくろ)を備え，体を支(ささ)えるしくみを備えています。けれども，水や養分の通り道となる維管束(いかんそく)はなく，陸上に完全に適応した植物ではありません。

脊椎(せきつい)動物は，無顎(むがく)類から進化した顎(あご)のある魚類がシルル紀に出現しています。顎を備えるようになると，獲物(えもの)を噛(か)み砕(くだ)くことができるようになり，生態系の中で上の方の位置を占めるようになります。デボン紀に魚類が繁栄するきっかけが，顎の出現によってもたらされました。

陸上に適応した脊椎動物は，デボン紀にイクチオステガという両生類(りょうせいるい)が現れています。ヒレから進化した四肢(しし)によって浅瀬(あさせ)を移動し，体を支えていますが，両生類はカエルやサンショウウオの生態(せいたい)を考えればわかるように，卵のときから生涯(しょうがい)を通じて水中や水辺(みずべ)で生活し，完全に陸上に適応した動物ではありません。乾燥に弱い。それでもデボン紀後期には体長(たいちょう)が1 mを超える両生類の化石が見つかっています。現生の天然記念物オオサンショウウオくらいの体長の両生類で，当時は陸の王者でした。

陸上生物の繁栄と氷河時代

シルル紀に出現したシダ植物は，クックソニアとは異なり，根があり，重力に対して体を支えるとともに，葉によって光合成を活発に行うようになりました。**葉の出現は，陸上植物の進化にとって画期的な出来事**でした。植物に葉があるということは，現在ではあまりに見慣れていて当然のことのように思えるのですが，光を求める植物にとっては飛躍的進化だったのです。

さらに植物は進化します。光を求めてシダ植物は高木となり，**石炭紀（せきたんき）にはロボク（蘆木），リンボク（鱗木），フウインボク（封印木）**などの 10～30 m に達する巨大なシダ植物が繁茂（はんも）し，その遺骸（いがい）が沼地（ぬまち）などに埋もれ，現在のヨーロッパ，北アメリカなどの炭田で採掘（さいくつ）されている**石炭**のもとになりました。

Q. シダ植物が繁茂し，その遺骸が大量に地下に埋もれると，当時の地球大気の組成に変化が生じます。どのような変化だろうか？

―― 二酸化炭素の減少と酸素の増加です。

シダ植物は光合成によって大気中の二酸化炭素を吸収し，自らの体をつくります。また，光合成によって酸素を放出します。シダ植物の遺骸が地中に埋もれると，大気中へ二酸化炭素がもどらず，大気中の二酸化炭素濃度が減少しました。

シダ植物の光合成によって，石炭紀の酸素濃度は現在の約 20% よりも多く，30% 前後にも達していたと考えられています。昆虫の体の大きさは酸素濃度によって決まると考えられていて，酸素濃度が高かったこの時代には数 10 cm の大きさのゴキブリや，羽（はね）を広げると 75 cm にも達するトンボが生息していました。両生類も巨大化するとともに，長時間水辺（みずべ）から離れ，乾燥から身を守る鱗（うろこ）状の皮膚（ひふ）を備えた種類も現れています。

一方，二酸化炭素の減少は温室効果を弱め，気候が寒冷化して**氷河時代**を迎え，南半球には氷床（ひょうしょう）（大陸氷河）が発達しました。

超大陸パンゲアの形成

プレートの移動によって，大陸も移動します。第４回で講義をしたように大陸を載せたプレートは平均密度が小さいために地球内部へ沈み込まず，大陸プレートどうしの衝突によって造山運動が生じ，巨大な山脈が誕生します。

ペルム紀には，バラバラだった大陸が衝突合体し，下の図７のような**パンゲア**という超大陸が誕生しました。

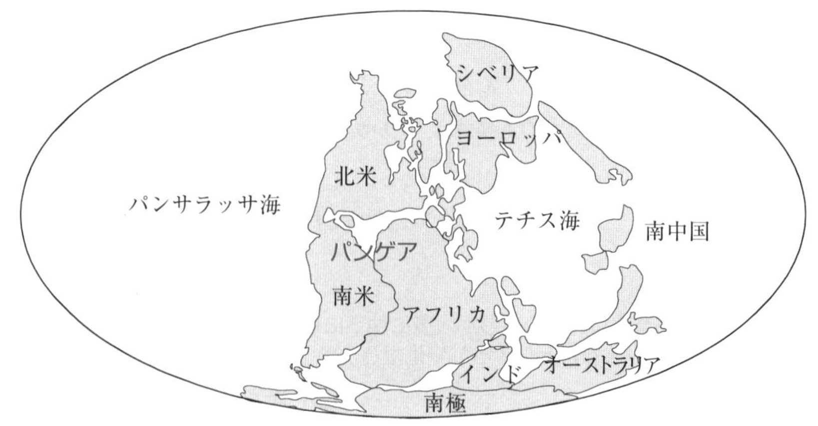

図７　超大陸パンゲア

超大陸が形成され始めると，大陸内部は乾燥した気候になります。このような環境に適応した**裸子植物が石炭紀に現れ，ペルム紀の中頃にはシダ植物よりも繁栄する**ようになりました。

動物の世界でも，乾燥した陸上の環境に適応した**爬虫類**が現れました。また，やがては哺乳類へと進化する単弓類も石炭紀に現れています。

このように，生物の上陸後に初めて形成された超大陸パンゲアは，たんに超大陸が形成されたというのみならず，陸上に進出した生物がさらに陸上の環境に適応する変化をもたらしました。

地球の歴史上最大の大量絶滅

古生代は，生物の歴史上最大の大量絶滅によって幕が閉じられます。

すでに衰退に向かっていた三葉虫は絶滅し，紡錘虫(フズリナ)なども絶滅しました。

この大量絶滅では，海に生息する生物の種類の 90 〜 95%が絶滅したと考えられています。この原因は，地質学者の間で一致した見解はなく，謎のままです。

とはいえ, この時期には酸素の乏しい環境で堆積した地層が見られます。特に，深海底で堆積した地層にこの特徴があります。

たとえば，ペルム紀の地層をつくるチャートに含まれる放散虫は，多い場合だと一つの試料中に 100 〜 200 種類産出しますが，三畳紀初めの地層の岩石からは，放散虫が 2 〜 3 種類しか産出しません。

チャートは鉄の酸化物を含むものは赤みを帯びていますが，ペルム紀末から三畳紀初期にかけてのチャートは青っぽく，有機物に富んだ黒色の泥岩に移り変わっています。これは，ペルム紀末に海洋が酸素欠乏状態に陥った事実を示しています。このように放散虫の化石が激減する境界の地層を調べると，酸素に乏しい，つまり酸化されていないものが特徴的に見つかります。

シベリアに広く分布する玄武岩質溶岩の形成年代が古生代末の大量絶滅の時期とほぼ一致するから，大規模な火山活動による環境変化が大量絶滅の原因だという説があります。しかし，それがどのように，酸素欠乏をもたらしたのかのシナリオはまだ十分ではありません。また，この説に従えば，陸上の生物も大量絶滅しているはずですが，陸上の生物の化石は残りにくく，詳細は不明です。

中生代…約 2.5 億〜約 6600 万年前

古生代末の大量絶滅をくぐり抜けた生物の中から，新しい生物が登場しました。とはいっても, すぐに地球の生態系が回復したのではありません。大量絶滅から，しばらくしてからです。

中生代の特徴は，次の三点です。

第一は，**陸上では**，**哺乳類が現れた**ものの，同じ時代に現れた**恐竜類が繁栄した**時代だということです。

第二は，基本的には**温暖な気候が続いた時代**だということです。

第三は，**隕石衝突による大量絶滅**によって，中生代に繁栄していた恐竜やアンモナイトなどの生物が絶滅したことです。

共通テストに出るポイント！

《中生代》 約 2.5 億〜約 6600 万年前

① 哺乳類，恐竜類，さらには鳥類が出現した。

② 温暖な気候下で爬虫類が繁栄。

③ 末期…隕石衝突による大量絶滅。

哺乳類，恐竜類の出現

三畳紀の初期は，古生代末の大量絶滅の影響を受けて地球の生物の種類は少ない状態が続いていましたが，中期になると海洋では**アンモナイト**（第 5 回図 13 → p. 201）が大繁栄するようになります。また，**モノチス**などの二枚貝も繁栄しました。さらに中生代の示準化石である**トリゴニア（三角貝）**もこの時代に出現しました。

陸上では，単弓類から進化した**哺乳類が出現**していますが，爬虫類では**恐竜が現れ，中生代全般を通して繁栄しました**。ペルム紀末の低酸素状態は海洋のみならず，大気も同じような状況だったと考えられています。そのため，その環境に適応した生物が出現しています。哺乳類は横隔膜を用いて肺を拡大縮小させ，肺呼吸を効率よく行う進化をとげています。いわゆる腹式呼吸です。息を吸って，吐いて，という人間が行っている呼吸ですよね。

それに対して，恐竜は鳥類と同じく，肺の前後に二つの気嚢とよばれる袋をもっていて，新鮮な空気が常に肺に供給されるシステムを構築していたと考えられています。たとえば，エベレスト山のような高い山に登るのに，人間は酸素ボンベを担いでいきます。酸素ボンベを利用せずに高山に登ることを無酸素登頂といって，それを成し遂げると快挙だと騒がれますが，アネハヅル（姉羽鶴）は酸素ボンベも使わずに，8000 m 級のヒマラヤ山脈の上空を越えて渡りをしています。酸素ボンベを背負ってご苦労なことじゃ，といって眼下の人間を見おろして飛んでいきます。低酸素の環境下でも活発に活動できるのです。**鳥類は肉食恐竜から分かれた生物**です。だから，恐竜も鳥類と同じような呼吸システムを備えていたと考えられています。

裸子植物の時代から被子植物の時代へ

白亜紀半ばになると，**イチョウやソテツのような裸子植物**が繁栄する時代から，**被子植物が繁栄する時代へと植物の世界は移り変わっています**。教科書には，さりげなくこのような内容が書いてありますが，イチョウやソテツは，なぜ大繁栄できたのだろう？ 植物食の恐竜類が現れると，裸子植物はその葉っぱを食べられてしまいます。そうすると，高いところに葉を茂らせる系統の裸子植物が子孫を残しやすくなります。イチョウは，巨木の系統が残って，ますます樹高が高くなっていきます。ソテツはどうかというと，かたい葉っぱという食べられにくい系統のものが残って繁栄します。そうすると，植物食の恐竜が今度は大型化していきます。体長30 mのマメンチサウルスが有名ですね。

このような「食べられない」という裸子植物の生き残り戦略に対して，別の戦略で生き残りをかけたのが被子植物です。花をつけ，甘い蜜で昆虫や小動物を誘い，花粉や種を遠くに運んでもらって共存する系統が爆発的に白亜紀半ばになると繁栄するようになりました。

隕石衝突による大量絶滅

ジュラ紀には，セイスモサウルスのような大型の植物食恐竜やアロサウルスのような肉食恐竜が現れるとともに，後期には**始祖鳥**(アーケオプテリクス)のような鳥類も現れています。

白亜紀の恐竜としては肉食の**ティラノサウルス**や植物食の**トリケラトプス**が有名ですね。白亜紀はその初期を除いて温暖な気候が支配的でした。プルームの活動によって火山活動が活発化し，二酸化炭素濃度が上昇して温室効果が強まり，地球が暖かかったからです。そのため，海水面も上昇し，浅い海底の面積が広がり，そこに生息するプランクトンなどの生物も増え，その遺骸が大量に海底に降り積もって，やがては**石油**に変わりました。同じ時代に恐竜が繁栄していたから，石油の源は恐竜のような動物だと勘違いしないでくださいね。笑いごとではないんです。答案の中にときたま出てくるんですよ。

大量絶滅の項目で述べたように，白亜紀末，ユカタン半島付近に直径 10 km 程度の隕石が落下し，地球表層の環境が激変した結果，多くの生物が絶滅しました。恐竜，翼竜，魚竜，アンモナイト，イノセラムスなどです。隕石衝突によって発生した塵が地球全体を覆い，長期間にわたって太陽光が遮られて，植物は光合成ができなくなり，それを食べる動物も絶滅に至ったと考えられます。

新生代…約 6600 万年前～現在

中生代末の大量絶滅を生きのびたのが，われわれのご先祖の哺乳類です。恐竜がいなくなった陸上のさまざまな環境に適応して，**哺乳類**はその種類を増やしていきました。**鳥類**も同じです。

新第三紀には，アフリカ大陸で人類が出現し，第四紀になるとアフリカ大陸を抜け出て，他の大陸にも生息地を拡大していきました。

共通テストに出るポイント！

《 新生代 》 約 6600 万年前～現在

① 古第三紀…哺乳類や鳥類の発展。

② 新第三紀…アフリカ大陸に人類が出現。

③ 第四紀……氷河時代，人類の発展。

古第三紀・新第三紀

古第三紀の初めは，暖かい気候が続いた時代で，大型有孔虫の**カヘイ石**(第 5 回問題 5 → p. 200)が繁栄していました。

古第三紀の後半になると地球は寒冷化し始めます。新第三紀に入ると，**ビカリア**(第 5 回図 8 → p. 183)のような熱帯～亜熱帯の汽水域(海水と淡水が混じるマングローブの生えた干潟のような環境)が日本列島に広がっ

©瑞浪市化石博物館

図 8　デスモスチルスの歯

図 9　メタセコイアの葉(現生種)

た暖かい時期もありましたが，地球は全般的には寒冷化していきました。また，**デスモスチルス**という哺乳類が北太平洋沿岸に生息しており，日本各地で見つかっています。

新第三紀には**メタセコイア**が大森林をつくっています。また，新第三紀には寒冷化に伴って大陸では乾燥化が進み，草原が広がり，現在のサバンナに近い風景が出現しています。この草原に適応したウマやラクダが繁栄し始めました。

第四紀

第四紀は氷河時代です。大陸の広い面積が氷床(大陸氷河)に覆われる氷期と，現在のように南極やグリーンランドのような高緯度地域に氷床が広がるのみの間氷期が繰り返し訪れました。この気候の変動によって海水準も大きく変動し，約 2 万年前の氷期には 120 m も海水面が低くなっていました。このような第四紀の氷期に陸続きになった大陸から日本列島に**ナウマン象**などが渡ってきました。寒冷な気候に適応した**マンモス**も北海道に渡ってきています。

およそ 1 万年前からは間氷期になり，6000 年ほど前の縄文時代が最も暖かかった時期です。現在よりも 1 ～ 2℃ほど平均気温が高く，海水面も

3～5 m ほど高かったようです。この時期に河川などが運んできた砕屑物が大陸棚に堆積しました。その後，地球の平均気温は低下し，海水面も低下して，埋め立てられた堆積物の広がる地域が関東平野などの平野になりました。

人　類

生物の世界の移り変わりの締めくくりとして，人類について述べておこう。**猿人**，**原人**，**旧人**，**新人**(現代人)という和名の区分がありますが，一括しすぎていて，人類の系譜を語るときには相応しくなくなっています。一応，教科書には載っているので，これらの和名も交えて進めますが，おもに学名の方を使うことにするからね。学名とは，たとえば，ぼくらはホモ・サピエンスです。この「ホモ」が属の名称，「サピエンス」が種小名の名称です。属と種小名の二つを用いて種名は表されています。

人類の最古の化石は，アフリカのチャド共和国で 2001 年に発見された**サヘラントロプス**・チャデンシスで，**約 600 万～ 700 万年前の新第三紀の初期の猿人**で古期猿人ということもあります。チンパンジーやゴリラという近縁の猿と人間が異なる点の一つに，犬歯があります。サヘラントロプスは犬歯が小型化し，人間の特徴を備えています。また，背骨が頭骨に繋がる部分の孔が真下へのびていて，直立歩行していたと考えられます。ゴリラやチンパンジーは歩くときに手を軽く握って指の背側を地面につけるナックル歩行をしますが，ヒトは完全に二足歩行をします。だから，**二足歩行はヒトの特徴の一つ**です。

さて，人類化石の記録が豊富になるのは，**約 400 万年前以降のアウストラロピテクス**属からです。和名は**猿人**です。足跡の化石が残っているので，確実に二足歩行をしていました。アウストラロピテクス属は，新第三紀の 400 万年前から第四紀の中頃まで多くの種類が東アフリカ～南アフリカに生息していました。そのなかでアウストラロピテクス・アファレンシス(アファール猿人)がぼくたちの先祖だろうと考えられています。

第四紀になると，250 万年ほど前ですが，脳の容積が猿人に比べて 2 倍程度に大きくなったヒトが現れました。いわゆる**原人**で，ホモ・ハビリスです。ぼくたちと同じ属のヒトが第四紀に現れたということです。**原人のホモ・ハビリスは石器を使用**していました。

このホモ・ハビリスから進化した**ホモ・エレクトス**が，人類として初めてアフリカ大陸を離れました。いわゆる北京(ペキン)原人やジャワ原人です。とはいえ，彼らはぼくたちの直系(ちょっけい)の先祖(せんぞ)ではありません。ぼくたちの先祖は，その頃はまだアフリカ大陸に住んでいたからです。北京原人やジャワ原人はその後，絶滅してしまいます。

次にアフリカ大陸を抜け出て，おもにヨーロッパに生活圏を広げたのが**ホモ・ネアンデルターレンシス**(ネアンデルタール人）です。和名(わめい)では**旧人**(きゅうじん)とよばれる人類です。

ネアンデルタール人は，ぼくたちの直系の先祖ではないにしても，ホモ・サピエンスの遺伝子の数%はネアンデルタール人由来のものと考えられています。アフリカに残った**ホモ・サピエンス**にはなく，アフリカを抜け出たホモ・サピエンスのみが，ネアンデルタール人と交雑(こうざつ)した可能性があります。なお，ネアンデルタール人は4万年ほど前に絶滅しています。

ホモ・サピエンスは30万年ほど前にアフリカ大陸に出現しています。われわれの先祖がアフリカ大陸を離れた年代には12万年前～6万年前まで諸説がありますが，少人数の人類がアフリカ大陸を抜け出，およそ80億人にまで人口を増加させて現在に至っています。

共通テストに出るポイント！

《人　類》

① 約700万年前の新第三紀，
アフリカ大陸で誕生(サヘラントロプス)。

② 第四紀にアフリカ大陸以外に進出。

③ 猿人(アウストラロピテクス)→原人(ホモ・ハビリスなど)
→旧人：ホモ・ネアンデルターレンシス(ネアンデルタール人)
→新人：ホモ・サピエンス

大気組成の変遷

次回から，大気と海洋の分野に入ります。その前に，地球大気の組成がどのように変化してきたのか，まとめておこう。

地球が誕生し，**マグマオーシャンに覆(おお)われていた時代の大気は，水蒸気と二酸化炭素が主成分で，強い温室効果をもたらしていました**。やがて地球は冷え，原始海洋が形成されました。水蒸気は液体つまり海洋となって大気中から減少し，**地球大気の主成分は二酸化炭素**になりました。この二酸化炭素も雨に溶け込んで海洋に降り注ぎます。カルシウムなどのイオンと二酸化炭素は反応して海底に沈殿(ちんでん)し，石灰岩(せっかいがん)などとなって海洋から二酸化炭素は取り除かれました。これによって大気中の二酸化炭素も大きく減少しました。

27億年前に光合成を行うシアノバクテリアが出現し，光合成によって二酸化炭素を取り込み始めました。これによってさらに**二酸化炭素は減少し，酸素が増加**し始めます。20数億年前の酸素は現在の$\frac{1}{1000}$以下でしたが，真核(しんかく)生物が現れる19億年前には現在の$\frac{1}{100}$程度にまで増加していたと考えられています。真核生物に属する藻類(そうるい)が出現すると，その光合成によって二酸化炭素は減少し，酸素がさらに増加していきました。

酸素が次第に増加するにしたがって，大気中に**オゾン層が形成**されました。それに伴って生物に有害な紫外線が地表に届かなくなると，**生物の上陸**が始まりました。**シダ植物が繁栄し始めた4億年ほど前から酸素量は急増**し，二酸化炭素量が急減したのが図10からわかります。シダ植物の光合成によって酸素が放出

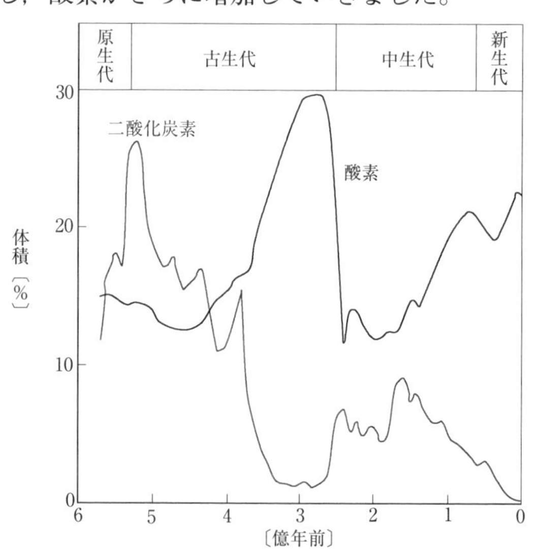

図10　二酸化炭素と酸素の変遷

され，二酸化炭素はシダ植物の遺骸（いがい）として地中に埋もれていったからです。温室効果ガスである二酸化炭素が減少すると，地球は寒冷化し，**古生代後半の氷河時代**を迎えました。

古生代末には，急激に酸素濃度が低下し，**歴史上最大の大量絶滅**（たいりょうぜつめつ）が生じたと考えられています。中生代に入ると，大気中の二酸化炭素は増加し，温室効果によって温暖な気候が続きました。しかし，中生代半ばからは二酸化炭素は減少に転じ，新生代新第三紀になると，地球は寒冷化し，**第四紀の氷河時代**を迎えました。

このように，酸素や二酸化炭素の濃度，気温などの大気の環境は生物に影響を及ぼすとともに，生物も大気環境を変えてきました。

共通テストに出るポイント！

《 大気組成の変遷 》

① マグマオーシャンの時代…水蒸気と二酸化炭素。
② 原始海洋の形成後…二酸化炭素
③ シアノバクテリアの出現…二酸化炭素の減少，酸素の増加。
④ オゾン層の形成…生物の上陸

大気中の酸素と二酸化炭素の濃度変化に関連する問題はよく出題されるから，ここで一つ問題を解いてみよう。

問題１　酸素と二酸化炭素濃度の変化

次のグラフは，過去30億年間について，酸素濃度と二酸化炭素濃度の変化を示したものである。グラフ中のＸ～Ｚは，このような変化に関連して生物界に生じた出来事のおおよその時期を表している。

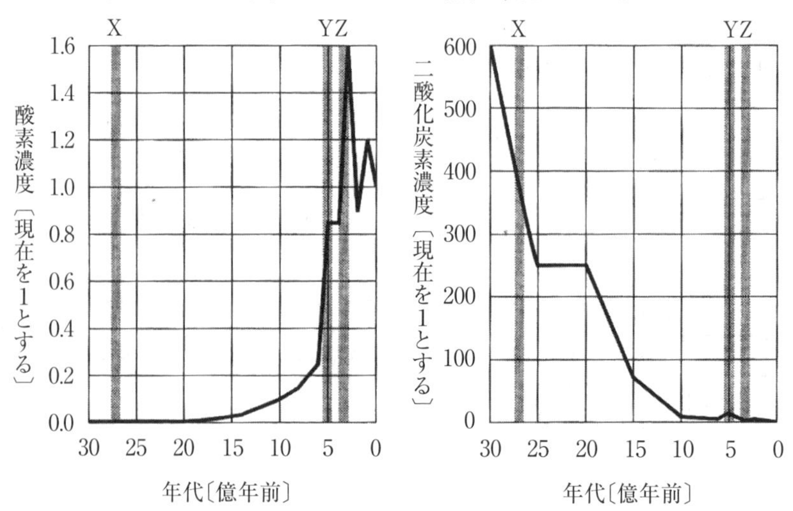

問１　図中の出来事Ｘ～Ｚについて述べた次の文章中の［ア］～［ウ］に入れる語の組合せとして最も適当なものを，次ページの①～⑧のうちから一つ選べ。［１］

Ｘのころまでに［ア］が出現し，その活動は地球の大気組成に大きな影響を与え，酸素濃度の増加につながった。以後，酸素濃度はさらに増加を続け，それに伴って［イ］が形成された。Ｙのころには［イ］が生物にとって有害な紫外線を防ぐのに十分な量となり，生物が上陸できる環境が整った。Ｚのころには陸上で大型の［ウ］が繁栄し，その活動によって大気中の二酸化炭素濃度は減少し，酸素濃度は増加した。

	ア	イ	ウ
①	シアノバクテリア	オゾン層	被子植物
②	シアノバクテリア	オゾン層	シダ植物
③	シアノバクテリア	縞(しま)状鉄鉱層	被子植物
④	シアノバクテリア	縞状鉄鉱層	シダ植物
⑤	グリパニア	オゾン層	被子植物
⑥	グリパニア	オゾン層	シダ植物
⑦	グリパニア	縞状鉄鉱層	被子植物
⑧	グリパニア	縞状鉄鉱層	シダ植物

問2 現在の二酸化炭素濃度はおよそ400 ppmである。グラフに示された過去30億年間のうち，二酸化炭素濃度の減少率が最も大きかった期間には，1億年あたりおよそ何ppm減少したか。その数値として最も適当なものを，次の ① ～ ⑤ のうちから一つ選べ。 **2** ppm

① 70　② 280　③ 350　④ 8000　⑤ 28000

問3 地球上の生物の移り変わりについて述べた文として最も適当なものを，次の ① ～ ④ のうちから一つ選べ。 **3**

① 古生代以降，最大の大量絶滅は白亜紀末に生じた。
② 原生代末期に現れた大型の多細胞生物群は，バージェス動物群と呼ばれる。
③ 最古の人類は，新第三紀にアメリカ大陸に出現した。
④ シダ植物が繁栄する時代から裸子植物が繁栄する時代に移り変わったのはペルム紀半ばである。

問1 酸素濃度の変遷に関して最もよく問われる内容の問題です。光合成を行うシアノバクテリア(**ア**)が現れたのは約27億年前の太古(たいこ)代です。これがXの時代に相当します。シアノバクテリアの光合成によって放出された酸素が海水中の鉄イオンを酸化し，原生代の25億年前～19億年前に縞(しま)状鉄鉱層が集中的に形成されました。酸素はやがて大気中にも増加し，オゾン層（ イ ）が形成されると，生物に有害な太陽紫外線が地表に届かなくなり，生物が上陸する環境が整いました。

3億年ほど前の石炭紀がZの時代です。シダ植物（ ウ ）が大森林を形成し，その遺骸が埋もれて大気中の二酸化炭素濃度が減少するとともに，シダ植物の光合成によって酸素濃度が増加しました。

以上から，② が正解です。なお，グリパニアは19億年ほど前に現れた最古の真核生物です。

問2　二酸化炭素濃度の減少率が最も大きかった時代は，グラフの傾きが大きい時代で，およそ30億〜25億年前の時代です。この5億年間に，二酸化炭素濃度は現在の600倍から250倍に減少しています。つまり，現在の600－250＝350倍の二酸化炭素が減少したことになります。現在の二酸化炭素濃度は約400 ppmだから，その350倍は140000 ppmです。これを1億年あたりの値に換算すると，140000÷5＝28000 ppmとなり，正解は ⑤ です。

問3　①　古生代以降，5回の大量絶滅があり，その中で最大のものは古生代末に生じました。したがって，この選択肢は適当ではない。

②　原生代末期に現れた大型の多細胞生物群は，エディアカラ生物群です。バージェス動物群はカンブリア紀を代表する動物群です。したがって，この選択肢は適当ではない。

③　最古の人類は約700万年前，アフリカ大陸に現れたサヘラントロプスです。したがって，この選択肢は適当ではない。

④　したがって，この選択肢が適当です。植物の世界の大変化は，大量絶滅によって生じた動物の世界の大変化に先立って生じています。

【問題1・答】 1 －②　2 －⑤　3 －④

氷河時代

もう一つ，地球の歴史を考えるときに，注目したいのは気候の変化です。地質時代の気候は，現在よりも暖かい気候が続いた時代の方が長いです。けれども，現在と同じような氷河時代も過去に何回かありました。

氷期と間氷期

南極大陸やグリーンランドにあるような大陸を広く覆う**氷床(大陸氷河)が存在する時代を氷河時代**といいます。だから，現在は氷河時代です。氷河時代は，寒い気候ばかりが長く続くのではなく，寒冷な気候で大陸に氷床が広範囲に広がる**氷期**と，現在のように氷床の面積が少なく暖かい気候の**間氷期**が繰り返される時代です。

この気候の寒暖に伴って，海水面も変化します。**暖かい間氷期には，大陸上の氷河がとけて，海へ戻る水の量が増え，海水面が上昇**します。**寒冷な氷期には，逆に，海から蒸発した水蒸気が雪や氷河となって陸上に固定され，海へ戻る水の量が減少して海水面が低下**します。

共通テストに出るポイント！

《氷河時代》

寒冷な氷期と温暖な間氷期が繰り返される時代。

① 氷　期…海水面が低下し，陸地の面積が増加する。

② 間氷期…海水面が上昇し，陸地の面積が減少する。

氷河時代

地球に氷河時代があった証拠は，第四紀の氷河ならば氷河が侵食した地形や氷河が運んだ堆積物からわかります。けれども，古い時代の場合には，地形は残っておらず，氷河が運んだ堆積物からなる地層の存在から判断します。おもな氷河時代は，次ページの図 11 の矢印で示した時期です。

氷河時代も，動物と同様，先カンブリア時代と古生代以降の時代とでは大きな違いがあります。先カンブリア時代には高緯度のみならず低緯度まで凍りついた**全球凍結**(スノーボール・アース)という氷河時代が知られています。約 23 億～ 22 億年前の**原生代初期**と約 7.5 億～ 6 億年前の**原生代末**です。現在の地球の平均気温は約 15℃ですが，全球凍結の時代の平均気温は－50 ～－40℃程度と見積もられています。

一方，**古生代以降の氷河時代では，全球凍結は生じていません**。注目し

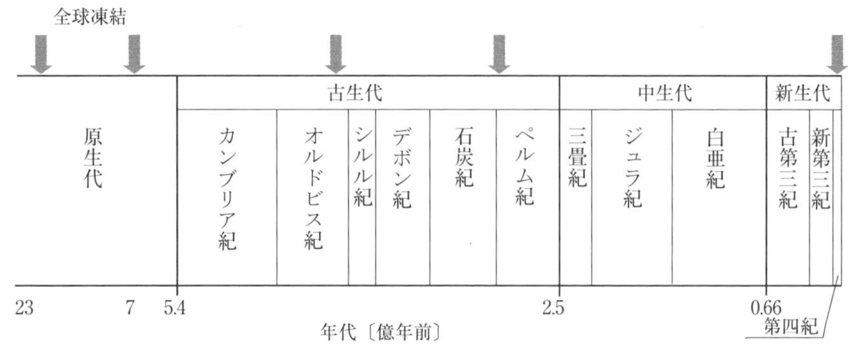

図 11　氷河時代

てほしいのは古生代後期，**石炭紀の終わりからペルム紀の初期にかけての氷河時代**です。この時代には，シダ植物の大森林が超大陸パンゲアの沼地周辺に広がっていました。その活発な光合成によって大気中の二酸化炭素は使われ，温室効果が弱まりました。シダ植物の遺骸が分解されて再び大気中に二酸化炭素がもどれば，温室効果は弱まりません。しかし，氷河時代は氷期と間氷期の繰り返しの時代です。間氷期には海水面が上昇し，海岸近くの沼地に生えていたシダ植物の遺骸は堆積物に埋もれてしまいます。この結果，大気中にもどる二酸化炭素が減少し，温室効果が弱まって氷河時代が訪れました。どの程度のシダ植物の遺骸が埋もれたかというと，この遺骸から形成されたのが世界の大炭田の**石炭**だから，膨大な量になります。約 1 兆 t の石炭が，まだ埋蔵されていると見積もられているほどだから。

中生代は白亜紀初期に寒冷な時代があったようですが，**全般に温暖な時代**です。

新生代古第三紀の初期は中生代に続く温暖な気候でしたが，3400 万年前頃から地球は寒冷化し始め，新第三紀以降は寒冷化が進んでいきました。これは，プレートの移動によって大陸の配置が変わり，海流の流路が大きく変化したことが一つの原因と考えられています。

第四紀は氷河時代で，特に最近 70 万年の間に少なくとも 7 回の氷期が知られています。最後の氷期は約 7 万年前から約 1 万年前まで続き，約 1

万年前以降暖かくなり，**現在は間氷期**です。

このような気候の変化をもたらす原因は，太陽の周囲を回る地球軌道の変化や自転軸の傾きの変化，大陸の配置，温室効果ガスの二酸化炭素とメタンの量の変化などが考えられています。

共通テストに出るポイント！

《 地質時代の氷河時代 》

① 全球凍結…先カンブリア時代のみ（原生代初期と末期）

② 古生代の氷河時代…石炭紀後期～ペルム紀初期

③ 新生代の氷河時代…新第三紀後半～第四紀

次ページに，地球の歴史をまとめておきました。最大限覚えるべき内容が示してあります。覚えるべき内容が多くて大変だと思います。「共通テストに出るポイント」をもう一度見て，地球の歴史の流れを汲み取ってください。

次回から，大気と海洋，地球環境の分野に入ります。今回学んだ地球の大気環境の変遷，特に，オゾン層や温室効果ガスが関連する内容がこれらの分野にはあります。地球の歴史を踏まえた上で，現在の地球の大気，海洋，環境について学んでください。

〔年前〕	時代区分		動物の世界		植物の世界		
1万 / 260万	新生代	第四紀	哺乳類・鳥類	マンモス ナウマン象 / 人類→ 新人 旧人 原人 猿人	被子植物	メタセコイアの繁栄	氷河時代
		新第三紀		デスモスチルス ビカリア			
6600万		古第三紀		カヘイ石			
	中生代	白亜紀	爬虫類	大量絶滅（隕石衝突） / 恐竜→ / ←イノセラムス			石油
		ジュラ紀		←三角貝（トリゴニア） / 鳥類出現（始祖鳥）	裸子植物	イチョウ・ソテツ類の繁栄	
2.5億		三畳紀		アンモナイト→ / モノチス / 哺乳類出現 / 大量絶滅（史上最大）			
	古生代	ペルム紀	両生類		シダ植物		超大陸パンゲア
		石炭紀		爬虫類出現 / ←紡錘虫（フズリナ）		裸子植物出現 / シダ植物の大森林（ロボク リンボク フウインボク）	氷河時代 / 石炭
		デボン紀	魚類	両生類出現（イクチオステガ）			
		シルル紀	無脊椎動物（かたい組織）	クサリサンゴ ハチノスサンゴ	シダ植物出現 / 陸上植物出現（クックソニア）		
		オルドビス紀		陸上動物出現 / ←ウミユリ	コケ植物出現		オゾン層形成
5.4億		カンブリア紀		←筆石 / バージェス動物群（アノマロカリス） / 魚類出現 / 澄江動物群 / ←三葉虫 / カンブリア爆発	藻類の繁栄		
25億	先カンブリア時代	原生代	無脊椎動物（やわらかい組織）	エディアカラ生物群 / 19億 真核生物出現（グリパニア）			全球凍結（7億～6億年前） / 全球凍結（23億～22億年前） / 縞状鉄鉱層（25億～19億年前）
40億		太古代（始生代）		27億 シアノバクテリア出現（ストロマトライト形成） / 35億 最古の化石			最古の枕状溶岩（38億年前）
46億		冥王代	原始海洋の形成 / マグマオーシャンの時代				最古の岩石（40億年前）

地球誕生（46億年前）

第7回 大気と海洋(1)

大気圏の構造と大気の運動

今回と次回は，大気と海洋の分野です。プレートの運動，地震，火山活動などは地球内部のエネルギーによって生じる現象ですが，大気や海洋の運動は太陽のエネルギーが源になって生じています。そこで，最初は太陽からのエネルギーの性質，続いて地球のエネルギー収支について講義をします。これらと大気圏の構造が関連しているし，エネルギー収支は大気の大循環や海流とも関連しています。

第1章 エネルギー収支

太陽放射と地球放射

電磁波

太陽は莫大なエネルギーを宇宙空間に放射しています。そのほとんどは，**電磁波**です。電磁波は光や電波などのことで，図1のように波長によって名称が区分されています。ぼくたちが肉眼で見ることのできる電磁波の波長領域を**可視光線**といいます。可視光線が，ぼくたちがふだん用いている光という言葉に相当します。

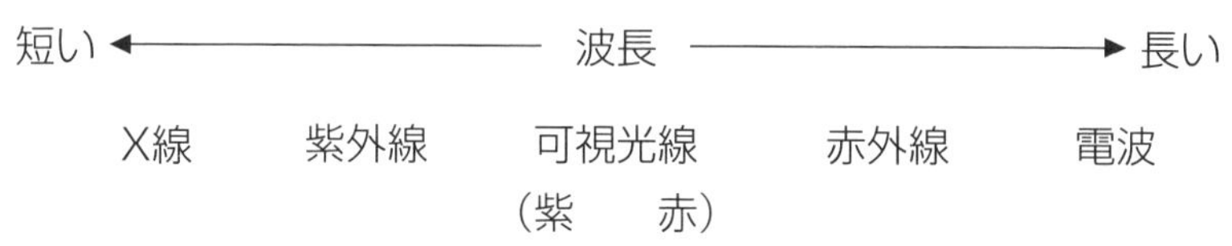

図1　電磁波の波長

波長の短い電磁波ほどエネルギーが強く，X 線は健康診断のときに胸部撮影に用いられていて，透過力が強いですね。骨は透過しないけれどその他の人体の大部分を透過するのだから。可視光線は，いわゆる虹の七色の波長領域です。この範囲の電磁波をぼくたちは**視**ることが**可**能だから，可視光線といって，波長の短い紫から，波長の長い赤までの範囲になります。波長の短い紫の外側，つまり可視光線よりも波長が短い電磁波が，「紫の外」だから**紫外線**です。逆に，可視光線の中で波長が長い赤の外側，つまり赤よりも波長が長い電磁波が**赤外線**です。人間の目には見えない波長だけれども，ぼくたちは熱として感じる。さらに赤外線よりも波長の長い電磁波が電波です。これらの**電磁波は，いわゆる光の速さ 30 万 km/s で伝わります**。

太陽放射

太陽から放射されている電磁波を太陽放射といって，先ほど述べたように，さまざまな波長の電磁波からできています。これらの電磁波の強さは均一ではなく，図 2 のように，**太陽放射の場合，可視光線と赤外線がその大部分で，最も強い波長は可視光線の領域**にあります。

太陽からは，このような種類の電磁波が地球に届きますが，そのエネル

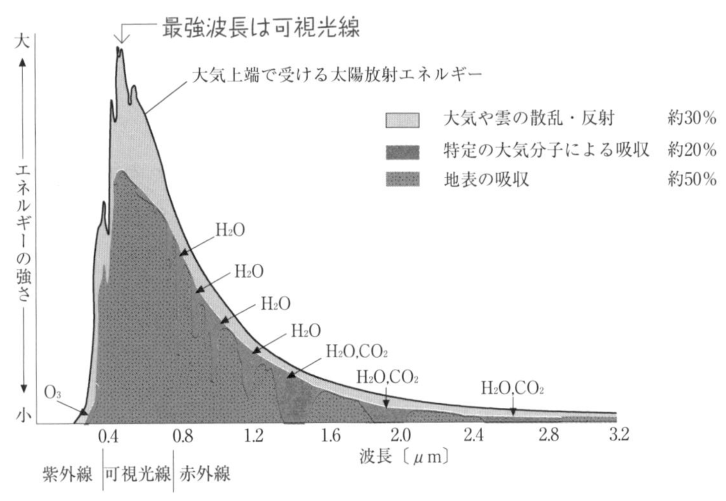

図 2　波長による太陽放射エネルギーの量

ギーのうち，地表には半分程度が届いているだけです。図2の大気上端で受ける太陽放射エネルギーの面積と地表が吸収する太陽放射エネルギーの面積を比べてください。地表が吸収する太陽放射エネルギーは，大気上端で受ける太陽放射エネルギーよりもかなり少ないですね。

地球に届いた太陽放射の約30％は大気や地表によって反射されて宇宙空間へそのままもどります。また，約20％が大気中の特定の分子によって強く吸収を受けます。その結果，地表には約50％の量の太陽放射エネルギーが届き，その大部分は可視光線と赤外線，わずかに紫外線や電波です。

太陽定数

太陽放射エネルギーの量はどのくらいだろうか？ 大気の影響がない宇宙空間で人工衛星によって太陽放射を観測すると，その平均値は，太陽光線に垂直な1 m^2 の平面で約1370 W（ワット）を受け取っている。この約 **1370 W/m^2** を**太陽定数**（たいようていすう）といいます。

太陽と地球の間の平均距離は約 1.5×10^8 km(1.5億km)で，これを1とする距離の単位を1天文単位（てんもんたんい）といいます。「天文単位」は漢字ですが，kmと同じように距離の単位の一つです。2天文単位ならば，3億km，10天文単位ならば15億kmです。太陽系内の天体の距離を表すときに便利だから，この天文単位という距離の単位を用います。

太陽定数の場合，**太陽から1天文単位離れた大気圏外**（たいきけんがい）という測定する場所と**太陽光線に垂直な平面**という二つの条件を忘れないでください。

共通テストに出るポイント！

《 太陽定数 》

- 約1370 W/m^2
- 太陽から1天文単位離れた地球の大気圏外で，
  太陽光線に垂直な1 m^2 の平面が受けるエネルギー。

太陽定数を用いて，地球が受ける太陽放射エネルギーを計算してみよう。

問題１　地球が受ける太陽放射エネルギー

太陽定数は約 1400 W/m^2 である。大気などによる反射や吸収を無視した場合，地球全体が受ける太陽放射エネルギーは何 W になるか。その数値として最も適当なものを，次の ① ～ ④ のうちから一つ選べ。ただし，地球半径は 6400 km とする。 **1** W

① 0.90×10^{17}　② 1.8×10^{17}　③ 3.6×10^{17}　④ 7.1×10^{17}

地球の半径を r とするとき，地球は球形だから，その表面積は $4\pi r^2$ です。太陽の光があたっている地球表面の面積はその半分の $2\pi r^2$，その 1 m^2 あたり約 1400 W の太陽放射エネルギーを受けているのだから，

$1400 \times 2\pi r^2$ ←─誤りの式

のように計算すれば求められる，と考えてはいけない。**これは誤りです**。

Q. 上の計算方法は，なぜ誤りなのだろうか？

── 先ほどあげた太陽定数の２つの条件のうち，**太陽光線に垂直な平面という条件を無視(むし)しているからです**。

次の図３のように，**同じ面積の平面を傾けると，太陽光線が垂直に当たっている場合に比べ，傾いている面が受ける日射量は少なくなります**。だから，太陽光線が垂直に当たっている場所では，太陽定数を掛(か)けてよいのだけれど，垂直ではない場所では太陽定数よりも小さい値なのだから，太陽定数を掛けてはいけない。

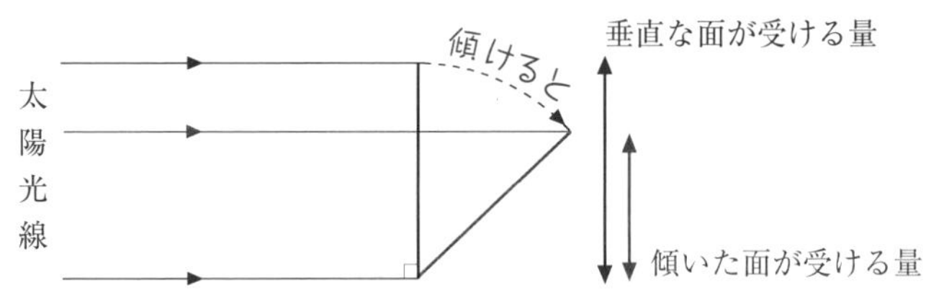

図３　面の傾きによる受熱量の違い

太陽光線に垂直な平面ならば，太陽定数を掛けてよいのだから，そのような面を探してみよう。図4のように地球を描くと，地球表面では太陽の高度が緯度によって異なっているので駄目(だめ)なようです。しかし，しかしですよ。太陽光線に垂直に真っ二つに地球を割ってみる。そのときの地球断面は，太陽光線に垂直だし，地球表面全体が受け取っている太陽放射の量と，この断面が受け取っている太陽放射の量は同じです。なぜなら，地球の背後に大きな平面を用意すれば，その平面に映(うつ)る影は円形で，地球が遮(さえぎ)った太陽光線に相当する影になっている。遮るということは，地球が受けている太陽放射が，その遮った分に相当するはずだ。

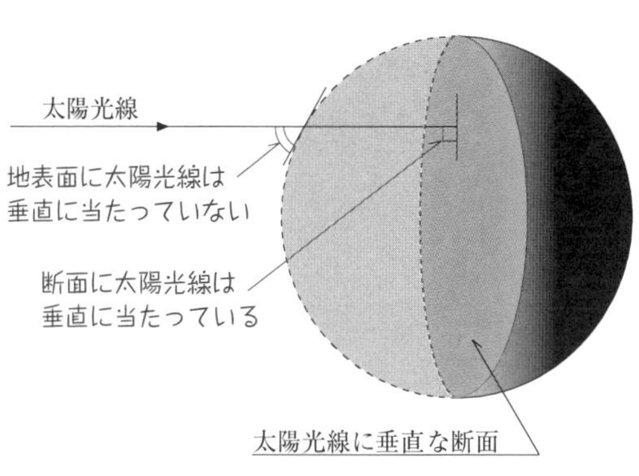

図4　地球が受ける太陽放射エネルギー

つまり，**地球が受ける太陽放射エネルギーの量は，地球の断面積に太陽定数を掛ければ求められる**。

地球の断面積はπr^2で，$r = 6400$ km だから，

$$\pi 6400^2 \times 1400$$

を計算すれば答えは出る。おっと，忘れていることがある。単位をつけて上の式を書くと，

$$\pi 6400^2\ \mathrm{km}^2 \times 1400\ \mathrm{W/m}^2$$

kmとmだから
単位が揃っていない

だから，長さの単位が揃(そろ)っていない。kmをmに変換して，πも面倒(めんどう)だから，$\pi = 3$として，正しい式を書くと，

単位をmに揃えた

$$3 \times (6400 \times 1000)^2\ \mathrm{m}^2 \times 1400\ \mathrm{W/m}^2$$

単位のみを計算すると，$\mathrm{m}^2 \times \mathrm{W/m}^2 = \mathrm{W}$となるから，問題に指定された単位になっているね。計算結果は，約 1.7×10^{17} W だ。② がこれに近い値だから正解だね。

【問題1・答】 1 － ②

地球放射

地球は太陽から莫大(ばくだい)な量のエネルギーを受け続けている。暖められているわけだ。それでも，気温が毎年上昇し続けることはなく，**地球の平均気温は約 15℃に保たれている**。これは，吸収する太陽放射エネルギーと同じ量のエネルギーを地球が赤外線として宇宙空間に戻しているからです。**この赤外線の放射を地球放射といいます**。赤外線の放射だから，地球放射を**赤外放射**という場合もあります。地球放射は赤外線だから，人間の眼では感知できないね。でも，君たちは地球から放射される赤外線を画像化したものを見たことがあるはずです。

Q. 君たちが見たことがあるものとは，何だろう？

―― 気象衛星の赤外画像です。

気象情報の時間に雲の画像を見ますよね。特に，夜は太陽の光が当たっていないのだから，太陽の光を反射した雲などの画像ではなく，雲などから放射された赤外線の画像を見ているはずです。もちろん，日中も赤外線は放射されていて，日中の赤外画像も気象衛星の画像にはあります。

共通テストに出るポイント！

《 太陽放射と地球放射 》

- エネルギーの量は同じ。
- 太陽放射…紫外線や赤外線も含むが，可視光線が最も強い。
- 地球放射…赤外線

地球のエネルギー収支

地球全体では，太陽放射エネルギーと地球放射エネルギーのつり合いは保たれています。これをもう少し詳しく解説しよう。

先ほど地球が受ける太陽放射エネルギーを求めましたが，この値を地球表面全体で平均します。つまり，地球の表面積で割り算をします。地球の半径を r m，太陽定数を 1370 W/m^2 として，

$$\frac{\pi r^2 \times 1370\ \mathrm{W}}{4\pi r^2\ \mathrm{m}^2} \fallingdotseq 343\ \mathrm{W/m^2}$$

（分子 πr^2：断面積，分母 $4\pi r^2$：表面積）

です。この値を100として，放射エネルギー収支（しゅうし）の内訳（うちわけ）を見ていこう。

最初は，大気の影響を考えないとして，つまり大気を素通り（すどおり）させて，エネルギーの出入りを表すと図5のようになります。＋は吸収するエネルギー，－は失うエネルギーです。

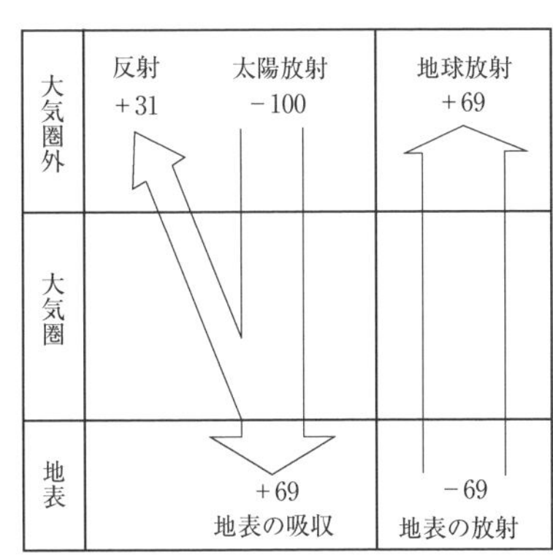

図5　放射エネルギー収支

太陽放射のうち31％がそのまま宇宙空間に反射され，残りの69％を地表が吸収します。地表は，赤外線として69％を宇宙空間に向かって放射します。地表に吸収される太陽放射のエネルギー69％と，地表から大気圏外に放射される地球放射のエネルギー69％とは等しく，地球のエネルギー収支は±0です。このように地球の放射エネルギー収支の平衡（へいこう）が保たれています。

この図のように地球の放射エネルギー収支を考えて計算した場合，地表付近の平均気温は約－18℃になります。実際の地表付近の平均気温は約15℃だから，33℃も実際の気温の方が高い。ひょっとすると，地球内部から熱が伝わってきて地表付近の大気を暖めているのかも知れない。念のため，確かめてみようか。

問題２　太陽放射エネルギーと地球内部のエネルギー

地球内部から熱の形で伝わるエネルギーは約 4×10^{13} W と見積もられ，火山や地震が放出するエネルギーよりもはるかに多い。一方，地表が受ける太陽放射エネルギーは約 240 W/m^2 である。地球の表面積を 5×10^{14} m^2 とするとき，地表が受ける太陽放射エネルギーは，地球内部から伝わるエネルギーのおよそ何倍になるか。その数値として最も適当なものを，次の ① ～ ④ のうちから一つ選べ。［ 2 ］倍

① 30　② 300　③ 3000　④ 30000

問題文中の「地表が受ける太陽放射エネルギーは約 240 W/m^2」は，図5中の地表の吸収 69％を用いて，

$$343\ \mathrm{W/m^2} \times 0.69 \fallingdotseq 240\ \mathrm{W/m^2}$$

として計算した値です。

太陽放射のエネルギーは地表の 1 m^2 あたり約 240 W だから，地球の表面積を掛けて，地球全体では $240 \times (5 \times 10^{14})$ W になります。だから，地球内部から伝わるエネルギーの約 4×10^{13} W と比較して，

$$\frac{240 \times (5 \times 10^{14})\ \mathrm{W}}{4 \times 10^{13}\ \mathrm{W}} = 3000\ 倍$$

です。したがって，③ が正解です。

【問題２・答】［ 2 ］－ ③

太陽放射のエネルギーは，地球内部から放出されるエネルギーに比べるとけた違いに大きい。プレートが中央海嶺(かいれい)で生まれて移動し，海溝(かいこう)などから地球内部へ沈み込む現象や地震や火山を生じさせる地球内部のエネルギーは，太陽からのエネルギーに比べるとそれほど大きなものではない。だから，**地球内部から地表に向かって運ばれているエネルギーは，地球のエネルギー収支を考えるときには無視してもよい。**

となると，別のメカニズムがはたらいて，地表付近の気温が上昇していると考えざるをえません。それが**温室効果**(おんしつこうか)です。この用語は，地球温暖化に関連して話題になっているので，君たちも知っているよね。

温室効果

温室効果を考慮すると，地球のエネルギー収支は図6のように表せます。先ほどの図5と比較すると，かなり複雑な図ですね。

地球に入射する太陽放射エネルギーのうち，31％は地表にも大気にも何ら影響を与えずに宇宙空間にもどります。吸収してから放射しているのではなく，鏡のように地表や雲が反射したり，大気が四方八方へ散乱(さんらん)しています。この反射の割合(太陽放射エネルギーを1としたときの0.31)を**アルベド(反射率)**といいます。

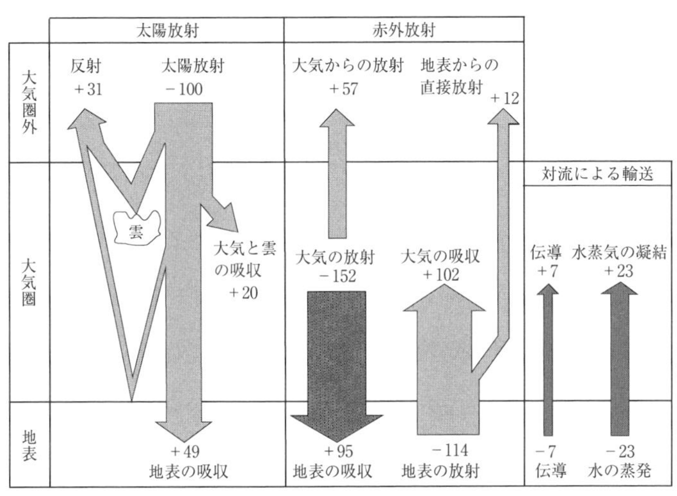

図6　地球のエネルギー収支

太陽放射エネルギー100のうち，31％は反射され，20％は大気が吸収して，地表には49％の太陽放射が届いています。図2(→ p. 236)をもう一度見てください。図2の「大気や雲の散乱・反射」と「特定の大気分子による吸収」が合わせて51％，「地表の吸収」が49％です。また，「特定の大気分子」とは，水蒸気，二酸化炭素，オゾンですよね。図2中にも示してあります。図2では赤外線の領域で水蒸気，二酸化炭素による吸収が激しい。この太陽放射に含まれる赤外線は，温室効果に関係する赤外線よりも波長が短く，温室効果には大きな影響を与えません。後で述べるように，大気が地表に向けて放射する波長の長い赤外線が温室効果をもたらします。

図６には，まだあるね。伝導によって地表から熱が大気に伝えられ，大気は対流しながら周囲の大気に熱を伝えています。**熱は高温の物体から低温の物体に伝わる**のだから，地表付近では地表の温度の方が大気の気温よりも高い。だって，地球が受ける太陽放射エネルギーのうち，地表は49％の吸収，大気は20％の吸収なんだから，**太陽放射によって地表が暖まり，その熱が大気へと伝わっている**ことをエネルギー収支は表している。もう一つ，地球特有の熱輸送がある。水の蒸発と，水蒸気の凝結によっても熱が移動している点です。大気現象を考えるときには，この水の存在が重要です。地球上の水については，次回のテーマです。

図６で，もう一つ注意したいことは，この図は長期間の平均だということです。晴れと曇りの日では異なるように，１日の間では，この図６のようなエネルギー収支は成り立ちません。

共通テストに出るポイント！

《 地球のエネルギー収支 》

- 地球全体でも，地表や大気圏でもエネルギー収支は±０。
- 太陽放射の内訳…反射 30%，大気の吸収 20%，地表の吸収 50%。
- 地表から大気へ…赤外放射，伝導，水の蒸発と水蒸気の凝結。

さて，図６のどの部分が温室効果に関係しているかというと，図中の赤い矢印です。太陽放射の吸収，地表からの伝導，水蒸気の凝結，地表からの放射エネルギーを大気は吸収し，それによって定まる温度に応じた赤外線を地表に向けて大気は放射しています。これによって大気下層に熱がこもって，地球の平均気温が33℃も上昇している。温室効果さまさまですね。温室効果がないと－18℃なんだから，温室効果によって地球は，ぼくたちが住むのにほどよい気温となっているんです，というのは逆ですね。そのような気温に適応して，ぼくたちのような生物は進化してきたんだから。**この温室効果をもたらす気体は水蒸気と二酸化炭素で，温室効果ガスといいます**。地球創成期のマグマオーシャンの原因も，大量の水蒸気と二酸化炭素だったね。**水蒸気も温室効果ガスであることをお忘れなく。**

地球温暖化は第10回で講義する地球環境問題のテーマの一つだけれども，これは温室効果が強まって生じている現象です。

共通テストに出るポイント！

《温室効果》

- 地表から放射された赤外線の大部分を温室効果ガスが吸収し，再び地表へ向けて放射するために地表付近の気温が高く保たれる。
- 温室効果ガス…水蒸気，二酸化炭素

気象衛星の画像

先ほども少し述べたけれども，図6に関連して，気象衛星(きしょうえいせい)の画像について触れておきます。教科書には，気象衛星からの雲画像(くもがぞう)がたくさん載(の)っています。一般的に目にする衛星画像は，可視画像(かしがぞう)と赤外画像(せきがいがぞう)です。

可視画像は，可視光線の波長で地球を観測しています。

Q.ということは，可視画像は図6のどの部分が関係するのだろうか？

―― 太陽放射ですよね。

太陽放射のうちの「反射」です。太陽放射の大部分は可視光線と赤外線ですが，このうち雲や地表によって反射された可視光線を観測して画像化したものが可視画像です。そのため，**可視画像は日中の観測には適しているけれども夜間の観測はできない**。日中，太陽光を強く反射する，つまりアルベド(反射率)が大きいのは，厚い雲です。可視画像では積乱雲(せきらんうん)のような厚い雲が白く，薄い雲は灰色に見えます。地表の場合，雪や氷が白く見えます。

一方，**赤外画像は地球放射を画像化しています**。高温の物体から放射される赤外線を黒く，低温の物体から放射される赤外線を白く，赤外画像では表しています。上空の雲ほど温度が低いので白く，低いところにある雲は相対的に気温が高いので，灰色で表示されています。赤外線は，昼夜を問わず雲などから放射されているので，**日中でも夜間でも赤外画像は観測可能です**。

共通テストに出るポイント！

《 気象衛星の雲画像 》

① 可視画像…太陽放射の反射。日中のみ。厚い雲ほど白く表示。

② 赤外画像…赤外放射。夜間も観測可能。低温の雲ほど白く表示。

地球全体のエネルギー収支については，次のような問題が出題されます。図６は見ないで解いてください。

問題３　地球のエネルギー収支

次の図は，１年間を平均した地球のエネルギー収支を表したものである。プラス(＋)の値は受け取るエネルギー，マイナス(－)の値は失うエネルギーである。

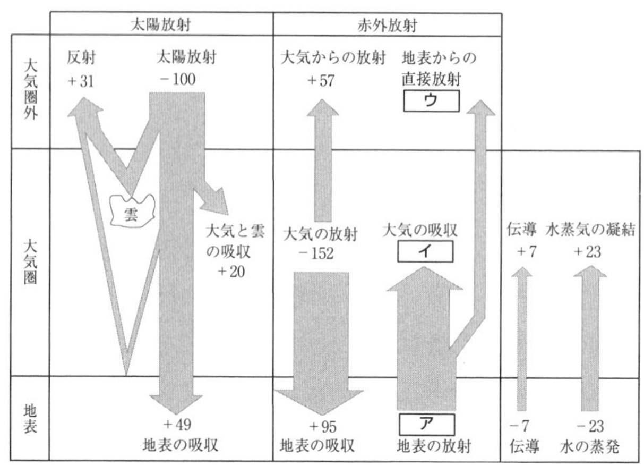

上の図中の ア ～ ウ に入れる数値の組合せとして最も適当なものを，次ページの ① ～ ⑥ のうちから一つ選べ。 **3**

	ア	イ	ウ
①	− 12	+ 102	+114
②	−12	+114	+102
③	−102	+12	+114
④	−102	+114	+12
⑤	−114	+12	+102
⑥	−114	+102	+12

このエネルギー収支の図では，**地球全体の収支が±0 になっているのみならず，大気圏も地表も収支は±0 です**。つまり，

地　表　　+ 49 + 95 + **ア** − 7 − 23 = 0

大気圏　　+ 20 − 152 + **イ** + 7 + 23 = 0

大気圏外　+ 31 − 100 + 57 + **ウ** = 0

です。**ア** = − 114，**イ** = + 102，**ウ** = + 12 という計算結果になるから，⑥が正解です。

【問題 3・答】 3 − ⑥

緯度別の放射エネルギー収支

地球全体を平均したときのエネルギー収支は，以上の内容ですが，これを緯度別に見ると，少し様相(ようそう)が異なります。それを図7に示しました。

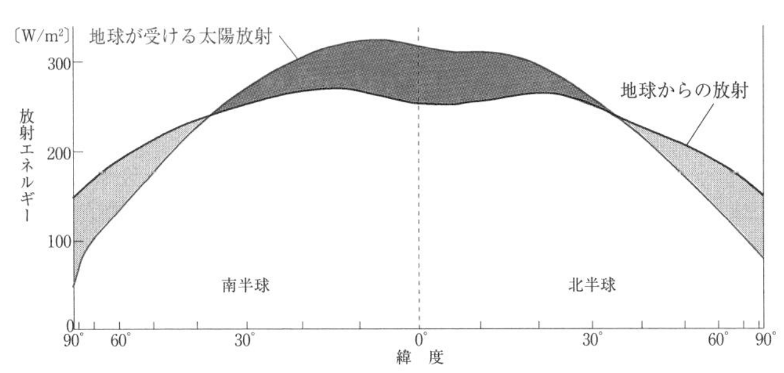

図 7　緯度別の放射エネルギー収支

図中の赤い線が，地球が受ける太陽放射，黒い線が地球放射です。

地球が受ける太陽放射は低緯度で大きく，高緯度で小さい値になっています。これは，低緯度では１年を通して太陽高度が高く，高緯度と比較して同じ面積に入射する太陽放射エネルギーが多いからです。太陽定数の項目で示した図3(→ p. 238)で，この関係を見たね。図３で，同じ面積ならば，太陽光線が垂直に当たっている場合が最大で，面を傾けると同じ面積に入射する入射する量が小さくなることがわかります。

このように１年を通して太陽高度が高い低緯度では多くの太陽放射が入射するために，低緯度は高緯度よりも高温になっています。そのとき，熱は高温側から低温側，つまり低緯度側から高緯度側へ運ばれます。その担い手が，大気と海水です。低緯度側から高緯度側への熱輸送がない，つまり太陽放射のみによって気温が決まると仮定すると，低緯度と高緯度の気温差は100℃くらいになります。実際には大気や海流が高緯度へ熱を輸送しているために，低緯度では，地球が受ける太陽放射量よりも地球からの放射量は小さくなり，高緯度では地球が受ける太陽放射量よりも地球からの放射量が大きくなります。この結果，地球からの放射量をもとに計算すると，低緯度と高緯度の温度差は35℃程度になります。大気や海洋が存在するため，低緯度と高緯度の気温差が緩和されています。一方，太陽からの距離が地球とほとんど同じ月には大気も海洋もなく，昼と夜が約15日も続くので，月の表面の温度差は300℃にも達する。

また，**図中の赤い部分の面積と灰色の部分の面積は等しく，地球全体では放射エネルギー収支は±０です**。間違えてほしくないことは，低緯度で熱が過剰になっているから，熱が不足している高緯度へ熱が輸送されるという考え方です。そうではなく，高温の地域と低温の地域があれば，熱は高温の地域から低温の地域へ伝わります。それが緯度による温度差を緩和し，低緯度側で太陽放射よりも少ない地球からの放射，高緯度側で太陽放射よりも多い地球からの放射を生じさせます。

大気と海洋のエネルギー輸送

大気と海洋のエネルギー輸送について，ここで見ておこう。次の図8で注目するところは，大気と海洋を合わせたエネルギー輸送が最大になっている緯度です。**北半球でも南半球でも38°付近の緯度で最大値を示しています**。低緯度側から高緯度側へ向かって図8の「大気＋海洋」のグラフを見ていくと，低緯度側から北緯38°付近までは高緯度側に向かうほど輸送量が大きくなっています。これは，大気や海洋がエネルギーを蓄積しつつ緯度38°付近まで移動してきていることを表しています。蓄積されるから，だんだんと輸送量が増えるのです。一方，緯度38°付近を境にして，それよりも高緯度側では輸送量がだんだんと減っています。これは，緯度38°付近まで蓄積されてきたエネルギーが，緯度38°よりも高緯度では蓄積されず，徐々に失われていることを表しています。エネルギーは輸送されているのだけれども，だんだんとその量が減っているのです。このように，**大気や海洋は低緯度からエネルギーを高緯度側へ輸送しています**。

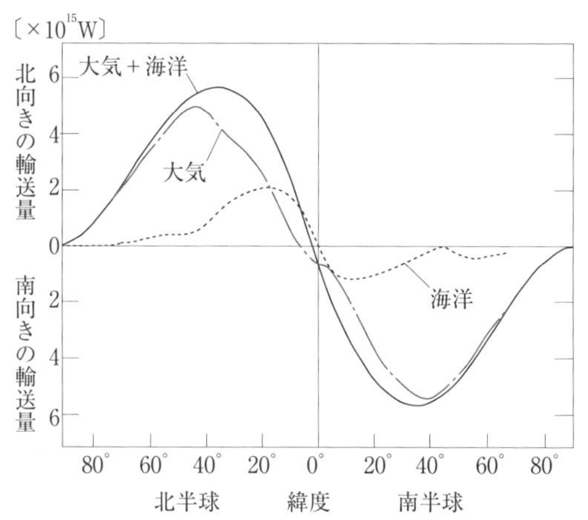

図8　大気と海洋のエネルギー輸送

共通テストに出るポイント！

《 緯度別の放射エネルギー収支 》

- 低緯度：地球放射放出量＝太陽放射吸収量－高緯度への熱輸送量
- 高緯度：地球放射放出量＝太陽放射吸収量＋低緯度からの熱輸送量
- 大気や海水によって熱が輸送され，低緯度と高緯度の気温差が小さくなっている。

大気圏の構造と大気の組成

これでようやく大気圏の構造について解説する準備が整いました。**大気圏は気温分布によって区分されています**。図 9 に気温分布と大気圏の区分を示しました。

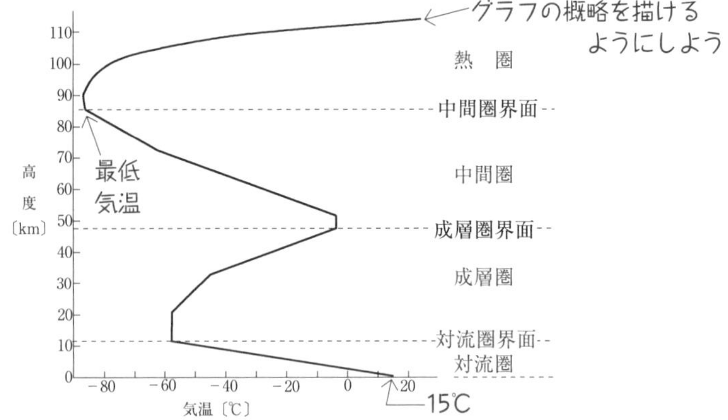

図 9　大気圏の気温分布とその構造

大気圏の層構造

対流圏(たいりゅうけん)**では，地表付近の気温が約 15℃で**，上空に向かって 100 m 高くなるごとに約 0.65℃ずつ気温が低下しています。この割合を**気温減率**(きおんげんりつ)といいます。**約 0.65℃ /100 m** という気温減率は平均したもので，場所や時刻によって変化しています。また，ぼくたちがふつう見かける雲や降水のような大気現象も，対流圏内で生じています。**約 11 km** が対流圏とその上空の成層圏の境界面で，対流圏界面(けんかいめん)といいます。一般に**圏界面**という場合，この対流圏界面をさします。圏界面の高度は，場所や季節によって異なります。**地表付近の気温が高い地域では圏界面の高度が高い**。つまり，圏界面の高度は低緯度で高く，高緯度で低い。同じ場所では，圏界面の高度は夏季に高く，冬季に低い。

成層圏(せいそうけん)では上空に向かって気温が上昇しています。約 50 km の高度が成層圏とその上空の中間圏の境界面(成層圏界面)です。成層圏には高度 15 ～ 30 km 付近にオゾン濃度が高い**オゾン層**があります。オゾン濃度が高い領域よりも上空まで成層圏は続き，約 50 km の高度で気温が最も高くなっている，という高度の違いに注意してください。

中間圏(ちゅうかんけん)は対流圏と同様，上空に向かって気温が低くなり，**約 85 km が大気圏のなかで気温が最も低い高度**です。

中間圏よりも上空は**熱圏**(ねつけん)とよばれ，約 500 ～ 800 km の高度まで続きます。**オーロラ**はこの熱圏で生じる現象です。また，**流星**(りゅうせい)が光るのも熱圏から中間圏の上部にかけてです。

地球大気圏が図 9 のような気温分布を示す要因は，太陽放射の吸収にあります。地球のエネルギー収支で述べたように，大気は太陽放射の約 20％を吸収しています。吸収するとは，大気が暖められているということです。熱圏では，大気が太陽放射中の X 線や波長の短い紫外線を吸収しています。成層圏では，酸素分子(O_2)が紫外線を吸収して酸素原子(O)に分解され，その酸素原子が酸素分子と結びついてオゾン(O_3)を生成します。その**オゾンも太陽からの紫外線を吸収して，成層圏では気温が上昇しています**。これは図 2(→ p. 236)の紫外線の領域の吸収にも表現されています。O_3 による紫外線の吸収ですね。

成層圏中でオゾンの濃度が高い領域を**オゾン層**といい，高度 15 ～ 30 km 付近にあります。第 6 回でも述べたように，オゾン層は地球誕生当時から存在したのではなく，シアノバクテリアや藻類(そうるい)の光合成によって放出された酸素からオゾンが生成され，やがてオゾン層が形成されました。ということは，オゾン層が形成されるまでの地球の大気圏の気温分布は，現在とはかなり異なっていたはずです。成層圏，中間圏がないので，気温は左に凸の曲線のような分布だと考えられます。

Q. ところで，図 9 では，もう一か所，気温が高いところがあります。それは地表付近です。ここの気温が高いのは，なぜ？

―― 太陽放射の約 50%を地表が吸収するからだね。大気全体で約 20%だから，それよりも吸収量の多い地表が太陽放射によって暖められ，熱が大気へと伝わります。

地球大気圏の層構造について，次の表 1 にまとめておきました。

共通テストに出るポイント！

《 大気圏の層構造 》

- 気温分布によって区分する。
- 地表や大気が吸収する太陽放射が原因。

表 1　大気圏の特徴

層	特徴	境界
熱　圏	X 線・紫外線吸収。オーロラ，流星発光。	
		約85 km　大気中の最低気温
中間圏		
		約50 km
成層圏	紫外線吸収。オゾン層。	
		約11km　**圏界面**
対流圏	気温減率は約0.65℃/100 m。 雲や降水などの天気現象。	

大気組成

地球大気の変遷（へんせん）については第 6 回で講義しました。おおざっぱな変遷をグラフにすると，次ページの図 10 のようになります。現在の大気圧を 1 気圧として，各気体が占める圧力の大きさを縦軸にとって表現してあります。また，現在の大気組成は次ページの図 11 のようになっています。

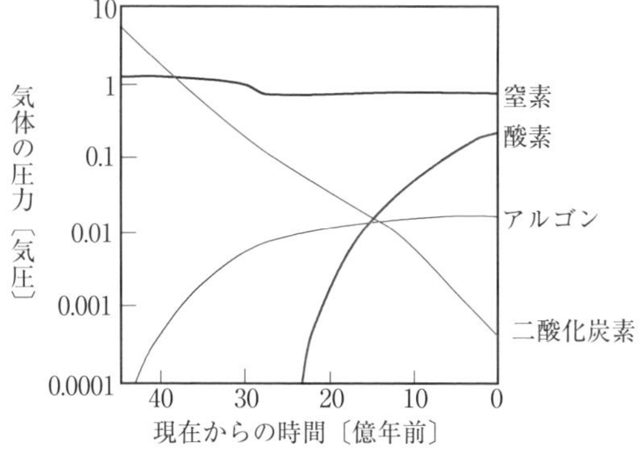

図 10　地球大気組成の変遷

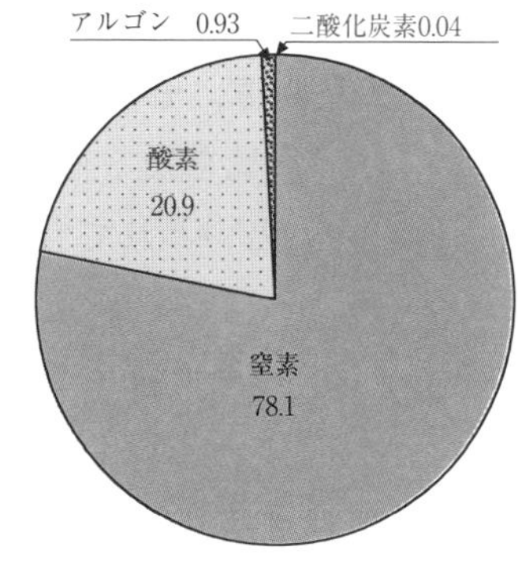

図 11　大気組成〔体積 %〕

現在，体積で大気の約 78%を占める窒素(ちっそ)(N_2)は，その量が過去からあまり変わらず，酸素(O_2)は第 6 回で述べたように増加し，二酸化炭素(CO_2)は減少しています。アルゴンは気にしないでください。4 単位「地学」を履修(りしゅう)すると，その増加の原因は理解できます。

現在の大気中では，水蒸気は変動が大きいので省(はぶ)くと，大気組成は体積比で**窒素：酸素≒ 4：1 の割合です。三番目に多いのはアルゴン，その次に多いのが二酸化炭素です**。二酸化炭素は，年々増加していますが，現在 0.04%程度です。

対流圏〜中間圏の大気組成はほぼ同じで，よく混合されています。熱圏では，太陽放射中の X 線や紫外線を吸収して大気を構成する分子が分解され，電気を帯びたイオンが大気成分として多くなります。

共通テストに出るポイント！

《 現在の大気組成 》

- 窒素 ＞ 酸素 ＞ アルゴン ＞ 二酸化炭素 ← 四番目まで覚えておこう！
- 窒素：酸素≒ 4：1
- 対流圏〜中間圏までは，ほぼ同じ組成。

⚙気　圧

大気の圧力は，その場所より上にある空気の重さによって決まるので，気圧が大気の量を知る目安になります。**地上での平均的な気圧は 1 気圧です**。1 気圧といわれても，ピンときませんね。そもそも空気に重さがあるなんて感じない。

このように大気に重さがあることを初めて示した人物がイタリアのエヴァンジェリスタ・トリチェリ（1608 年～ 1647 年）です。当時，約 10 m よりも深い井戸からは，ホースを使って水を吸い上げられないことが経験によって知られていましたが，この理由を説明するために，水の代わりに水銀を使ってトリチェリは実験をしました。

図 12 のように，水銀を満たした水槽の中に，1 m くらいの長さのガラス管を入れて水銀で満たし，ガラス板で蓋をする。それを逆さに立て，ガラス板を取ると，ガラス管の中の水銀は下がり，約 76 cm の高さで静止します。これは次のように説明できます。

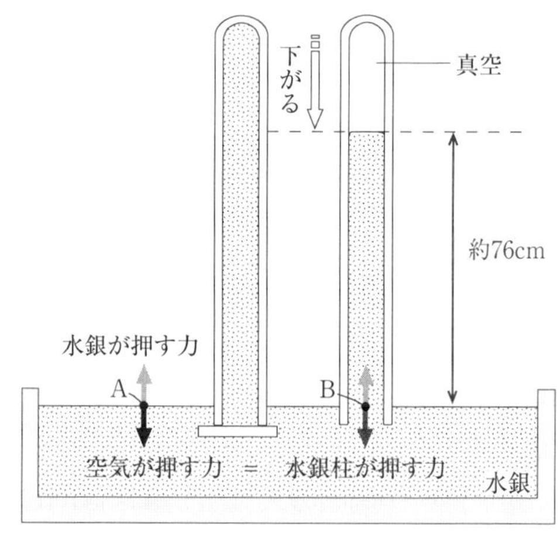

図 12　トリチェリの実験

図 12 で，水銀が空気と触れている A 点では，空気が押す力（黒色）と水銀が空気を押す力（灰色）がちょうどつり合って水銀の表面は静止している。仮に，空気が下へ押す力の方が大きければ水銀の表面は凹むし，水銀が上へ押す力の方が大きければ，水銀の表面は盛り上がるはずです。凹みもせず，盛り上がりもせずに水銀の表面が水平になっているのは，これらの力がつり合っていることを意味しています。一方，ガラス管の中の B 点では，約 76 cm の高さの水銀が静止しているということは，上方から下方へ約 76 cm の高さの水銀が押す力（赤色）と，水銀が上方へ押す力（灰色）とがつり合っている。水銀の表面は，A 点と B

点では同じ高さにあります。A 点よりも上にある空気がその質量によって押す力と，B 点よりの上にある水銀がその質量によって押す力が同じなので，A 点と B 点は同じ高さにあります。このように，**高さ 76 cm の水銀が及ぼす圧力が大気の圧力，つまり 1 気圧に等しくなります**。また，**1 気圧は約 1013 hPa** に相当します。

1 m^2 の面に 1 N の力が加わるときの圧力が 1 Pa(パスカル)，つまり，1 N/m^2 = 1 Pa です。また，100 Pa を 1 hPa と表します。「h」はヘクトと読んで，100 を意味する接頭語(せっとうご)です。だから，1013 hPa = 101300 Pa になります。

共通テストに出るポイント！

《 地表の平均的な気圧 》

1 気圧≒ 1013 hPa…高さ 76 cm の水銀柱が及ぼす圧力。

地表の気圧は平均すると 1013 hPa です。では，上空はどうだろうか？気圧は，その場所より上にある空気の重さによって決まるのだから，上空に向かうほどその上にある空気の量が減るので，気圧は低くなる。その変化は，図 13 のようになります。

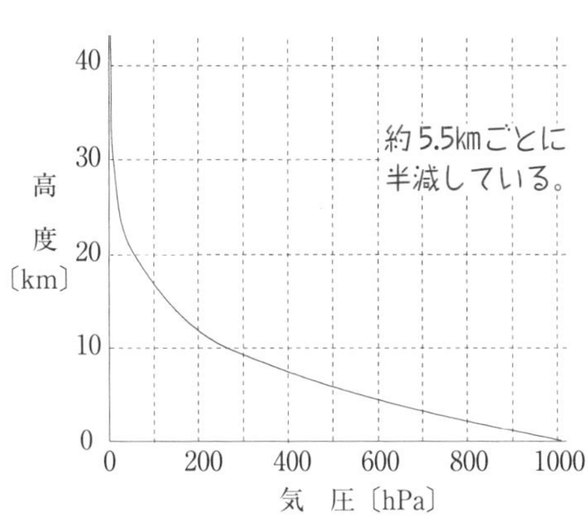

図 13　気圧の高度変化

上空に向かうにつれて気圧は急激(きゅうげき)に低下しています。たとえば，**約 5.5 km 上空に向かうごとに，気圧は半減(はんげん)します**。これに関する問題を解いてみよう。

問題４　上空の気圧

問１　気圧は約 5.5 km 上空に向かうごとに半減する。対流圏界面の気圧として最も適当なものを，次の ① ～ ⑤ のうちから一つ選べ。
[4] hPa

① 125　② 250　③ 500　④ 750　⑤ 875

問２　対流圏界面と地表の間にある空気は，地球全体の空気のおよそ何％の質量を占めるか。その数値として最も適当なものを，次の ① ～ ⑥ のうちから一つ選べ。**[5]** ％

① 12.5　② 25　③ 37.5　④ 50　⑤ 62.5　⑥ 75

地表の気圧が与えられていませんが，こういうときは 1000 hPa として考えよう。1013 hPa でいいけれども，半減させるのだから，割りやすい数値を用いると便利ですね。5.5 km 上空では 1000 hPa の半分の 500 hPa，さらに 5.5 km 上空の 11 km では 500 hPa の半分の 250 hPa になります。この **11 km が対流圏界面（たいりゅうけんかいめん）の平均的な高度**でした。だから，**問１** の正解は ② です。

問２ です。圏界面の気圧は 250 hPa と求まりました。先ほどから何回も述べているように，**気圧はその上にある空気の質量**によって決まります。図 14 のように，地表で約 1000 hPa，圏界面で 250 hPa ということは，その差の 750 hPa 分の気圧は対流圏内にある空気の質量によってもたらされた。つまり，

$$\frac{750\ \text{hPa}}{1000\ \text{hPa}} \times 100 = 75\ \%$$

の質量の空気が対流圏にあることになります。したがって，正解は ⑥ です。この 75% という数値は質量であって，体積ではないからね。

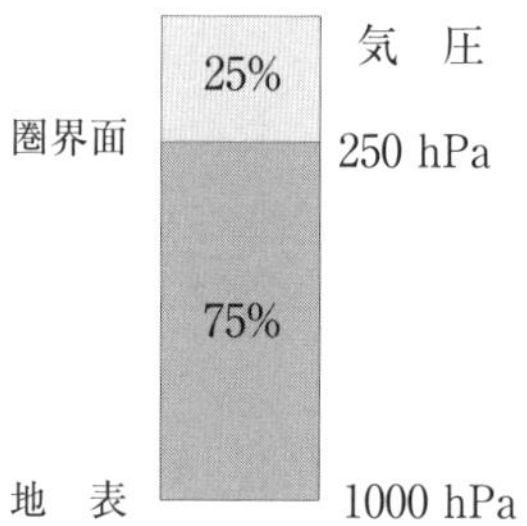

		気　圧
	25%	
圏界面		250 hPa
	75%	
地　表		1000 hPa

図 14

これからわかるのは，**上空に向かうにつれて空気の密度が急激に減少し**

ているという事実です。日常的な表現を使えば，上空に向かうにつれて空気が薄くなっているということだ。

大気の密度は，図 15 のような変化で，気圧の高度変化(図 13)に似たグラフになります。地表付近の空気の密度は，1.23 kg/m^3 程度です。つまり，水の密度は，

$$1\ \mathrm{g/cm^3} = \frac{1 \times 10^{-3}\ \mathrm{kg}}{1 \times (10^{-2})^3\mathrm{m^3}} = 1 \times 10^3\ \mathrm{kg/m^3}$$

だから，kg/m^3 という同じ単位で比べると，地表付近の空気の密度(約 1 kg/m^3)は，水の密度(1 × 10^3 kg/m^3)の 1000 分の 1 程度ですね。

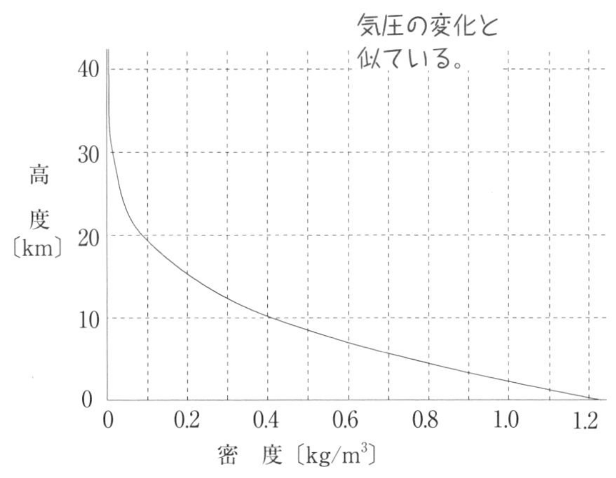

図 15　大気の密度の高度変化

【問題 4・答】 4 − ②　5 − ⑥

第2章　大気の大循環

気圧は，地表付近が最も高く，上空に向かって低くなっています。けれども，地表付近の気圧も場所によって異なります。これが原因になって風が吹きます。

風

例えば，図16のように，水平方向の気圧が異なっている場合を考えてみよう。空気は目に見えないから，黒板消しのような四角い物体で考えよう。気圧というのは空気の圧力という意味で，**圧力というのは一定面積に加わる力**です。図16の物体の右と左の断面積が同じとき，高圧側からは大きな力が加わり，低圧側からは小さな力が加わっています。さて，この物体は，どうなる？

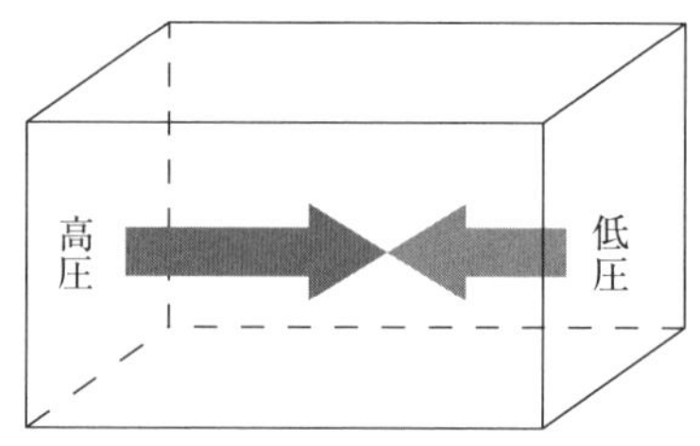

図16　水平方向に加わる力

黒板消しを左の方から大きな力で，右の方から小さな力で押します。そうすると，左から右の方へ黒板消しが動いていきます。これは空気の場合でも同じです。大きな力がはたらいている，つまり気圧の高い方から低い方へ空気が動きます。この空気の動きこそ，風です。つまり，**風は気圧の高い方から低い方へ吹きます**。そして，**気圧の差が大きいほど，大きな力がはたらくので，風も強くなります**。

Q. 風の記号については，中学理科で学んでいますね。紙面上方を北の方位だとすると，図17の風は？

―― 北東の風，風力4です。

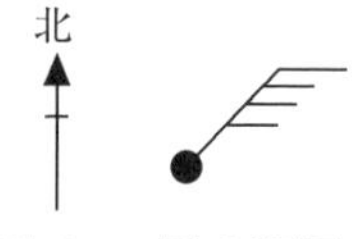

図17　風の記号

黒丸から右上の方に矢羽根がのびているから，南西の風だと読んではダメです。風の記号は，観測点(図中の●)の方へ矢羽根に沿って風が吹いていることを表しているので，北東の風です。また，風向という言葉もあります。**風向は，風が吹いてくる方位を意味します**。この点も間違えないでください。

天気図と風

天気図と風について問題を解いてみよう。

問題5　地上天気図

次の図1は，ある年の1月23日9時の地上天気図である。

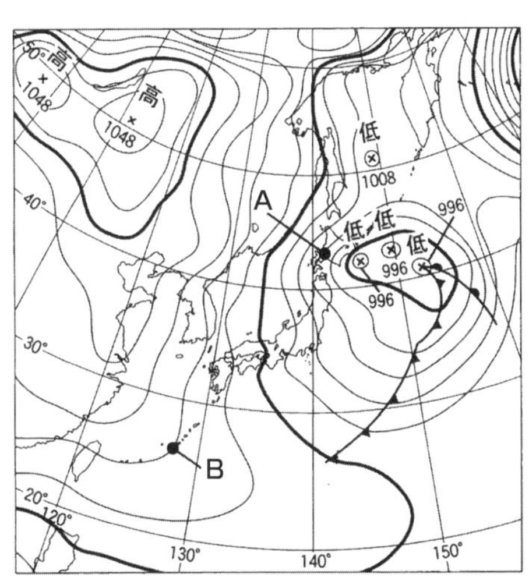

図1　ある年の1月23日9時の地上天気図
太線は，20 hPaごとの等圧線を示す。

図1から読み取れる気圧に関連した特徴を述べた文として最も適当なものを，次の①～④のうちから一つ選べ。 **6**

① 地点**A**の海面気圧は992 hPaである。

② 海面気圧は，地点**A**の方が地点**B**よりも高い。

③ 水平方向の気圧の差によって空気にはたらく力の大きさは，地点**A**の方が地点**B**よりも大きい。

④ 地点**A**の空気には，水平方向の気圧の差によって南西向きに力がはたらいている。

（センター試験）

海面気圧という聞き慣れない言葉が，選択肢にあります。地上天気図に表されている気圧は，観測された値そのものではなく，観測地点の高度を考慮して，海面の気圧に換算した値です。それを海面気圧といいます。

地上天気図の等圧線は，4 hPa ごとに描きます。図 1 の下に「太線は，20 hPa ごとの等圧線を示す」という注があります。図 1 の天気図を見ると，20 hPa ごとの太い等圧線に挟（はさ）まれて，細い等圧線が 4 本あります。だから，細い等圧線は 4 hPa ごとに描かれていることが分かります。

① 地点 **A** のほぼ東にある低気圧が 996 hPa なので，地点 **A** と低気圧の間にある太い等圧線は 1000 hPa です。したがって，地点 **A** の海面気圧は，それよりも等圧線 2 本分気圧が高いので，1008 hPa になります。ですから，この選択肢は適当ではない。

② 地点 **B** の海面気圧は 1028 hPa で，1008 hPa の地点 **A** よりも高い。ですから，この選択肢は適当ではない。

③ 風は，水平方向の気圧が高い方から低い方へ向かって吹く。つまり，先ほど話したように，気圧が高い方から低い方へ向かって空気を水平方向に移動させる力がはたらいている。一定の距離の気圧の差が大きいほど，その力は大きいので，**等圧線の間隔が狭い所ほど，空気を水平方向に移動させる力が大きく，強い風が吹きます**。地点 **A** と地点 **B** の等高線の間隔を比較すると，地点 **A** の方が狭いので，地点 **A** の方が空気にはたらく力が大きく，強い風が吹いています。この選択肢が適当なので，正解です。

④ 地点 **A** では，ほぼ南東にある低気圧に向かって気圧が下がっているので，力は南西向きではなく，南東向きに力がはたらいています。したがって，この選択肢は適当ではない。

【問題 5・答】 | 6 | − ③

共通テストに出るポイント！

- **風は，気圧の高い方から低い方へ吹く。**
- **等圧線の間隔が狭いほど気圧差が大きく，強い風が吹く。**

ここまでは，気圧の差によって風が吹くことを話しましたが，風が吹いていく方向は，気圧の高い方から低い方にはなりません。地球の自転の影響が加わるからです。

地球規模の風を例に説明しよう。

大気の大循環

地球規模の大気の循環を**大気の大循環**といいます。大気の大循環によって，高温の低緯度から低温の高緯度側へエネルギーが輸送されています。このことについて，18世紀にイギリスのジョージ・ハドレー（1685年～1768年）が貿易風（ぼうえきふう）の説明をする単純なモデルを発表しています。

焚（た）き火をした経験はあるよね。「どんと祭」のときでもいい。燃えさかる炎が立ち上っていく。これは，焚き火をしている場所の空気は暖められて上昇し，上空で周囲へと広がる。焚き火周辺の空気は，地面付近では焚き火へと集まってきて，再び上昇する。このような空気の対流が温度差のあるところでは生じます。

地球上で1年を通してほぼ同じような向きの風が吹くのは，このような温度差が原因ではないだろうかとハドレーは考えました。これを地球全体に当てはめると図18のようになります。赤道上空から見た図で，四分円（しぶんえん）が地球表面です。このモデルでは，高温の赤道付近から上昇した空気が上空では高緯度へ向かって移動し，北極付近で下降して地表に沿って赤道へもどってくる循環が存在しています。この結果，地表付近では，高緯度から低緯度に向かって赤い矢印のように大気が動きます。しかし，実際の地球大気の大循環は後ほど解説する図22(→ p. 264)のようになっていて，かなり様相が異なります。ハドレーのモデルで欠けているのは，地球の自転の影響です。

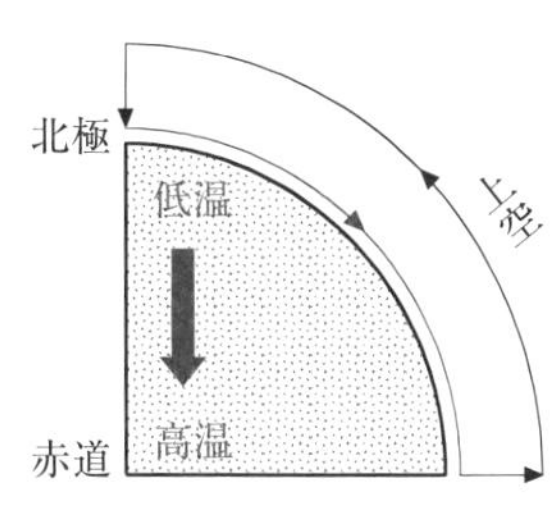

図18　単純なモデル

地球自転の影響

地球自転の影響を考えてみよう。紙を用意してください。次ページの図19の左図のように，紙の外に目標となる目印Aを決めてください。消しゴムを置いて，その目印へ向かって，鉛筆で線を引いてください。これは紙が回転していないときの動きで，左図の直線ですね。次に，X を画鋲でとめて紙を時計の針の回り方と逆回りに回転しながら，目標の A に向かって鉛筆でゆっくりと線を引いてください。鉛筆の先は見ずに，目標となる点 A を見ながら，引くのがこつです。引けたかな？

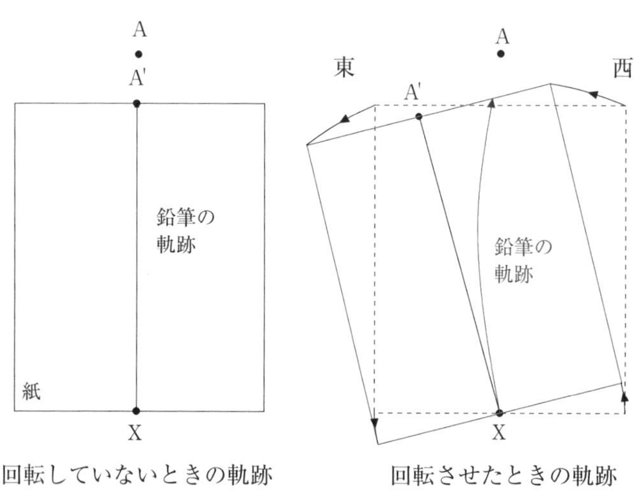

図 19　地球自転の影響

いま引いた線が空気の動きです。紙が回転していないときは，真っ直ぐな直線ですが，紙を回転させながら線を描くと，紙の回転方向とは逆向きに，鉛筆で描いた線(右図の赤い線)が曲がっています。この軌跡が地球上では，北極上空から見て反時計まわり，つまり西から東へ自転する地球の影響を受けて空気が移動する軌跡になります。

実は，X 点が北極で，A' は低緯度の地点を示しています。図 19 は北半球の場合，地球自転の影響がどのように現れるのかを確かめる実験です。**北半球の場合，地球自転の影響は物体の進行方向を右にずらすように現れます。**

図 18 では地表付近を北から南に向かって大気が移動していましたが，地球の自転の影響を受けると，次ページの図 20 の左図のように，大気が移動する方向に対して右へずれ，北東の方向から南西の方向に大気が移動

します。図20の左図は赤道の方向から見た図だから，北極の方向から見た図もその右に載せておきます。図18と同じように右にずれているのを確認してください。

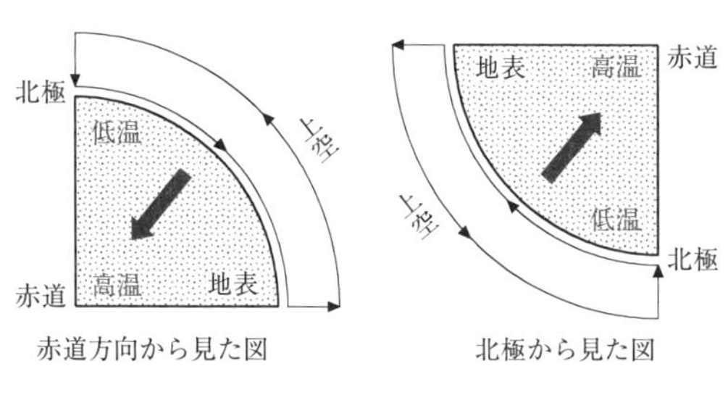

図20　地球自転を考慮したモデル

空気が水平方向に移動する現象が風だから，ここからは風という言葉を使います。**風が吹いてくる方位を風向**というので，図20の風は北東から吹いてくる北東の風です。

では，南半球では，地球自転の影響はどうなるだろうか。図19と同じように，実験してみようか。図21で，南極のXからAに向けて，Xを中心にして紙を時計の針の回る方向(右)に回転しつつ，鉛筆で線を引いていきます。

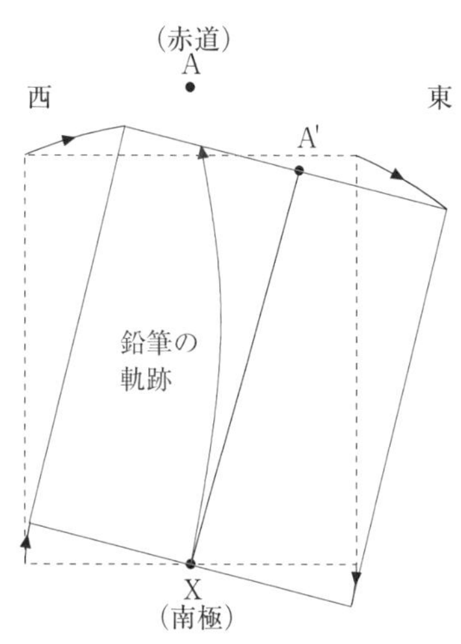

図21　南半球の場合

あら不思議。今度は，左に曲がりました。北半球と同じように西から東へ，地球の自転方向に紙を回転させたんですよね。なのに，北半球と逆に曲がっている。

このように，地球の自転の影響は北半球と南半球で異なります。**北半球では右方向へ，南半球では左方向へ地球自転の影響によって風が吹いていく方向がずれます。**

ステップアップ！

●地球自転の影響

① 北半球…右へずれる。

② 南半球…左へずれる。

大気の大循環

さて，実際の大気の大循環のモデルを次のポイントの図 22 に示しました。図 20 とかなり異なりますが，北半球の北東貿易風と極偏東風のところは図 20 の左図と同じですね。

共通テストに出るポイント！

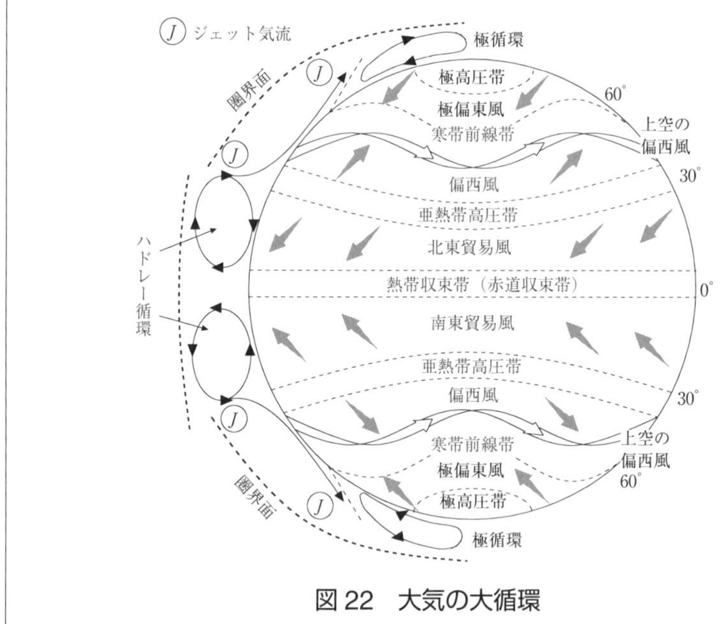

図 22　大気の大循環

図 22 に，低緯度から中緯度にかけて**ハドレー循環**と書いてあるところがあるね。この部分を含めて，図の左の方は鉛直断面の大気の動きで，大きな円の中の灰色の矢印は地表付近の大気の動きを表しています。

熱帯収束帯は，赤道収束帯と書いてある教科書もありますが，その位置は一年を平均すると北緯 5°付近だから，熱帯収束帯という用語を使います。収束という言葉ですが，気象学では大気が集まる現象を収束といいます。図 22 では**北東貿易風と南東貿易風が収束しているところが熱帯収束帯です。**

熱帯収束帯で収束して上昇した暖かい大気は，圏界面まで上昇すると，高緯度側へ移動するようになります。この上空の大気は，ハドレーが考えたような北極までの移動にはならず，中緯度付近でゆっくりと下降して**亜熱帯高圧帯**を形成します。下降した大気は，北半球では**北東貿易風**となって熱帯収束帯へ戻ります。この熱帯収束帯から圏界面まで上昇して，亜熱帯高圧帯で下降してもとの熱帯収束帯に戻る循環をハドレー循環といいます。南半球側にもあるね。**ハドレー循環では，おもに対流によって低緯度から高緯度へと熱が運ばれている**。

亜熱帯高圧帯から高緯度へ向かう大気の流れは**偏西風**です。偏西風が吹いている地域では，ハドレー循環のような鉛直方向の循環がない，つまり，熱は対流によって運ばれていない。熱の輸送形式が異なります。偏西風は西から東へ向かって吹く風ですが，図 22 に描いたように，上空ではくねくねと曲がりながら吹いています。つまり，蛇行して吹いています。この蛇行に伴って，北半球の偏西風は↗の向きのところで低緯度側から高緯度側へ熱を輸送し，↘の向きで高緯度側から低緯度側へもどりながら次第に暖められ，再び↗の向きで熱を高緯度へ輸送しています。

なお，極地方では大気が冷却されて下降気流が生じ，低緯度側へと向かう極循環を形成します。それに伴う地表付近の風が極偏東風です。この極偏東風と偏西風が出会うところが**寒帯前線帯**です。

大気の大循環に関しては，図 22 を自分でも描けるようにしてください。北半球と南半球で大きく異なるところは貿易風です。**北半球の貿易風は北東貿易風，南半球の貿易風は南東貿易風です**。この点に注意を払って描いてください。

共通テストに出るポイント！

《《 大気の熱輸送 》》

- 低緯度…ハドレー循環
- 中・高緯度…偏西風の蛇行

ジェット気流

偏西風の風速は，圏界面付近で最も大きくなっています。上空を吹く**偏**

西風の流れの中で，風速が特に大きい帯状の流れをジェット気流といいます。ジェット気流という特別の流れが偏西風とは別個に独立して吹いているのではなく，偏西風の流れの強い領域をジェット気流とよびます。

図 22 の寒帯前線帯付近のジェット気流は，冬には強く，夏には弱く，冬に風速が大きく，夏には風速が小さく，冬に南下していた流れは夏になると日本列島よりも北方を流れるように，季節によって変化します。

Q. 遠方の外国まで飛ぶ飛行機の航路は，ジェット気流がどこを吹いているのかで決まります。どのような関係があるのだろうか？

―― 偏西風は西から東へ吹いているので，日本から北アメリカ大陸に飛ぶときは，ジェット気流に乗っていけば早く着き，北アメリカから日本に向かうときは，ジェット気流に逆らうので，ジェット気流が吹いているところから離れて飛ぶと燃料が節約できます。アメリカに向かうときは約 10 時間で着きますが，アメリカから日本へ向かうときは 11 時間半ほどかかります。1 時間半もの差が生じます。10 時間前後に対して 1 時間半というのは，かなりの影響をジェット気流が及ぼすということを意味します。

共通テストに出るポイント！

《 ジェット気流 》

- 圏界面付近を吹く帯状の強い偏西風の流れ。
- 夏…弱い。北上している。
- 冬…強い。南下している。

高気圧と低気圧

高気圧と低気圧は，ある気圧を境に高気圧や低気圧と定めるのではなく，周囲の気圧との相対的な関係で決められています。つまり，天気図上で周囲よりも気圧が低くなっていて，等圧線が閉じている（等圧線に丸く囲まれている）領域が低気圧です。同じように，高気圧は周囲よりも気圧が高くなっていて，等圧線が閉じている領域です。

高気圧の上空では，周囲の大気が集まってきて，下降気流となって地表付近では風が吹き出しています。下降気流があるところでは，雲が発生し

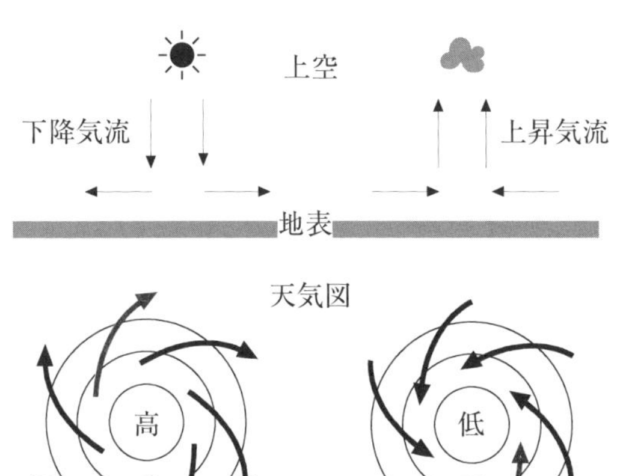

図 23　北半球の高気圧と低気圧

にくく，晴れの天気になります。

逆に，低気圧の場合は，上昇気流によって地表付近の空気が集まってきています。**上昇気流があるところでは雲が発生しやすく**，天気が悪くなりやすい。

地上付近の**風は，気圧の高い方から低い方へ向かって吹きます。**高気圧と低気圧の大気の流れの様子を図23に表しました。高気圧では周囲よりも中心の気圧が高いので，風は，中心から外側へ時計回り（右まわり）に吹き出します。低気圧では中心の気圧が低いので，風は反時計回り（左まわり）に吹き込んでいます。

Q. 低気圧や高気圧の風は，なぜ，図 23 のように曲がるのだろうか？

―― 地球の自転の影響ですね。図 23 中の赤い矢印の風を見てください。高気圧でも低気圧でも，右の方に曲がっているね。

参考までにつけ足すと，南半球では高気圧の風は反時計回り（左まわり）に吹きだし，低気圧の風は時計回り（右まわり）に吹き込みます。

共通テストに出るポイント！

《 高気圧と低気圧 》

① 高気圧…下降気流があり，晴れる。
　　時計回りに風が吹き出す。　（注）北半球の場合

② 低気圧…上昇気流があり，雲が発生しやすい。
　　反時計回りに風が吹き込む。　（注）北半球の場合

温帯低気圧の構造

高気圧に覆(おお)われても，ぼくたちはあまり気にしないけれども，低気圧が近づくと，天気が崩(くず)れるので，ぼくたちは低気圧の方を気にするね。

図 24 は，**温帯低気圧**の構造です。温帯低気圧は，寒気(かんき)と暖気(だんき)が接するところで発生・発達します。このとき，低気圧の中心の西側では，高緯度側の寒気が南下して暖気の下に潜(もぐ)り込み，暖気を押し上げるところに寒冷前線(かんれいぜんせん)が形成されています。一方，低気圧の中心の東側では，低緯度側の暖気が北上して寒気の上にすべり上がり，温暖前線(おんだんぜんせん)が形成されています。つまり，低緯度側の暖気が高緯度へ輸送されています。

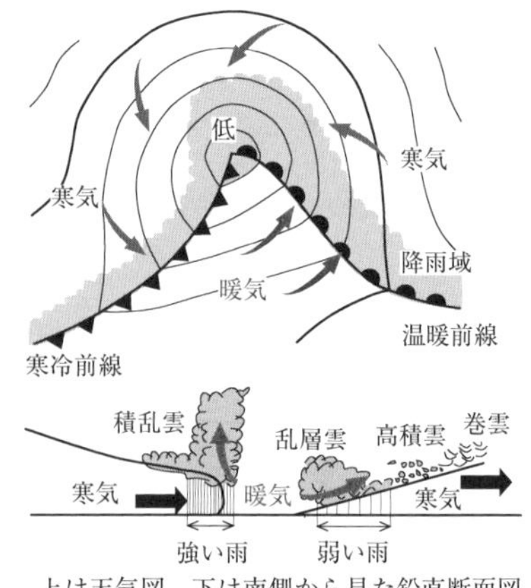

上は天気図，下は南側から見た鉛直断面図

図 24　温帯低気圧の構造

図 24 には，温帯低気圧の鉛直断面も描いたから，中学理科の復習としてこれも解説しておこう。

温暖前線よりも東の方に君がいて，温暖前線が近づいてくると，上空に巻雲(けんうん)が現れ，雲の高度が低くなって高積雲(こうせきうん)や高層雲(こうそううん)が現れ，やがて空一面が乱層雲(らんそううん)に覆われて弱い雨が降るようになります。温暖前線が通過すると，一旦(いったん)雨は止(や)みますが，寒冷前線では寒気が暖気の下へ潜り込んで暖気を上へ押し上げるので，垂直方向に発達した積乱雲(せきらんうん)から強い雨が短時間降って，寒冷前線が通過すると，北よりの風が寒気を運んできます。そのため，気温が低下します。

雲については次回に説明するので，ここでは次の点を押さえておいてください。図 24 の断面図では，温暖前線に沿って暖気が斜め上方へ上がっていき，広い範囲に乱層雲が広がっています。そのため，図 24 の天気図に描いたように，降雨域(こうういき)が寒冷前線と比較して広くなっています。また，乱層雲は積乱雲に比べれば厚くないので，降る雨は弱いです。一方，寒冷前線に沿っては，鉛直(えんちょく)上方に積乱雲が発達しています。積乱雲は鉛直上方に発達した厚い雲なので，強い雨が狭い範囲に降ります。

上昇気流がどのように上空へ流れているのかによって，雲の形や厚さ，広がりが異なり，それに伴って降雨域の範囲や雨の強さも異なります。

共通テストに出るポイント！

《温帯低気圧の構造》

- 中心の東側に温暖前線…乱層雲に伴う弱い雨が長時間続く。
- 中心の西側に寒冷前線…積乱雲による強い雨が短時間に降る。風向きが南から北に変わり，気温が低下する。

熱帯低気圧と台風

低気圧には，温帯低気圧以外に**熱帯低気圧**があります。熱帯低気圧が発生する地域を図 25 に示しました。赤い色で示したところです。

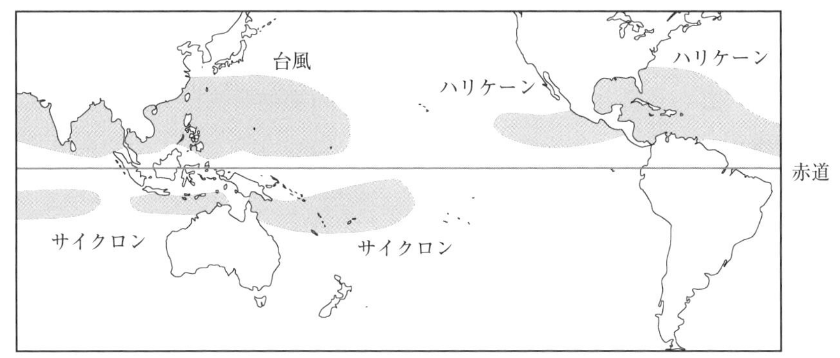

図 25　熱帯低気圧のおもな発生海域

Q. 熱帯低気圧が発生する地域の特徴は何？ いくつかあげてください。

―― まずは，熱帯〜亜熱帯の海だね。

熱帯で発生するから熱帯低気圧というのだけれど，熱帯のどこででも発生しているのではない。海上だね。陸上では発生しない。**温帯低気圧は陸上でも発生するけれども，熱帯低気圧は陸上では発生していない**。さらに，海水温が高い海域という条件も必要です。サンゴ礁をつくるサンゴが生育するのに適した海水温の範囲に入る，だいたい26.5℃以上の海域で熱帯低気圧や台風も発生・発達します。**熱帯低気圧が発生する地域が海水温の高い海域に限られる**のは，熱帯低気圧のエネルギー源が関係しています。

高温の海面からは蒸発が盛んに生じています。その蒸発した水蒸気が上空で凝結して雲をつくるときに，周囲に凝結熱を放出する。それによって，周囲の空気が暖められる。そうすると，暖められた空気では上昇気流が活発になって，さらに雲が発達する。つまり，**熱帯低気圧のエネルギー源は，海から蒸発する水蒸気が大気中で凝結するときに放出する凝結熱**だ。

第二は，そのようにして発生した雲が集まる海域です。これは熱帯収束帯が季節によって北上したり，南下したりすることが一因です。日本の南方海上で熱帯低気圧が多く発生するのは，夏になると熱帯収束帯が日本列島付近に北上してきているからです。ジェット気流について述べたときに，ジェット気流は夏は北上し，冬に南下するといいました。ジェット気流は強い偏西風が帯状に吹いているところだから，ジェット気流の位置が季節によって変わるとは，偏西風が吹く緯度が季節によって変わるということです。ということは，偏西風帯の南にある亜熱帯高圧帯も夏には北上して日本列島を覆い，冬には南下している。ということは，その南の北東貿易風帯も熱帯収束帯も，夏には北上し，冬には南下していることになる。図22(→ p. 264)に示した大気の大循環は一年間を平均した模式図で，**季節によって熱帯収束帯や亜熱帯高圧帯などの位置は変わります。**

第三は，**熱帯低気圧は赤道付近では発生していない**ね。緯度にして3°以上赤道から離れたところで発生している。これは，**地球の自転の影響が赤道付近では弱い**ことが原因ですが，これを述べ始めると「地学基礎」ではなく，4単位「地学」の内容になるので，**赤道付近では地球自転の影響が弱いために風が曲がりにくく，渦をつくりにくい**ということで解説は止めよう。

共通テストに出るポイント！

《熱帯低気圧の発生条件》

① 高温の海水が広がる熱帯〜亜熱帯の海域。

② 赤道付近では地球自転の影響が弱く，渦(うず)ができず，発生しない。

《熱帯低気圧のエネルギー源》

海面から蒸発(じょうはつ)した水蒸気が凝結(ぎょうけつ)して放出する凝結熱。

熱帯低気圧が発達すると，台風，サイクロン，ハリケーンになります。図 25 中にこれらの名称でよばれる地域を書いておきました。ぼくたちに身近なものは台風です。北西太平洋もしくは南シナ海で発生した熱帯低気圧のうち，**最大風速が 17.2 m/s 以上に発達した熱帯低気圧を台風といいます。**

次の図 26 のように，台風は，発達すると**中心に目(め)が形成され，目の内部には弱い下降気流**が存在します。日中ならば青空が見え，夜間には星空が見えるそうです。一度，台風の目の中に入ってみたいと思っていますが，東北地方ではまず無理だね。衰えかけている台風がやってくるから，目を伴っていることはまずない。

台風には目があり，下降気流が存在する。この特徴は，温帯低気圧と異なる点の一つですね。温帯低気圧の場合は，前線や中心付近に上昇気流があり，下降気流はない。

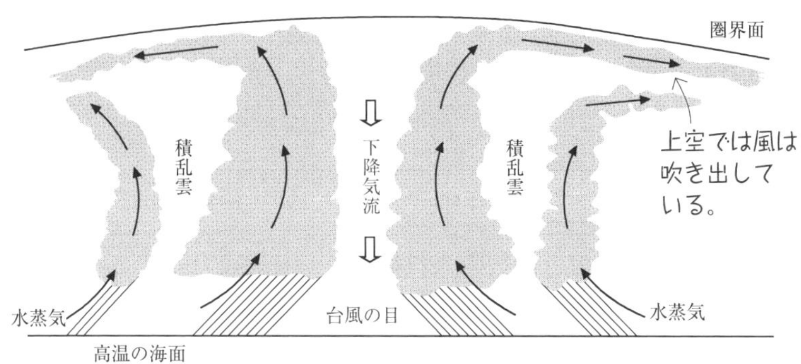

図 26　台風の鉛直構造

もう一つ異なるのは，**熱帯低気圧や台風は，発生当初は前線を伴わない**という点です。熱帯低気圧が発生する海洋の上空には暖かい空気のみがあり，寒冷な空気がないからです。**前線は暖かい空気と冷たい空気の境に形成される**ものだから，暖かい空気しかない地域では前線は形成されません。

台風が日本列島に近づいた頃，北の方に寒気が存在すると，前線が発生します。とはいっても，温帯低気圧と同じように前線が台風の中心からのびるのではありません。台風の北側の寒気との境に前線が発生します。

台風が北上して日本列島付近に達すると，海水温が下がり，さらに上陸すれば，エネルギー源の水蒸気の供給が少なくなるので，台風は衰えます。

ところで，気象衛星の画像に台風が映っていることがありますが，そのときの雲は，図 26 でわかるように，積乱雲(せきらんうん)の頂上付近です。

最後に，温帯低気圧と熱帯低気圧の違いについて，ここまでの内容を次の表 2 にまとめておきます。

共通テストに出るポイント！

表 2　温帯低気圧と熱帯低気圧（台風）の比較

	温帯低気圧	熱帯低気圧（台風）
発生場所	中緯度（温帯）	低緯度（熱帯）海上
等圧線	いびつな楕円(だえん)形	ほぼ円形
前　線	伴　う	発生当初は伴わない
中心のようす	上昇気流	目の内部では下降気流
目	な　し	発達すると伴う
時　期	1年中	夏～秋に多い
エネルギー源	寒気と暖気の入れ替わり	水蒸気の凝結による凝結熱

台風については，エネルギーや降水量（こうすいりょう）に関する計算問題，風向（ふうこう）とその進路に関する読図問題が多いので，それを解いてもらおう。

問題6　台　風

台風のエネルギー源は，大気中で水蒸気が凝結して水に変わるときに放出される凝結熱であり，それは水 1 kg あたり 2.2×10^6 J である。ある台風に伴って，面積が 1.0×10^{11} m^2 の領域に，1 日あたり 100 mm の降水があったと仮定すると，この降水の総量は 1 日あたり［ア］kg となる。したがって，この降水に相当する水蒸気の凝結によって大気中に放出される凝結熱は，マグニチュード 8 の地震が放出するエネルギー（6.3×10^{16} J）の約［イ］倍に相当する。

問1　上の文章中の［ア］・［イ］に入れる数値の組合せとして最も適当なものを，次の ①～④ のうちから一つ選べ。ただし，水の密度は，1.0×10^3 kg/m^3 とする。［7］

	ア	イ
①	1.0×10^{10}	3.5
②	1.0×10^{10}	3.5×10^2
③	1.0×10^{13}	3.5
④	1.0×10^{13}	3.5×10^2

問2　次ページの図1は，ある台風の経路と，ある地点で観測された風向と風速の時間変化を示している。このような風の変化が観測された地点は，図1に示した四つの地点 **A**～**D** のうちどれか。最も適当なものを，次の ①～④ のうちから一つ選べ。［8］

①　**A**　　②　**B**　　③　**C**　　④　**D**

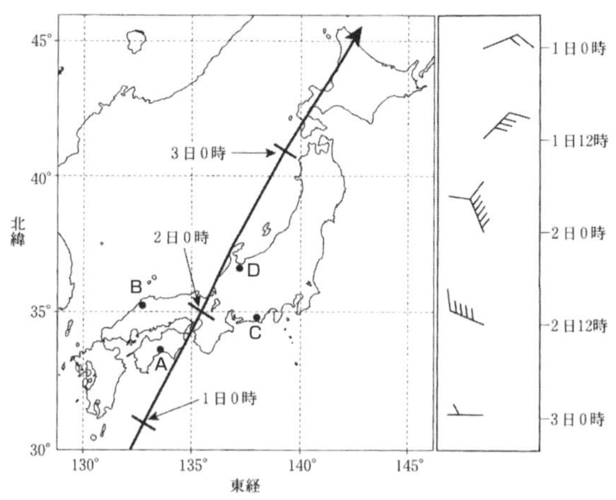

図1　ある台風の経路(左図)とある地点で観測された風向と風速(右図)

問1　降水量 100 mm というのは，この領域で高さ 100 mm に相当する降水があったということです。面積が 1.0×10^{11} m^2 の領域だから，降水の体積は，底面積×高さで計算できますが，単位が揃っていないので，mm を m に換算すると 100 mm は 0.1 m になり，体積は，

$$1.0 \times 10^{11}\ \mathrm{m^2} \times 0.1\ \mathrm{m} = 1.0 \times 10^{10}\ \mathrm{m^3}$$

になります。 ア は体積ではなく kg という質量だから，水の密度 1.0×10^3 kg/m^3 を用いて，1.0×10^{10} m^3 の水は 1.0×10^{13} kg になります。したがって，③ か ④ が正解です。

凝結熱は水 1 kg あたり 2.2×10^6 J，水の質量は 1.0×10^{13} kg だから，大気中に放出される凝結熱は，

$$1.0 \times 10^{13}\ \mathrm{kg} \times 2.2 \times 10^6\ \mathrm{J/kg} = 2.2 \times 10^{19}\ \mathrm{J}$$

になります。この値が，地震のエネルギー 6.3×10^{16} J の何倍かというと，

$$\frac{2.2 \times 10^{19}\ \mathrm{J}}{6.3 \times 10^{16}\ \mathrm{J}} \fallingdotseq 350 = 3.5 \times 10^2 \text{倍}$$

です。したがって，正解は ④ ですね。

問2　熱帯低気圧や台風は太平洋高気圧(小笠原高気圧)の縁に沿って北上し，偏西風帯に入ると偏西風に流されて東の方へ移動します。8月の終わりから9月のはじめは，日本列島付近が太平洋高気圧の縁に当たるので，

この問題のように，日本列島に台風が上陸しやすくなります。

問題の左図では，台風は下から上の方へ時間とともに移動していますが，右図では上から下へ時間が経過しているので，読み間違えないようにしてください。この問題では，風向と風速のそれぞれの特徴から観測地点を推定してみよう。風向を表す記号について間違えやすいということは258ページで注意をしたね。

最初は風速です。右図を見よう。矢羽根（やばね）の数が多いほど風速は大きいので，最も風速が大きいのは2日0時，最も小さいのは3日0時です。**台風では中心に近い地点ほど風速が大きいという特徴があります**。

左図では，地点**A**では1日0時と2日0時の中間，つまり1日12時頃に最も台風が接近しているので，この時点で風速が最も大きいはずです。けれども，風の観測記録では2日0時に最も風速が大きくなっているので，この記録は地点**A**のものではありません。また，地点**D**の場合は，2日0時ではなく，2日8時頃に台風が最も接近しているので，この記録は地点**D**のものではありません。このように考えて正解は，地点**B**と地点**C**に絞（しぼ）ることができます。左図で，地点**B**と地点**C**に台風が最も接近しているのは，確かに2日0時頃です。

次は風向です。風向の時間変化を読むと，1日0時に東北東，12時に北東，2日0時に北北西，12時に西北西，3日0時に西の風です。図27のように，反時計まわりに風向が変化しています。

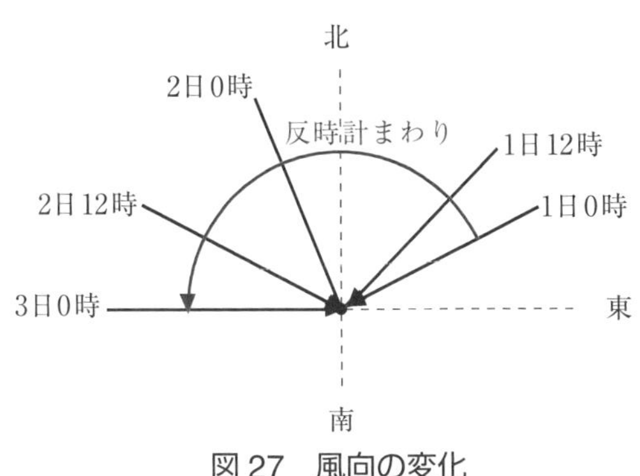

図27　風向の変化

台風の経路の左側に地点**B**，右側に地点**C**は位置しています。風は，気圧の高い方から低い方へ向かって吹くのだから，次の図28のように，地点**B**と**C**のそれぞれで，台風の中心に向けて薄い赤色で矢印を描いてみました。そして，風の向きの変化を赤い円弧で描きました。地点**B**では反時計まわり，地点**C**では時計回りに風向が変化しています。したがって，反時計まわりに風の向きが変化した地点**B**が正解になります。

観測地点から台風の中心に向けて矢印を描けば，各観測点の風向きの変化を知ることができます。その結果，台風の進行方向の右側の地域では時計回りに風の向きが変化し，台風の進行方向の左側の地域では反時計まわりに風の向きが変化することがわかります。

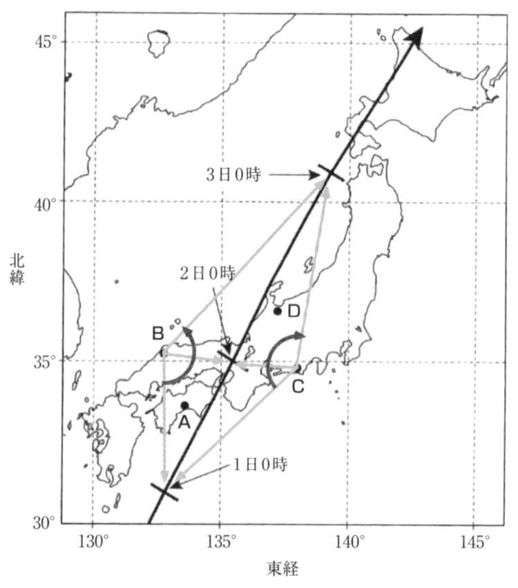

図28　地点BとCの風向の変化

【問題6・答】 7 －④　8 －②

共通テストに出るポイント！

《 台風による風向きの変化 》

観測点から台風の中心に向かって矢印を描けば，風向の変化を知ることができる。

今回は，地球のエネルギー収支から講義を始めました。ここでは，計算問題が出題されやすいので，典型的な問題を演習しました。大気圏の構造は，大気が吸収する太陽放射エネルギーが関係して決まり，大気の大循環によって低緯度から高緯度へエネルギーが輸送される。また，高気圧や低気圧周辺の風の吹き方，台風の移動に伴う風向の変化など，天気図などの具体例を題材にした読図問題に慣れてください。

図 6(→ p. 243)では，放射や伝導に加えて，水の蒸発によってもエネルギーが大気へ輸送されています。次回は，この水の役割がテーマです。

第8回 大気と海洋(2)

地球上の水・海洋

今回は，地球上の水がテーマです。大気中の水と海洋について講義し，陸上の水の作用は次回にまわします。

前回の地球のエネルギー収支で述べたように，水は地球表面から大気へ熱を輸送しています。このとき, 水は液体から気体へ, また，大気中では気体から液体へと状態を変化させます。それに伴って，エネルギーの移動も生じています。

第1章 水の循環

水の循環

最初は，中学理科の復習からです。用語を確認しておこう。

状態変化と潜熱

物質が固体, 液体, 気体のあいだで変化することを**状態変化**(じょうたいへんか)といいます。このときに，図1のような用語を用います。液体から気体への変化は**蒸発**(じょうはつ), 気体から液体への変化は**凝結**(ぎょうけつ)もしくは凝縮(ぎょうしゅく)といいます。蒸発と凝結という二つの用語が気象の分野では頻繁(ひんぱん)に出てきます。また，固体から気体へ，気体から固体への状態変化は区別せずに**昇華**(しょうか)といいます。固体から液体への変化は**融解**(ゆうかい), 液体から固体への

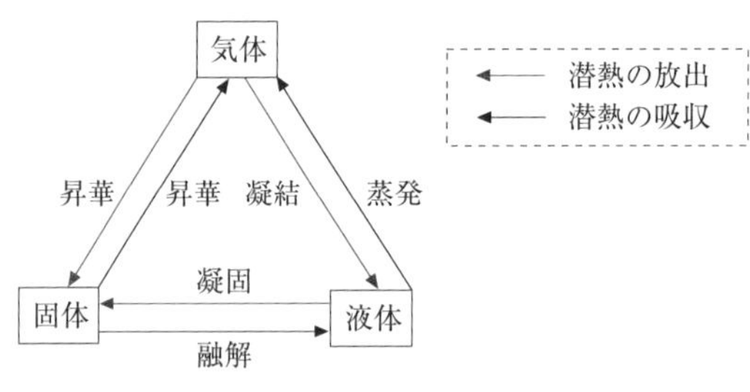

図1　物質の状態変化

変化は**凝固**(ぎょうこ)といいます。

状態変化が生じるとき，熱の出入りがあります。たとえば，液体の水は周囲から熱を吸収して気体の水蒸気になります。このときに吸収する熱を蒸発熱といいます。逆に，気体の水蒸気が液体の水になるときには，周囲へ熱を放出します。このときに放出する熱を凝結熱といいます。このような物質の**状態変化に伴う熱を総称(そうしょう)して潜熱(せんねつ)といいます**。図 1 中の赤い矢印が潜熱の放出，黒い矢印が潜熱の吸収です。

共通テストに出るポイント！

《潜　熱》

- 状態変化に伴う熱。
- 蒸発するときには潜熱を吸収，凝結するときには潜熱を放出する。

水の循環

地球表層には約 14 億 km^3 の水があると見積(みつ)もられています。次ページの図 2 のように，そのうち **97%が海水，残りのほとんどが陸水(りくすい)（陸地の水）で，大気中には 0.001%の水が存在する**のみです。

陸地の水は，氷の状態で存在している水が最も多い。つまり，雪，氷河，氷床(ひょうしょう)（大陸氷河）です。南極大陸やグリーンランドのように，広大な地域に厚く広がっている氷を氷床といいます。このような**雪氷(せっぴょう)が陸上の水の大半を占めています。次に多いのは，地下水です。**ぼくたちがふだん見慣れている河川水(かせんすい)や湖沼水(こしょうすい)は，「その他」で表したように，ごくわずかです。

日本に暮らしていると，陸では河川や湖沼の水が多いように思えますが，地球規模でみれば，それはごくわずかです。これは，宇宙空間から地球を見たときに，海の次に目立つ水の存在は南極大陸やグリーンランド，北極海の白い氷だから，ということでわかるよね。陸水では雪氷が最も多く，次に地下水が多いという事項は，案外(あんがい)見のがしている人がいます。しっかり覚えておいてください。

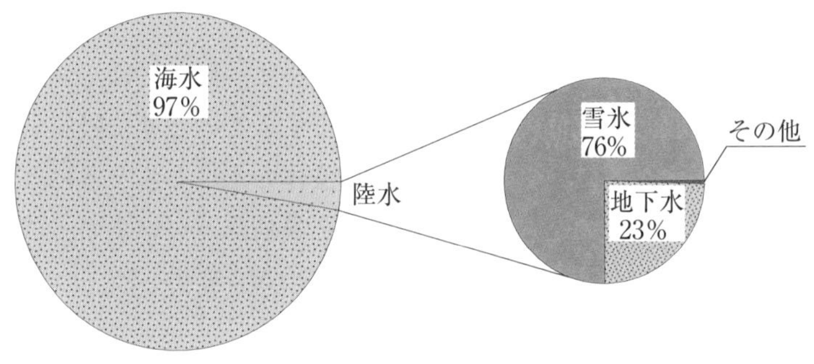

図２　地球上の水

共通テストに出るポイント！

《 水の存在量 》

海水 ＞ 雪氷 ＞ 地下水 ＞ 河川水など ＞ 大気中の水

このような地球上の水は海洋，大気，陸地の間を循環（じゅんかん）しています。その様子を次ページの図３に示しました。陸地から海洋へは，河川などを通して水は移動しています。ということは，**陸地では降水量の方が蒸発量よりも多い**。確かに，陸地では，蒸発量 71 ＜降水量 111 の関係になっていますね。この差 111 − 71 ＝ 40 が陸地から海へ移動している。

海水の量は，増えたり減ったりする傾向が続いているのではないから，陸地から海へ供給される水の量 40 と海洋への降水量 385 を足し合わせると，425 になり，これが海洋からの蒸発量になっています。そうすると海洋では降水量 385 ＜蒸発量 425 のように，蒸発量の方が降水量よりも多く，その差 425 − 385 ＝ 40 は，大気を通して陸地に運ばれています。大気を通して海洋から陸地へ運ばれる水の量と，河川などを通して陸地から海洋へ運ばれる水の量は 40 で，等しいです。図３は，海洋→大気→陸上→海洋という水の循環が滞（とどこお）りなく行われていることを表しています。

この図で覚えておく内容は，**海洋では蒸発量が降水量を上まわり，陸地では降水量が蒸発量を上まわる**ことです。先ほど述べたように**陸から海へ水は流れる**のだから，**陸地では降水量が蒸発量を上まわる。これをもとに考えれば，覚えるほどの内容ではない**けれども。

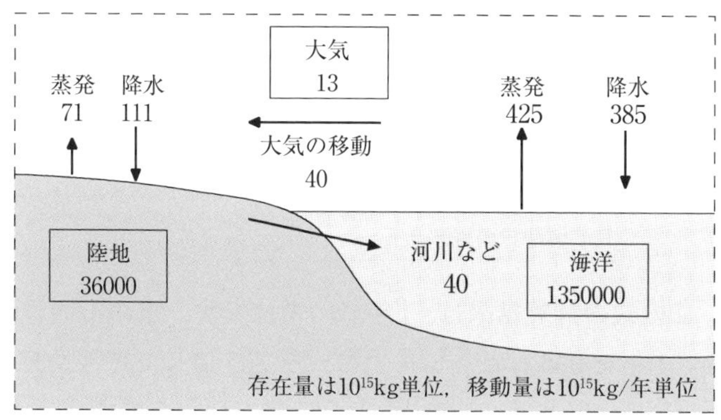

図３　水の循環

この図３からは，海洋，大気，陸地の間の水の循環のみならず，もっといろいろなことがわかります。問題にしてみたので挑戦してください。

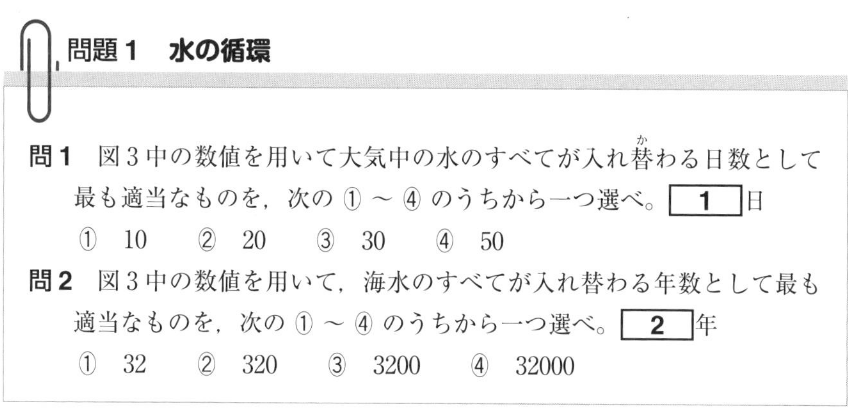

問題１　水の循環

問１　図３中の数値を用いて大気中の水のすべてが入れ替わる日数として最も適当なものを，次の ① ～ ④ のうちから一つ選べ。［ **1** ］日

①　10　　②　20　　③　30　　④　50

問２　図３中の数値を用いて，海水のすべてが入れ替わる年数として最も適当なものを，次の ① ～ ④ のうちから一つ選べ。［ **2** ］年

①　32　　②　320　　③　3200　　④　32000

問１　大気中には 13×10^{15} kg の水があります。このとき，「存在量は 10^{15} kg単位」という**図中の注を見おとさない**でください。この水のすべてが降水として地表に降ったと仮定します。降水量は，

$$(385 + 111) \times 10^{15} = 496 \times 10^{15} \text{ kg/ 年}$$

です。降水量の合計が，１年間で 496×10^{15} kg という意味ですね。

大気中に存在する 13×10^{15} kg の水が降水としてすべて降るのに要する年数は，大気中に存在する水の量を，１年当たりの降水量で割れば，何年

分に相当する水が大気中に存在するのかがわかります。次の式です。

大気中に存在する水の量

$$\frac{13\times10^{15}\ \mathrm{kg}}{496\times10^{15}\ \mathrm{kg/年}}$$

1年当たりの降水量

ただし，この式の計算結果は，「年」の単位です。求めるのは何日という値だから，1年を365日として，上の式を365倍して書き換(か)えます。次の式中の「365日/年」は，1年あたり365日という意味です。

1年あたりの日数

$$\frac{13\times10^{15}\ \mathrm{kg}}{496\times10^{15}\ \mathrm{kg/年}}\times365\ 日/年=9.6\ 日\fallingdotseq10\ 日$$

になります。単位のみを計算して「日」になっている点も確認してください。正解は ① の10日です。

1年間に降水量と同じ

$$(425+71)\times10^{15}=496\times10^{15}\ \mathrm{kg/年}$$

の蒸発によって大気中に水は供給されるので，大気中の水の量は変わりません。ついでだから，1年間に何回入れ替(か)わるのかを計算しよう。

1年365日の間に約9.6日ごとに入れ替わるのだから，1年間に，

$$\frac{365}{9.6}\fallingdotseq38\ 回$$

大気中の水は入れ替わる計算になります。

問2　海水についても，同じように計算すればいいね。1年当たり 425×10^{15} kgが海洋から蒸発するのだからと考えてもいいし，1年当たり

$$(40+385)\times10^{15}=425\times10^{15}\ \mathrm{kg}$$

の水が海洋に供給されると考えてもいい。

海洋中に存在する水の量

$$\frac{1350000\times10^{15}\ \mathrm{kg}}{425\times10^{15}\ \mathrm{kg/年}}\fallingdotseq3200\ 年$$

1年当たりの蒸発量もしくは降水量

です。③ が正解ですね。

大気中の水は約 10 日，海水は約 3200 年かけて入れ替わるのだから，大気に比べて海洋で生じる現象は，非常に長い年月を視野(しや)に入れて考える必要がありますね。

【問題 1・答】 1 －① 2 －③

共通テストに出るポイント！

《水の循環》
- 海　洋…降水量 ＜ 蒸発量
- 陸　地…蒸発量 ＜ 降水量 ← 陸から海へ水は流れる

蒸発量と降水量の緯度分布

地球全体の降水量と蒸発量については述べたので，次は緯度による降水量と蒸発量の違いです。図 4 を見てください。

黒い線が降水量，赤い線が蒸発量を表しています。この図によると，降水量が最も多いのは，北緯 5°付近です。

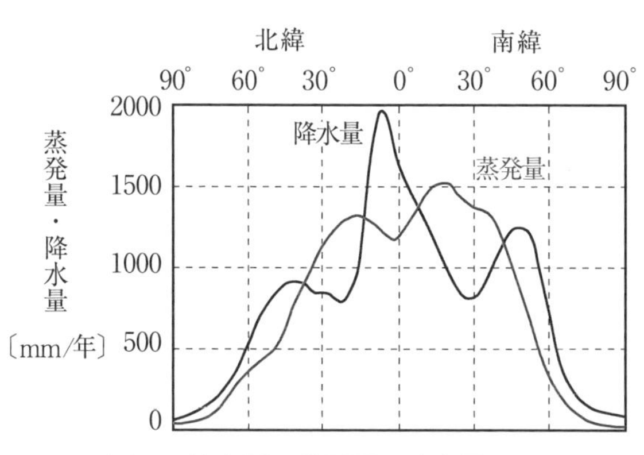

図 4　緯度別の蒸発量と降水量

Q. 北緯 5°付近は，大気の大循環では何に相当しますか？

—— 熱帯収束(しゅうそく)帯(赤道収束帯)です。

第 7 回の図 22(→ p. 264)の左側の断面，ハドレー循環が描いてあるところを見てください。熱帯収束帯付近では，海上を吹き渡っているうちに多量の水蒸気を含んだ北東貿易風(ぼうえきふう)と南東貿易風が収束して上昇気流(じょうしょうきりゅう)が生じ，雲が発生しやすくなっています。そのために降水量も多い。同じように，北緯 45°や南緯 45°付近も降水量が多いね。ここは偏西風帯～寒帯前線帯付近だ。ここでは，温帯低気圧に伴う降水が多い。

ところで，第７回の図 24(→ p. 268)の温帯低気圧でも，寒冷前線や温暖前線に沿って上昇気流が存在するところに雲が生じている。第７回の図 26(→ p. 271)の台風の断面図でも，上昇気流に沿って積乱雲が発達している。ということは，**上昇気流があるところで雲は発生しやすい**という共通点があるね。山に雲がかかりやすいのも，山腹に沿って空気が上昇しやすいからだ。

蒸発量の分布はどうかな。熱帯収束帯付近の蒸発量は少なく，北緯 20°付近や南緯 20°付近の**亜熱帯高圧帯～貿易風帯付近で蒸発量は多い**。ここはハドレー循環が下降する地域だ。下降気流があると，雲は生じにくく，晴れやすい地域になるね。**砂漠**の分布を地図で確かめてみると，蒸発量の多い地域に砂漠が広がっている。特に，アフリカ大陸のサハラ砂漠やオーストラリア大陸の東西に広がる砂漠が典型例です。

以上のように，緯度別の蒸発量と降水量の分布は，大気の大循環に大きく影響されています。

共通テストに出るポイント！

《 緯度別の蒸発量と降水量 》

- 降水量が多い地域…熱帯収束帯，偏西風帯～寒帯前線帯。
- 蒸発量が多い地域…亜熱帯高圧帯～貿易風帯。

雲と降水

ここまで，雲や降水についてたびたび触れてきましたが，まとめておかないといけない。

相対湿度と露点

空気が含むことのできる水蒸気の量には限度がある。限りなく水蒸気を含むことはできない。この量は気温によって定まっていて，空気 1 m^3 が含むことのできる最大の水蒸気量〔g〕を**飽和水蒸気量**といいます。ここまでは，中学理科の内容だね。

この飽和水蒸気量は，大気圧に占める水蒸気の圧力，つまり水蒸気圧を用いて表すこともできる。次の図５中の曲線で示したのが**飽和水蒸気圧**です。**飽和水蒸気量にしろ，飽和水蒸気圧にしろ，気温が高くなるにしたがって，急激に増加する**特徴がこのグラフからわかる。

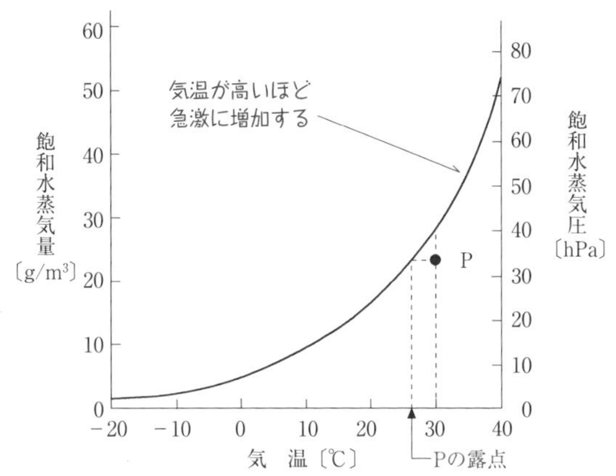

図５　気温と飽和水蒸気量・飽和水蒸気圧

ある温度の空気中に含まれている水蒸気の量を表すときに**相対湿度**(そうたいしつど)を用います。次ページのポイントのどちらの式でも構いません。

また，水蒸気で飽和していない空気の温度が下がると，ある温度で飽和状態に達します。このときの温度を**露点**(ろてん)**（露点温度）**といいます。

図５の気温30℃の空気Ｐを例にすると，含まれている水蒸気圧は約35 hPa，気温30℃の飽和水蒸気圧は約40 hPaだから，相対湿度は，

$$\frac{35}{40} \times 100 = 87.5\ \%$$

です。また，Ｐの露点は約26℃とグラフから読めます。

共通テストに出るポイント！

《 相対湿度と露点 》

- 相対湿度〔%〕$= \dfrac{\text{含まれる水蒸気圧}}{\text{飽和水蒸気圧}} \times 100$

  相対湿度〔%〕$= \dfrac{\text{含まれる水蒸気量}}{\text{飽和水蒸気量}} \times 100$

- 露(ろ)　点(てん)…空気塊(くうきかい)の湿度が 100%になり，凝結が始まる温度。

ここで，一つ問題を解いてみよう。

問題 2　相対湿度と露点

次の表 1 は，温度と飽和水蒸気量の関係を表したものである。温度が 30℃，露点が 23℃の空気塊 X の相対湿度は，およそ何%か。また，体積 5 m^3 の空気塊 X の温度が 10 ℃まで低下したときに凝結する水蒸気量は何 g か。その組合せとして最も適当なものを，次の ① ～ ④ のうちから一つ選べ。なお，次ページの図 1 は，横軸に温度，縦軸に飽和水蒸気量をとった図であり，図中の黒丸(●)は，表 1 中の温度が 10 ℃と 30 ℃のときの飽和水蒸気量を示している。 **3**

	相対湿度〔%〕	凝結する水蒸気量〔g〕
①	69	12
②	69	58
③	77	12
④	77	58

表 1　温度と飽和水蒸気量

温度〔℃〕	0	5	10	15	20	25	30
飽和水蒸気量〔g/m^3〕	4.8	6.8	9.4	12.9	17.3	23.1	30.4

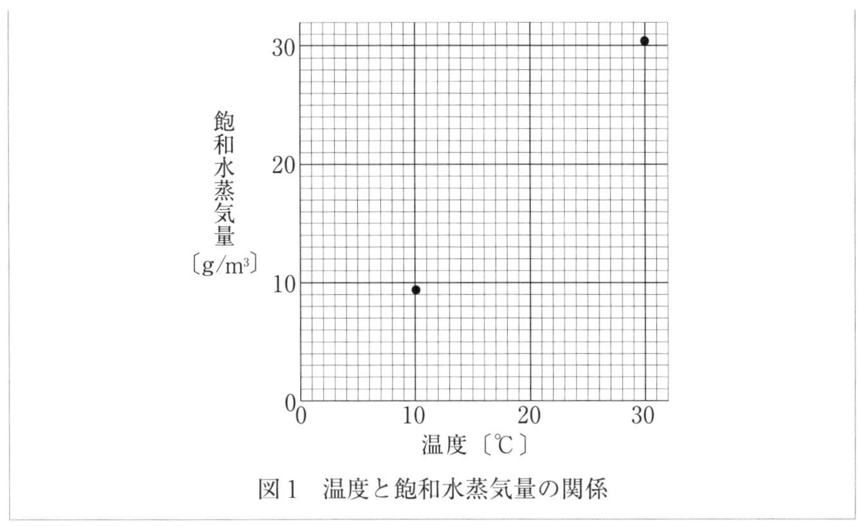

図1　温度と飽和水蒸気量の関係

共通テストでは，方眼紙が載せてある形式の問題があります。方眼紙が用意してあるということは，これを利用して問題を解けという出題の意図があるはずだ。露点が23℃ということは，空気塊Xの温度が低下すると，23℃の温度で飽和に達するということだから，空気塊Xには，23℃の飽和水蒸気量に相当する水蒸気が含まれていたことになります。

表1には23℃の飽和水蒸気量は示されていないので，方眼紙を利用して求めてみよう。23℃は，20℃と25℃の間の温度だから，20℃と25℃の飽和水蒸気量を次ページの図6のように赤い点で打ちます。これらの二点を結ぶと，20℃と25℃の間の飽和水蒸気量のおよその値が求まります。先ほどの図5に示したように，**実際の飽和水蒸気量は曲線で表されるのですが，狭い区間では直線とみなして近似できます**。そうすると，23℃の飽和水蒸気量は，約21 g/m^{3}と読めるので，これが空気塊に含まれている水蒸気量です。一方，温度30℃の飽和水蒸気量は表1から30.4 g/m^{3}です。したがって，相対湿度は，

$$\frac{21}{30.4} \times 100 \fallingdotseq 69\ \%$$

となります。

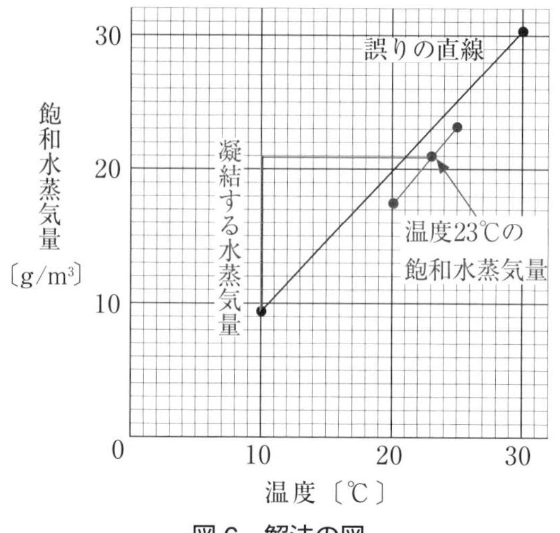

図6　解法の図

この作業で注意するのは，図6 に黒い直線で示したように，10℃の黒丸と，30℃の黒丸を結んで直線を引き，23℃の相対湿度を読むと，誤差（ごさ）が大きくなるという点です。このようにして計算すると，誤答の 77％になります。先ほどの図5のように実際の飽和水蒸気量を表す線は曲線だから，10℃と 30℃という広い区間を直線で近似（きんじ）するよりも，20℃と 25℃という相対的に**狭い区間を直線で近似した方が誤差が少なくなります**。

また，表 1 には 0℃から 30℃までの飽和水蒸気量が与えられています。そのすべてをグラフ用紙に書き込んでもいいのですが，**必要な部分だけを書き込めば，解答にいたる時間が短縮できます**。

ステップアップ！

- 曲線を直線で近似するときは，できるだけ狭い区間を対象にする。
- 問題を解く上で必要な部分のみのグラフを描く。

このように，方眼紙を利用して問題を解きましたが，計算によっても 23℃の飽和水蒸気量を求めることができます。飽和水蒸気量は表 1 から，20℃で 17.3 g/m^3，25℃で 23.1 g/m^3 だから，5℃の温度差で 5.8 g/m^3 の飽和水蒸気量が異なります。23℃は 20℃よりも 3℃温度が高いので，比例配分します。

$5:5.8=3:x$

$\therefore\quad x=3.48\ \mathrm{g/m^3}$

20℃の飽和水蒸気量が $17.3\ \mathrm{g/m^3}$ だから，23℃の飽和水蒸気量は，

$17.3+3.48\fallingdotseq 20.8\fallingdotseq 21\mathrm{g/m^3}$

となって，先ほどのグラフから読んだ値と同じになります。共通テストの試験時間は短いので，**計算するよりも，方眼紙にグラフを描いた方が短時間で答が求まりますね。**

ステップアップ！

方眼紙が与えられた場合は，グラフを描いて，それを活用する。

さて，次は凝結する水蒸気量です。空気塊（くうきかい）Xに含まれている水蒸気量は約 $21\ \mathrm{g/m^3}$，温度10℃の飽和水蒸気量は表1から，$9.4\ \mathrm{g/m^3}$ なので，その差に相当する水蒸気が凝結して水になります。したがって，

$21\ \mathrm{g/m^3}-9.4\ \mathrm{g/m^3}=11.6\ \mathrm{g/m^3}\fallingdotseq 12\ \mathrm{g/m^3}$

なのですが，この12の単位は「$\mathrm{g/m^3}$」です。つまり，$1\ \mathrm{m^3}$ あたりに含まれる水蒸気の質量が12gということです。ところが，問題では体積 $5\ \mathrm{m^3}$ の空気塊Xだから，

$11.6\ \mathrm{g/m^3}\times 5\ \mathrm{m^3}=58\ \mathrm{g}$

というように5倍しないといけない。**問題を解き終えたら，問題を読み直して，誤解しているところがないかどうか，確かめてください。**

【問題2・答】 3 － ②

雲の発生

水蒸気を含んだ空気が上昇すると，雲が発生します。これは中学理科で実験をした経験がある人もいると思います。次の問題のような実験だったよね。

問題3　雲の発生

次の図1のように，雲を発生させる実験を室温22℃の部屋で行った。

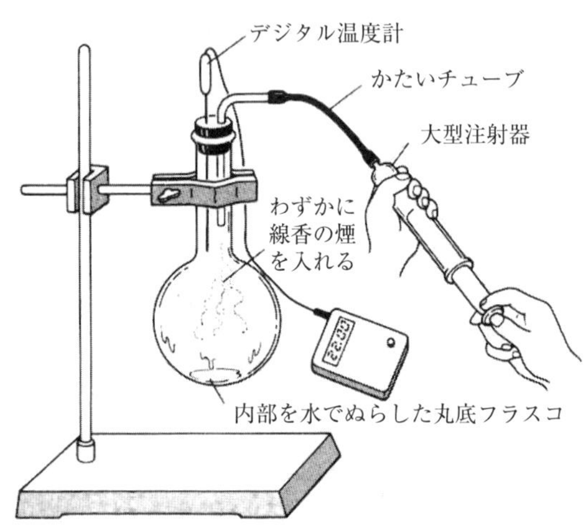

図1　実験装置

【実験】

操作1　フラスコ内を十分に水で湿らせた。

操作2　フラスコ内に線香(せんこう)の煙を少し入れて，図1のように栓(せん)をした。

操作3　ピストンを素早く［ア］ところ，フラスコ内は白くくもり，フラスコ内の空気の温度が［イ］。

【考察】

これは，ピストンを素早く［ア］結果，空気の温度が［イ］ため，露点に達し，空気中に含まれていた水蒸気の一部が小さい水滴になり，くもって見えたと考えられる。

問1　上の文章中の下線部に関連して，フラスコ内に線香の煙を入れた理由として最も適当なものを，次の①～④のうちから一つ選べ。［4］

①　空気中の水蒸気は，目に見えないから。

②　空気が水蒸気で飽和しても，簡単に凝結しないから。

③　空気の温度が上昇しやすくなるから。

④　空気の温度が低下しやすくなるから。

問2　前ページの文章中の［ア］・［イ］に入れる語の組合せとして最も適当なものを，次の ①〜④ のうちから一つ選べ。［5］

	ア	イ
①	引いた	上がった
②	引いた	下がった
③	押した	上がった
④	押した	下がった

問1　線香の煙をフラスコ内に少し入れたのは，水蒸気が凝結するときに，水蒸気がくっつくものが必要だからです。これを**凝結核**(ぎょうけつかく)といいます。地表付近でも，空気中にいきなり水滴(すいてき)が現れるのではなく，蜘蛛(くも)が張った網(あみ)や葉の表面に朝露(あさつゆ)が結びますよね。水蒸気が液体の水に状態変化するときには，何かしらくっつくものが必要です。したがって正解は ② です。

問2　この実験を雲の発生と対応させると，ピストンを勢いよく引くという操作の代わりになる自然現象が上昇気流です。ピストンを勢いよく引いてフラスコ内の空気の体積を増加させた，つまり空気塊(くうきかい)を膨張させる効果を上昇気流がもたらします。

右の図7では，地表付近では空気塊が周囲の大気を押す圧力(赤い矢印)と周囲の大気が空気塊を押す圧力(黒い矢印)は等しいです。**上空ほど気圧は低い**ので，空気塊が上昇すると，周囲の気圧が低下します。このとき，赤い矢印と黒い矢印を比べるとわかるように，空気塊が周囲の大気を押す圧力の方が大きく，空気塊は膨張します。膨張するときに，空気塊は自らがもっているエネルギーを使います。そのため，**膨張するとエネルギーが減り，温度が低下します**。さらに空気塊が上

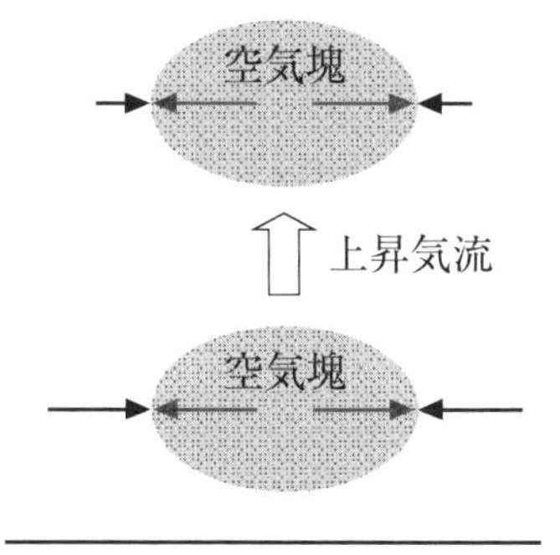

図7　空気塊の膨張

昇し，空気塊の温度が露点以下になると，余分な水蒸気が空気中の塵を凝結核にして凝結し，水滴，つまり雲が発生します。

このように，**雲が発生するためには，上昇気流が必要**です。熱帯収束帯，寒帯前線帯，低気圧などでは上昇気流があるし，夏の強い日射によって熱せられた空気塊が上昇する場合や，山腹を気流が上昇する場合もある。

川面や海面付近では空気が冷やされて霧が発生する場合がありますが，**雲の場合は，空気が冷やされて発生するのではない**点に注意してください。

【問題 3・答】 **4** －② **5** －②

共通テストに出るポイント！

《雲の発生条件》

① 上昇気流…熱帯収束帯，寒帯前線帯，低気圧。
山腹を上昇，強い日射。

② 凝結核……空気中の塵。

雲

第 7 回の図 9(→ p. 250)の気温分布を見ると，対流圏では高度 2 ～ 3 km よりも上空では，氷点下の気温になっています。気温が高いとき，雲は水滴からできているのだけれども，氷点下の場合には氷の粒(**氷晶**)も雲をつくっています。雲からは，雨だけでなく，雪も降ってくるし，夏であっても雹が降ってくることもある。

このような雲をつくっている水滴や氷晶を雲粒といいます。雲粒の大きさは，直径 0.01 mm 程度です。雨粒はこの雲粒が集まって形成されます。一体何個くらいの雲粒が集まればいいのか，計算してみよう。雲に関する典型的な計算問題です。

問題4　雲粒と雨粒

雲粒の直径を0.01 mm，雨粒の直径を1 mmとするとき，何個の雲粒が集まれば，1滴の雨粒になるか。その数値として最も適当なものを，次の①～⑤のうちから一つ選べ。ただし，雲粒も雨粒も球形として考えてよい。 6 個

① 100　② 1000　③ 10000　④ 100000　⑤ 1000000

暗算で計算した人，いますか？ 第1回のステップアップ(→ p. 24)で述べた内容を用いると暗算で計算できます。半径でも直径でも同じだから，**球の直径が a 倍になれば，体積は a^3 倍になる**。これを使えばいい。

雲粒の直径は0.01 mm，雨粒の直径は1 mmだから，雨粒の直径は雲粒の直径の100倍。したがって，体積はその3乗倍です。つまり，

$100^3 = 1000000$

です。100万個の雲粒が集まって，1個の雨粒になります。夏の積乱雲(せきらんうん)から降る雨を考えると，雲の発生から数時間後に夕立(ゆうだち)が降り始めるので，雲の中ではかなり急速に雲粒が集まる必要がある。

【問題4・答】 6 －⑤

雲の種類

雲は，次ページの表1のように，面上に広がる**層状雲**(そうじょううん)，下層から上空へ向かって垂直に盛り上がる**対流雲**(たいりゅううん)に分けられます。

層状雲は，**現れる高度によって上層雲**(じょうそううん)**，中層雲**(ちゅうそううん)**，下層雲**(かそううん)**に分けられる**とともに，形状によっても分けられています。

このようにして分類した**10種類の雲の形を十種雲形**(じゅっしゅうんけい)**といいます**。

最も上空に現れる雲，つまり圏界面(けんかいめん)に近いところに現れる**上層雲には巻**(けん)**という文字がついている**。巻層雲(けんそううん)，巻雲(けんうん)，巻積雲(けんせきうん)だ。温暖前線が近づいてくると，まず現れるのは上層雲の巻雲でしたね。第7回の図9(→ p.250)を見ると，これらが現れる対流圏上層の気温は－60～－50℃だから，上

層雲は氷晶からできている。巻雲などに続いて，やがて，中層雲の高層雲（こうそううん）や高積雲（こうせきうん）が現れ，乱層雲（らんそううん）から雨が降ってくる。

十種雲形のうち**地表に雨を降らせる雲が乱層雲と積乱雲（せきらんうん）で，ともに乱の文字が用いられています**。温暖前線に伴う雨を降らせるのが乱層雲，寒冷前線や台風の場合は積乱雲からの雨でしたね。夏の夕立や，冬の日本海側の雪も積乱雲だ。気温が低い冬には，雨ではなく，雪が降る。夏の夕立に伴って雹（ひょう）が降るのは，圏界面まで垂直にのびた積乱雲は，先ほどの上層雲と同じように，圏界面付近では氷晶が雲をつくっているからです。

つけ加えると，268 ページの図 24 の断面図のように，暖気が斜めに上昇する**温暖前線に伴う雲は層状雲**，暖気が鉛直上方へ上昇する**寒冷前線に伴う雲は対流雲**というような分類もできるね。

表 1　十種雲形

層状雲	上層雲	巻層雲
		巻　雲
		巻積雲
	中層雲	高層雲
		乱層雲
		高積雲
	下層雲	層　雲
		層積雲
対流雲		積乱雲
		積　雲

共通テストに出るポイント！

《雲の種類（十種雲形（じゅっしゅうんけい））》

① 雨を降らせる雲……「乱」の字がつく乱層雲（らんそううん），積乱雲（せきらんうん）。

② 最も上空の雲………「巻」の字がつく巻雲（けんうん），巻層雲（けんそううん），巻積雲（けんせきうん）。

③ 上空の雲や冬の雲…氷晶からできている。

第2章 海　洋

さて，ようやく真打ちの登場です。地球上の水量の97%を占め，地球表面の約7割の面積を占める海洋について述べるときが来ました。なんか大袈裟ですね。でも，陸地を削って，海を埋め立てていったら，地球は約2400 m の深さの海に覆われます。地球ではなく，水球です。海は広いだけでなく，深いんだ。

海　水

海水の特徴といえば，塩辛いことです。海に流れ込む河川水や氷河は淡水(真水)だよね。海は薄まってしまわないのかな。でも，河川水は水のみで構成されているのではない。ぼくたちの舌が，川の水は塩辛くないと感じるだけだ。

海水の塩類組成

地表に分布する岩石や鉱物は，雨水に含まれる二酸化炭素などによって溶かされ，溶けた物質はイオンとなって川の水とともに海へ運ばれています。海水を蒸発させて，残った塩類の組成を調べると，図8のような内訳になります。

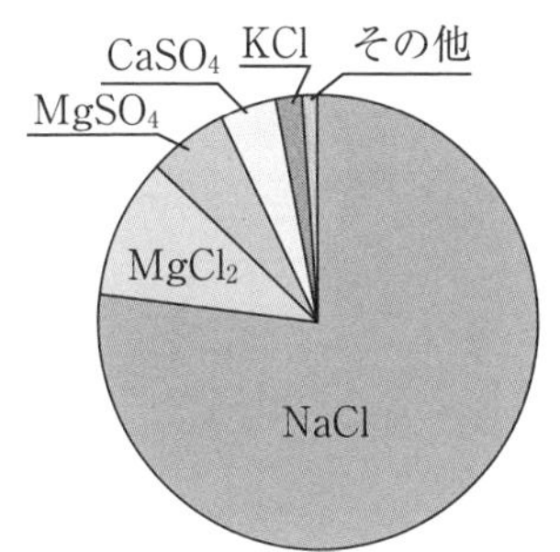

〔質量%〕

塩化ナトリウム	NaCl	77%
塩化マグネシウム	$MgCl_2$	10%
硫酸マグネシウム	$MgSO_4$	6%
硫酸カルシウム	$CaSO_4$	4%
塩化カリウム	KCl	2%
その他		1%

図8　海水の塩類組成

海水の塩類は塩化ナトリウム(NaCl)が最も多く，次に塩化マグネシウム($MgCl_2$)が多い，と覚えておけば大丈夫です。**塩類の組成は，どの海域でもほぼ同じです**。つまり，海水はよくかき混ぜられている。これについては，もう少し後で説明しよう。

海水の塩分

さて，その塩類は海水にどれくらい含まれているかというと，**海水1 kg中に平均35 gです**。この**塩分は，海域や海の深さによって異なります**。

海水の平均塩分は百分率で3.5%といえばいいじゃないか，という人もいると思いますが，昔から，塩分は百分率ではなく，千分率(せんぶんりつ)で表現してきたから，海水1 kg(1000 g)中に塩類は平均35 gという表現をします。これを**35‰（パーミル）**とも表現します。

百分率は，100のうち，どれだけの割合を占めるかという表し方で，同じように千分率は，1000のうち，どれくらいの割合を占めるかという表し方です。‰（パーミル）という記号で千分率は表します。つまり，千分率35‰は百分率で3.5%です。千分率に慣れるために，簡単な計算問題を用意しました。

問題5　塩　分

海水の平均塩分は約35質量‰であり，そのうち約77質量%を塩化ナトリウムが占める。海水1 kg中に含まれる塩化ナトリウムの質量として最も適当なものを，次の①～④のうちから一つ選べ。[7] g

①　0.27　　②　2.7　　③　27　　④　270

‰と%を見誤らないでください。平均塩分が35質量‰だから，塩類は海水1 kg中に35 g含まれ，そのうち77質量%が塩化ナトリウムだから，

$$35\ \mathrm{g} \times 0.77 \fallingdotseq 27\ \mathrm{g}$$

です。

【問題5・答】 [7] － ③

共通テストに出るポイント！

《 海水中の塩類と塩分 》

- 塩　類…塩化ナトリウム（NaCl）＞ 塩化マグネシウム（$MgCl_2$）
  どの海域でもほぼ同じ組成。
- 塩　分…海水 1 kg 中に平均 35 g。
  海域や深さによって異なる。

海洋の層構造

気温変化によって，大気圏が対流圏（たいりゅうけん），成層圏（せいそうけん），中間圏（ちゅうかんけん），熱圏（ねつけん）に区分されているように，**海洋も水温変化によって区分されています**。大西洋を一例にあげると，次の図 9 のように海面から深くなるに従って，**表層混合層**（ひょうそうこんごうそう）**（混合層）**と**深層**（しんそう）に分けられ，その境界を**水温躍層**（すいおんやくそう）**（主水温躍層）**といいます。表層混合層と深層を隔（へだ）てる**水温躍層は，深さは海域によって異なるものの，数 100 m の深さまであり，深くなるにしたがって急激に水温が低下している層です**。

なお，高緯度の海域には表層混合層も水温躍層もありません。深層と同じ海水が海面から海の深いところまで広がっています。このことからわかるように，高緯度で沈み込んだ海水が深層を形成し，2000 m 以深ではどの海域でも約 2℃ 程度の一様な水温の海水が広がっています。

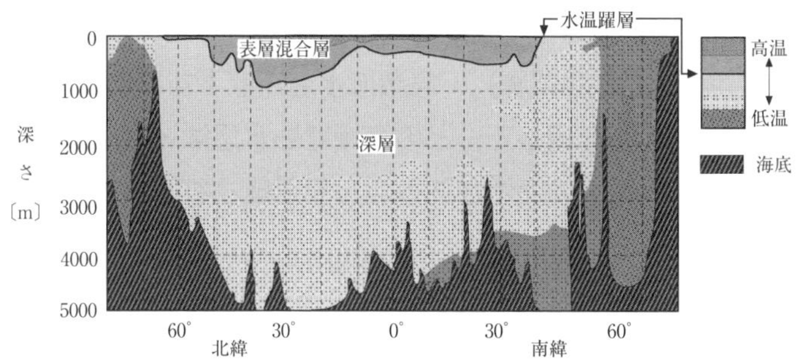

図 9　大西洋西部の水温の鉛直分布

北半球の海洋の模式的な水温分布を示すと，次ページの図 10 のようになります。**海面付近の水温は低緯度ほど高く，高緯度ほど低い**。中緯度と

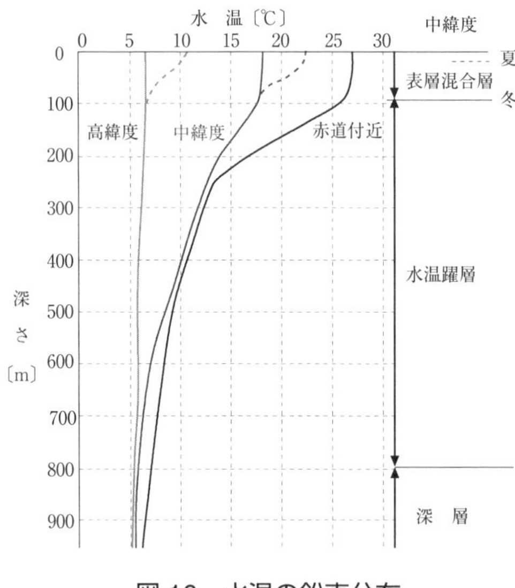

図 10　水温の鉛直分布

高緯度の破線の分布は夏季，実線は冬季です。中緯度と高緯度では，**海面付近では，夏季の方が水温が高く，冬季の方が水温が低い**。赤道付近は，夏季でも冬季でも水温はあまり変わりがないので，図では実線のみで表現してあります。

また，**中緯度では，夏季の表層混合層は薄く，冬季には厚い**。夏季には，太陽放射によって海面から暖められ，密度の小さい海水が表層に形成され，表層混合層は数 10 m 程度まで薄くなり，秋になると風や波によってかき混ぜられたり，海面から冷却されて生じる対流によって，冷季には表層混合層の厚さは数 100 m にまで厚くなります。

共通テストに出るポイント！

《 海洋の層構造 》

① 表層混合層…低緯度～中緯度に存在。季節によって厚さが変化。
② 水温躍層（すいおんやくそう）(主水温躍層) …急激に水温が低下する。
③ 深　層…年間を通して，どの海域でも水温は一定(2℃前後)。
　　高緯度の海水が沈み込んで形成される。

図 10 では，表層混合層の水温が緯度によって異なっている。では，季節によって表層混合層の水温や厚さがどのように変化するのか，もう少し詳しく見ておこう。次の問題は，センター試験で正答率が低かった問題です。理由づけをしながら考えて解いてください。

問題6　海水温と海洋の構造

次の図1に示す観測点**A**と**B**で，2月と8月に水温を計測した。図2は，各観測点・各観測月の水深200 mまでの水深と水温の関係を，**W**～**Z**の線で示したものである。図2中の破線**X**について，観測地点と観測した月の組合せとして最も適当なものを，下の①～④のうちから一つ選べ。 **8**

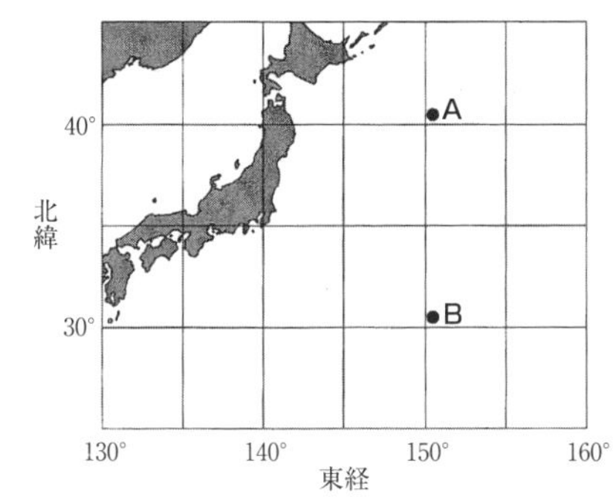

図1　水温の観測地点

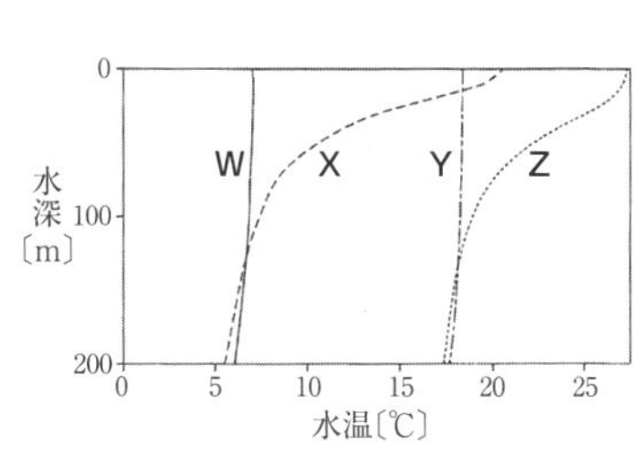

図2　水深200 mまでの水温分布

	観測地点	観測した月
①	**A**	2月
②	**A**	8月
③	**B**	2月
④	**B**	8月

（センター試験改題）

「観測地点」と「観察した月」のそれぞれから適切なものを選んで組み合せ，正解を選択する問題ですね。図1から，**A**が高緯度側，**B**が低緯度側の海域です。観測した月の相違点は，冬季と夏季，つまり水温が低い季節と高い季節ということです。

最初に，グラフ全体の様子を見よう。このときに，学習した知識，ここでは，表層混合層や水温躍層という海洋の構造についての知識を活用しつつ，グラフの共通点や相違点を探してみよう。

Xと**Z**では，先ほど解説したように，表層混合層と水温躍層がある程度区別できますが，**W**と**Y**ではその区別ができません。そうすると，「**X**

と**Z**」の組,「**W** と **Y**」の組が,「観測地点」の組もしくは「観測した月」の組のどちらかを表していると見当をつけることができます。**形状や傾きに注目してグラフを読み,共通点を探す作業**をしたわけです。

この段階で「**X** と **Z**」,「**W** と **Y**」がそれぞれ同じ観測点の水温を表しているという決めつけをする人がいます。この問いでは,観測点が **A** と **B** の二つであるだけでなく,2月と8月という季節も二つあります。だから,「**X** と **Z**」という組と,「**W** と **Y**」という組は,観測点の組を表すのか,季節の組を表すのかはこの段階では分かりません。どちらかを表しているということだけが分かります。

グラフの形状に注目したので,これ以外の共通点を探そう。他の共通点はないだろうか?

次の図11中に赤い楕円(だえん)で示したように,**W** と **X** は,水深が100 m以深ではほぼ同じ水温,**Y** と **Z** でも水深が100 m以深ではほぼ同じ水温です。海洋の浅いところは日射の影響を受けたり,風によってかき混ぜられたりして水温が変化しやすいのに対して,深いところではその影響はほとんどなくなります。この知識を使うのです。

つまり,深いところの水温が同じ「**W** と **X**」,「**Y** と **Z**」が,それぞれ同じ観測点の水温を表していることになります。

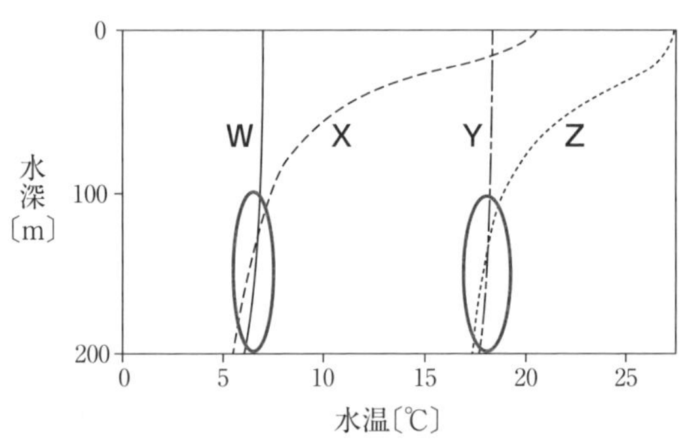

図11　観測点と水温

次に注目するのは,海面の水温です。この問題では x 軸(じく)が水温を表し,それぞれのグラフが x 軸と交わっているところ,つまり,**グラフと座標軸**

の切片の値に注目することも大切です。「切片」というのは数学で習う用語ですが，数学では抽象化してこの用語を用いているのに対して，具体的に「海面の水温」という言葉に置き換えて読むのです。

ステップアップ！

複数のグラフの読み方

- 学習した知識を活用しつつ，グラフの形状や傾きなどの共通点・相違点を探す。
- グラフと座標軸の切片の値に注目する。

海面の水温は，**Z** が最も高く，ついで，**X**，**Y**，**W** の順になっています。2月と8月の水温だから，水温が高いのは8月です。観測点 **A** と **B** では，**B** の方が低緯度なので，**A** よりは **B** の海水温が高いと考えられます。だから，海面の水温が最も高い **Z** は，低緯度の観測点 **B** の8月の水温です。逆に，2月は水温が低く，高緯度ほど水温が低いので，**W** は高緯度の観測点 **A** の2月の水温を表しています。

W と **X** は深いところでは同じ水温なので同一の観測点，**W** が観測点 **A** の水温だと判断したので, **X** も観測点 **A** の水温を表しています。その結果，**W** は2月だから，**X** は8月の水温分布になります。したがって，破線 **X** は ② の観測点 **A** の8月になります。

まとめれば，**W** は観測点 **A** の2月，**X** は観測点 **A** の8月，**Y** は観測点 **B** の2月，**Z** は観測点 **B** の8月の水温をそれぞれ表しています。

【問題6・答】 | 8 | － ②

深層水の大循環

深層の海水は, 高緯度の海水が沈み込んで生成されます。図9(→ p. 297)のように，一般に海洋では，密度の小さい海水が上に，密度の大きい海水が下にあるので，海水は沈み込みにくい状況になっています。しかし，南極大陸周辺とグリーンランド周辺の海域では，低温であるために密度の大きい海水が表層に生じ，ふだんから沈み込みが生じています。秋から冬にかけて海水が凍るときに塩類が氷に取り込まれず，残った塩類によって周囲の海水の塩分が高くなって，密度の大きい海水が生まれ，沈み込みが促進されます。**低温であるほど，塩分が高いほど，海水の密度は大きいです。**

共通テストに出るポイント！

《 海水の密度 》

低温，高塩分であるほど海水の密度は大きい。

このように，高緯度の海域で低温・高塩分の海水が誕生し，沈み込みを開始する。すると，図 12 のように，グリーンランド沖で沈み込んだ海水は大西洋の深層を南下し，赤道を越え，南極大陸付近まで達します。南極大陸付近でも同じような理由で密度が大きくなって沈み込んだ海水があり，これとグリーンランド沖からやってきた海水が一緒になって東へ流れ，インド洋や太平洋の深層を北上し，湧きあがってきます。これを**深層循環といい，グリーンランド沖で沈み込んでから湧きあがるまでに 1000 ～ 2000 年ほどかかり**，長期的な気候に影響を与えると考えられ，注目されています。また，海水の塩類の組成が深海でもほぼ一定なのは，この深層の循環によって海水がかき混ぜられているからです。

海水がかき混ぜられているというと，表層混合層が風や冬季の対流によってかき混ぜられるというイメージにとどまりがちですが，海洋全体が

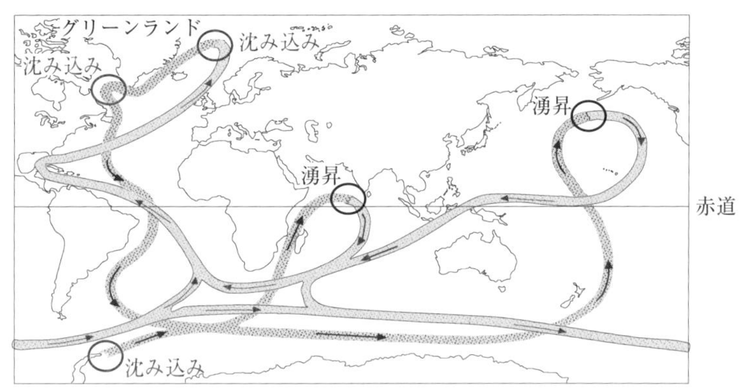

図 12　深層水の大循環

1000～2000年かけてゆっくりとかき混ぜられているという点も重要です。

グリーンランド沖で沈み込んだ海水が深層を循環して北太平洋で湧(わ)きあがってくるとき，深層を流れる海水の速さはどの程度だろうか？ 計算で確かめてみようか。

問題7　深層循環の流速

グリーンランドで沈み込んだ海水は深層水となって循環し，およそ2000年かかって北太平洋に湧(わ)きあがってくる。この経路の長さを地球一周の長さに等しいとすると，深層の流れの平均的な速さは何mm/sになるか。その数値として最も適当なものを，次の①～④のうちから一つ選べ。

9 mm/s

① 0.07　② 0.7　③ 7　④ 70

地球一周の長さは40000 kmです。これをmm単位に変換(へんかん)し，2000年を秒に変換して計算しよう。

$$\frac{40000 \times \underset{\text{mへ}}{10^3} \times \underset{\text{mmへ}}{10^3}}{2000 \times \underbrace{365 \times 24 \times 60 \times 60}_{\text{1年の秒数}}} = \frac{4 \times 10^{10}}{6.3 \times 10^{10}} \fallingdotseq 0.65 \fallingdotseq 0.7 \text{ mm/s}$$

です。換算(かんさん)すると，時速2 m，もしくは1年で20 kmという非常にゆっくりとした速さになります。

【問題7・答】 **9** －②

Q. ところで，深層水の循環が約2000年だと問題中にありましたが，同じくらいの年数を海洋について計算したのを覚えていますか？

――問題1で，すべての海水が入れ替わる年数を約3200年と見積(みつ)もりました。

図9(→ p. 297)を再度，見よう。海洋の大部分は深層水で占められています。この海水も含めて，約3200年で海水全体が入れ替(か)わる。その間に海水は1～2回程度全体が循環している。千年という期間で地球を考えるときには，海洋全体の影響を忘れないようにしないといけない。ぼくらに

とって千年は長い時間だから想像しにくいけれども，海洋にとっては一呼吸くらいの時間かも知れません。

共通テストに出るポイント！

《 深層水の大循環 》

グリーンランド沖→赤道→南極大陸付近 →インド洋と北太平洋
沈み込み　南下　西から東へ　北上・湧昇

海 流

深層の海水の動きは非常にゆっくりとした流れですが，表層の海水はどうなんだろうか？

図13のように，太平洋では北半球側に①→②→③→④の時計回り（右回り）の循環があります。南半球には反時計回り（左回り）の循環が形成されています。これらを**環流（亜熱帯環流，亜熱帯循環系）**といいます。

大西洋はどうだろうか？ 太平洋と同じように**北半球側に時計回り**，南

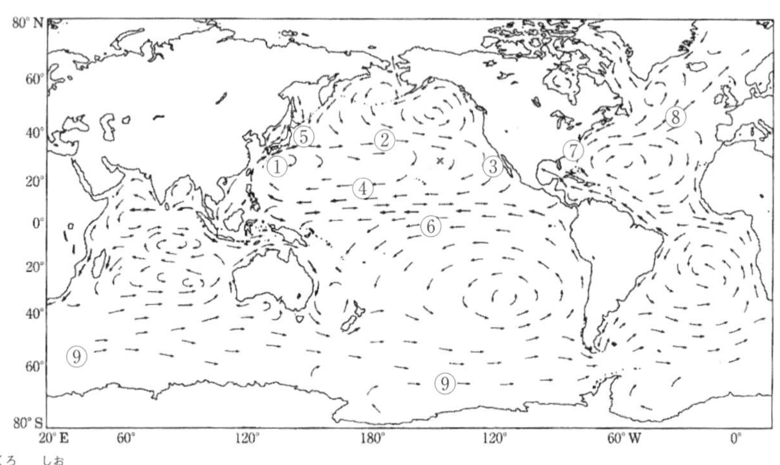

①**黒潮**　②**北太平洋海流**　③**カリフォルニア海流**　④**北赤道海流**
⑤**親潮**　⑥**南赤道海流**　⑦**湾流（メキシコ湾流）**　⑧**北大西洋海流**
⑨**南極周極流（南極環流）**　（理科年表　改）

図13　世界の海流（2月）

半球側に反時計回りの環流が流れています。

海流の向きと強さは，海上を吹く風と地球の自転の効果によって決まります。海流を生じさせる風は，貿易風や偏西風です。太平洋を例にすると，北東貿易風が吹いている海域には北赤道海流④が東から西へ流れています。南東貿易風が吹いている海域には，南赤道海流⑥が東から西へ向かって流れています。貿易風は，東か西かといえば，東から西へ吹いているので，この風の影響を受けて海流は東から西へ流れています。

偏西風が吹いている海域はどうだろうか？ 北半球では北太平洋海流②，南半球では南極周極流（南極環流）⑨が流れています。西から東へ吹く偏西風の影響を受けて，どちらの海流も西から東へ流れています。

海流と風を対応させると，図 14 のようになります。

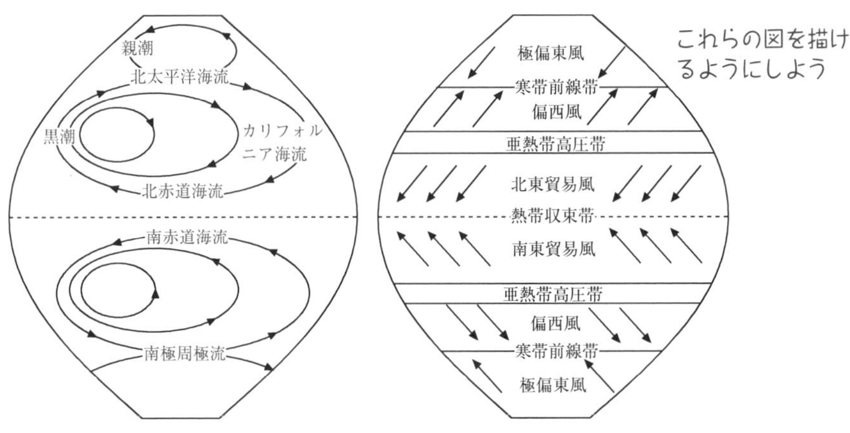

図 14　海流と地表付近の風系

たとえば，偏西風と北太平洋海流の関係を見ると，偏西風が吹いていく向きに北太平洋海流が生じているのではなく，その向きよりも右に偏って海流は流れています。

Q. 北半球で「右」に偏る。これと同じ現象がありました。何でしたか？

—— 第 7 回の図 22（→ p. 264）で大気の大循環が地球自転の影響を受けているという説明です。

大気と同様に，**海流も地球自転の影響を受けます。**そのため，風が吹いていく方向に海流は流れず，北半球では右へずれます。北東貿易風が吹いている海域を流れる北赤道海流についても図 14 で確認してください。

南半球も確かめよう。南東貿易風が吹いている海域では，左へずれて東から西へ南赤道海流が流れています。偏西風が吹いている海域では，左へずれて西から東へ南極周極流(なんきょくしゅうきょくりゅう)（南極環流(かんりゅう)）が流れている。これらも地球自転の影響を受けているね。

黒潮(くろしお)は，環流の一部をなす暖流ですが，その流れの速さは 2 m/s に達する場合もあります。一般的な海流の流速は数 10 cm/s だから，黒潮はその数十倍の速度で流れている。**環流の西側の海流の流速が大きい**という特徴は，太平洋に限らず，大西洋の湾流(わんりゅう)（メキシコ湾流）でも認められます。この流速の大きい海流が低緯度から高緯度へと熱エネルギーを輸送しています。第 7 回の図 8(→ p. 249) 中の海流のエネルギー輸送量を見ると，赤道から北緯 20° 付近までは大気によるエネルギー輸送量よりも海洋によるエネルギー輸送量の方が多くなっています。黒潮や湾流がその役割を担(にな)っています。

共通テストに出るポイント！

《 環流（亜熱帯環流，亜熱帯循環系）》

- 北半球で時計回り（右回り），南半球で反時計回り（左回り）。
- 北太平洋では北赤道海流 → 黒潮 → 北太平洋海流 → カリフォルニア海流 → 北赤道海流の循環。
- 環流の西側を流れる海流の流速は大きい。

日本列島付近の海流

日本列島付近の海流はどうかというと，次ページの図 15 のように，太平洋側を**黒潮**が北上(ほくじょう)し，**親潮**(おやしお)が東北地方の沖合(おきあい)まで南下(なんか)している。日本海では**対馬(つしま)海流**が北上し，**リマン海流**が大陸沿いに南下している。北半球では，北上する海流の水温は高く，南下する海流の水温は低いです。それで，北半球でいえば，北上する海流を暖流，南下する海流を寒流ともいいます。日本列島付近では，黒潮が暖流で，親潮が寒流です。

黒潮は図 15 のように，日本列島南岸で直線状に流れる時期と大きく蛇(だ)行(こう)する時期とを繰り返しています。黒潮は，台湾(たいわん)付近で太平洋から東シナ海に入り，南西諸島(琉球(りゅうきゅう)諸島)の北西側の東シナ海を流れ，九州付近まで達すると太平洋に出る流路を取っています。沖縄(おきなわ)の南方の太平洋を黒潮が流れていると勘違(かんちが)いしている人が多いので，気をつけてくださいね。沖縄の北の方を黒潮は流れているからね。

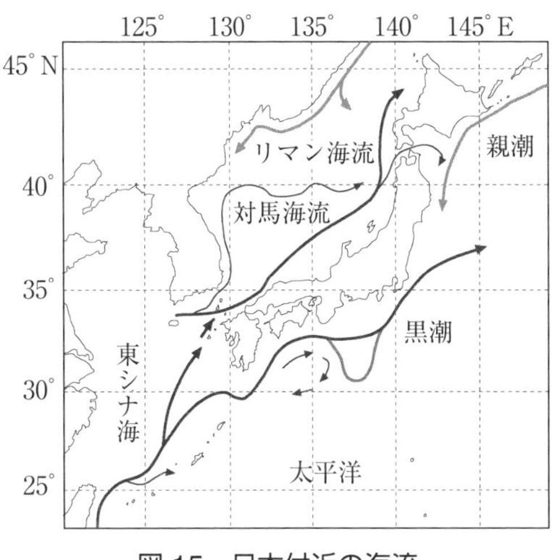

図 15　日本付近の海流

黒潮から分かれて，東シナ海から日本海へ流れる海流が対馬海流で，次回述べるように，日本列島の冬の気候に大きな影響を及ぼしています。

共通テストに出るポイント！

《 日本列島付近の海流 》

① 暖　流…黒潮：流速が大きい。
　　　　　対馬海流：日本列島の冬の気候に影響を与える。

② 寒　流…親潮，リマン海流。

今回は，地球上の水について学びました。前回の大気と今回の海洋は，切り離しては考えられない関係にあります。大気の大循環は降水量(こうすいりょう)や蒸発(じょうはつ)量にも影響を与えます。第 10 回のエルニーニョ現象も海洋と大気の相互作用です。大気と海洋との間にどのような関係があるのかをもう一度，思い起こしてください。

次回は日本列島の自然環境について講義します。

第9回 地球の環境(1)

日本の自然環境

今回は，地球の環境のうち，日本の自然環境についてです。大気の大循環，水循環，海流など，大気と海洋の知識を応用する分野です。

第1章 日本列島の気象と災害

中学理科の復習から始めようか。日本列島の四季の気象からだ。日本列島は，四季がはっきりしているといわれますが，実際には梅雨という東アジアに特有の時期もあり，春，梅雨，夏，秋，冬に分けて気候を考えるのが適切です。

気団と季節風

夏は蒸し暑い日が続き，冬は寒い日が続く。これは，温度や湿度など一定の性質を示す広大な空気の塊が日本列島近くにあって影響を及ぼしたり，日本列島を覆うからです。このような気温や湿度などの**性質がほぼ同じ空気の塊を気団といいます**。大規模な気団は地上の高気圧に対応し，日本列島に影響を及ぼす気団には，四種類があります。

日本列島に影響を及ぼす気団

冬のユーラシア大陸は太陽高度が低いために日射量が少なく，後で説明する**放射冷却**によって寒冷な気団が形成されます。これが**シベリア気団**で，北西からの冷たい季節風を日本列島にもたらす**シベリア高気圧**に対応します。

春や秋には偏西風の蛇行によって長江気団(揚子江気団)が大陸で形成され，**移動性高気圧**として日本列島上空を通過していきます。

梅雨の季節には，冷涼で湿潤な**オホーツク海気団**がオホーツク海付近に形成され，北東から冷たく湿った風を日本列島にもたらします。この時期に日本列島南方と北方の二本に分かれて流れているジェット気流が，オホーツク海上空で集まって，下降気流となって**オホーツク海高気圧**が形成されます。

ハドレー循環によって形成される亜熱帯高圧帯は，夏が近づくと温暖で湿潤な**小笠原気団**として南方から日本列島に張り出してきます。いわゆる**太平洋高気圧(北太平洋高気圧，小笠原高気圧)**です。

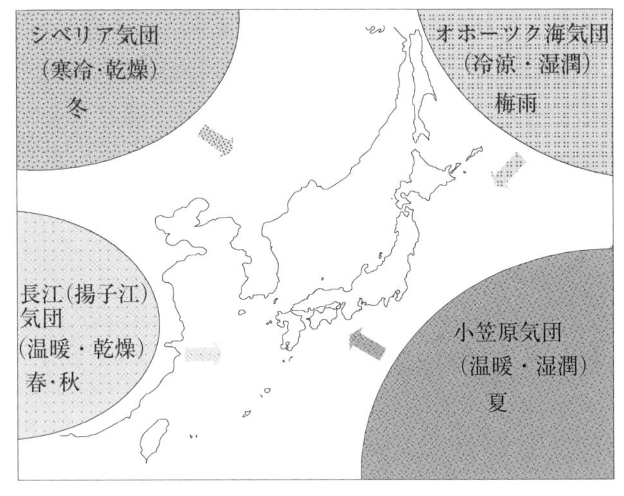

図1　日本列島の気候に影響を与える気団

図1にまとめたように，高緯度で形成されるシベリア気団とオホーツク海気団は寒冷で，中緯度で形成される長江気団と小笠原気団は温暖です。また，大陸で形成されるシベリア気団と長江気団は乾燥していますが，海を渡るときに水蒸気を供給され，性質が変化しやすい。一方，海洋で形成される小笠原気団とオホーツク海気団は，湿潤な空気を日本列島にもたらします。

共通テストに出るポイント！

《 日本に影響を与える気団 》

シベリア気団	シベリア高気圧	寒冷・乾燥	冬
小笠原(おがさわら)気団	太平洋高気圧	温暖・湿潤	夏・梅雨
オホーツク海気団	オホーツク海高気圧	寒冷・湿潤	梅雨
長江(ちょうこう)(揚子江(ようすこう))気団	移動性高気圧	温暖・乾燥	春・秋

放射冷却

前回講義したように，海洋に比べて**大陸は暖まりやすく，冷えやすい**。逆に，大陸よりも**海洋は暖まりにくく，冷えにくい**。地表からは，常に赤外線が放射され，エネルギーが失われています。太陽放射が入射(にゅうしゃ)しない夜間(やかん)に，赤外放射によって地表の気温が低下します。これを**放射冷却**(ほうしゃれいきゃく)といい，日本列島では，移動性高気圧に覆(おお)われ，風が弱く，晴れた夜間に生じやすい。晴れているため，空気中に温室効果ガスの水蒸気(すいじょうき)が少なく，地表から放射された赤外線はほとんど大気に吸収されず，宇宙空間へと放射され，その結果，夜間に地表付近の気温が低下します。

季節風

さて，冬のユーラシア大陸では日射量が減少し，放射冷却によって寒冷な気団(高気圧)が形成されます。これがシベリア気団(シベリア高気圧)で，大陸から日本列島に向かって冷たい北西の季節風をもたらします。

夏は，強い日射によって大陸は暖められ続け，高温になった大陸に低圧部が生まれます。この低圧部に向かって亜熱帯高圧帯の小笠原気団の湿った暖かい空気が流れ込みます。

次ページのポイントにまとめたように，**大陸と海洋の間で夏と冬に気圧配置が逆転**し，逆向(ぎゃくむ)きの風が吹きます。この風を**季節風**(きせつふう)といい，面積の広い大陸ほどその規模が大きくなります。日本列島はこのような季節風の影響を受けやすい地理的な位置にあります。

共通テストに出るポイント！

《 季節風 》

- 夏…海洋(低温・高圧部)から大陸(高温・低圧部)へ。
- 冬…大陸(低温・高圧部)から海洋(高温・低圧部)へ。

日本列島の気象と災害

日本列島の気候に影響を及ぼす気団や季節風については述べたから，次は，各季節の特徴です。日本列島の冬の気象から始めよう。「地学基礎」では，気象災害についても学ぶので，これも織(お)り交(ま)ぜて話をしよう。

冬

次ページの図2の天気図のように，冬のユーラシア大陸には**シベリア高気圧**があり，北海道東方には発達した温帯低気圧があります。**日本列島付近では，等圧線が南北に縦縞(たてじま)模様**になっています。これが冬に見られる典型的な西高東低の気圧配置です。**日本列島の西方が高圧，東方が低圧になっているので，西高東低の気圧配置といいます。北西の季節風**が吹き，日本海側は雪，太平洋側は晴れの日が続きます。

Q. 図1に示したように，シベリア気団は寒冷で乾燥した空気を北西の季節風とともに運んできます。大陸では乾燥しているのに，なぜ日本海側に多くの雪を降らせるのだろうか？

―― 日本海を渡るうちに，水蒸気を供給されるからです。

前回，日本列島周辺の海流について講義をしました。このうち，日本海を流れている**対馬(つしま)海流**が，冬の日本海側の降雪(こうせつ)の原因です。

大陸から吹き出す乾燥した季節風と対馬海流の温度差は30℃以上に達します。吹き渡る季節風にとって，日本海はお湯のような存在です。対馬海流によって下層から暖められ，水蒸気を大量に供給された大気は，積雲(せきうん)の列を形成します。衛星画像で見られる**季節風の吹き出しに伴う筋(すじ)状の雲**です(次ページ，図3)。日本海を渡るうちに，積雲は積乱雲(せきらんうん)へと発達し，日本海側に雪をもたらします。積乱雲だから，雷も多く発生します。日本海に面した地方では，雷の季節といえば冬です。

図２の天気図のようなときは，図４のように山に雪が多く降ります。寒冷で乾燥した季節風が対馬海流から熱と水蒸気の供給を受けて湿潤な空気に変質（へんしつ）し，日本海側で雪を降らせ，山脈を越えて太平洋側に出ると，乾燥した冷たい風が吹きます。暖かい黒潮（くろしお）が流れる海域では，再び蒸発が盛んになって筋状（すじじょう）の積雲の列が形成されます。このように，**冬季，海洋からの蒸発量が日本列島付近では非常に多くなります**。同時に，蒸発した水蒸気が凝結して雲をつくるので，大量の凝結熱（潜熱（せんねつ））も大気に供給されています。

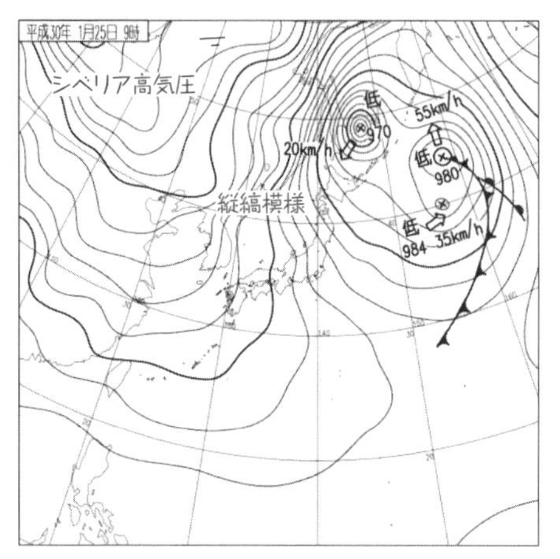

図２　冬の天気図（出典　気象庁）

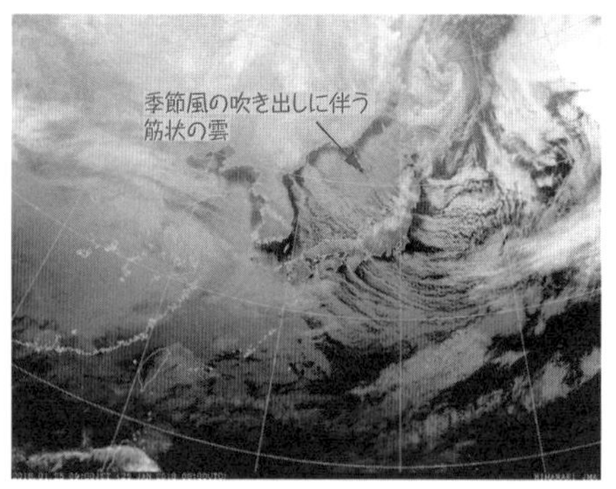

図３　冬の衛星画像（出典　気象庁）

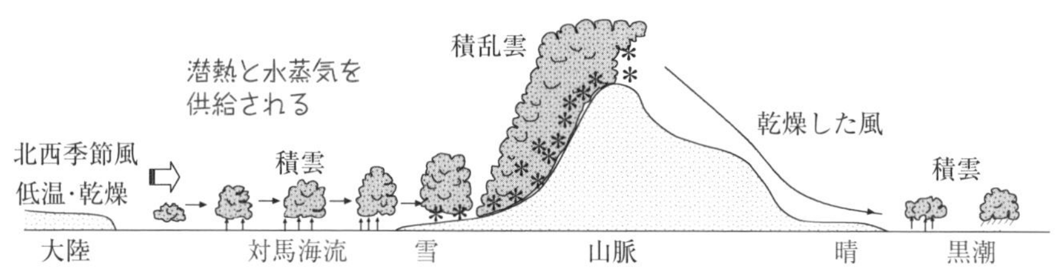

図４　冬の日本列島の気象

共通テストに出るポイント！

《 冬の気象 》

- 西にシベリア高気圧，東に温帯低気圧（西高東低の気圧配置）。
- 対馬海流から熱と水蒸気の供給を受けて季節風が変質する。
- 日本海側は雪，太平洋側は晴。

冬の終わり，ちょうど共通テストの頃，日本海側よりも太平洋側で多くの積雪があり，関東地方などで交通機関が乱れる日が多くなります。12月下旬の冬至の日を過ぎると，北半球の日射量が多くなり，シベリア高気圧が弱まるとともに，偏西風帯が北上し，温帯低気圧が日本南岸を通過するようになります。

次の図5は2014年2月14日から19日にかけて関東・甲信地方や東北地方の太平洋側で大雪が降り，交通の途絶によって多くの集落が孤立したときの天気図です。14日に沖縄付近で1010 hPaだった低気圧が，日本列島の南岸に沿って**気圧が低下しながら発達**し，16日には994 hPaとなって北海道の南東沖に到達しています。

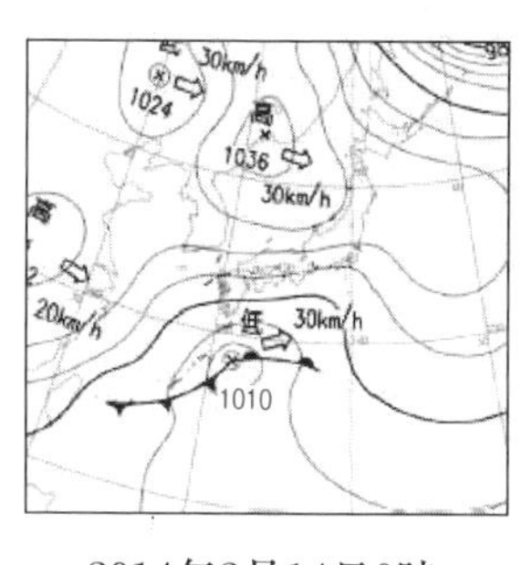

2014年2月14日9時

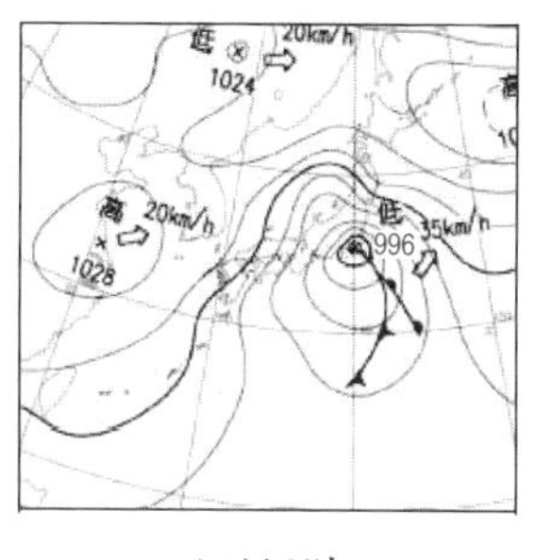

15日9時

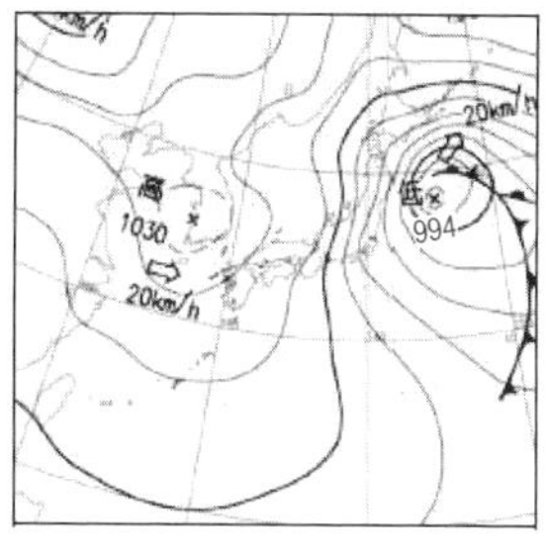

16日9時

図5　太平洋側の雪　（気象庁）

共通テストに出るポイント！

《 冬の終わりの気象 》

- 南岸を通過する温帯低気圧によって，太平洋側で雪が降りやすい。

☀ 春

春になり，北半球の日射量が増えると，熱帯収束帯や亜熱帯高圧帯が北上するとともに，大陸ではシベリア高気圧が衰え，偏西風にのって温帯低気圧が日本海上空を進むようになります。図６に示した左の天気図のように，日本海で温帯低気圧が急速に発達すると，南寄りの暖かく強い風が日本列島に吹き込みます。立春以降に最初に吹くこのような風を**春一番**といい，日本海側では**フェーン現象**によって気温が上昇し，雪どけによるなだれや河川の増水が生じる場合があります。日本海にある低気圧に向かって太平洋側から水蒸気を多く含んだ空気が山脈を越えると，風上側（太平洋側）で雨や雪を降らせ，風下側（日本海側）には乾燥した空気が吹き降り，日本海側の気温が上昇する現象がフェーン現象です。

このように日本付近を発達した温帯低気圧が進むと，全国的に荒れた天気になります。**春の嵐**が吹き荒れ，寒冷前線に伴う積乱雲によって突風，竜巻，雹など，短時間に大きな被害が生じる場合もあります。

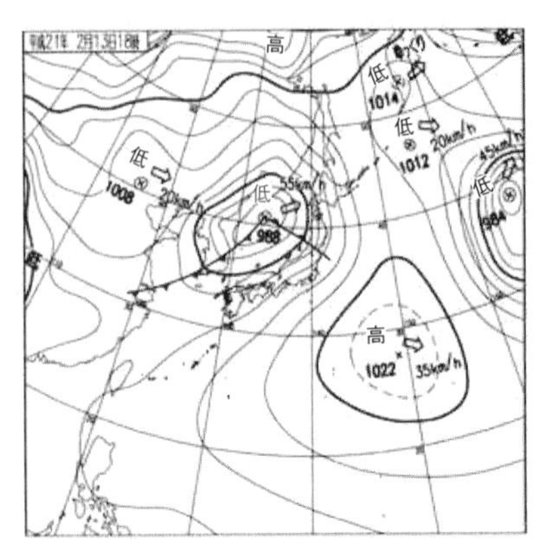

春一番とフェーン現象

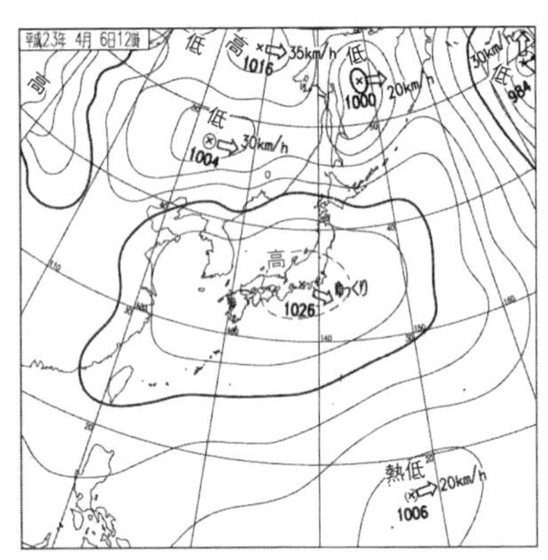

移動性高気圧

図６　春の天気図　（気象庁）

春になると，温帯低気圧と移動性高気圧が交互に日本列島上空を通過し，３～５日周期で天気が変化するようになります。図６右図のように，日本列島が広く移動性高気圧に覆われると，夜間の**放射冷却**によって地表の気温が下がって**遅霜**が発生し，農作物に被害が出る場合があります。

また，この頃は**黄砂**(こうさ)が大陸から飛来(ひらい)する時期です。図７のように，３月～５月にかけて黄砂が観測される日が多い。冬の間はシベリア高気圧に覆われて穏やかな天候が続いていた大陸内部でも，春になると偏西風帯となって，強い風が吹くようになります。このときに巻(ま)き上げられた細かい砂塵(さじん)が上空の風に乗って日本列島にまでやって来る。

最近では，自然的要因に加えて，中国内陸部の過放牧(かほうぼく)や耕地(こうち)の拡大，森林破壊などの**人為的要因による砂漠化の進行が黄砂の発生回数や被害を増大させている**という報告もあります。黄砂はおもに西日本で顕著(けんちょ)でしたが，最近では東北地方のこのあたりでも黄砂が見られる日が多くなったような気がします。近くの山がかすむと，黄砂だとわかる。

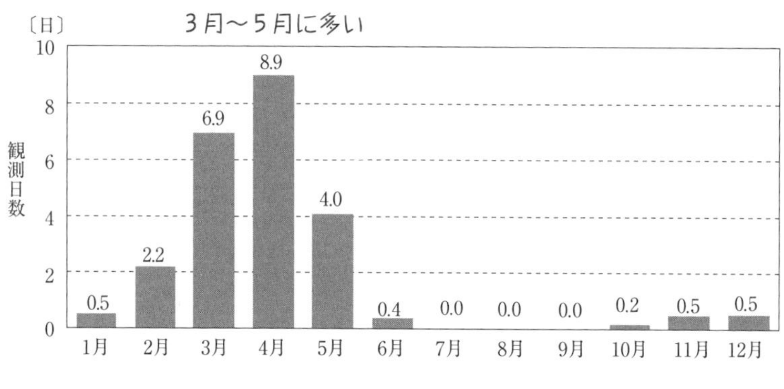

図７　月別黄砂観測日数

共通テストに出るポイント！

《 春の気象 》

- 温帯低気圧と移動性高気圧が交互に通過する。
- 春の嵐(あらし)（春一番）…日本海を発達した低気圧が通過。
- 移動性高気圧…放射冷却によって遅霜(おそじも)が降りる場合がある。
黄砂(こうさ)が中国から運ばれてくる。

梅　雨

偏西風帯が北上してくると，ジェット気流がチベット高原やヒマラヤ山脈付近で二つに分かれるようになります。川の中に岩が出ていると，それによって水の流れが二手に分かれるのと同じような現象です。この分かれたジェット気流が合流するのがオホーツク海の上空です。上空で集まった空気は下降気流となって地表付近にはオホーツク海高気圧が形成されます。

その頃，亜熱帯高圧帯，つまり太平洋高気圧（小笠原高気圧）も日本列島のすぐ南にまで北上していて，これら二つの高気圧の間に**停滞前線**が形成され，日本列島南岸付近に東西にのびます。図８中の**梅雨前線**です。ヒマラヤ山脈が原因だから，梅雨はその風下側の東アジアに特有の季節で，ジェット気流がさらに北上して，ヒマラヤ山脈の北方まで移動して一本にまとまると，オホーツク海高気圧は消え，梅雨が明けます。

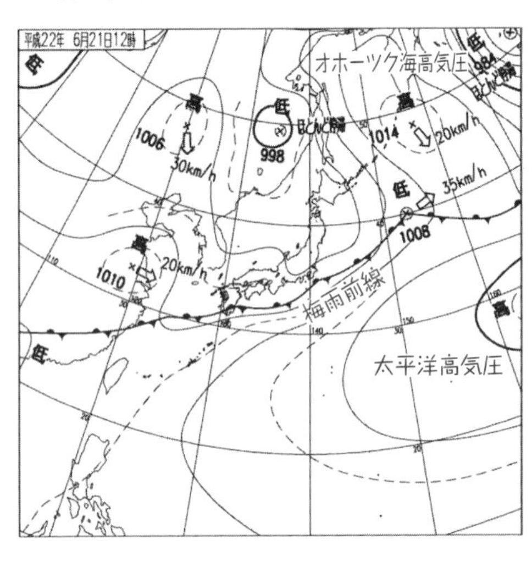

図８　梅雨期の天気図　（気象庁）

オホーツク海気団は冷涼・湿潤，小笠原気団は温暖・湿潤な性質です。両者とも海洋で発達するので，水蒸気を多く含み，梅雨前線や前線上にある低気圧によって雨の季節が続きます。

関東から西日本にかけての梅雨と東北地方の梅雨は，雨の降り方が少し異なります。東北地方はオホーツク海高気圧の影響が強いので，肌寒く，陰鬱なシトシトとした雨が降り続きます。一方，西日本では，太平洋高気圧の影響が強いので，強い雨がザーッと降ってきます。梅雨末期になると，発達した積乱雲によって**集中豪雨**が発生する場合があります。西日本では，１年間の降水量の多くがこの時期に集中しています。通常の年は，梅雨の時期にかなりの降水がもたらされ，水不足の心配はありませんが，太平洋高気圧の勢力が強く，梅雨が早く明けると，**空梅雨**といって，西日本では**水不足**になりやすい。

いつまでもオホーツク海高気圧が居座って，なかなか梅雨が明けず，寒い夏，つまり**冷夏**になる場合があります。北東の海の方から，黒い雲が低く流れ込み，ストーブをもう一度出したくなるくらい寒い。

梅雨末期に生じやすいのが集中豪雨です。東北地方に住んでいると，梅雨末期がわかりにくいのに対して，西日本では，梅雨が明ける頃には雷を伴った雨が多くなります。そろそろ梅雨も終わるのがわかります。その際，次々と積乱雲が通過して数時間にわたって強い雨が降り，1時間に50 mm以上，時には数百mmの集中豪雨が降ります。集中豪雨に伴って土石流が発生したり，河川が増水し，洪水の被害が生じる場合もあります。

共通テストに出るポイント！

《梅雨の気象》

- オホーツク海高気圧と太平洋高気圧の間に梅雨前線が東西にのびる。
- 集中豪雨が発生する場合がある。
- 梅雨が長びくと冷夏，梅雨の期間が短いと水不足をもたらす。

夏

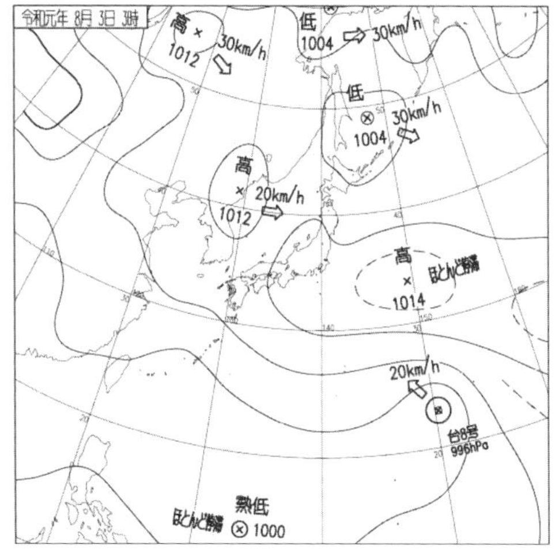

図9　夏の天気図　　（気象庁）

太平洋高気圧の勢力が強くなり，梅雨前線が北上して消え，梅雨が明けると，梅雨明け十日といって，晴天の日がしばらく続きます。

太平洋高気圧は，ハドレー循環によって形成される亜熱帯高圧帯の高気圧です。この頃，偏西風帯は日本列島よりも北方にあり，日本列島は亜熱帯高圧帯下にあります。

日本列島は太平洋高気圧

(小笠原気団)に覆われ，強い日射によって日中の気温が高くなり，全国的に暑い日が続きます。前ページの図９では，太平洋高気圧が東の方から日本列島を広く覆っています。

夏には，日本列島付近では南に高圧部，北に低圧部があり，**南高北低**の気圧配置になる傾向があります。日本列島には，南の海上で水蒸気の供給を受けて湿った暖かい風が流入し，強い日射によって上昇気流が発生，積乱雲が発達して**雷雨**(らいう)による集中豪雨が局地的に発生する場合もしばしばあります。

共通テストに出るポイント！

《 夏の気象 》

- 太平洋高気圧(小笠原気団)に覆われ，蒸し暑い日が続く。
- 南高北低の気圧配置になりやすい。
- 積乱雲が発達して，雷雨。

夏の季節を題材にした考察問題を一つ解いてもらおうか。仮説や追加実験という共通テストの特徴的な問題です。

問題１　打ち水の効果

打ち水は，日本の夏の風物詩である。ある高校の地学部では，夏休み中に，風の弱いよく晴れた日を選んで，打ち水の効果(水まきによる冷却の効果)を調べる実験を行った。１時間ごとに，水平なアスファルト面の一部に水まきをして，ぬれた部分と乾燥した部分の表面温度を測定した。水まきをしたのち数分が経過して表面温度の変化が小さくなってから測定値をノートに記録した。その結果を次ページの図１に示す。

また，同時に，太陽高度(日射と水平面のなす角)と，日射の方向に垂直な面に入射する単位面積あたりの日射エネルギー(**S**)を部員が交代で測定した。太陽高度と **S** を測定する面の説明を次ページの図２に，測定結果を図３に示す。

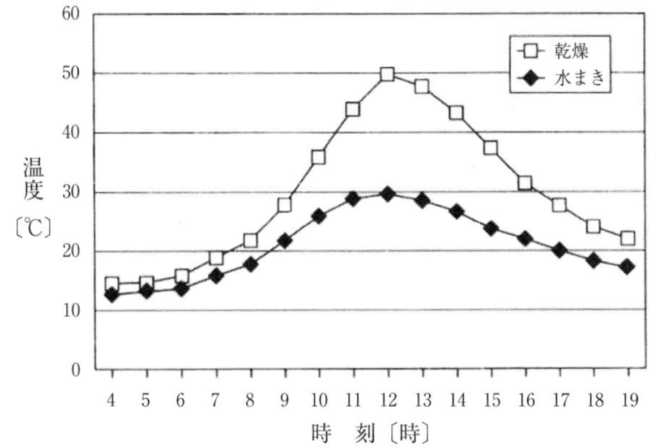

図１　条件を変えて測定したアスファルト面の温度の変化

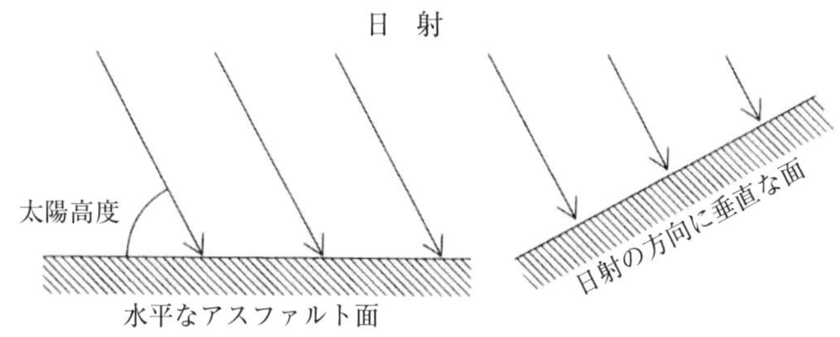

図２　太陽高度と **S** を測定する面の説明図

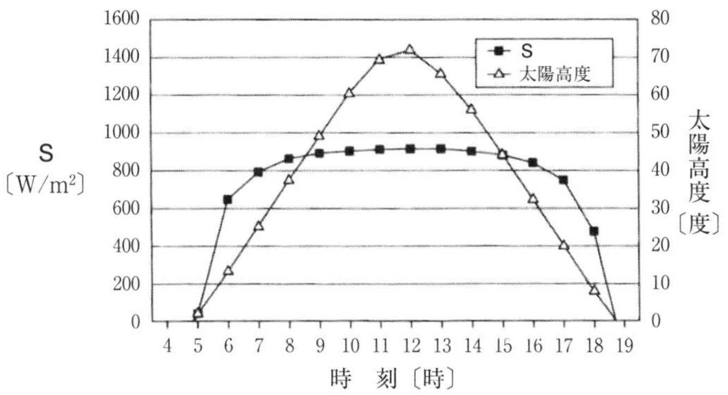

図３　太陽高度と **S** の測定結果

第9回
地球の環境(1)

問1　前ページの図1と図3に示された測定結果について述べた文として最も適当なものを，次の ① ～ ④ のうちから一つ選べ。 **1**

① 太陽高度が同じであっても，午前に比べて午後の方が乾燥したアスファルト面の温度が高いのは，アスファルトが熱を蓄える性質と関係がある。

② 水平なアスファルト面が吸収する単位面積あたりの日射エネルギーは，**S** とアスファルト面の日射の吸収率(入射エネルギーに対する吸収されるエネルギーの割合)との積で求められる。

③ 太陽高度が低いときに **S** が小さくなるのは，日射が大気中を通過する距離とは無関係である。

④ 乾燥したアスファルト面の温度は，12時に最高になったが，乾燥した面と水まきした面との温度差は14時に最大になった。

問2　前ページの図1に示された結果について，以下の仮説を立てた。

［仮説］

Ⅰ　日中にアスファルト面の温度が上がるのは，日射エネルギーが吸収されたためであろう。

Ⅱ　水まきによってアスファルト面の温度が下がるのは，吸収されたエネルギーの一部が水の蒸発に使われるためであろう。

これらⅠ・Ⅱの仮説を確かめるため，いくつかの追加実験を計画し，それらの結果を予想した。上の仮説から予想される実験結果として**適当でないもの**を，次の ① ～ ④ のうちから一つ選べ。なお，すべての実験は，風速，気温，日射量の条件が等しいときに行うものとする。

2

① この実験を行った日より湿度の高い日に実験を行うと，水まきされたアスファルト面の温度は湿度の低い日の実験に比べて低くなるであろう。

② 乾燥したアスファルト面に対して日射をさえぎる実験を行うと，アスファルト面の温度は日射を当てた場合に比べて低くなるであろう。

③ 乾燥したアスファルト面に白い塗料を塗って，日射の反射率を高めた実験を行うと，アスファルト面の温度は塗料を塗らない場合に比べて低くなるであろう。

④ 水の代わりに，ほとんど蒸発しない透明な食用油をまく実験を行

うと，油がまかれたアスファルト面の温度は，水をまいた場合に比べて高くなるであろう。　（センター試験改題）

問 1　一つ一つの選択肢を吟味していこう。

①　「太陽高度が同じであっても，午前に比べて午後の方が乾燥したアスファルト面の温度が高い」が事実であるかどうか？　次の図 10 のように，例えば，9 時と 14 時半頃の太陽高度は，50° で同じです。これらの時刻の乾燥したアスファルト面の温度は，図 11 のように，9 時が約 27℃，14 時半頃が 40℃で，午後の方が高い。**一つだけでは，偶然かもしれない**ので，別の時刻でも確かめてみよう。10 時と 13 時半頃の太陽高度は，問題の図 1 では 60° で同じです。10 時の温度は約 36℃，13 時半の温度は約 46℃で，午後の方が高い。太陽高度が同じ，つまりアスファルト面が吸収するエネルギーが同じであっても，温度は午後の方が高い。これは，午前から午後にかけてアスファルト面が日射のエネルギーを蓄え続けているので温度が上昇していると考えられます。したがって，この選択肢が正解です。

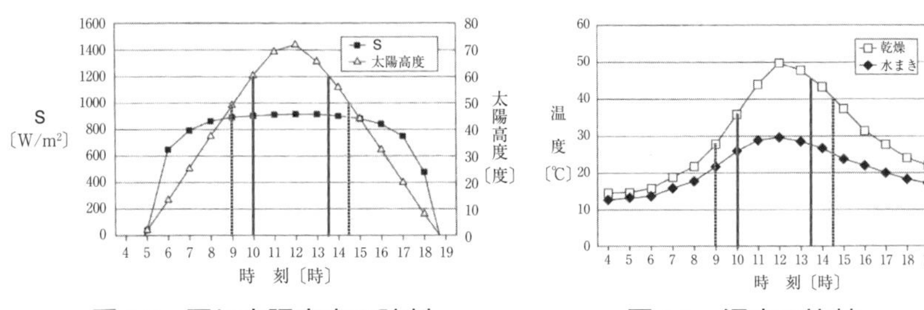

図 10　同じ太陽高度の時刻　　**図 11　温度の比較**

②　第 7 回の図 3(→ p. 238)を見てください。日射の方向に垂直な面に日射が当たっている場合に比べ，問題の図 2 の水平なアスファルト面のように，日射が斜めから当たる場合は，同じ面積の日射の吸収量は少なくなります。**S** は日射の方向に垂直な面で測定した値であるのに対して，水平なアスファルト面が吸収する日射エネルギーは，太陽高度によって変化する。だから，アスファルト面が吸収する日射エネルギーは，太陽高度も加味しないといけない。したがって，この選択肢は適当ではない。

③　問題の図１のように，太陽高度が低いときに**S**は小さくなっています。日射が大気中を通過する距離は，図 12 のように，朝方や夕方の方が，お昼頃よりも長いです。この距離がどのように関係するのか？　今度は，第７回の図６(→ p. 243)を見てください。日射は大気を通過する間に「大気と雲による吸収」や「大気による反射」を受けます。大気を通過する距離が長いとこれらの影響によって，地表に到達する日射量は減少します。無関係ではないので，この選択肢は適当ではない。

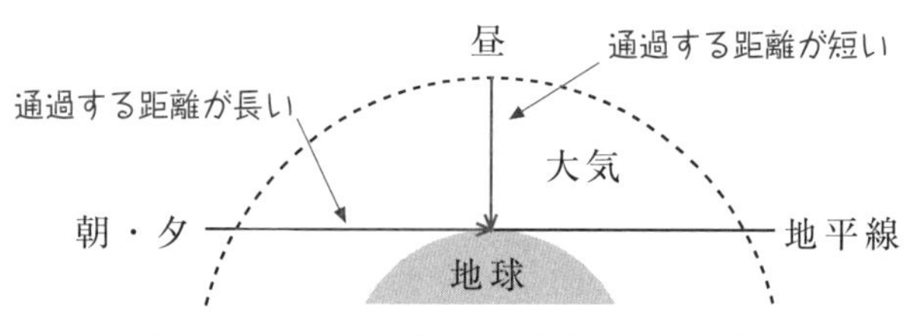

図 12　大気中を日射が通過する距離

④　問題の図１のように，乾燥したアスファルト面の温度は，12 時に最高になっています。だから，選択肢のこの部分は正しいです。次に，乾燥した面と水まきした面との温度差が最大になった時刻は，12 時から 13 時頃です。その温度差は約 20℃です。一方，14 時では，15℃程度の温度差です。したがって，この選択肢は適当ではない。

問２　この問いも，一つ一つの選択肢を吟味していこう。仮説(かせつ)を立てる。それを確かめる追加実験をする。こういう類(たぐい)の問題は共通テストでは特徴的に出題されます。

①　洗濯物(せんたくもの)が乾きやすいかどうかと同じことを考えればいい。湿度が高い日には，湿度が低い日に比べると洗濯物は乾きにくい。これは，湿度が低い日の方が洗濯物から水が蒸発しやすいからです。だから，湿度の高い日に実験を行うと，水まきされたアスファルト面から水が蒸発しにくく，アスファルト面から奪われる蒸発熱が少ないので，アスファルト面の温度は，湿度の低い日の実験に比べて高いと考えられます。したがって，この選択肢は適当ではないので，正解ですね。

②　乾燥したアスファルト面に対して日射をさえぎる実験を行うと，ア

スファルト面では日射を当てた場合に比べて，吸収する日射のエネルギーが減るので，温度は低くなると考えられる。したがって，この選択肢は適当です。

③　乾燥したアスファルト面に白い塗料（とりょう）を塗（ぬ）って，日射の反射率を高めた実験を行うと，アスファルト面が吸収する日射のエネルギーが少なくなるので，塗料を塗らない場合に比べてアスファルト面の温度は低くなると考えられます。したがって，この選択肢は適当です。

④　水の代わりに，ほとんど蒸発しない透明な食用油（しょくようあぶら）をまく実験を行うと，蒸発によってアスファルト面から奪われる熱が少ないので，油がまかれたアスファルト面の温度は，水をまいた場合に比べて高くなると考えられます。したがって，この選択肢は適当です。

それぞれの選択肢に，下線を引いた部分のように，自分なりに理由をつけ加えて文章を完成させると，適当かどうかの判断に役立ちます。

【問題１・答】 1 －①　 2 －①

台　風

夏の後半になると，太平洋高気圧が南下し，その縁（ふち）を回るように，台風が北上（ほくじょう）してきます。**８月後半から９月前半は，台風が日本列島に上陸しやすくなります**。

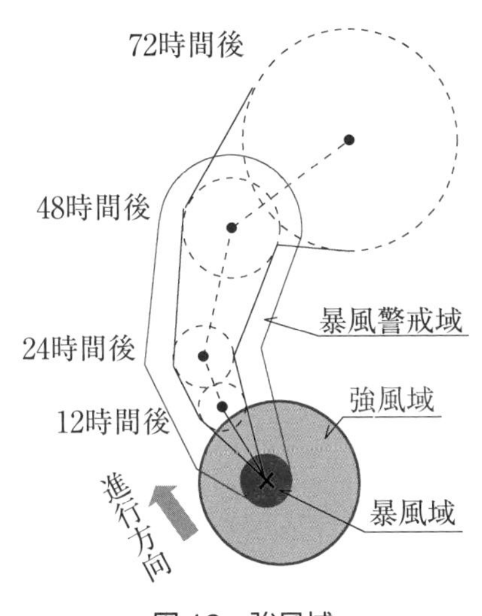

図 13　強風域

台風の風は，台風の進行方向右側が強く，天気予報のときに，注意して画面を見ると，図 13 のように，平均風速 15 m/s 以上の強風域（きょうふういき）が台風の進行方向右側に広く広がっています。×印の台風の中心と強風域の円の中心が一致していない点に注目してください。台風の進行方向右側に強風域が広がっているので，東北地方の場合，日本海側を台風が通過するときに風が強くなる傾向があるね。

台風の接近に伴って**気圧が低下し，つまり，大気が海水面を抑えつける力が小さくなり，海水面が上昇するとともに，強い風によって高波が生じ，沿岸部で浸水被害が生じる場合があります。これを高潮といいます。満潮**の頃には，海水面が高くなっているので注意が必要です。また，新月と満月の頃は大潮といって，海水面がふだんの満潮よりも高くなり，特に警戒が必要です。

台風に関しては，気象衛星や気象レーダーによる観測に加え，コンピューターによる数値予報の精度が上がって，避難が早くできるとともに，堤防やダムなどの治水対策も整備され，防災に役立っています。

共通テストに出るポイント！

《台　風》

- 8月後半～9月前半に日本列島に上陸しやすい。
- 台風の進行方向右側で風が特に強い。
- 高　潮…強風による海水の吹き寄せ，気圧低下による海面上昇。

秋

太平洋高気圧がハワイの方へ南下し，大陸から冷涼な高気圧が南下してくると，図14のように，日本付近には**秋雨前線**が横たわり，**秋雨**の季節になります。この頃に，台風が北上してくると，台風が日本列島から離れていても，台風の湿った空気が秋雨前線を刺激して大雨になる場合があります。

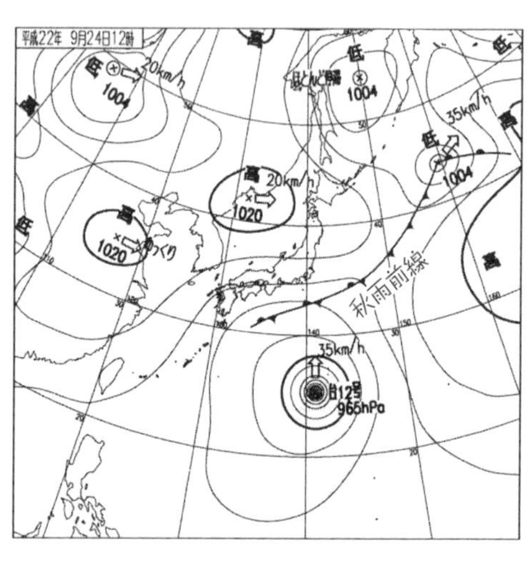

図14　台風と秋雨　（気象庁）

10月中旬になると，秋雨前線は南下し，日本列島上を温帯低気圧と移動性高気圧が次々と通過し，周期的に天気が変化するようになります。春に比べると，偏西風の流れが弱いので，移動性高気圧に覆われる期間が長く，**秋晴れ**が続きます。やがて，大陸にはシベリア高気圧が形成され，一時的に西高東低の冬の気圧配置になると，強い北風が吹きます。これが**木枯らし**です。

共通テストに出るポイント！

《 秋の気象 》

- 秋雨の後，温帯低気圧と移動性高気圧が交互に通過する。
- 木枯らしが吹き始め，冬へと移行する。

都市気候

日本列島は，大気の大循環や海流の影響を受けて四季折々の気象が明瞭な地域です。最近では，この自然現象に加えて，人間の活動が気象に影響を及ぼすようになってきました。その中でも，都市気候とよばれる特有の気候について述べておきます。

ヒートアイランド現象

都会は，アスファルトに覆われた道路やコンクリートのビル群が広がり，緑地や水面が少ない。そのために，地表の熱を奪って蒸発する水が少ない。また，高層ビルは，風の流れを妨げ，熱の輸送量を減らします。さらには，排気ガスなどによって温室効果も強まっています。このため，昼間に蓄えられた太陽の熱が夜間に放出されて気温が高くなります。このように**都市部の気温が周辺地域に比べて相対的に高くなる現象がヒートアイランド現象です**。気温分布を地図上に示すと，島(アイランド)のように高温の地域が都市部に現れるので，ヒートアイランド現象といわれます。

特に，夏季には夜間の最低気温が25℃以上の**熱帯夜**の日数が増加したり，日中には熱中症で搬送される人が増加したりします。たとえば，東京では，この100年間で3℃も平均気温が上昇し，一年を通じて周辺地域よりも気温が高くなっています。

都市型水害

ヒートアイランド現象は，気温のみならず，降水にも影響を与えます。都市が高温になると，上昇気流が発生しやすく，大気汚染物質(たいきおせんぶっしつ)が凝結核(ぎょうけつかく)となって雲が発生しやすくなります。特に夏季には，突然，積乱雲が発達し，狭い範囲に，短時間に**集中豪雨**をもたらします。都市の地表は先ほど述べたように，アスファルトやコンクリートで覆われているため，大量の雨は行き場を失い，下水(げすい)として処理しきれずに道路に溢(あふ)れ，洪水(こうずい)が生じる場合があります。これを都市型洪水とよぶ人もいます。

共通テストに出るポイント！

《《 都市気候 》》

ヒートアイランド現象…都市部の気温が周辺地域に比べて相対的に高くなる現象。

都市化の影響を具体的な事例で考えてみよう。調査方法に関する問題も含まれています。

問題２　都市気候

都市化の影響について調べるため，日本の二つの都市ＸとＹの年平均気温データを利用して次ページの図１に示したグラフを作成した。両都市の年平均気温の年々の上下変動パターンは［ ア ］。一方，年平均気温の長期的変化の傾向を示す直線は，最初，都市Ｘの方が低温であったが，［ イ ］年代にその関係が逆転している。この直線の傾きから計算すると，この間の年平均気温の上昇率は，都市Ｘの方が都市Ｙのおよそ［ ウ ］倍である。

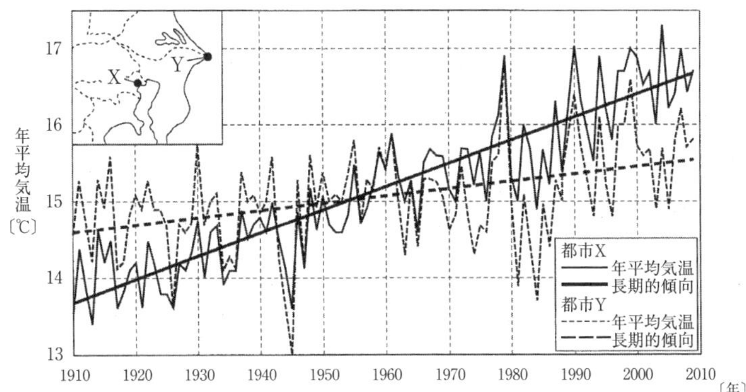

図1　都市Xと都市Yにおける年平均気温の変化とその長期的変化

問1　前ページの文章中の［ア］・［イ］に入れる語句と数値の組合せとして最も適当なものを，次の ① ～ ④ のうちから一つ選べ。［3］

	ア	イ
①	ほぼ一致している	1940
②	ほぼ一致している	1950
③	一致していない	1940
④	一致していない	1950

問2　前ページの文章中の［ウ］に入れる数値として最も適当なものを，次の ① ～ ④ のうちから一つ選べ。［4］

①　0.3　　②　0.6　　③　1.6　　④　3.2

問3　両都市の平均気温の上昇傾向は，都市化の影響であるという意見が出された。都市XとYについて，都市化の進み方を調べる項目として**適当でないもの**を，次の ① ～ ⑤ のうちから一つ選べ。［5］

①　両都市の面積に占める農地面積の割合
②　両都市の面積に占める高層ビルの建築面積の割合
③　両都市に占める舗装道路の割合
④　両都市の人口密度
⑤　両都市の日の出から日の入りまでの時間

問4 都市Xでは，近年，夏季の熱中症患者が増加している。この原因が夏の気温上昇であるという仮説をたてた。次の図2に，都市Xの7～8月の1時間ごとの気温の平均値を示した。この図に示された平均気温(以下，気温と表す)の特徴や変化として適当なものを，下の①～⑤のうちから**二つ**選べ。ただし，解答の順序は問わない。なお，図中の○は1980年代前半(1980～1984年)の平均値，●は2000年代前半(2000～2004年)の平均値をあらわす。

6・**7**

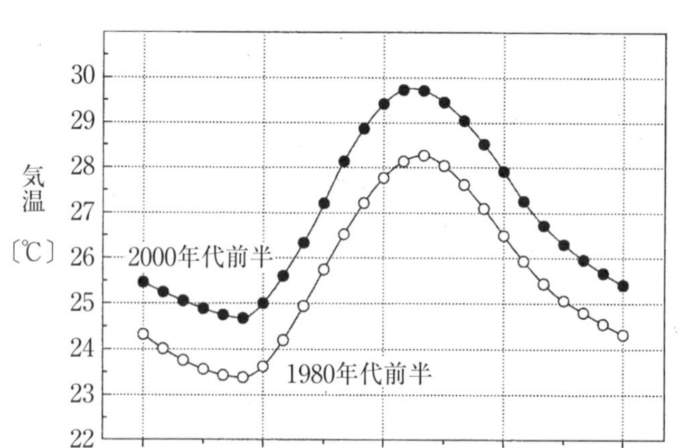

出典：野上道男編『環境理学―太陽から人まで―』より改変

図2　都市Xの7～8月の1時間ごとの気温の平均値

① 2000年代前半には，一日のうち気温が28℃以上となる時間の長さが，1980年代前半の5倍以上になった。

② 1980年代前半の午後3時の気温は，2000年代前半の午後6時の気温にほぼ等しい。

③ 気温の最高値を記録しているのは，1980年代前半でも，2000年代前半でも，太陽が南中する時刻である。

④ 1980年代前半の午前5時の気温は，2000年代前半の午前5時の気温にほぼ等しい。

⑤ 気温の最高値と最低値の差を1980年代前半と2000年代前半とで比べると，その違いは1℃以下である。(センター試験　改題)

問 1 [ア] は，一目瞭然ですね。年平均気温を表す折れ線グラフは，二つの都市で同じように上昇と下降を繰り返しています。したがって,「ほぼ一致」しているという語句が入る。

[イ] 長期的変化の傾向を示す直線を見ると，1910 年の時点では，都市 X では約 13.7℃，都市 Y では約 14.6℃なので，都市 X の方が気温は低かった。その関係が逆転するのは，両方の都市の長期的変化の傾向を表す直線が交わるところだから，1954 年頃です。したがって，正解の組合せは「ほぼ一致している，1950」の ② になります。

問 2 横軸が「年」で, 縦軸が「℃」で表されている直線の傾きだから,「℃ / 年」で表される気温上昇率を求める計算をすればいいですね。1910 年の時点では，都市 X では約 13.7℃，都市 Y では約 14.7℃だったものが, 2009 年には, 都市 X では約 16.6℃, 都市 Y では約 15.6℃に上昇しています。1910 年から 2009 年の 100 年間で都市 X では 2.9℃，都市 Y では 0.9℃上昇しているので，1 年当たりの上昇率を計算すると，次のようになります。

$$\text{都市 X}\quad \frac{(16.6-13.7)\ ℃}{100\ \text{年}} = \frac{2.9℃}{100\ \text{年}} = 0.029℃\ /\ \text{年}$$

$$\text{都市 Y}\quad \frac{(15.6-14.7)\ ℃}{100\ \text{年}} = \frac{0.9℃}{100\ \text{年}} = 0.009℃\ /\ \text{年}$$

したがって,

$\frac{0.029}{0.009} \fallingdotseq 3.2$ 倍になります。正解は，④ です。

問 3 調査方法に関連する問題です。都市化は人間の活動によって生じた現象です。それに対して，⑤ の「両都市の日の出から日の入りまでの時間」は, 自然現象なので, 都市化によって変わったりはしない。したがって，都市化の進み方を調べる項目としては不適当です。他の選択肢は，都市化と関係する内容が述べられているので適当な項目です。したがって，⑤ が正解です。

このように,「地球の環境」の分野では，自然現象と人間の活動によって生じている現象を区別することが重要です。

ステップアップ！

「地球の環境」では，自然現象と人間の活動による現象を識別する。

問 4 共通テストの場合，いくつの選択肢を選ぶのかについては，**慎重に設問の指示を読んでください。このような形式上の注意点は太い文字で設問の文章に指示があります。**

① 一日のうち気温が28℃以上となる時間は，1980年代前半では，13時頃から15時までの2時間です。一方，2000年代前半は，10時から18時頃までの8時間です。したがって，$\frac{8}{2} \fallingdotseq 4$倍だから，「5倍以上」にはなっていません。したがって，この選択肢は適当ではない。

② 1980年代前半の午後3時の気温は約28℃，2000年代前半の午後6時の気温も約28℃だから，同じです。したがって，この選択肢は適当です。

③ 気温の最高値を記録しているのは，1980年代前半では14時頃，2000年代前半では13時頃です。太陽が南中する時刻，つまり真南の空に太陽があるのは12時頃だから，この選択肢は適当ではない。

④ 1980年代前半の午前5時の気温は約23.5℃，2000年代前半の午前5時の気温は約24.5℃だから等しくないです。したがって，この選択肢は適当ではない。

⑤ 気温の最高値と最低値の差は，1980年代前半の気温の最高値は約28.3℃，最低値は約23.3℃なので，その差は5.0℃です。一方，2000年代前半の気温の最高値は29.7℃，最低値は24.7℃なので，その差は約5.0℃です。両方ともその差はほぼ同じ値だから，違いが1℃以下というこの選択肢は適当です。

【問題2・答】 3 −② 4 −④ 5 −⑤
6 ・ 7 −②・⑤（順不同）

第2章 日本列島の景観と災害

風土という言葉があります。ある土地の気候・気象・地形・地質・景観などを総称した言葉です。第1章では,「風」つまり, 日本列島の気候と気象について述べました。第2章では,「土」つまり, 日本列島の地形, 景観などについて講義をしよう。

日本列島は, プレートの収束する境界付近に位置し, 造山運動が生じています。そのため, 地震が発生したり, 火山活動が活発に生じているとともに, 平野が狭く, 山地が広く分布しています。

このような日本列島の地形と地殻変動の関係を最初に考えてみよう。

問題3 日本列島の地殻変動

次の図1に, 日本列島の最近170万年間における隆起量と沈降量, 現在の標高, おもな平野と山地・山脈を示した。これらの図から読み取れる変動と現在の地形の成り立ちについて述べた文として最も適当なものを, 次ページの ① ～ ④ のうちから一つ選べ。 **8**

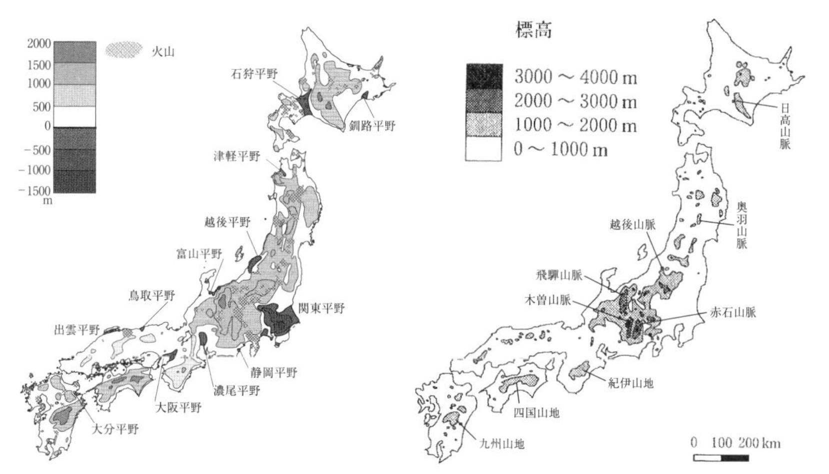

図1 最近170万年間の垂直変動(左図)と現在の標高(右図)

① 隆起量の大きい地域の多くは，現在，山地となっている。
② 隆起量の大きい地域は，第四紀の堆積物に広く覆われている。
③ 現在の平野は，沈降域にのみ分布している。
④ 沈降域は侵食作用によって形成された。

① 左の図で隆起量が大きい地域の多くは，右の図では飛驒山脈，木曽山脈，赤石山脈，越後山脈のように山地となっている地域です。したがって，この選択肢が最も適当なので正解です。

② 隆起量の大きい地域にどの時代の岩石や堆積物が分布しているのかは，問題の図からは分かりません。そのような地域から侵食されて川によって運ばれた第四紀の堆積物に広く覆われているのは，左の図の沈降域です。したがって，この選択肢は適当ではありません。

③ 左の図に示された関東平野，濃尾平野，大阪平野，石狩平野などの広い平野は沈降域です。しかし，これらの平野以外にも，仙台平野，秋田平野，高知平野，広島平野，筑紫平野，熊本平野，宮崎平野などが日本列島にはあり，これらは，左の図では沈降域になっていません。したがって，この選択肢は適当ではありません。

④ 地盤が沈降し続けていれば，海面下に没していると考えられますが，左の図の沈降域は平野になっています。沈降とともに川の上流から運搬されてきた堆積物が厚く堆積しているので，陸地になっていると考えられます。侵食によって平野が形成されたのではないので，この選択肢は適当ではありません。

以上のように，日本列島では，**隆起量が大きい地域は山地に，沈降量が大きい地域は平野になっています**。山地が侵食されて生成した砕屑物が，河川によって運搬されて河口付近に堆積し，平野が形成されているのだけれども，山地では侵食される量よりも隆起量が大きいので高い高度を保ち，平野では沈降量よりも堆積量が大きいので，埋め立てられて陸地になっているとも考えられます。

【問題3・答】 **8** － ①

Q. 川沿いや平野に堆積している砂は，どこで，どのようにしてできたのだろうか？
上流で侵食された岩や石どうしが，川によって運ばれる途中でぶつかり合って壊れ，砂になった？ 運ばれている間に岩や石が削られてできた？
—— 地表に分布する岩石が風化され，砂ができます。

砂をつくる一番大きな要因は，風化です。風化によって岩石は破片，つまり砂や礫のような砕屑物に変わっていきます。もちろん，川などによって運ばれる途中で，壊れたり，削られたりはしますが，**岩石が壊れて砂に変わる最も大きな要因は風化です**。

地表付近にある岩石は風化され，その風化物に植物の遺骸などの有機物が混じって**土壌**が形成されます。土壌，つまり土がどのようにしてできるのか？ 山にある土は，川が運んできたものだろうか？ そうではなく，その場所にあった岩石が風化されて，土壌へと変わり，木々が生えてきたはずです。風化によって細かくなった砕屑物が，川によって運ばれているのです。

風 化

地表に露出した岩石は，長い年月の間に風化されて変質したり，崩れやすくなります。風化とは，「物事が風化する」というように，心に刻まれたものが弱くなることを比喩的に指しますが，この言葉の元になったのが，地学の用語の**風化**です。**風化は，地表に分布している岩石が，気温変化や水の影響を受けて壊れる現象**です。

英語の方が，この意味をうまく表す言葉になっています。風化は，英語では weathering です。weather は名詞で「天気・天候」ですが，「風化させる」という動詞の意味もあります。つまり，日射や雨などの天候が長い年月の間に岩石を変質させる作用を風化といいます。

この風化には，物理的風化(機械的風化)と化学的風化の２種類があります。

物理的風化(機械的風化)

物理的風化には，物理つまり力が関係します。**力が加わって，岩石が破壊されて，破片や粒子になる作用**です。このようにして生成された破片や粒子を**風化物**といいます。

どのような場合に，岩石に力が加わるのかというと，一つは気温変化による膨張と収縮，もう一つは気温低下に伴う水の凍結です。

乾燥した気候の地域では，日中は強い日射を岩石が吸収して膨張し，夜になると冷え込んで岩石は収縮します。岩石は熱を伝えにくいので，岩石の表層のみが強い日射によって膨張し，夜間に冷えて収縮する。これが繰り返されると，岩石の表面付近にヒビや割れ目が入ります。

岩体には節理という割れやすい方向があって，これに沿って岩石が風化していると**玉ねぎ状風化**という，図 15 のような玉ねぎの皮をむしりかけたような構造(**玉ねぎ状構造**)が岩肌に見える場合があります。これは，物理的風化の一例です。

物理的風化は，寒冷な気候下でも進みやすい。岩石の割れ目に入った水が凍結し，割れ目が広がる，つまり，冬に水道管が凍って破裂するのと同じ現象です。**水は，凍ると体積が増える**からです。

物理的風化は乾燥地域や，高緯度や標高の高い山で進みやすいといっても，程度の差はあれ，日本列島全域で生じています。

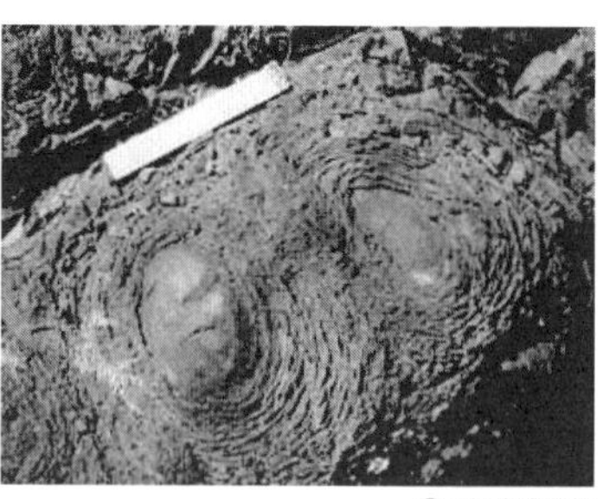

©平塚市博物館

図 15　玉ねぎ状構造

共通テストに出るポイント！

《 物理的風化 》

- 力が加わって岩石が破壊され，破片や粒子になる。
- 昼夜・季節による温度変化や水の凍結が原因となる。
- 乾燥地域や寒冷地域で進みやすい。

化学的風化

化学的風化は，雨水や地下水に溶け込んだ二酸化炭素や酸素が原因となって生じる化学反応によって，岩石や鉱物が変質し，水に溶けやすい成分が失われ，強い成分が残って，結局は岩石が破壊される現象です。

化学反応は一般に温度が高いほど進みやすいので，**温暖で湿潤な地域で化学的風化は進みます**。理科の実験で，試験管に液体を入れてアルコールランプなどで熱した経験があるでしょ。これは，化学反応が進みやすいように，熱しているんです。

雨水には大気中の二酸化炭素が溶け込んでいて，弱酸性になっています。特に，石灰岩が広がる地域では，窪地(くぼち)に溜(た)まった水によって石灰岩が溶かされたり，地下水が割れ目を伝わって地下の石灰岩を溶かして鍾乳洞(しょうにゅうどう)をつくったりします。山口県の秋吉台(あきよしだい)に広がる**カルスト地形**は，化学的風化によって形成された地形です。

共通テストに出るポイント！

《 化学的風化 》

- 水に溶け込んだ二酸化炭素や酸素による化学反応。
- 温暖で湿潤な地域で進む。

日本では，物理的風化も化学的風化も生じています。

それでは，風化に関連する問題を解いてみよう。

問題 4　風　化

ある露頭の深成岩 **X** は，風化の程度の相違により，新鮮な部分 **A**，やや風化した部分 **B**，非常に風化した部分 **C** の三つに大きく区分できた。各部分からサンプルを採取し，化学分析を行った結果を次ページの表1に示した。なお，化学組成はすべて酸化物の形で示した。

表1　化学分析の結果(単位は質量 %)

化学組成	**A**	**B**	**C**
SiO_2	72.5	71.0	68.0
Al_2O_3	15.0	16.5	18.0
Fe_2O_3	1.9	2.1	2.3
CaO	1.5	0.6	0.2
Na_2O	3.2	2.0	1.1
K_2O	4.6	4.5	4.4
その他	1.3	3.3	6.0
合　計	100.0	100.0	100.0

問1　深成岩 **X** が化学的風化を受けるとき，岩石から溶脱されやすい化学成分を，溶脱の割合が大きいものから**二つ**，次の ① ～ ⑥ のうちから選べ。ただし，解答の順序は問わない。 **9** ・ **10**

①　SiO_2　　②　Al_2O_3　　③　Fe_2O_3　　④　CaO　　⑤　Na_2O
⑥　K_2O

問2　深成岩 **X** には石英，斜長石，カリチョウ石がほぼ同じ量ずつ含まれている。これらの鉱物うち，最も化学的風化を受けやすい鉱物はどれか。最も適当なものを次の ① ～ ③ のうちから一つ選べ。 **11**

①　石英　　②　斜長石　　③　カリ長石

問3　深成岩 **X** が化学的風化を受けたとき，溶脱されずに岩石中に残りやすい成分として最も適当なものを，次の ① ～ ⑤ のうちから一つ選べ。
12

①　SiO_2　　②　Al_2O_3　　③　CaO　　④　Na_2O　　⑤　K_2O

問1　「溶脱(ようだつ)」という用語は，岩石から溶けだして脱(ぬ)け出るという意味です。つまり，化学的風化を受けて深成岩 **X** から溶け出して，成分として少なくなったものを選べばよいことになります。**A** は新鮮な部分，**B** はやや風化した部分，**C** は非常に風化した部分だから，**A**，**B**，**C** の順に少なくなる成分を探せばいい。**A** と **C** の差を計算してもいいので，その作業を行うと，次の表1のようになります。その結果，SiO_2，CaO，Na_2O, K_2O が減っています。マイナスの値になっている Al_2O_3 と Fe_2O_3 は，増えている酸化物です。

表1　**A** と **C** の差

化学組成	**A**	**A − C**
SiO_2	72.5	4.5
Al_2O_3	15.0	− 3.0
Fe_2O_3	1.9	− 0.4
CaO	1.5	1.3
Na_2O	3.2	2.1
K_2O	4.6	0.2

ところで，問題では割合が大きいものという指定になっています。単純に差を求めて, SiO_2 と Na_2O が多く溶脱されたと判断してはいけないです。元の量を加味（かみ）して考えないと，割合で考えたことにはなりません。全体としてどの程度の量が溶脱されたのかは分かりませんが，SiO_2 は **A** の値が 72.5 という大きい値なので，4.5 という差はそれほど大きい値ではありません。それに対して CaO は 1.5 に対して 1.3 の差, Na_2O は 3.2 に対して 2.1 の差だから，かなり大きく減少していると判断できます。K_2O は 4.6 に対して 0.2 の差だから，CaO や Na_2O ほどではない。以上のように判断して，溶脱の割合が大きい酸化物は，④ の CaO と ⑤ の Na_2O になります。

問2　深成岩 **X** は，SiO_2 質量％が 72.5％だから，63％以上の酸性岩，つまり花こう岩です。花こう岩の造岩鉱物は石英，斜長石，カリチョウ石，黒雲母（くろうんも）などですが，この問いでは無色鉱物の石英，斜長石，カリチョウ石が選択肢にあります。

この問いは，**問1** と連動しています。化学的風化を受けて岩石から溶

第9回　地球の環境(1)

脱される割合が大きいのは CaO と Na_2O でした。これらを含む鉱物は，斜長石になります。① の石英の化学組成は SiO_2，③ のカリ長石はカリウム，つまり K_2O を多く含むので，残りの ② の斜長石が最も化学的風化を受けて溶脱されやすい鉱物になります。

問3　この問いは，**問1**とは逆に，溶脱されずに岩石中に最も残りやすい成分だから，先ほどの表1でマイナスの値になっている Al_2O_3 と Fe_2O_3 です。選択肢に Fe_2O_3 はないので，正解は ② の Al_2O_3 になります。

問題4では，**問1**が，後の**問2**のヒントになっている。この形式の出題は時々あるので，**先に出題された小問がヒントになっているかどうかを確認しつつ，問題を解く癖(くせ)をつけてください。**

【問題4・答】 **9** ・ **10** － ④，⑤（順不同）　**11** － ②
12 － ②

⚙ 土砂災害

風化によって生じた砂礫(されき)や粘土(ねんど)を風化物といい，それに生物の分解生成物が混ざったものが土壌(どじょう)です。急峻(きゅうしゅん)な地形が多い日本列島では，風化物や土壌は移動しやすい状況にあります。

地すべり

図16のように，**風化によって形成された粘土(ねんど)層**などの滑(すべ)りやすい面が地下にあると，地下水の影響などによってその上の土砂がゆっくりと動く現象を**地すべり**といいます。**粘土は水を通しにくい**ので，大雨が降ると，斜面の地下水位が上昇

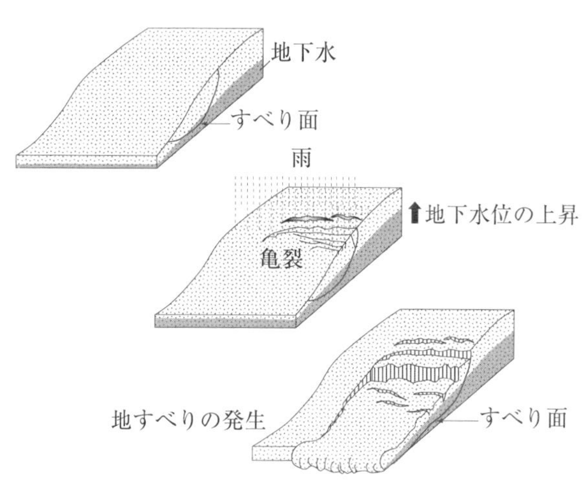

図16　地すべり

し，粘土層の上にある土砂が水に浮かぶように浮力を受けて持ち上がりやすくなり，移動し始めます。土砂の移動速度は一日に数cm～数mですが，広い範囲に渡って大量の土の塊が移動します。**地すべりでは移動する土砂の塊の内部があまり乱れていない**のが特徴です。

ひとたび地すべりが発生すると，住宅，道路，鉄道，農地などに大きな被害が生じます。大雨が降ったり，雪どけの時期や地震後に，地面にひび割れが生じたり，斜面が膨らんだり水が噴き出す，樹木が傾くなどの現象があれば，地すべりに注意しなければなりません。

共通テストに出るポイント！

《地すべり》

① 地質条件…地下に粘土層がある斜面。

② 発生要因…大雨や融雪，地震など。

③ 移　動……土塊の内部は乱れず，一般にゆっくりと移動。

崖くずれ(山崩れ)

地すべりは，地下に粘土層があるという特別の地質条件で発生しやすいのに対して，**崖くずれ(山崩れ)**は，そのような**地質条件とは関係なく発生します**。

集中豪雨や地震動によって，急斜面の土砂や岩石が一気に崩れ落ちる現象が崖くずれです。突発的に生じ，瞬時に斜面が崩れ落ちるので，逃げ遅れる人も多く，死者が出る割合も地すべりに比べると高いです。

崖崩れも地すべりと同じように，崖から小石がぱらぱら落ちてくるとか，木の根が切れる音がするなどの前兆があります。

共通テストに出るポイント！

《崖くずれ(山崩れ)》

① 地質条件…特になし。

② 発生要因…大雨，地震など。

③ 移　動……土塊の内部も乱れ，急に崩れる。

⚙ 流水の作用

山間部で風化によって岩石がもろくなり，地すべりや崖くずれが発生し，時には土石流となって，川は土砂を運搬し，低地や海に注ぎ込んで土砂を堆積させます。

このような川の作用について，グラフを読む問題から考えてみよう。予備知識はいらない問題です。

問題 5　侵食・運搬・堆積作用と流速の関係

次の図は，水中で堆積物の粒子が動き出す流速および停止する流速と粒径との関係を，水路実験によって調べた結果である。曲線 A は，徐々に流速を大きくしていったときに，静止している粒子が動き出す速度を表している。曲線 B は，徐々に流速を小さくしていったときに，動いている粒子が停止する流速を表している。

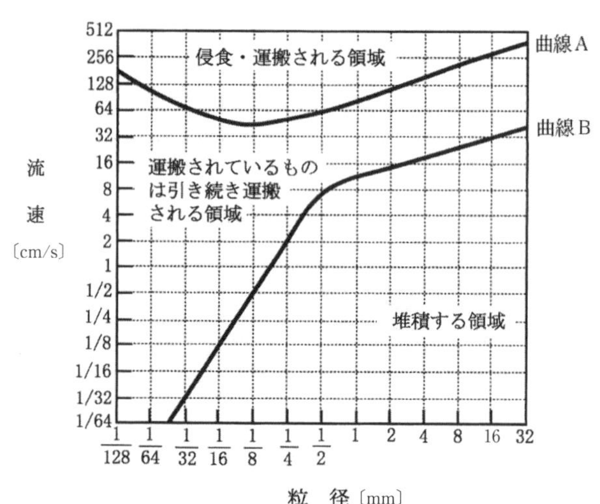

問 1　三つの水路に粒径 $\frac{1}{64}$ mmの泥，粒径 $\frac{1}{8}$ mmの砂，粒径4 mmの礫を別々に平らに敷いた。次に，流速 0 cm/s の状態から，三つの水路の流速が等しくなるようにしながら，徐々に流速を大きくしていった。このとき，図に基づくと，水路内の粒子はどのような順序で動き出す

と考えられるか。粒子が動き出す順序として最も適当なものを，次の ① ～ ⑥ のうちから一つ選べ。 **13**

① 泥→砂→礫　② 泥→礫→砂　③ 砂→泥→礫

④ 砂→礫→泥　⑤ 礫→泥→砂　⑥ 礫→砂→泥

問2 図に基づいて，粒径 1 mm の粒子(砂)の挙動について述べた文として**適当でないもの**を，次の ① ～ ④ のうちから一つ選べ。 **14**

① 流速が 16 cm/s の地点では，運搬されていた粒子は堆積する。

② 流速が 32 cm/s の地点では，堆積していた粒子は侵食・運搬されない。

③ 流速が 64 cm/s の地点では，堆積していた粒子は侵食・運搬されない。

④ 流速が 128 cm/s の地点では，運搬されていた粒子は引き続き運搬され続ける。

問題に示されている図は，教科書にも載(の)っており，よく見かけますが，次の図 17 の 2 枚の図を重ね合わせたものです。左図は，下から上へ流速が増加していったとき，静止している粒子が侵食されて動き出す流速を表すグラフです。また，右図は徐々に流速を小さくしていったときに，動いている粒子が停止して堆積する流速を表すグラフです。下から上へと見ていくのか，上から下へと見ていくのかをしっかりと区別してください。

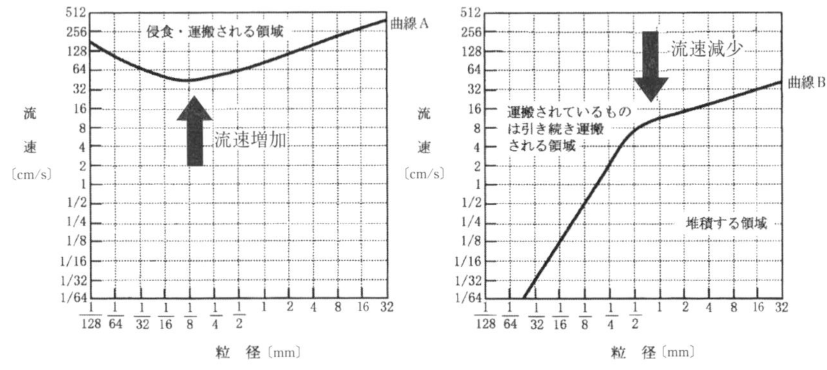

図 17

問 1　流速が増加した場合だから，前ページの図 17 の左側のグラフを用いる問題です。次の図 18 のように，問題文中のそれぞれの粒径を表す縦線とグラフが交わる点をプロットすると，粒径が$\frac{1}{64}$mm の泥は 64 ～ 128 cm/s の間の流速，$\frac{1}{8}$mm の砂は 32 ～ 64 cm/s の間の流速，4 mm の礫は約 128 ～ 256 cm/s の間の流速で動き出す。したがって，流速が大きくなるにしたがって動き出す順序は，「砂→泥→礫」の ③ が正解です。

この問いからわかるように，**流速の増加とともに最初に動き始める粒子は，砂です**。礫は大きいから動きにくく，泥は互いに密着していて動きにくい。適度に粒径が小さく，粒子の間に隙間がある砂の場合，その隙間に水流が入り込んで砂を持ち上げるので，砂が一番小さい流速で動き始めます。ふだんの川の流れでは，砂がチョロチョロ動いているだけで，流れが速くなると，泥や礫が動くようになります。ただし，礫は粒径が大きいほど動きにくいのに対して，**泥は粒径が小さいほど動きにくい**点にも注意を払ってください。

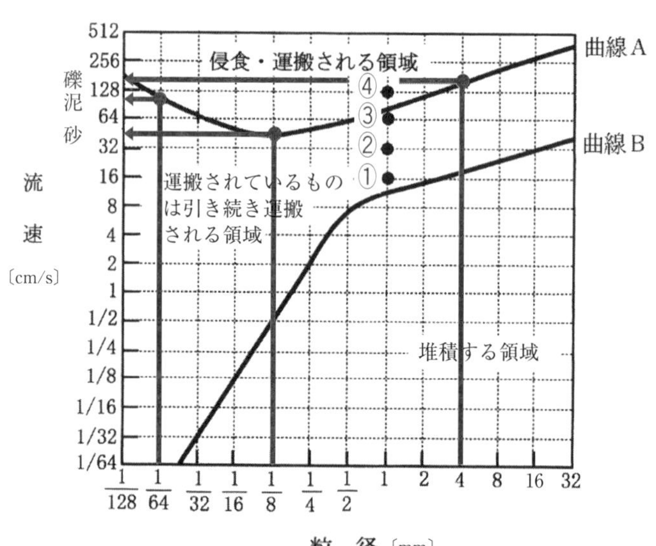

図 18　問題の解法

共通テストに出るポイント！

《 砕屑物の侵食・移動 》

- 流速の増加に伴って，最初に動き出す粒子は砂。
- 礫は粒径が大きいほど，泥は細かいほど動き出しにくい。

問2　前ページの図18に，粒径(りゅうけい)1 mmの砂と選択肢に示されたそれぞれの流速が交わる点(●)をプロットしました。

①　流速が16 cm/sの地点では，運搬(うんぱん)されていた粒子は「引き続き運搬される領域」にあるので，堆積しません。したがって，この選択肢が適当ではないので正解ですね。

②　流速が32 cm/sの地点では，「侵食・運搬される領域」に達していないので，堆積(たいせき)していた粒子は侵食・運搬されないから，適当ですね。

③　流速が64 cm/sの地点では，堆積していた粒子も②と同じように侵食・運搬されない。したがって，適当ですね。

④　流速が128 cm/sの地点では，運搬されていた粒子は図17の右側のグラフ，つまり，問題では二本のグラフのうち，下側の曲線を見るのだから，堆積せずに引き続き運搬され続ける。したがって，適当ですね。

正解は①です。

このような粒径と流速の関係を表すグラフでは，曲線A，Bのどちらを用いるのかに注意してください。

【問題5・答】 13 －③　14 －①

日本の河川

流速と粒子の大きさの関係を見てきましたが，日本の河川は急峻(きゅうしゅん)な谷を流れています。次ページの図19は，河川の上流から河口までの距離を横軸に，高度を縦軸にとって，日本の河川と外国の河川のいくつかを比較したものです。

この図を見て，日本の河川の特徴を考えてもらおう。

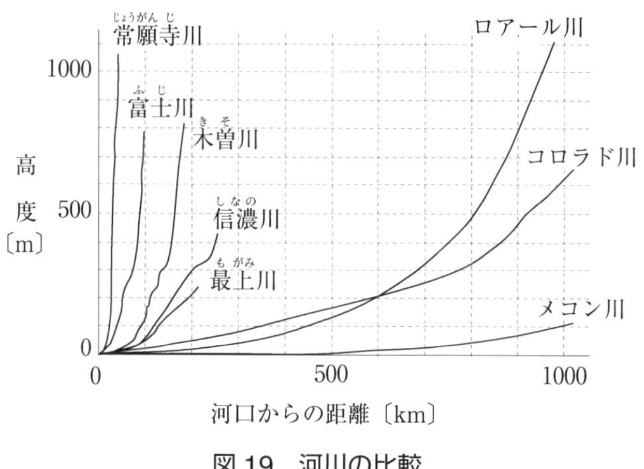

図 19　河川の比較

問題 6　日本の河川

図 19 に関連して，日本の河川の特徴として**誤っているもの**を，次の ① ～ ⑤ のうちから一つ選べ。 **15**

① 大陸の河川に比較すると，日本の河川は上流から下流までの長さが短い。

② 日本の河川では河床の傾斜が急なところがあり，高低差が大きい場所は水力発電に適している。

③ 日本の河川は流速が大きいため，水が汚れにくい。

④ 降水量の季節変化に伴って，日本の河川の流量は年変化が大きい。

⑤ 日本の河川は河床の傾斜が急であり，ダムに土砂がたまりにくい。

① 日本の河川は，コロラド川などの外国の河川と比較して上流から河口までの長さが短いことが図から読み取れるので，この選択肢は正しい。たとえば，常願寺川は立山連峰から富山湾に注ぐ川ですが，河口からの距離は 56 km 程度です。このように，短い流路である上に，上流から河口までの高度差が大きいのが日本の河川の特徴です。

② 日本の河川は，傾斜が急なところを流れるため，高低差から生じる**位置エネルギーを利用する水力発電**に適しています。したがって，この選

択肢は正しい。

③　河床の傾斜が急である場合，川の流れが速い。そのため，水に溶け込んでいる物質がよく拡散されて水が汚れにくいという特徴もあります。したがって，この選択肢は正しい。

④　日本では季節による降水量の変化が激しく，河川の流量の年変化も大きい。したがって，この選択肢は正しい。

⑤　台風や集中豪雨によって大量の雨が降ると，上流の山地で崖くずれなどが発生しやすく，侵食された土砂が運搬されてきてダムにたまり，短い期間のうちにダムが土砂で埋まってしまう。ダムは水をせき止めて，急激な増水をくい止める治水の役割がありますが，同時に土砂もせき止めています。下流へ運ばれる土砂の量が減れば，河川のみならず，海岸に堆積する土砂の量が減り，海岸が侵食されやすくなる現象も生じています。したがって，この選択肢が誤りであり，正解は ⑤ になります。

【問題 6・答】 | **15** | − ⑤

土石流

谷川の源流近くで梅雨や台風などの集中豪雨によって崖くずれ(山崩れ)が発生すると，岩石を含む泥水が流れ出し，谷底や斜面に堆積している土砂や岩石を巻き込んで高速で流れ下る場合があり，**土石流**といいます。先端部に大きな岩石が集まり，時速 40 ～ 50 km の高速で流れ下る破壊力の大きい流れです。

山鳴りがする，急に川の流れが濁って流木が混ざっている，雨が降り続いているのに川の水位が下がるなどの前兆現象が土石流にはあります。

このような土砂災害を防止するために，治山ダムや砂防ダムがつくられたり，**ハザードマップ**の一種の「土砂災害危険箇所マップ」で住民に周知させる取り組みが行われています。

共通テストに出るポイント！

《 土石流 》

- 豪雨に伴う崖くずれなどによって生じた岩石を含む土砂が，高速の濁流となって谷を流れ下る。
- 先端部に大きな岩石が集まり，破壊力が大きい。

河川による地形

河川の上流は急傾斜地が多く，流量が増加したときや土石流などによって侵食が盛んに行われ，断面がアルファベットのVの字の形をした**V字谷**(ぶいじこく)が形成されます。上流の川は，側方よりも下方へ侵食する力が大きいので，Vの字の断面の谷がつくられます。

山地から低地へ河川が流れ出るところでは，流速が急に低下し，上流から運搬されてきた土砂が堆積し，**扇状地**(せんじょうち)が形成されます。**扇状地の堆積物には，砂礫**(されき)**が多く**，水がしみ込みやすくて水田には適さないので，果樹園(かじゅえん)などに利用されています。

平野を流れる河川は北海道の釧路(くしろ)湿原に見られるように**蛇行**(だこう)し，取り残された川の一部が三日月の形をした**三日月湖**(みかづきこ)になったりします。

川はやがて海に注(そそ)ぎ込むようになります。大きな河川の場合は，**おもに砂や泥が堆積して三角州**(さんかくす)**(デルタ)が形成される**場合があります。ギリシャ文字のΔ(デルタ)の頂点が上流側で，底辺が海側にあたる形をしている場合が多いので，deltaという言葉そのものがこの地形の名称になっています。デルタの形が三角形だから，日本語では三角州と訳しています。

共通テストに出るポイント！

《 河川による地形 》

① V字谷(ぶいじこく)…下方への侵食力が強い河川上流部の谷。
② 扇状地(せんじょうち)…川が山地から低地へ流れ出るところに形成される。砂礫(されき)などからなる。
③ 三角州(さんかくす)…川が海へ流れ込むところに形成される。砂や泥からなる。

日本の自然環境について，四季の気象と景観を中心に講義しました。ここでは気象災害，土砂災害，地形についても総花的な内容が教科書では使われています。それぞれの内容を深めることなく教科書では扱われているのですが，共通テストでは，それらを題材にして考察する問題が出題されます。知識を問う問題よりも資料や図の読解の問題が多く，問題を解くための情報が何であるのかを設問の文章や資料から見つけることがこのような問題を解く上で大切です。

次回は，地球の環境について，エルニーニョ現象と地球環境問題について講義します。

第10回 地球の環境(2)

大気と海洋の相互作用・地球環境問題

今回は，エルニーニョ現象を例にした大気と海洋の相互作用，地球環境問題についてです。エルニーニョ現象やラニーニャ現象は，人間活動とは関係なく生じている自然現象です。一方，地球環境問題は，その原因を人間活動に求めることができます。この識別は大切ですから，最初に強調しておきます。

第１章 大気と海洋の相互作用

エルニーニョ現象

海洋と大気は，切り離して考えることはできない。その一例が**エルニーニョ現象**です。

太平洋赤道域(太平洋の赤道海域)では，次ページの図１の平年(通常の年)のように，海面付近の**暖水が貿易風によって西方に吹き寄せられ**，水温30℃以上の海水が広がっています。貿易風が海水を西部に吹き寄せるため，それを補うように**東部では深層から冷水が湧きあがり**，海面水温が21～25℃と低くなっています。また，暖水が広がる西部では，暖められた大気が上昇して積乱雲が発達し，降水量が多い。それに対して冷水が広がる東部では下降気流が発達しています。つまり，**太平洋赤道域の東部が高圧，西部が低圧の状態**になっていて，海面付近では気圧の高い東部から気圧の低い西部へ向かって貿易風が吹き，上空では西部から東部へ大気が移動するという東西方向の大気循環が維持されています。

ところが，**３～５年に一度，貿易風がふだんよりも弱まる**のに伴って，太平洋赤道域の西部に吹き寄せられていた暖水が平年(通常の年)よりも東

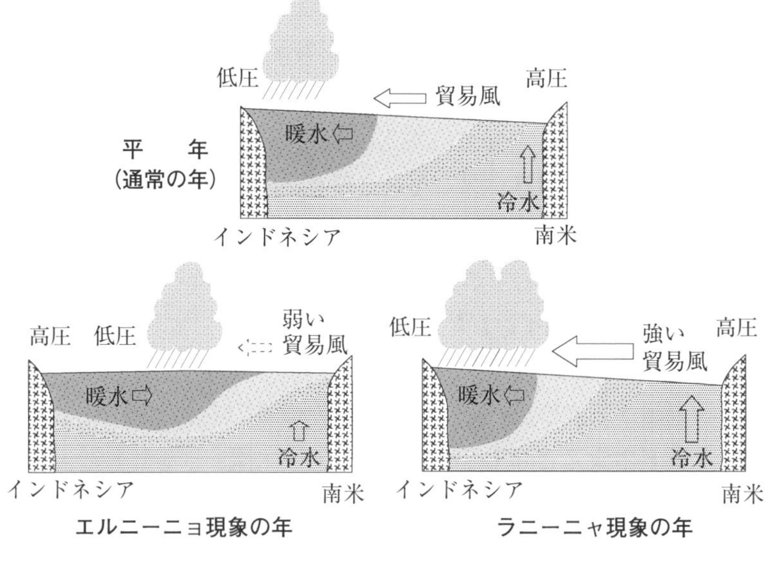

図１　エルニーニョ現象とラニーニャ現象

部に広がり，東部では冷水の湧(わ)きあがりが弱くなります。このため，積乱雲が活発に発生する海域も太平洋赤道域の中部へ移動します。また，東部でも冷水の湧きあがりが弱くなるために海水温が上昇し，**赤道太平洋中部から東部にかけて海水温が上昇**し，その状態がしばらくの間続きます。これが，**エルニーニョ現象**です。

通常は太平洋赤道域の東部が高圧，西部が低圧だった大気の状況も，エルニーニョ現象が発生すると変化し，それが赤道付近のみならず，中緯度の大気にも影響を及ぼし，世界の気候に影響を与えるようになります。太平洋赤道域の西部では高圧状態となって降水量が減少し，逆に，東部では降水量が増加します。つまり，**西部のインドネシアなどでは干(かん)ばつ，東部のペルーでは豪雨による洪水が発生しやすくなります**。

一方，ペルー沿岸では，深層の海水が湧(わ)きあがって，海洋表層に栄養分をもたらしていますが，エルニーニョ現象が発生し，冷水の湧きあがりが弱まると，海洋表層の栄養分が少なくなってプランクトンが減り，それを餌(えさ)とする**カタクチイワシの漁獲量(ぎょかくりょう)が減少**します。カタクチイワシは魚粉(ぎょふん)に加工して輸出され，世界の養殖(ようしょく)漁業に用いられているので，その漁獲量が減少すると，価格が高騰(こうとう)して，多大な影響が生じます。

エルニーニョ現象の影響は日本にも及び，夏は太平洋高気圧(小笠原高気圧)の張り出しが弱くなって，梅雨明け(つゆあ)が遅れ(おく)たり，**冷夏**(れいか)になる傾向があり，逆に，冬には季節風が弱くなって**暖冬**(だんとう)になる傾向があります。また，台風の発生数も減少します。

共通テストに出るポイント！

《エルニーニョ現象》

- 貿易風が弱まり，暖水域が太平洋赤道域の中部～東部に広がる。
- インドネシアでは干ばつ，ペルーでは大雨。
- 日本では冷夏，暖冬になりやすい。

一方，エルニーニョ現象とは逆の現象が発生する場合があります。これを**ラニーニャ現象**といいます。ふだんよりも貿易風が強まって，太平洋赤道域の西部に集められた暖水によって大気の対流活動が強まり，太平洋赤道域の東部では冷水の湧(わ)きあがりが強まります。**夏季には太平洋高気圧の勢力が強まって日本では暑い夏，冬季には西高東低の冬型の気圧配置が強まって寒い冬になる傾向があります。**

共通テストに出るポイント！

《ラニーニャ現象》

- 貿易風が強まり，太平洋赤道域の西部と東部の水温差が大きくなる。
- 日本では暑い夏，寒い冬になりやすい。

エルニーニョ現象とラニーニャ現象の問題はよく出題されるから，センター試験の過去問を一題解いてもらおう。

問題1　エルニーニョ現象

次の図1は，太平洋赤道域の地図である。赤道域では，海面水温が高い海域ほど相対的に海面気圧が低くなる傾向があり，東西の水温差が大きいほど海上で［ア］に向かう風が吹きやすい。

図1中の太枠で示した海域の海面水温の分布を図2に示す。図2 a，b のうち，［イ］は貿易風の強さが変化して顕著なエルニーニョ現象が発生したときの図，他方は平年(通常の年)の図である。どちらの図でも，海面水温は西部より東部の方が低いが，水温差は異なる。

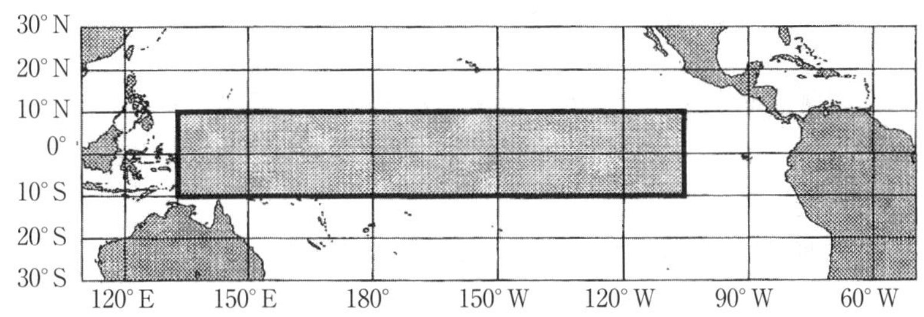

図1　太平洋低緯度域の地図

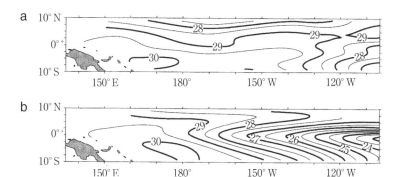

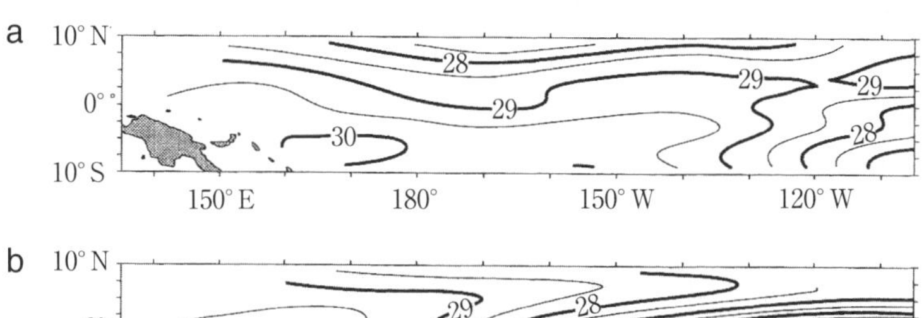

図2　海面水温〔℃〕の分布

問1　前ページの文章中の［ア］・［イ］に入れる語句と記号の組合せとして最も適当なものを，次の ① ～ ④ のうちから一つ選べ。［1］

	ア	イ
①	低温域から高温域	a
②	低温域から高温域	b
③	高温域から低温域	a
④	高温域から低温域	b

問2　エルニーニョ現象が発生しているときには，貿易風の強さと太平洋赤道域西部の表層の暖かい水の厚さが平年より変化している。この変化について述べた文として最も適当なものを，次の ① ～ ④ のうちから一つ選べ。［2］

① 貿易風は強く，暖かい水の厚さは薄くなっている。

② 貿易風は強く，暖かい水の厚さは厚くなっている。

③ 貿易風は弱く，暖かい水の厚さは薄くなっている。

④ 貿易風は弱く，暖かい水の厚さは厚くなっている。

問3　エルニーニョ現象の発生によってもたらされる変化やその影響について述べた文として最も適当なものを，次の ① ～ ④ のうちから一つ選べ。［3］

① 南北の大気循環の変化により，中緯度の気候にも大きな影響が及ぶ。

② 海水の蒸発が盛んになり，長期的な地球温暖化が促進（そくしん）される。

③ 貿易風が弱まるため，太平洋の熱帯域全域で降水量が減少する。

④ 東部赤道域から南米沿岸域にかけて，カタクチイワシの漁獲（ぎょかく）量が増加する。

問1　設問の文章中にある情報を活用できたかな？ **風は，気圧の高い方から低い方に向かって吹きます**。問題文にあるように，「海面水温が高い海域ほど相対的に海面気圧が低い」ので，低温域が高圧，高温域が低圧であり，高圧の低温域から低圧の高温域に向かう風が生じます。したがって，［ア］には「低温域から高温域」が入ります。**地表や海面の低温域付近の大気が高圧，高温域付近の大気が低圧である**と知っているといろいろ応用が利(き)くので，覚えておくといいです。

平年(へいねん)（通常の年）の状態は，貿易風(ぼうえきふう)によって太平洋赤道域の西部に暖かい海水が吹き寄せられて蓄積(ちくせき)していますが，貿易風が弱まると，暖かい海水域は太平洋赤道域の東部に移動して東西の水温差が小さくなる。赤道域の水温差は，

図２a　29.5 ℃ − 28.0 ℃ = 1.5 ℃

図２b　29.5 ℃ − 23.0 ℃ = 6.5 ℃

です。東西の水温差が大きい年が平年，赤道太平洋の中部から東部にかけて暖水が広がって，東西の水温差が小さい年がエルニーニョ現象が発生している年だから，平年の図がb，エルニーニョ現象が発生したときの図がaです。したがって，［イ］にはaが入ります。以上から，正解は ① になります。

共通テストに出るポイント！

《 地表や海面の温度と気圧 》

低圧 ←風― 高圧	
高温　　　低温	地表（海面）

問２　赤道に沿って，等温線が西の方に張り出しているbでは，赤道付近がその南北と比較して低温です。ここでは，東の海域が低温で，西の海域が高温だから，低温の海水が西へ移動しつつ，日射(にっしゃ)によって次第に暖められていると考えられる。そのため，太平洋赤道域東方の冷たい海水が西方に移動している様子がはっきりと現れているbが平年（通常の年）です。このような海水の移動は，貿易風が弱まっていないことを表しています。一方，aでは太平洋赤道域が全体的に海水温が高い。つまり，貿易風が弱いために，bのような傾向が現れていないエルニーニョ現象時です。

平年(通常の年)の状態は，貿易風によって太平洋赤道域の西部に高温の海水が吹き寄せられて蓄積していますが，貿易風が弱まると，高温の海水域は太平洋赤道域の中部へ移動するため，西部の暖かい水の層は薄くなっていると考えられます。したがって，③ が正解です。

問3　①　**エルニーニョ現象が発生している年には，日本では暖冬(だんとう)や冷夏(れいか)の傾向になります**。このように中緯度の気候にも大きな影響が及ぶので，この選択肢が正解です。

②　**地球温暖化は化石燃料(かせきねんりょう)の燃焼や熱帯林(ねったいりん)の破壊など，人類の活動に原因がある**と考えられるので，自然現象であるエルニーニョ現象の影響ではない。したがって，この文は適当ではない。

③　海水温が高い海域では上昇気流が発達して雲が発生しやすく，降水量が多い。その海水温の高い海域がなくなるのではなく，東方へ移動しているだけだから，熱帯域全域では降水量は減少しない。そのため，この文は適当ではない。

④　南米沿岸域では，通常の年は海洋の深層から栄養塩(えいようえん)に富んだ冷水(れいすい)が湧(わ)きあがり，プランクトンが多数生息している。けれども，エルニーニョ現象が発生すると，冷水の湧昇(ゆうしょう)が止まり，栄養源を絶(た)たれたプランクトンが減少するので，それを餌(えさ)とするカタクチイワシなども数が少なくなる。そのため，漁獲量(ぎょかくりょう)は減少する。したがって，この文は適当ではない。

【問題1・答】 **1** －①　**2** －③　**3** －①

先ほどの問題でも述べたように，エルニーニョ現象もラニーニャ現象も，太平洋赤道域一帯で生じる自然現象で，異常な現象ではありません。これらの現象は，過去1000年以上も前から繰り返し発生していることが確認されています。これらは30年に一度という異常気象(いじょうきしょう)をもたらす原因にはなりますが，大気と海洋の相互作用として生じる変動です。ましてや，これから講義するオゾン層の破壊や地球温暖化などの人類の活動が関与する地球環境問題ではない点に注意してください。2015年のセンター試験(本試験の第2問)でも，このことが問われていましたね。

第2章 地球環境問題

エルニーニョ現象のように，自然環境は常に一定ではなく，変動を繰り返しています。この変動は，時間と空間のスケールの両方で考えなければなりません。今までの講義内容を振り返ると，いろいろな例があります。

日本の春や秋には，数日周期で温帯低気圧と移動性高気圧が通過して天気が変わる。大気中の水蒸気は10日前後で入れ替わる。台風は数100 kmの空間スケールで，発生から消滅まで10数日かかる。数か月の期間，それぞれの季節に特徴的な天候が続く。大気の大循環は，ほぼ1年の周期で地球全体で変動する。このような変動を比較するために，気象庁は30年間の平均値と比較して異常に高温だったり，低温だったりすると，異常気象として発表しています。

エルニーニョ現象は太平洋赤道域で数年ごとに発生し，地球全体に影響を与えて終息(しゅうそく)する。さらに長い時間の変動もある。たとえば，海洋の深層の循環は1000年から2000年を要して，北大西洋のグリーンランド沖や南極海から沈み込み，太平洋やインド洋に湧(わ)きあがる。氷期(ひょうき)と間氷期(かんぴょうき)は数万年の周期で繰り返す。

しかも，大気と海洋は結びついていて，エルニーニョ現象のように，太平洋赤道域で発生した現象が地球規模の気象に影響を与えます。エルニーニョ現象そのものは先ほどの異常気象の定義からいえば，30年の間に何回も生じるので，異常ではありません。しかし，エルニーニョ現象に伴って日本で生じる冷夏(れいか)や暖冬(だんとう)などは，異常気象になる場合があります。

このような自然の変動は，人類が文明を築(きず)く以前から繰り返されて来ましたが，人類の経済活動が活発になると，それが自然環境に影響を与えるようになりました。先ほど述べた都市環境をつくりあげ，水の循環(じゅんかん)では，水田に水をため，ダムや堤防(ていぼう)をつくって河川の流れを変化させました。大気や海洋も人間活動の影響を受け，地球規模の環境問題が生じていると20世紀後半になって人類は認識(にんしき)し始めました。

地球環境問題といわれるものを列挙(れっきょ)すると，次ページの表1のようになります。大気圏では酸性雨(さんせいう)，オゾン層の破壊，地球温暖化，海洋では海洋酸性化，海洋汚染，陸上では陸水汚染，塩害，砂漠化，森林破壊，生物多様性の減少などです。オゾン層の破壊，地球温暖化，海洋酸性化のように，大気や海洋で生じる地球規模の問題もあれば，塩害や砂漠化など，陸上で生じる地域的な問題もあります。これらの問題のほとんどは，人類の活動に原因があり，それに自然現象が絡んで生じています。

表１　地球環境問題

地球環境問題	原　因	影　響
酸性雨	窒素酸化物，硫黄酸化物	森林枯死，湖の酸性化
オゾン層破壊	フロン	皮膚ガン，白内障
地球温暖化	化石燃料の燃焼によるCO_2排出	異常気象，海面上昇
海洋酸性化	同　上	生態系の擾乱
海洋汚染	有害廃棄物投棄，原油流出	海洋生物の汚染と死
陸水汚染	有害廃棄物投棄，産業排水，ヒ素・フッ素	飲料水汚染
塩　害	灌漑（地下水の過剰汲み上げ）	地下水の塩水化，農業生産量低下
砂漠化	気候変化，過放牧，過耕作	食糧生産基盤の悪化
森林破壊	乱開発	生物種の絶滅増加
生物多様性の減少	生物の生存環境悪化	生態系の擾乱・破壊

広域の大気汚染と酸性雨

化学的風化で述べたように，自然の雨は大気中の二酸化炭素を溶かし込んで弱酸性になっています。18 世紀半ばから 19 世紀にかけてイギリスで産業革命が起こると，大気汚染とともに強い酸性の雨が降るようになりました。

現在では **pH が 5.6 以下の雨を酸性雨と定義しています。化石燃料の燃焼によって発生する硫黄酸化物（SO_x）や窒素酸化物（NO_x）**が大気中の水滴に取り込まれて pH が小さい雨として降るからです。硫黄酸化物などは，雨や雪などの降水に溶け込むだけではなく，固体微粒子として降下する場合もあります。そのため，これらを総称して酸性雨，もしくは酸性降下物とよんでいます。

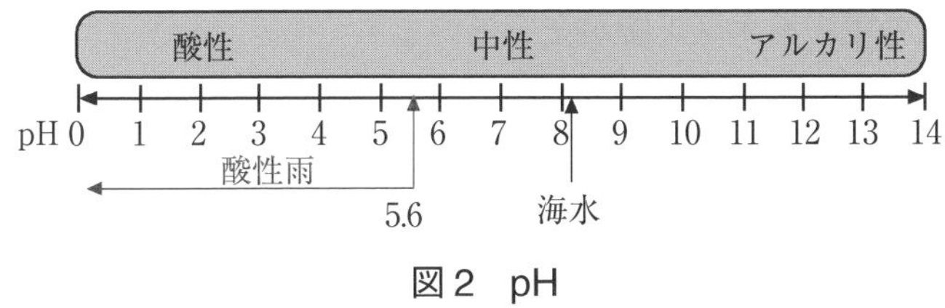

図2　pH

1950年代，北欧で**湖や川の魚介類が死滅**したり，**野外のブロンズ像がボロボロになる**異変が報告されるようになりました。この原因がpH4～5の酸性の雨であると突き止められたのは1960年代後半になってからです。産業革命以来，イギリスやドイツが大量の石炭を燃焼させ，それに含まれる硫黄酸化物が国境を越えて北欧諸国に酸性雨をもたらしました。

欧米の森林の樹種は酸性雨に弱く，酸性雨の影響を弱める土壌が氷河によって削り取られているため，酸性雨による大きな被害が生じます。一方，日本では降水量が多く，また，酸性雨に強い樹種が生えているため，酸性雨の影響を受けにくい環境下にあります。それでも中国の経済が発展するとともに，中国に由来する大気汚染物質が飛来し，季節風が強い秋から春にその影響が強く表れ，酸性雨の影響を受けにくい日本でも森林が枯れる被害が生じるようになっています。

共通テストに出るポイント！

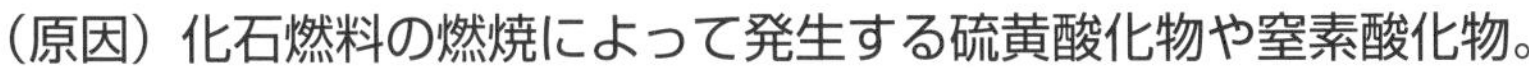

《酸性雨》

pH5.6以下の雨。「3，4，5，6(酸性，5，6)」

（原因）化石燃料の燃焼によって発生する硫黄酸化物や窒素酸化物。

（影響）土壌の酸性化，森林の枯死，湖の魚介類の死滅など。

オゾン層の破壊

第6回で講義したように，シアノバクテリアや藻類の光合成によって大気中に増加した酸素(O_2)から，太陽放射中の紫外線によってオゾン(O_3)が生成され，古生代前半にはオゾン層が形成され，生物の上陸が始まりました。有害な太陽からの紫外線は，オゾンの生成とともに地表に届かなくなり，陸上の生物をオゾン層が守っています。

しかし，人間が大量に放出した**フロンが，オゾン層を破壊**しています。それによって，**皮膚癌や白内障の増加，免疫機能の低下**などが危惧されています。例えば，オゾンの量が1％減少すると，皮膚癌の発症が約2％増加し，白内障の発症が0.6～0.8％程度増加すると推定されています。また，海洋生態系の基礎となる浅海域の動植物プランクトンに致命的な打撃を与えたり，農業生産量の減少も懸念されています。

フロンは1920年代に家庭用冷蔵庫の冷媒として発明され，人間には無害であるため，夢の化学物質としてもてはやされました。フロンは無味無臭，化学的にも熱的にも安定した物質で，1930年代から**冷蔵庫やクーラーの冷媒，半導体の洗浄，発泡剤の原料，スプレー缶の噴射剤**などに用いられてきました。

1970年代前半，化学的に安定なフロンであっても，波長の短い太陽からの紫外線によって分解され，それによって放出された**塩素原子がオゾンを連鎖的に破壊する**可能性があると指摘されたものの，当時は，フロンから生じた塩素は成層圏では塩化水素や硝酸塩素に変化するために，オゾン層は破壊されないと結論づけられ，フロンの使用は継続されました。

1984年，日本の研究者が，**南半球の春になると南極上空のオゾン量が減少する**現象を発見し，論文として発表したものの反響はありませんでした。翌1985年，イギリスの科学者たちが同じ現象を報告し，国際的な取り組みがすぐさま開始されました。オゾン層保護のためのウィーン条約です。1987年には**モントリオール議定書**が採択され，フロンの製造，消費および貿易を規制するようになりました。

1986年には人工衛星からの観測によって，**オゾン濃度が極端に低い領域**が南極点を中心にして穴が空いているように現れ，**オゾンホール**とよばれるようになりました。これは，画像処理をしたときに，オゾン濃度が低い領域ほど暗く表現してるために穴が空いているように見えるのであって，実際に大気に穴が空いているのではありません。また，オゾン濃度は，南極大陸上空でのみ減少しているのではなく，全地球規模での減少が確認されています。

なお，**オゾンホールは南極大陸が春になると現れ**，11 ～ 12 月の夏には消滅します。**1年を通じて南極大陸上空に存在しているのではありません。**

共通テストに出るポイント！

《 オゾン層の破壊 》

- フロンに含まれる塩素原子が原因。
  フロンの用途…冷蔵庫やクーラーの冷媒(れいばい)，半導体の洗浄剤(せんじょうざい)，発泡剤(はっぽうざい)，スプレー缶(かん)の噴射剤(ふんしゃざい)
- オゾンホール…南極大陸が春になると現れ，夏には消える。
  オゾン濃度が低下した領域。
- 人間への影響…皮膚癌(ひふがん)や白内障(はくないしょう)の増加，免疫機能(めんえききのう)の低下

オゾンホールに関する問題を一つ解いてみよう。

問題 2　オゾン層の破壊

次の図 1 は，1979 ～ 2018 年に現れたオゾンホールの最大面積の変化を示している。また，図 1 中の赤い直線は，2000 年以降の変化傾向を表している。ただし，南極大陸の面積は約 1400 万 km^2 である。

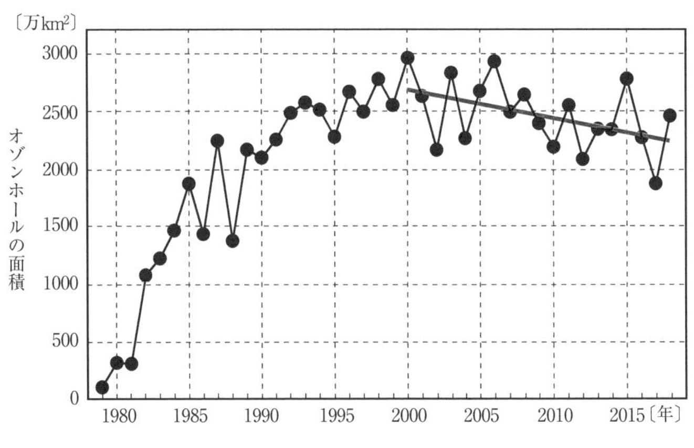

図 1　オゾンホールの最大面積の経年変化

問1　前ページの図1のオゾンホールの最大面積について述べた文として**誤っているもの**を，次の ① ～ ④ のうちから一つ選べ。 **4**

① オゾンホールの最大面積が，前年の最大面積の3倍以上に広がった年がある。

② オゾンホールの最大面積が，南極大陸の面積の2倍以上に広がった年がある。

③ オゾンホールの最大面積は，2000年以降，減少傾向にある。

④ オゾンホールの最大面積が年ごとに増加する割合は，1980年代の方が1990年代よりも小さかった。

問2　2000年以降の変化傾向がこのまま継続すると仮定したとき，オゾンホールの最大面積が1980年の最大面積を下回るようになるのは，いつ頃か。最も適当なものを，次の ① ～ ④ のうちから一つ選べ。 **5**

① 2050年　② 2080年　③ 2110年　④ 2140年

問1　① 問題の図1中の増加量が大きい年に注目します。例えば，1981年と1982年です。1981年の最大面積は約300万 km^2，1982年の最大面積は約1100万 km^2 だから，約3.7倍になっています。したがって，この選択肢は正しいですね。

② 南極大陸の面積は約1400万 km^2 だから，その2倍は，約2800万 km^2 なので，これよりも最大面積が広いのは，例えば，2000年の約2950万 km^2 です。次の図3の右の縦軸に南極大陸の面積と比較できるように

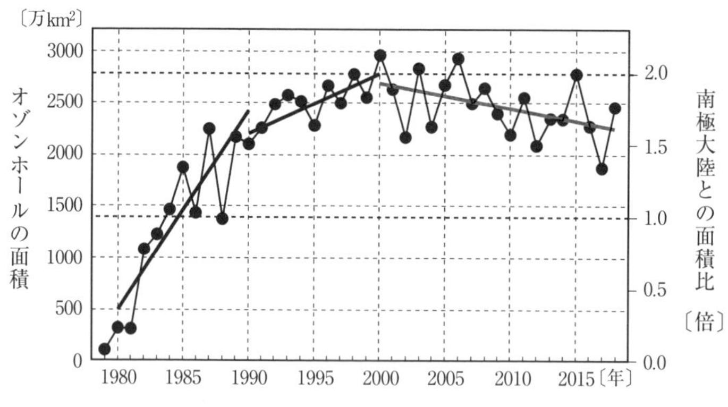

図3

数値を入れてみました。2000年，2003年，2006年が2倍以上になっています。したがって，この選択肢は正しいですね。

③ これは，問題の図1中の赤い線を見ればいい。2000年以降，オゾンホールの最大面積は減少傾向にあるから，この選択肢は正しい。

ということは ④ が誤りのようですね。オゾンホールの最大面積の長期変化を2000年以降の赤い線と同じように，1980年代と1990年代に分けて直線で引いてみよう。どのように引くのかというと，その直線を境にして，図中の●が上や下へ同じ程度に離れるようにします。特に，**直線から最も外れる●が同じ程度に上下に離れているような感じで直線を引きます**。第1回の問題10(→ p. 51)で行なった作業(→ p. 54)と同じです。

そうすると，図3の黒く太い直線のようになって，1980年代の方が，1990年代よりも急傾斜で増加しています。だから，オゾンホールの最大面積が年ごとに増加する割合は，1980年代の方が1990年代よりも大きい。したがって，この選択肢が誤りで，正解になりますね。

問2 赤い線の数値を読むと，2000年では約2700万 km^2，2018年で約2300万 km^2 です。18年間で約400万 km^2 減少しています。この割合で減少して，1980年の約300万 km^2 になるのだから，2018年の約2300万 km^2 から，

2300万 − 300万 = 2000万 km^2

減少すればよい。だから，次の比例式が成り立ちます。

18年：400万 = x 年：2000万

x ≒ 88年

したがって，2018 + 88 = 2106年だから，最も近い年は，③ の2110年です。

これは，オゾンホールの最大面積から計算した値ですが，他の観測値から，オゾンの量は21世紀中に1980年の値にまで回復すると予測されています。

【問題2・答】 [4] − ④　[5] − ③

地球温暖化

地球環境問題の中で，最も問題視されているのが，いわゆる**地球温暖化**です。地球規模で気温や海水温が上昇し，氷河や氷床(大陸氷河)が縮小，海水面が上昇するとともに，異常高温や大雨・干ばつの増加など，気候の変動を招き，深刻な影響が生じると考えられています。IPCC(気候変動に関する政府間パネル)の第5次評価報告書によると，今世紀末までの世界平均気温の上昇は0.3～4.8°Cの範囲に，海面水位の上昇は26～82 cmの範囲に入る可能性が高いと予測されています。

1961～1990年の年平均気温に比べて，各年の平均気温がどのように推移しているかを図4に示しました。1880年から2012年の間に0.85℃上昇したと見積もられています。また，最近30年間の気温上昇率がそれ以前よりも大きく，地球温暖化が急速に進んでいるとIPCCは報告しています。

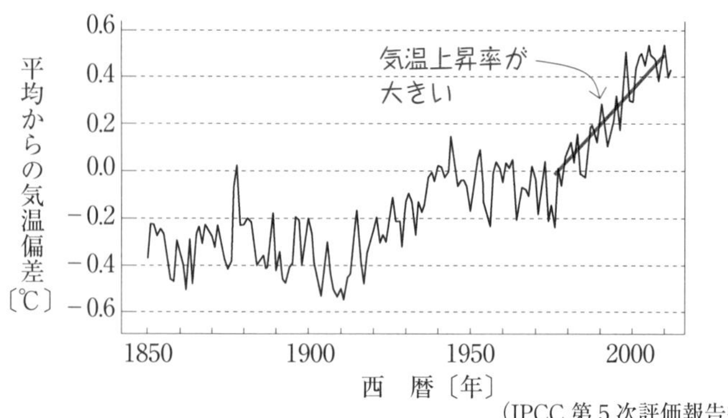

(IPCC 第5次評価報告書　改)

図4　観測された世界平均地上気温の偏差

地球温暖化の原因

地球温暖化は，第7回で述べた温室効果が強まって生じます。次ページの図5に示したように，人為起源の**温室効果ガスの大半は，二酸化炭素です**が，これ以外に**メタン，一酸化二窒素，フロン**なども含まれます。石炭，石油，天然ガスなどの化石燃料を燃焼させると発生する二酸化炭素，大気中の二酸化炭素の吸収源である森林の減少，家畜のげっぷや水田や湿地で植物が枯れて発生するメタンがおもな温室効果ガスです。

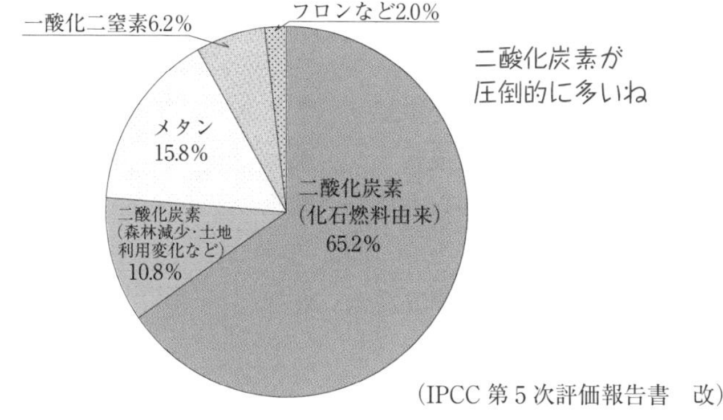

(IPCC 第5次評価報告書 改)

図5 温室効果ガスの総排出量に占めるガスの種類別の割合

地球温暖化に関連して，頻出のグラフ読解問題を解いてみよう。

問題3 地球温暖化

次の図1中の黒い線は，岩手県綾里(りょうり)における1999年～2018年の20年間の二酸化炭素濃度の月別平均値の推移を表したものである。また，図中の赤い線は，月別平均値から求めた二酸化炭素濃度の長期的変化の傾向を表している。

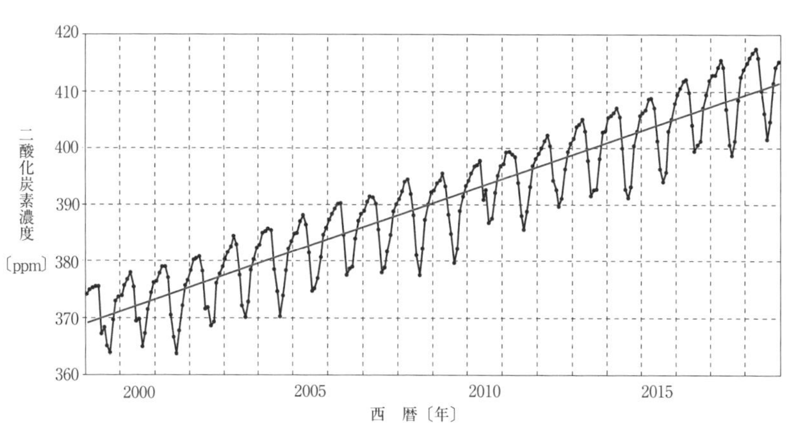

図1 岩手県綾里における二酸化炭素濃度の経年変化

問1　二酸化炭素濃度の月別平均値の変動をもたらす主要な要因として最も適当なものを，次の ① ～ ④ のうちから一つ選べ。 **6**

①　火力発電の発電量　　②　冷暖房の使用量

③　植物の光合成量　　④　動物の呼吸量

問2　月別平均値から求めた二酸化炭素濃度の長期的変化がこのまま増加すると仮定したとき，2100 年の二酸化炭素濃度はおよそ何 ppm になるか。最も適当な数値を，次の ① ～ ④ のうちから一つ選べ。

7 ppm

①　540　　②　580　　③　620　　④　660

問1　縦軸の ppm(ピーピーエム)という単位は，百万分率を表し，例えば 400 ppm は，百万分の 400 だから，

$$\frac{400}{1000000}=\frac{4}{10000}=\frac{0.04}{100}$$

100 分の 0.04，つまり 0.04%と同じです。

18 世紀後半の産業革命（さんぎょうかくめい）以前の 1000 年間，大気中の二酸化炭素濃度は 280 ppm を平均にして± 10 ppm 程度の範囲で変動していたと推定されています。産業革命以降，大気中の二酸化炭素濃度は急速に増加し，現在では 410 ppm を超えています。

グラフの各年度は，1 月から始まるので，二酸化炭素濃度の月別の変化は，3 月から 5 月頃の春の時期に最大値が認められ，7 ～ 8 月頃の夏に最小値を示しています。季節変化が認められるという特徴がありますね。

①　各年の年内の濃度は，10 ～ 15 ppm の範囲で変動しています。それに対して，赤い線で表された長期的傾向は，10 ppm よりは小さい値で年々増加しています。大気中の二酸化炭素濃度が年々増加するのは，化石燃料の燃焼などの人為的（じんいてき）な原因であると考えられていますが，年内の濃度差はそれよりも大きな値で変動しているので，人為的な原因とは考えにくいです。そのため，火力発電の発電量は適当ではないと考えられます。

②　冷暖房（れいだんぼう）は，人為的なものだから，① と同様に考えて適当ではないです。

③　植物の光合成量はどうだろうか？ 秋から春の初めにかけては，陽

射しが弱く，植物の光合成は活発ではありません。そのため，大気中の二酸化炭素の吸収量が少なく，大気中の二酸化炭素濃度が増加する時期に当たります。一方，春から夏にかけては，植物の光合成が盛んで，大気中の二酸化炭素を多く取り込みます。そのため，大気中の二酸化炭素濃度が減少する時期に当たります。このように，各年の二酸化炭素の濃度は，植物の光合成量に大きく左右されています。したがって，この選択肢が適当です。

④　動物の呼吸によって二酸化炭素は大気中に排出(はいしゅつ)されるのですが，季節によって動物の呼吸量が大きく変化することは考えられないので，この選択肢は適当ではないと考えられます。

問 2　1999 年の二酸化炭素濃度は約 370 ppm，2018 年の二酸化炭素濃度は約 410 ppm で，19 年間で 40 ppm 増加しています。1 年当たりに換算すると，

$$\frac{(410-370)\,\text{ppm}}{(2018-1999)\,\text{年}} = \frac{40\,\text{ppm}}{19\,\text{年}} \fallingdotseq 2.1\,\text{ppm/年}$$

の増加量になります。2100 年は，2018 年の 82 年後だから，

$$410\,\text{ppm} + 2.1\,\text{ppm/年} \times 82\,\text{年} = 412\,\text{ppm} + 205\,\text{ppm} = 582\,\text{ppm}$$

になります。したがって，② が最も近い値になります。

【問題 3・答】 6 － ③　7 － ②

フィードバック

地球温暖化は，地球全体の気温が平均して上昇するのではなく，特に極地方に強い影響が現れると考えられています。気温の上昇に伴って北極海の海氷(かいひょう)やグリーンランドの雪氷(せっぴょう)がとけると，太陽放射を反射(はんしゃ)する地表面積が減少し，第 7 回の図 6(→ p. 243)の反射の割合(アルベド)が小さくなります。それによって地表が吸収する太陽放射が多くなり，気温が上昇します。このように，気温上昇がさらなる気温上昇を生じさせるように，**ある変化が生じると，その変化を増幅(ぞうふく)させるしくみ**を**正のフィードバック**といいます。

気温が上昇して高緯度の凍土(とうど)がとけると，凍土に含まれていた温室効果ガスのメタンが大気中に放出されて温室効果が強まる。そうすると，さら

に気温が上昇する。これも正のフィードバックです。また，気温上昇によって水の蒸発が盛んになると，温室効果ガスの水蒸気の量が大気中で増加し，温室効果が強まって気温を上昇させるのも正のフィードバックです。

ところが，気温が上昇し，水の蒸発が盛んになると，雲の量が増加して太陽放射を反射し，地表に届く太陽放射が減少し，気温上昇が抑制（よくせい）されるとも考えられます。このように，**ある変化が生じると，その変化を減衰（げんすい）させるしくみ**を**負のフィードバック**といいます。

このフィードバックという用語は環境問題を考える上で知っていてほしい用語の一つです。

ステップアップ！

正のフィードバック…**ある変化が生じるとその変化を増幅させるしくみ**
負のフィードバック…**ある変化が生じるとその変化を減衰させるしくみ**

地球温暖化の影響とその抑制の取り組み

海水温が上昇すると，海水の密度が小さくなり，海水が膨張（ぼうちょう）して海水面が上昇します。また，陸地にある氷河がとけると，海水量が増加し，海水面が上昇します。それによって，沿岸地域では暴風（ぼうふう）による高潮（たかしお）や洪水（こうずい）の被害を受けやすくなります。特に，標高の低い島々は，海水面の上昇によって海岸が侵食され，水没する恐れもあります。

また，まれにしか生じていなかった気象現象が多発するようにもなります。熱波（ねっぱ）による農作物の枯死（こし），森林火災の拡大，長期の干（かん）ばつや極端な雨や雪などが近年増加しているのも地球温暖化の影響と考えられています。

地球温暖化が1988年に指摘されるとともにIPCCが組織され，1997年には「気候変動枠組（わくぐ）み条約締結（ていけつ）国会議」が開催され，締結国の温室効果ガス削減（さくげん）目標が定められ，京都議定書（ぎていしょ）が議決されています。この削減目標達成に成功した国がある一方で，締結当時最大の二酸化炭素排出国であったアメリカが離脱（りだつ）し，削減目標達成に失敗したカナダも離脱（りだつ）し，当時は開発途上国であった中国やインドに削減義務が課せられていないなど，多くの問題を抱えていました。

そのため，2015年には新たに**パリ協定**が採択(さいたく)され，今世紀後半には温室効果ガスの人為的排出をゼロにする方向が明確に打ち出されました。

共通テストに出るポイント！

《地球温暖化》

- 温室効果ガスの増大が原因。
  人為的な温室効果ガス…二酸化炭素，メタン，フロンなど。
- 影響…平均気温や海水温の上昇。
  海水面の上昇…海水温上昇による海水の膨張，氷床(ひょうしょう)の融解(ゆうかい)。
  異常気象…強い台風やハリケーンの増加。
  熱波(ねっぱ)，長期の干ばつ，大雨などの気候変動。

最初に強調したように，エルニーニョ現象やラニーニャ現象は自然現象，地球環境問題は人間活動に原因が求められます。この点は，しっかりと区別してください。

地学基礎の様々な分野にまたがる問題が，地球の環境では出題されます。形式としては資料を読み取る問題が多く，手を替(か)え，品を替えて出題されます。表1(→ p. 356)に地球環境問題の例を示しました。教科書によって取りあげられている環境問題の具体例は異なりますが，共通テストでは，この表に示した内容は，知識というよりも題材として取りあげられるものです。もう一度見返しておいてほしい。

次回からは，宇宙の分野に入ります。生物の生存に適した環境が地球に存在する条件を他の太陽系の惑星(わくせい)と比較します。この内容が今回の地球環境と関係します。その中で，惑星の組成や大きさなどを第1回の地球の組成や大きさなどと比べてみよう。また，第5回の地球の歴史に関しても，地球誕生の頃の太陽系の様子を次回に講義します。さらに，未来はどうか。第11回では，このことについて太陽の進化から考えてみます。

第11回 宇宙の中の地球(1)

太陽系

今回と次回は，宇宙についての講義です。最初は，太陽系（たいようけい）の天体です。太陽系は，恒星（こうせい）としての太陽，8 個の惑星（わくせい），小惑星，太陽系外縁天体（がいえんてんたい），彗星（すいせい），衛星（えいせい）などから成り立っています。今回は，これらの天体の特徴について説明します。

第1章 太陽系の天体

太陽系の概観

太陽系内の天体の距離を表すときには，太陽と地球の間の距離を基準にします。太陽と地球の間の距離は 1 年の周期で変化し，地球は 1 月上旬（じょうじゅん）に太陽に最も接近し，7 月上旬に最も遠ざかります。

Q. 地球が 1 月上旬に太陽に最も近づき，7 月上旬に最も遠ざかるなら，1 月が暑く，7 月が寒い季節じゃないかな？

―― 地球と太陽の距離が季節を決めているのではないね。地球の自転軸が公転軌道面に垂直ではなく，その方向から約 23.4°傾いているため，季節によって太陽の高度が異なり，地表面が受ける太陽放射量に変化が生じるからだね。

地球が太陽に最も近づいたときと，最も遠ざかったときの距離を平均すると約 1.5 億 km になり，これを 1 とする単位，つまり，**太陽－地球間の平均距離を 1 天文単位（てんもんたんい）といいます**。漢字で書くのだけれども，km などと同じ距離の単位です。例えば，2 天文単位は 3 億 km に相当し，3 天文単位は 4.5 億 km に相当します。この天文単位という距離を用いて太陽系内の天体の距離を表します。

共通テストに出るポイント！

《1 天文単位(てんもんたんい)》

太陽－地球間の平均距離：約 1.5 億 km

太陽系の広がり

図1に，太陽系の広がりを模式的に表しました。太陽から，**最も外側を公転(こうてん)する惑星「海王星(かいおうせい)」までの距離は約 30 天文単位です。**海王星の軌道(きどう)付近から外側には**太陽系外縁(がいえん)天体**という小天体が数多く分布していますが，その広がりがどこまで続くのかはわかっていません。さらに遠方にはオールトの雲という彗星(すいせい)の源となる天体が太陽系を取りまいていると考えられています。

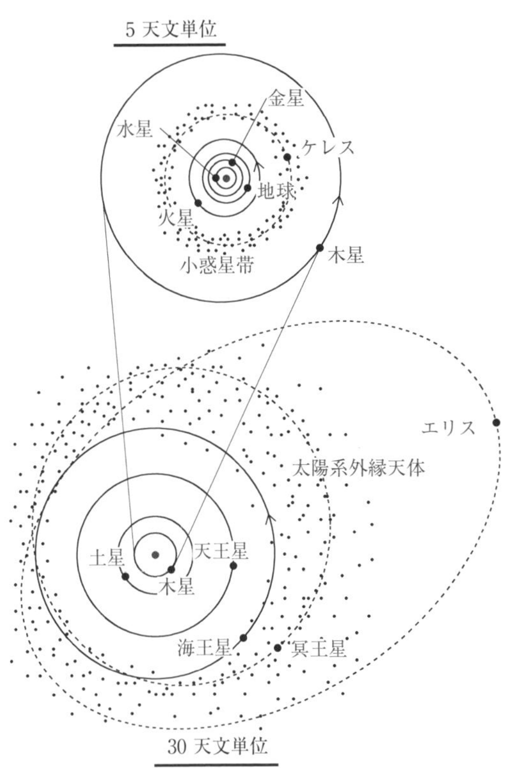

図1　太陽系の広がり

太陽系外縁天体の領域よりも内側では，**小惑星帯(しょうわくせいたい)**を境にして，その内側には**水星**，**金星**，**地球**，**火星**という小さな惑星が公転し，小惑星帯と太陽系外縁天体の間を**木星**，**土星**，**天王星(てんのうせい)**，**海王星**という大きな惑星が公転しています。これら8個の惑星は，地球の北極上空の宇宙空間から見ると，すべて**反時計回りに公転**しています。

惑星と準惑星

2006年8月，チェコのプラハで開催された国際天文学連合(IAU)の総会で，太陽系の惑星の定義が史上初めて定められました。それまでは，惑星の定義はありませんでした。暗黙(あんもく)の了解で十分だったからです。この定義によって，従来は惑星として扱われていた冥王星(めいおうせい)は惑星から降格(こうかく)され，太陽系の惑星は「水金地火木土天海冥」の9個から「水金地火木土天海」の8個に減りました。

この総会で決定された惑星の定義は，次のようになっています。

(a) 太陽のまわりを公転している。

(b) 質量が十分大きいため，自己の引力で強くまとまり，ほぼ球形になっている。

(c) その軌道(きどう)の領域に，同じような大きさの天体が存在しない。

Q. 上の定義のうち，冥王星に当てはまらないのはどれですか？

——(c)です。冥王星の軌道付近，つまり太陽系外縁天体には，図1中のエリスのように冥王星よりも半径が大きい天体があるからです。

冥王星は，現在では惑星ではなく，準惑星(じゅんわくせい)に分類されています。惑星ではなく，惑星に準じる天体という意味です。準惑星としては，小惑星の中で最大のセレス(ケレス)，太陽系外縁天体の冥王星，エリス，マケマケ，ハウメアの5個があります。

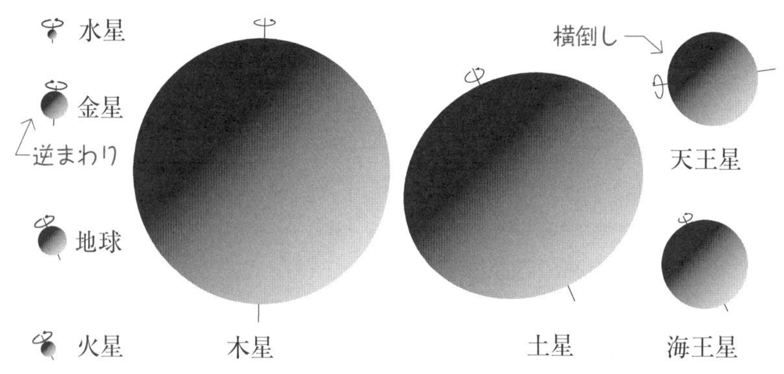

図2　惑星の大きさと形状・自転

地球型惑星と木星型惑星

8個の惑星は，大きく二つの型に分類できます。**地球型惑星**と**木星型惑星**です。図2(→ p. 370)に，その大きさと形状，自転軸と自転方向を表しました。これら二つの型の惑星には，さまざまな相違点があります。それを表1にまとめました。

共通テストに出るポイント！

表1　地球型惑星と木星型惑星

特　徴	地球型惑星	木星型惑星
惑星名	水星，金星，地球，火星	木星，土星，天王星，海王星
位　置	小惑星帯の内側	小惑星帯の外側
公転周期	短　い	長　い
公転速度	大きい	小さい
半　径	小さい	大きい
質　量	小さい	大きい
平均密度	大きい (3.9 ～5.5 g/cm^3)	小さい (0.69～1.64g/cm^3)
全体の組成	鉄, 岩石	木星, 土星…水素, ヘリウム 天王星, 海王星…氷, 水素, ヘリウム
自転周期	約1日以上	1日未満
偏平率（へんぺいりつ）	小さい	大きい
大気量	少ない（水星　なし）	多　い
大気組成	金星･火星 CO_2, N_2 地球 N_2, O_2	H_2, He
リング	な　し	あ　り
衛星数	水星･金星0, 地球1, 火星2	多　い

惑星の公転

図1(→ p. 369)のように，惑星は太陽のまわりを回っています。これを**公転**(こうてん)といいます。地球型惑星は太陽に近い軌道(きどう)を公転している。一方，木星型惑星は小惑星帯よりも遠方を公転しています。そのため，太陽の周囲を1回まわるのに要する時間，すなわち**公転周期は地球型惑星が短く**，**木星型惑星が長い**。**惑星の公転の方向は，すべて反時計まわり**です。

半径と組成

図2からわかるように，**地球型惑星は半径が小さく**，**木星型惑星は大きい**。**質量も地球型惑星が小さく**，**木星型惑星が大きい**。

平均密度はどうかというと，**地球型惑星が大きく**，**木星型惑星が小さい**。**密度は，どのような物質から惑星がつくられているかを表します**。地球に関しては第1回で講義したように，**鉄の核と岩石質のマントルと地殻**(ちかく)から構成されています。これは地球だけではなく，水星，金星，火星という他の地球型惑星も同じです。それに対して，**木星型惑星は水素**，**ヘリウム**，**氷**からできています。この組成という観点から見ると，木星と土星はほとんどが水素とヘリウムですが，天王星と海王星は氷の割合が多い。このため，木星と土星を**巨大**(きょだい)**ガス惑星**，天王星と海王星を**巨大氷惑星**(こおりわくせい)とよんで区別することがあります。この分類のときには，地球型惑星は岩石惑星といいます。このように，岩石や鉄の方が水素などよりも密度が大きいので，地球型惑星の方が木星型惑星よりも平均密度が大きい。

自転周期と偏平率

惑星自らが1回まわるのに要する時間，つまり**自転**(じてん)**周期は**，**地球型惑星が長く**，**木星型惑星が短い**。半径の大きな木星型惑星の方がゆっくり自転しているように思えるのですが，そうではなく，木星型惑星の方が自転周期が短い。例えば，最も自転周期が短い惑星は木星で，10時間弱です。逆に，最も自転周期が長い惑星は，金星で約243日です。地球型惑星と木星型惑星を比較したとき，**自転周期の長短は間違えやすい**項目なので，注意してください。

次は，**偏平率**です。第1回の講義に出てきた項目(→ p. 17)ですね。地球だけではなく，惑星の偏平率を定めることができます。つまり，惑星の赤道半径を a，極半径を b とすると，偏平率は，

$$\frac{a-b}{a}$$ 地学基礎で重要な公式の一つ

で定義されます。偏平率は，球と比較したとき，どの程度潰れた回転楕円体になっているのかという意味でした。この**偏平率が最大の惑星は，土星**です。図2(→ p. 370)を見てください。リングを取り去った土星の姿が描いてあります。みごとに潰れた形になっていますね。その土星の赤道半径と極半径の差を計算してみようか。

問題1　惑星の偏平率

土星の偏平率は太陽系の惑星の中で最も大きく，約0.098である。また，土星の赤道半径は約 6.0×10^4 km である。土星の赤道半径と極半径の差はおよそ何 km であるか。その数値として最も適当なものを，次の ① ～ ④ のうちから一つ選べ。 **1** km

① 5.4×10^3　② 5.9×10^3　③ 5.4×10^4　④ 5.9×10^4

土星の赤道半径を a，極半径を b として，偏平率は，

$$\frac{a-b}{a}=0.098$$

$$\therefore a-b=0.098a=0.098\times6.0\times10^4\ \text{km}\fallingdotseq5.9\times10^3\ \text{km}$$

となり，② が正解です。

地球半径は約6400 km だから，土星の半径は地球の約9倍，赤道半径に比べて極半径は地球1個分程度潰れていることになるね。こんなに潰れた形になっているということは，土星の内部に変形しやすい物質が厚く存在することを物語っている。実際，大量の水素が高い圧力のもとで液体に変化しているから，土星は変形しやすいんです。

【問題1・答】 **1** － ②

内部構造

地球型惑星は，地球と同じように金属鉄の核，岩石質のマントル，岩石質の地殻（ちかく）からできています。核とマントルの比率はそれぞれの惑星によって異なっています。

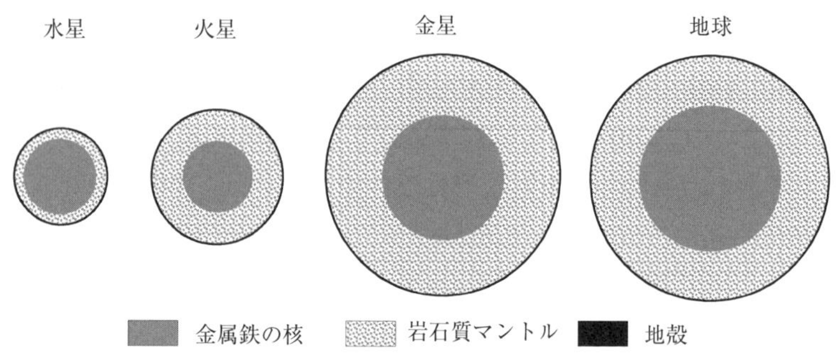

図 3　地球型惑星の内部構造

一方，木星型惑星は中心部に岩石や氷からなる固体の核があると考えられ，木星や土星では液体の水素がそれを取りまいています。天王星や海王星は岩石質の核のまわりを水やアンモニアの氷が取りまき，その外側を水素の液体が取りまいています。図 4 では，圧力によって水素ガスが液体になっている領域と，さらに圧力が加わって水素が液体金属の状態になっている領域に分けてあります。

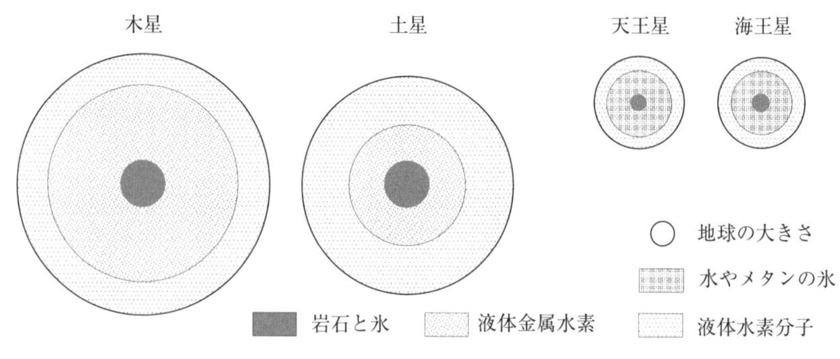

図 4　木星型惑星の内部構造

大　気

木星型惑星の大気は水素やヘリウムからできていて，その量は地球型惑星と比較して膨大です。圧力をかけて圧縮すると，気体が液体に変わるように，膨大な量の大気の圧力によって水素は液体となっています。そのため，地球型惑星のような固体の表面は木星型惑星にはなく，大気の中を降下していくと，大気は気体の状態からやがて液体の状態へ移り変わります。

地球型惑星の大気の量は，木星型惑星と比較して少ない。太陽系の惑星のうち，質量が最も小さい水星の重力は小さく，火山活動などによって惑星内部から気体がほとんど放出されていないので，水星にはほとんど大気はありません。ガスが水星内部から放出されても，強い太陽放射によって吹き払われてしまいます。**金星と火星は二酸化炭素が主成分**で，**地球は窒素と酸素が主成分**です。地球も誕生当時は二酸化炭素が大気の主成分でしたが，海が誕生して二酸化炭素は海に溶け込み，さらに光合成を行う生物が現れて酸素を放出して大気組成を変えたということは第6回で講義しました。

衛星とリング

木星型惑星は，多数の衛星を伴っている点も地球型惑星と異なります。地球型惑星では**水星と金星には衛星はなく，火星にはフォボスとダイモスという小さな衛星が2個，地球には月という大きな衛星**があります。

木星型惑星にはリング(環)があり，地球型惑星にはありません。これも相違点の一つです。土星，天王星，海王星のリングは小さな氷がほとんどで，一部，岩石も含まれています。木星のリングは，衛星から放出された細かい塵からできています。

☼ 惑星の特徴

太陽系の 8 個の惑星と惑星のまわりを公転する衛星について，太陽系の内側を公転する惑星から順にその特徴を見ていこう。

水　星

図5　水　星

水星は太陽系最小の半径と質量の惑星です。半径は約 2440 km であり，月(半径 1740 km)の約 1.4 倍の大きさです。大気はほとんどなく，図 6 のように，月と同じく一面の**クレーター**に覆われています。**クレーターは隕石が衝突した跡**です。昼と夜がそれぞれ約 88 日間続き，大気がほとんどないために，太陽に面した昼の側は太陽に熱せられ続けて温度は約 450℃に達しますが，夜の側は冷やされ続けて－170 ℃に低下します。つまり，太陽に最も近い距離にある地球型惑星なのですが，地球型惑星の中で表面温度が最も低くなる惑星が水星です。昼夜の温度差が大きく，大気がないので，生命が存在する可能性はまずないでしょう。衛星もありません。図 3(→ p. 374)のように，他の地球型惑星と比較して，鉄からなる大きな核があります。

金　星

図6　金　星

地球よりも少し小さい半径と質量の惑星です。だから，内部構造はほぼ地球と同じと考えられます。一方，金星表面の気圧は地球の約 90 倍あり，**大気の主成分が二酸化炭素**であることから，その**温室効果**によって表面温度は赤道でも極でも 465℃に達し，太陽系の惑星の中で**表面温度が最も高い惑星**です。太陽に最も近い水星よりも，表面温度が高いのです。硫酸からなる厚い雲に覆われ，現在でも火山が活動していることが確認されています。

アルベド(反射率)は0.78で，地球の0.30の2倍以上もあり，太陽光線の多くを反射するため，地球から見ると明るく輝き，明けの明星，宵の明星として有名です。アルベドは，第7回の地球のエネルギー収支(→ p. 243)の説明で使った用語で，太陽光線を反射する割合のことでしたね。

地球とは逆の向きに自転していて，その周期は約243日で，太陽系の惑星の中で**自転周期が最も長い惑星**です。衛星はありません。

地　球

図7　月

太陽系の惑星の中で，**唯一，液体の水が表面を覆う惑星**です。平均密度は約5.5 g/cm^{3}で，太陽系の惑星の中で最大です。

月という大きい衛星が周囲を公転しています。他の惑星の衛星は，惑星本体に比較してかなり小さいのですが，**地球の衛星の月だけが極めて大きい**。月は地球の半径の約$\frac{1}{4}$で，重力が小さいため，大気を引きつけておくことができず，また，自転速度が遅く，約15日ごとに昼と夜を繰り返します。そのため，太陽に面した側では約120℃，夜には－170℃にまで低下します。

月の表面は岩石からできていて，一面のクレーターに覆われていますが，クレーターが多い高地と，少ない海に地形を区分できます。高地が明るく，海が暗く，ウサギが餅をついているように見えるところが海です。海とはいっても水を湛えているのではありません。海は，月の内部から噴出した玄武岩質溶岩に覆われ，高地に比べると新しい時代に形成された地形です。

地球は，**強い磁場を持っている**という特徴もあります。また，二酸化炭素を主成分とする金星や火星と異なり，**窒素と酸素からなる大気も特徴的**です。

火　星

図8　火　星

地球の半分程度の半径の惑星です。表面は酸化鉄によって全体的に赤い色を呈していて，極地方にはドライアイスと水の氷からできた白い**極冠**があります。地球とほぼ同じ程度自転軸が傾いており，**四季が存在**します。これは，極冠の大きさが冬には大きく，夏には小さくなることからもわかります。**大気の主成分は二酸化炭素**ですが，表面の気圧は地球の0.006倍しかなく，温室効果は弱く，赤道地域で夏に20℃に達することがあるものの，夜間や極地方では－100℃以下の気温です。自転周期は，ほぼ地球と同じです。小惑星が火星の引力に捉えられたと考えられるフォボスとダイモスという小さな**衛星が二つ**回っています。

火星には，大きな峡谷，活動はしていないものの，火山地形があります。また，水が流れたと考えられる地形もあり，**過去には海が存在**したと考えられます。オゾン層はないため，地球の生物には有害な紫外線が地表に達しています。それでも，バクテリアのような生命が地下に存在する可能性がある惑星です。地球でも，多くの種類のバクテリアが地下の岩石の中で活動しているのだから，海が存在していた頃の火星で生命が誕生していれば，その子孫が現在でも生き残っていると考えられます。

木　星

太陽系最大の惑星で，半径は地球の11倍程度あります。次ページの図9のように，表面には幾筋もの縞模様や小さな渦があり，図9中の右下に見える，**大赤斑**という地球の2倍くらいの大きさの渦が有名です。350年ほど前に大赤斑は発見されてから消えたことはありませんが，最近では小さくなっているという報告があります。79個の衛星が発見されていて，衛星から放出された塵からなる薄いリングが存在します。**自転周期は約10時間で，惑星の中で最も短い**。

図9　木　星

木星の**衛星イオでは，活発な火山活動**が確認されています。惑星探査機ボイジャー1号が撮った写真から，地球以外の天体で初めて火山活動が確認されました。イオは月と同じくらいの大きさの衛星だから，重力が小さく，噴煙は高く上り，宇宙空間に逃げ出しています。

太陽系最大の衛星**ガニメデ**は，表面が氷で覆われています。半径は2630 kmもあり，半径2440 kmの**惑星である水星よりも大きな天体**です。惑星と衛星は，大きさで区別しているのではなく，太陽以外の天体のまわりを回っている小さな天体を衛星といいます。地球の月よりも若干大きい**エウロパ**も表面が氷で覆われていて，その下には液体の水が存在すると考えられ，それが時々表面に噴出して凍るために，エウロパの表面の地形が変化します。内部では熱水の活動も考えられるので，生命が存在するかも知れません。このように表面が氷に覆われた衛星は氷衛星といわれ，木星型惑星には数多くあります。いずれも生命の存在の可能性がある天体です。

土　星

図10　土　星

土星は木星に次いで大きく，**惑星の中で最も平均密度が小さく，偏平率が最大の惑星**です。他の惑星が丸く見えるのに比べて，土星は明らかに楕円形に見えます。図10のように，アンモニアなどからなる縞模様も見えます。直径1 m前後の氷を主とする**リング(環)**が美しい惑星です。リングは何千という微細なリングに分かれています。衛星は82個が発見されています。

土星の衛星**タイタン**(半径 2580 km)は水星(半径 2440 km)よりも大きく，窒素(ちっそ)を主成分とする大気，メタンやエタンからなる海があり，メタンの雨も降っています。メタンやエタンは有機物の材料であり，これらが豊富にあることから，タイタンは，生命が存在する可能性のある衛星の一つです。

天王星

図 11　天王星

望遠鏡を使って 1781 年に発見された惑星です。**自転軸がほぼ横倒し**になっていて，大気に含まれるメタンによって赤い光が吸収され，残りの青い光を反射するため，青白く見えます。リングも存在します。

海王星

図 12　海王星

計算によってその位置が推定され，1846 年に望遠鏡によってその存在が確認された惑星です。太陽から約 30 天文単位離れ，**太陽系の最も外側を公転する惑星**で，天王星よりも青っぽく見えます。ボイジャー 2 号の観測によってリングも確認されています。図 12 は，このときの写真で，大黒斑(だいこくはん)とよばれる渦(うず)が映っていますが，この大黒斑は，その後，消滅しました。

共通テストに出るポイント！

《 惑星の特徴 》

① 水　星……半径・質量が最小の惑星。クレーターに覆われている。大気がほとんどなく，昼と夜の温度差が大きい。

② 金　星……大量の二酸化炭素の温室効果によって表面温度は惑星の中で最も高温。逆回りに自転している。自転周期は惑星の中で最も長い。

③ 地　球……平均密度が最大の惑星。液体の海が表面に存在する。

④ 火　星……二酸化炭素からなる薄い大気。極冠(きょくかん)，火山，峡谷(きょうこく)が存在し，かつては海があったと考えられる。

⑤ 木　星……半径・質量が最大の惑星。大赤斑(だいせきはん)が存在する。

⑥ 土　星……平均密度が最小，偏平率が最大の惑星。リングが美しい。

⑦ 天王星……横倒しの状態で自転している青白い惑星。

⑧ 海王星……最も外側を公転する青い惑星。

太陽系の小天体

惑星以外の天体としては，小惑星，太陽系外縁天体，彗星(すいせい)が太陽のまわりを公転しています。惑星などの周囲を公転する衛星に関してはすでに述べたので，それ以外の天体について簡単に解説しておきます。

小惑星

おもに**火星の公転軌道と木星の公転軌道の間を小惑星は公転しています**。1801 年 1 月 1 日に最初の小惑星セレスが発見されて以来，数十万個の小惑星が見つかっていて，その数は年々増加しています。小惑星のなかには，土星の軌道(きどう)の外側に達したり，地球の軌道を横切るような危険な小惑星もあります。例えば，小惑星探査機「はやぶさ」が試料を持ち帰ったイトカワも地球に接近する小惑星の一つです。

小惑星のうち直径が最も大きい**セレス**(ケレス)でも月よりは小さく，小惑星の多くは直径 100 km 以下です。大きな小惑星は球形をしていますが，小さな小惑星はいびつな形状をしています。小惑星の起源は，太陽系が形成された初期の微惑星や原始惑星にあり，地球型惑星の組成に似た物質からできていると考えられています。

太陽系外縁天体

海王星の軌道付近よりも遠方を公転し，**おもに氷からなる小天体**です。冥王星やエリスなど，数千個が見つかっていて，年々その数は増加していますが，太陽系外縁天体の分布がどのようになっているのかはわかっていません。太陽系外縁天体は，氷などからなる微惑星がある程度の大きさにまで成長した天体と考えられています。

彗星

細長い楕円軌道を描いて太陽のまわりを公転していたり，1回だけ太陽に近づいて，その後は太陽系から飛びだしていく彗星もあります。**彗星は太陽系外縁天体やオールトの雲に起源があり**，太陽系が形成されたときに，太陽系の外縁部に形成された氷の微惑星がその起源だと考えられています。氷からできているため，太陽に近づくと氷が昇華し，表面から気体を放出，コマという明るい部分をつくり，さらに太陽に近づくと，彗星から放出された物質は太陽の影響を受けて，**太陽と反対方向に長い尾**を出します。彗星の公転方向と逆向きに尾がのびるのではありません。彗星から放出された物質は，地球軌道近くにも残っていて，その塵の中に地球が突入すると流星群が観測されます。このような物質が漂っている場所は決まっていて，毎年，同じ時期に流星群が現れます。7月下旬～8月中旬にかけて現れるペルセウス座流星群や11月中旬のしし座流星群が有名ですね。

流星

彗星を起源とする流星群以外に，惑星空間を運動している固体の塵(惑星間塵)が地球大気中に突入して発光する現象が流星です。これが燃えつきずに落下すると，隕石になります。大きな流星は火球とよばれ，赤いものだけでなく，ぼくが見たもののなかには満月くらいの大きさの緑色のものもあります。日中だと，煙の尾を曳く火球もあり，1回だけ見たことがあります。

共通テストに出るポイント！

《太陽系の小天体》

- 小惑星…おもに火星軌道と木星軌道の間。岩石質の天体。
- 太陽系外縁天体…海王星の軌道付近から遠方に分布。おもに氷。
- 彗(すい)星(せい)…太陽系外縁天体やオールトの雲が起源。太陽と反対方向に尾が出る。おもに氷からなる。
- 衛　星…惑星・小惑星・太陽系外縁天体などの周囲を公転する天体。惑星よりも大きな衛星や大気のある衛星も存在する。

太陽系の形成

第6回の冒頭で地球の形成について講義をしました。第6回の図1(→ p.208)のように，約46億年前，星間雲が回転しながら収縮し，中心に**原始太陽**，その周囲に**原始太陽系星雲**が誕生しました。

Q. 現在の地球の北極上空の宇宙空間から見ると，原始太陽系星雲はどの向きに回転していたのだろうか？　時計回り，それとも反時計回り？

――反時計回りです。原始太陽系星雲から惑星が誕生したのだから，惑星の公転方向の向きに回転していたと考えられるね。

原始太陽系星雲の中で，直径1～10 km程度の無数の**微惑星**(びわくせい)が形成されました。微惑星の成分は，原始太陽に近い領域では，温度が高いために氷の微惑星は存在できず，岩石や金属が主成分で，遠い領域では温度が低く，岩石などに加えて氷も主成分だったと考えられます。

Q. なぜそのように考えられるのだろうか？

――太陽に近いところを公転している地球型惑星が岩石や鉄からできている。それだけではなく，まだ証拠があるね。木星型惑星の衛星の中には氷衛星(こおりえいせい)とよばれる天体があったね。太陽系外縁天体も氷からできている。さらに，遠方から太陽に近づく彗星も氷が主成分だ。

もう一つ，二つの型の惑星が誕生した原始太陽系星雲の領域には相違点があります。地球型惑星と木星型惑星の主成分や大きさの違いをもたらした要因です。

木星型惑星の主成分は水素とヘリウムです。これらはガスだから，固体の微惑星の成分ではない。微惑星が公転していた宇宙空間にガスとして漂(ただよ)っていたと考えられるね。地球型惑星では主成分とならず，木星型惑星では主成分となっているということは，原始太陽に近い領域では太陽放射によって水素やヘリウムなどのガスは吹き払われて，木星型惑星の形成領域では太陽放射の影響が弱く，ガスが存在できたということだ。

このような環境下で，微惑星どうしが衝突合体して，直径が 1000 km 程度の**原始惑星**が形成され，それらが衝突合体して大きな惑星へと成長していった。

先ほどの図 4(→ p. 374)を見ると，木星型惑星の中心部には地球よりもひとまわり大きい固体の核があり，その外側を水素などが取りまいている。つまり，大きな原始惑星が形成されて，その引力によって宇宙空間の水素ガスが引きつけられ，引きつけられた水素の量が多くなると，その圧力によって水素は液体に変わって，惑星に固定され，**木星型惑星が巨大化**したと考えられる。天王星や海王星は，成長に時間がかかり，周囲の水素ガスをあまり引きつけられなかったために木星や土星のように大きくなれなかった。さらに外側では，氷を主とする微惑星は惑星の大きさにまで成長できず，太陽系外縁天体として現在も存在していると考えられます。

原始惑星が衝突・合体する過程で，破壊されたり，破壊された天体が再び集積することもあったと考えられます。図 3(→ p. 374)の地球型惑星の中で，水星の核が他の惑星と比較すると，比率が大きいね。これは水星の形成過程でマントルに相当する部分が原始惑星の衝突によってはぎ取られたからという説があります。

地球でも同じような現象が生じたと考えられています。それが月の形成です。地球が現在程度の大きさにまで成長した頃，火星くらいの大きさの原始惑星テイアが原始地球に斜めに衝突し，そのときに生じた破片から月が形成されたという説です。**ジャイアント・インパクト説(巨大衝突説)**とよばれています。月の半径は地球の約 $\frac{1}{4}$ もあり，他の惑星の衛星に比べて比率が大きい。水星と金星には衛星はなく，火星の衛星は小惑星が捕捉(ほそく)されたものと考えられるので，地球型惑星のうち，地球だけに大きな衛星があります。ぼくらにとって，月はあたりまえの存在ですが，もし，太陽系外から宇宙人がやってきたら，地球のまわりを公転する大きな月は特異な天体に見えるだろう。

共通テストに出るポイント！

《 太陽系の形成 》

- 星間雲→原始太陽・原始太陽系星雲→微惑星→原始惑星→惑星
  （収縮）　（衝突・合体）（衝突・合体）
- 木星型惑星の巨大化…周囲の水素ガスを引力でとらえて成長した。
- 微惑星の名残の天体…小惑星，太陽系外縁天体の小天体

ここで，太陽系に関する問題を解いてみようか。考察問題を用意しました。月のクレーターに関連する問題ですが，共通テストでは，地学で学習する対象について，その知識だけではなく，考察力を測る問題が出題されます。次ページの問題２はその典型的な例です。

縮尺(しゅくしゃく)については，中学校の地理で学習した内容です。実際の大きさに対して，どの程度小さく縮めたのかを表すものです。

問題2　クレーター

図1の写真のように，月にはクレーターが多数存在する。月のクレーターの直径と深さを，図2のように定め，調べてみることにした。

図1　地球から撮影した月

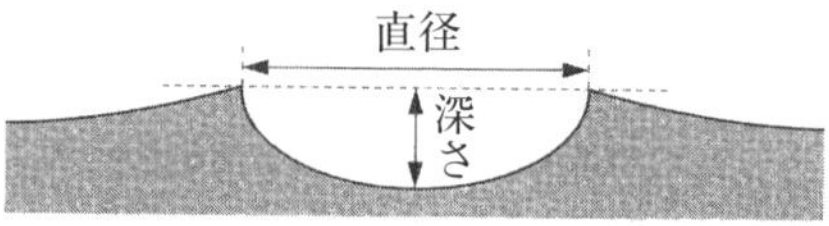

図2　クレーターの断面の模式図

問1　上の図1の写真の中央部付近に見られるクレーターの実際の直径を求めるため，以下の手順にしたがって計算した。手順5の［ア］・［イ］に入れる語句の組合せとして最も適当なものを，下の①～⑥のうちから一つ選べ。［2］

手順1　実際の月の直径を文献で調べる。

手順2　写真の月の直径を物差しで測定する。

手順3　実際の月の直径と写真の月の直径から，縮尺（しゅくしゃく）を計算する。

手順4　写真の月の中央部付近のクレーターの直径を物差しで測定する。

手順5　［ア］と［イ］から，実際のクレーターの直径を計算する。

	ア	イ
①	写真の月の直径	写真の縮尺
②	写真の月の直径	実際の月の直径
③	写真の月の直径	写真のクレーターの直径
④	写真の縮尺	実際の月の直径
⑤	写真の縮尺	写真のクレーターの直径
⑥	実際の月の直径	写真のクレーターの直径

問2　図3は月のクレーターの写真である。図中のⅠ～Ⅳのクレーターは近接しており，ほぼ同一平面上にある。また，同一方向から日光が当たっている。クレーターの直径と深さの関係について「クレーターの深さは，直径に比例する」という仮説を立てた。この**仮説が誤りである**ことは，図3中のどのクレーターを比べればわかるか。その組合せとして最も適当なものを，下の ① ～ ⑤ のうちから一つ選べ。 **3**

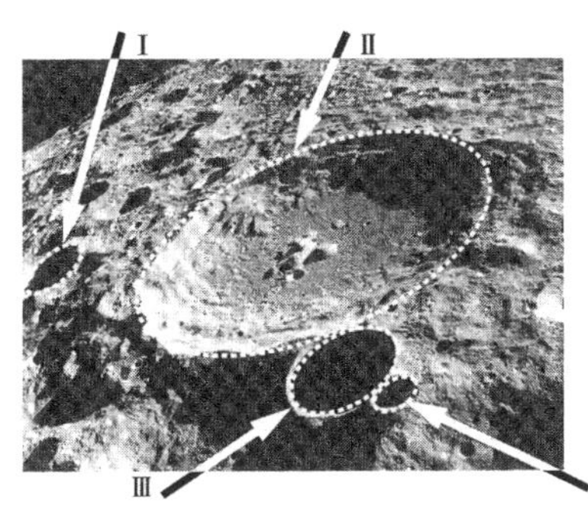

図3　月のクレーターの写真

(注)図中の点線はクレーターの縁を表す。

①　ⅠとⅢ
②　ⅠとⅣ
③　ⅡとⅢ
④　ⅢとⅣ
⑤　ⅠとⅢとⅤ

問3　月面に比べて地球上にはクレーターの数が少ない理由を述べた文として**適当でないもの**を，次の ① ～ ⑤ のうちから一つ選べ。 **4**

①　水による侵食作用があるから。
②　地表の岩石は風化されるから。
③　火山活動による溶岩流出があるから。
④　隕石(いんせき)は大気中で燃えつきて地上に落下しないから。
⑤　地殻変動による地表の変化があるから。

問1　**縮尺というのは，実際の大きさに対してどの程度小さく縮めて表したのかを表す**言葉で，地図などで多く用いられています。縮尺が$\frac{1}{10}$とは，実物の 10 m が 1 m の長さで表されていることになります。

実際の月の直径を a，写真の月の直径を b とします。そのとき，写真の縮尺は，$\frac{b}{a}$です。次に，実際のクレーターの直径を c，写真のクレーターの直径を d とします。そのとき，クレーターの縮尺は$\frac{d}{c}$です。これらの

縮尺は等しいので，

$$\frac{b}{a}=\frac{d}{c}\quad \text{つまり，}\ c=\frac{a}{b}\times d$$

です。月の写真の縮尺$\frac{b}{a}$と写真のクレーターの直径dから，実際のクレーターの直径cを求めることができるので，正解は ⑤ です。

月の直径は約 3500 km，写真の月の直径は約 3.5 cm，問題の図 1 中の半月の中央付近の小さいクレーターは約 0.1 cm あります。したがって，このクレーターの直径は，

$$\frac{3500\ \text{km}\ (a)}{3.5\ \text{cm}\ (b)}\times 0.1\ \text{cm}\ (d)=100\ \text{km}$$

となります。

ステップアップ！

縮　尺＝$\frac{\text{表した長さ}}{\text{実際の長さ}}$

問 2　共通テストでは，仮説を立ててそれを検証するという形式の出題があります。知識よりも考察する力を測る意図をもった問題です。

「クレーターの深さが，直径に比例する」ならば，大きいクレーターⅡは深く，小さいクレーターⅠ，Ⅲ，Ⅳは浅いことになります。これら小さいクレーターが浅ければ，写真のように全面が暗く見えることはなく，大きいクレーターⅠと同じように一部に日光が当たって見えるはずです。このように，具体的に仮説を検討してください。そうすると，写真では小さいクレーターの全面が暗く見えるので，仮説は誤りです。したがって，大きいクレーターⅡと他のクレーターを比較すれば，仮説が誤りであるとわかるので，ⅡとⅠ，ⅡとⅢ，ⅡとⅣのいずれかが正解となります。選択肢にはⅡとⅢがあるので，正解は ③ です。

問 3　地球にクレーターの数が少ないのには，おもに三つの要因があります。地上にまで隕石(いんせき)が落下する途中で，小さい隕石は大気中で燃えつきてしまい，大きい隕石も崩壊(ほうかい)して小さな破片(はへん)になる。海洋の面積が広いの

で陸地に落下する確率が小さい。落下してクレーターが形成されても長い年月の間に侵食されて消えるという三つの理由が考えられます。

小さい隕石ならば，大気中で燃えつきてしまいますが，大きい隕石ならばその一部は地表にまで落下して激突し，クレーターを形成します。中生代末の大量絶滅を引き起こしたクレーターがその一つです。だから，④は誤りで，これが正解です。

このような宇宙から飛来する物質は，細かな塵(ちり)を含めて毎年100トン程度は，地球に降り注いでいると推定されています。クレーターをつくるような大きい隕石が落下してくることは稀(まれ)です。まさに杞憂(きゆう)だね。心配することはない。

陸上で形成されたクレーターも，やがてその外壁(がいへき)の岩石が風化されてもろくなり，侵食されて丸い形状は次第に失われていきます。また，火山活動や造山運動によっても，長い年月の間には，クレーターは消えてしまいます。

【問題2・答】 [2] － ⑤　[3] － ③　[4] － ④

大気や海洋がなく，地殻(ちかく)変動も天体形成初期に止まってしまった水星や月は，一面のクレーターに覆われている。それに対して，大気が存在する地球，金星，火星では，わずかにクレーターが残っている。固体の表面がない木星型惑星では，クレーターは形成されません。

共通テストに出るポイント！

《クレーター》

隕石が衝突して形成された。

- 水星・月…………一面のクレーターに覆われる。
- 地球・金星・火星…クレーターの数は少ない。
- 木星型惑星………クレーターはない。

次は，太陽系の天体の性質を比較する問題です。太陽系天体の比較については，グラフから考察する問題が多いので，それを解いてみよう。

問題3　太陽系の天体

次の図1に，太陽系の惑星とその衛星及び小惑星セレス(ケレス)の平均密度と太陽からの距離を示した。ただし，図中の衛星は，小惑星セレスよりも半径が大きいもののみを示している。

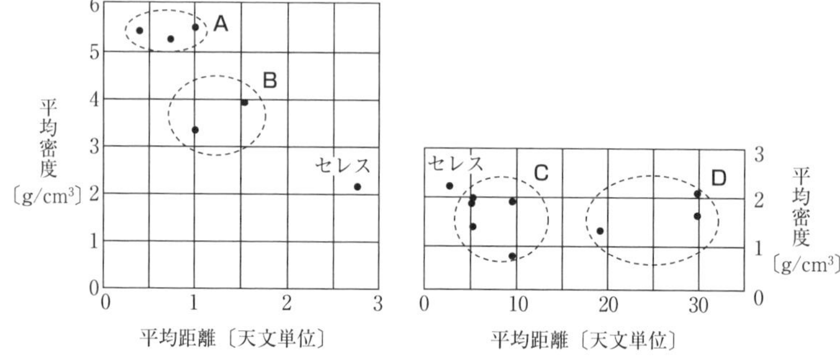

図1　惑星とその衛星及びセレスの平均距離と平均密度

問1　小惑星セレスを除く図1中の天体を四つのグループ **A** ～ **D** に分類した。これらのうち，惑星のみからなるグループとして最も適当なものを，次の ① ～ ④ のうちから一つ選べ。 **5**

① **A**　② **B**　③ **C**　④ **D**

問2　図1中の天体について述べた文として**誤っているもの**を，次の ① ～ ④ のうちから一つ選べ。 **6**

① グループ **A** に属する天体の質量は，セレスよりも大きい。

② グループ **B** に属する天体の質量は，セレスよりも大きい。

③ グループ **C** に属する天体には，セレスよりも質量の大きい天体が含まれている。

④ グループ **D** に属する天体の質量は，セレスよりも小さい。

問1　グループ **A** と **B** に属している惑星は，小惑星セレスよりも太陽に近いところを公転している惑星なので，太陽に近い方から，水星，金星，地球，火星の順になります。ここで問題となるのは，太陽からの距離が1天文単位にある天体，つまり地球と月です。この区別ができるかな？

地球と月よりも平均距離が短い水星と金星は，グループ **A** に属しています。これらの惑星と地球は地球型惑星だから，平均密度は同じ程度です。したがって，グループ **A** は水星，金星，地球の三つの惑星が属しています。そうすると，グループ **B** は 1 天文単位の所にあるのが月，約 1.5 天文単位の所にあるのが火星だと分かります。この時点で，正解は ① になります。

グループ **C** は，セレスよりも遠くを公転しているので，木星と土星が含まれていますが，同じ距離に複数の天体があるので，これらの惑星の衛星もグループ **C** に含まれています。さらに遠方のグループ **D** には天王星と海王星が属していますが，最も遠方の海王星では，同じ距離にもう一つの天体があるので，海王星の衛星もグループ **D** に属しています。

問 2　これは，少し難しい。質量が選択肢では問われています。問題の図には，平均密度が表されています。密度は g/cm^3 という単位が表しているように，(質量 ÷ 体積)から求められる値です。

Q. そうすると，体積に関する何らかの情報が設問の文章にあるはずです。分かりますか？

——「ただし，図中の衛星は，小惑星セレスよりも半径が大きいもののみを示している。」という文章です。

惑星などの形は球と考えればよいので，体積は半径の 3 乗に比例します。 つまり，問題の図 1 中の天体は，衛星を含めてすべてセレスよりも体積が大きいです。これを踏まえて選択肢の正誤を考えてみよう。

①　選択肢の文は，「グループ **A** に属する天体の質量は，セレスよりも大きい」です。グループ **A** に属する天体は，密度も体積もセレスより大きいです。そうすると，質量は「密度 × 体積」で表されるのだから，密度も体積もセレスよりも大きいので，質量もセレスよりも大きいことになります。この選択肢は正しいですね。

②　選択肢の文「グループ **B** に属する天体の質量は，セレスよりも大きい」も，① と同様に，グループ **B** に属する天体の密度も体積もセレスよりも大きいので，質量もセレスよりも大きいことになります。この選択肢も正しいですね。

③　選択肢の文「グループ **C** に属する天体には，セレスよりも質量の

大きい天体が含まれている」はどうだろうか。グループ **C** の天体の密度はセレスよりも小さいです。だから,「密度×体積」から求められる質量は,一義的(いちぎてき)には決まりません。密度が小さいのだから,体積がどれくらい大きいのか分からないと,質量がセレスよりも大きいのか,小さいのかを決めることはできません。

次の図 13 のように,グループ **C** には,太陽系の惑星の中で半径が最大の木星,二番目の土星が含まれています。図 2(→ p.370)を見ると,木星や土星は地球よりも大きい天体です。地球は,小惑星よりもはるかに大きいです。だから,木星や土星の体積は,セレスよりもけた違いに大きいので,平均密度がセレスよりも小さいにもかかわらず,質量はセレスよりも大きいと考えることができます。したがって,この選択肢は正しいです。

④　選択肢の文「グループ **D** に属する天体の質量は,セレスよりも小さい」も,③ と同じように考えることができます。グループ **D** に属する天王星や海王星は,セレスよりもはるかに大きいので,平均密度が小さくても,体積が大きい分,質量はセレスよりも大きいと考えられます。したがって,この選択肢が誤りで,正解です。

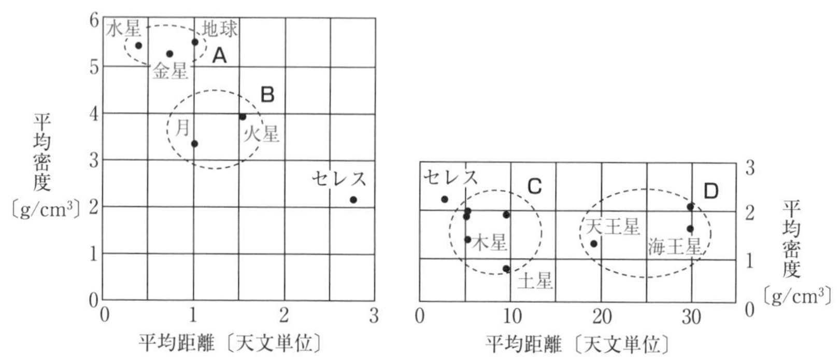

図 13　惑星とその衛星及びセレスの平均距離と平均密度

【問題 3・答】 5 − ①　6 − ④

第2章 太 陽

大気や海洋の運動のエネルギー源は，おおもとをたどれば太陽にあります。また，地表にある岩石の風化(ふうか)，水の循環に伴(ともな)う地形の変化ももとをたどれば，太陽のエネルギーにあります。そのような太陽のエネルギー源についてまずは解説しよう。

太陽の組成とエネルギー源

太陽を構成する元素のほとんどは水素とヘリウムです。太陽から試料を直接とってきたわけではない。これをどのようにして調べたのか。また，その結果，太陽のエネルギー源が水素の核融合反応であるとわかった。ここから始めよう。

太陽のスペクトル

太陽を構成する元素の種類と量は，太陽の光を分析するとわかります。太陽の光をプリズムに通すと，虹(にじ)の七色に分かれる。このように光をスペクトルに分ける装置を分光器(ぶんこうき)といいます。分光器を用いて，光をその波長によって分けたものを**スペクトル**といい，分光器を用いて分けた太陽の光は，紫から赤までさまざまの色が連続して見えます。もちろん，これは人間の眼で見える範囲で，たとえば，赤の外側には赤外線も連続しています。温度計を赤の外側にあてると，温度が上昇することから赤外線の存在がわかります。

太陽のスペクトルを詳しく調べると，次ページの図15のように，スペクトルを背景にして数多くの暗い線が見えます。この**暗い線を一般に暗線(あんせん)もしくは吸収線(きゅうしゅうせん)といい，太陽の暗線についてのみフラウンホーファー線といいます。**

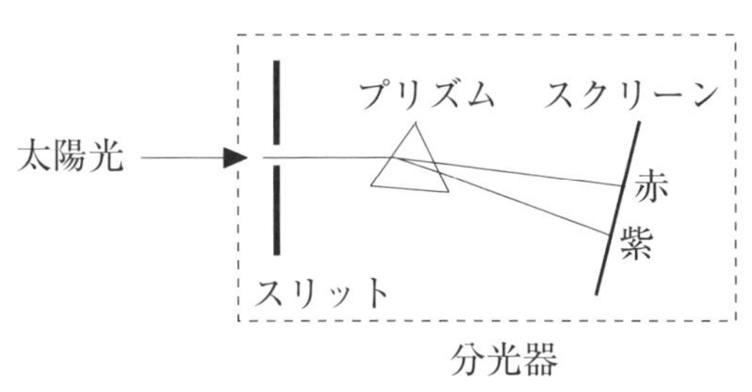

図14　分光器

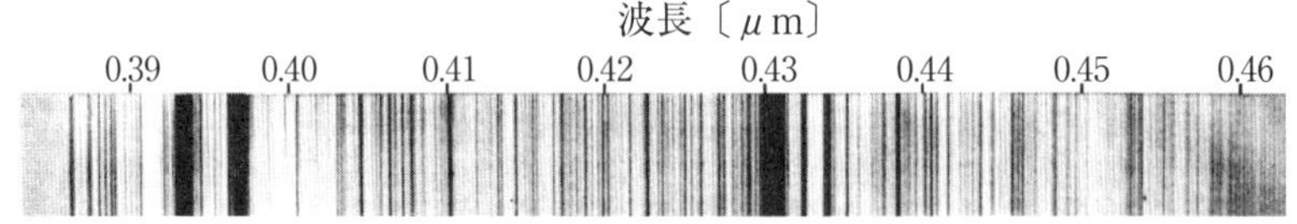

図 15　フラウンホーファー線

太陽を構成する元素

フラウンホーファー線は，スペクトルの光が太陽の大気を通過するときに，さまざまな原子やイオンがそれぞれ固有の波長の光を吸収するために，その部分が暗くなって生じます。この吸収線の波長や濃さから太陽に含まれる元素の種類と量を推定することができます。図 16 のように，さまざまな種類の元素が太陽には含まれていますが，**太陽を構成する元素の約 92.5％は水素，ヘリウムが約 7.3％で，酸素や鉄などのその他の元素は微量です。**

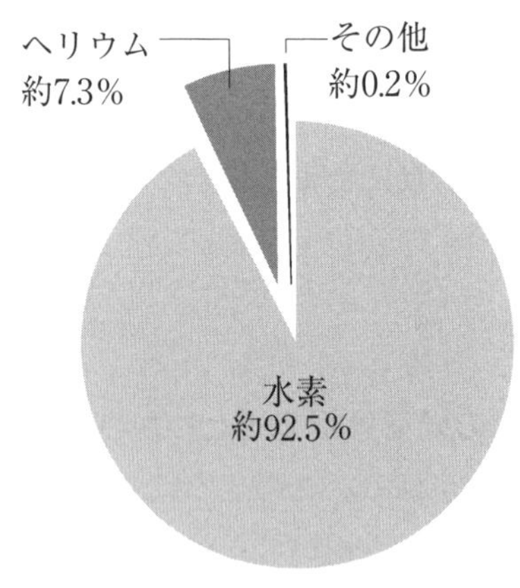

図 16　太陽の元素組成

共通テストに出るポイント！

《 太陽を構成する元素 》

- スペクトル中に現れる暗線(吸収線)の波長と濃さから調べる。
- 太陽の暗線(吸収線)をフラウンホーファー線という。
- 太陽を構成する元素…ほとんどが水素，次にヘリウム。他は微量。

太陽のエネルギー源

ここで，少し，原子の話をしておかないといけない。例えば，水素分子 H_2 は，2 個の水素原子 H が結びついたものです。このように，さまざまな分子をつくっている物質が原子です。原子は，中心にプラスの電気を帯びた原子核があり，そのまわりをマイナスの電気を帯びた電子が取りまいています。また，原子核はプラスの電気を帯びた陽子(ようし)と電気を帯びていない中性子(ちゅうせいし)からできています。図 17 のように，水素原子の場合は，1 個の陽子のまわりを 1 個の電子が取りまいています。ヘリウムの原子核は 2 個の陽子と 2 個の中性子からなり，原子核の周囲を 2 個の電子が取りまいています。

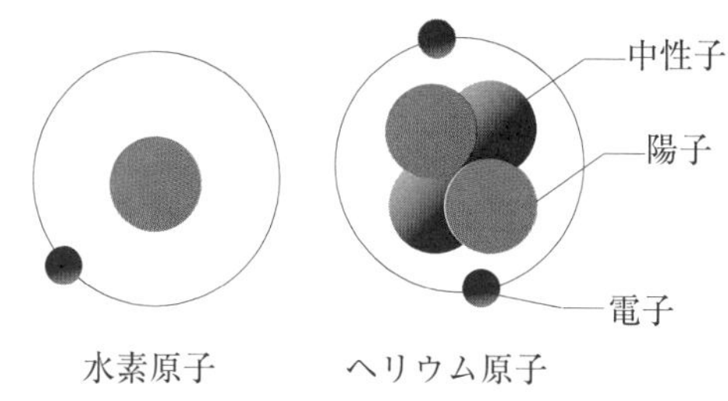

図 17　水素原子とヘリウム原子

参考：絶対温度

温度は，日常生活では，℃という単位で表しています。15℃を摂氏(せっし) 15 度とよぶことがあるように，この温度を摂氏温度といいます。歴史的には，水の凝固点(ぎょうこ)を 0 度，沸点(ふってん)を 100 度として定義されたものです。それに対して科学の世界では，一般的に K(ケルビン)という単位で温度を表します。これは絶対温度とよばれ，約 273 K が 0℃に相当し，1 度の目盛の間隔は摂氏温度と同じです。例えば，1℃は約 274 K，2℃は約 275 K です。

太陽を構成する元素のほとんどは水素です。太陽の質量は地球の約 33 万倍の 2×10^{30} kg もあり，その質量によって太陽中心部の圧力は 2.4×10^{16} Pa を超え，温度は 1600 万 K に達しています。

このような高温下では，水素原子は原子核(陽子)と電子に分かれ，これらは高速で飛び回っています。このように高速で飛び回る陽子どうしが衝突し，最終的には**4 個の水素の原子核(陽子)から 1 個のヘリウムの原子核ができる核融合反応**が起きて，そのときにエネルギーが放出されます。

この核融合反応は，温度と圧力が高いほど活発に起きます。そのような領域は太陽の中心付近のみなので，**太陽の内部全体で核融合反応が生じているのではありません**。太陽の中心部で発生したエネルギーは，放射や対流によって太陽表面へと運ばれます。

共通テストに出るポイント！

《 太陽のエネルギー源 》

太陽中心部で，水素原子核からヘリウム原子核ができる核融合反応。

太陽がその表面から放射しているエネルギーは，太陽定数をもとにして求めることができます。第7回で述べたように，**太陽定数は太陽から1天文単位離れた地球の大気圏外で，太陽光線に垂直な1 m^2 の平面が受けるエネルギー**で，約1400 W(ワット)/m^2 です。第7回では，地球の受熱量を求めるときに太陽定数を用いたけれども，今回は太陽が放出しているエネルギーを太陽定数から求めてみよう。

問題4　太陽の放射エネルギー

太陽から1天文単位(約 1.5×10^{11} m)離れた地球の大気圏外で測定した太陽定数は約1400 W/m^2 である。太陽が1秒間に放射するエネルギーは何Wか。その数値として最も適当なものを，次の ① ～ ④ のうちから一つ選べ。 **7** W

① 1×10^{26}　② 2×10^{26}　③ 3×10^{26}　④ 4×10^{26}

光は，太陽から四方八方に放射されています。太陽から1天文単位離れた場所では，1 m^2 の面が約1400 Wのエネルギーを受けています。つまり，次ページの図18のように，1天文単位を半径とする球の表面の1 m^2 が約1400 Wのエネルギーを受けています。だから，太陽定数にこの球の表面積を掛(か)ければ，半径1天文単位の球の表面全体が受けているエネルギーが求められます。太陽が放射した光が1秒間にこの面を通過するので，太陽

が1秒間に放射しているエネルギーを求めることができるのです。したがって，

$$\underbrace{1400}_{\text{太陽定数}}\ \mathrm{W/m^2} \times \underbrace{4\pi \times (1.5 \times 10^{11}\ \mathrm{m})^2}_{\text{球の表面積}} = 4.0 \times 10^{26}\ \mathrm{W}$$

のように計算できます。正解は ④ です。

【問題4・答】 7 － ④

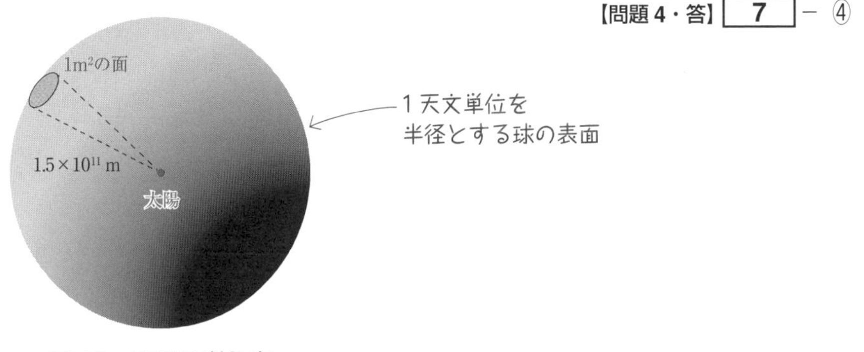

図18　問題の考え方

太陽の構造

太陽を見たときに，ギラギラと輝いている部分を**光球**（こうきゅう）といいます。光球の半径は約70万km，厚さは数百kmあり，**表面温度が約5800 Kの太陽の大気層です**。太陽に大気があるというのは，しっくりこないかも知れません。太陽はガスでできているから，固体の表面はありません。それであっても，太陽を観測したときに，内部を見通すことができる限度があり，その見通せる層を太陽の大気といいます。

望遠鏡を用いて太陽を白紙に投影（とうえい）すると，光球が映ります。このとき，次ページの図19のように，光球の中心部が明るく，光球の縁（ふち）で明るさが減じています。これを**周辺減光**（しゅうへんげんこう）といいます。光球は面ではなく，数百kmの厚さがあり，次ページの図20のように，高温の太陽内部からの光が中心部分では見え，光球の縁に向かうと，光球の表層の温度の低い部分から放射された光を見ることになります。**物体の表面温度が高いほど，一定の面積から放射されているエネルギーは多いという性質があります**。そのため，光球の中心部分は明るく，周縁に向かって暗く見えるのです。

図 19　周辺減光と黒点

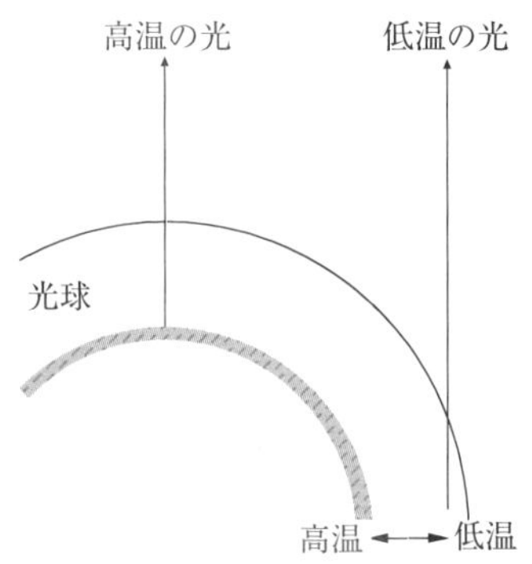

図 20　周辺減光

ステップアップ！

●温度と明るさの関係

温　度	高　温 ←→ 低　温		
エネルギー	多　い ←→ 少ない	} 一定の面積で比較した場合。	
明るさ	明るい ←→ 暗　い		

光球を詳しく観測すると，**粒状斑**（りゅうじょうはん）という直径1000 kmほどの斑点が光球一面を覆（おお）っています。これは太陽内部の高温のガスが対流によって湧（わ）き上がっている部分が明るく，熱を放出して低温になって沈んでいく部分が暗く見えるため，斑点（はんてん）状の模様として見えるものです。

また光球には，図19のように，黒い斑点が散在（さんざい）していることがあり，これを**黒点**（こくてん）といいます。先ほどから述べているように，高温の部分は明るく，低温の部分は暗く見えるので，黒点は周囲の光球よりも1000～1500 Kほど温度が低い部分です。黒点が周囲よりも低温であるのは，**黒点には強い磁場（じば）があり**，太陽内部から対流によって運ばれてきた高温のガスが黒点の磁場によって妨（さまた）げられ，表面へ運ばれにくくなっているからです。逆に，黒点のまわりには**白斑**（はくはん）とよばれる明るい部分が存在します。黒点によって妨げられた内部からのガスが黒点の周囲から放出されるために，黒点の周囲は高温であり，それが白斑として明るく見えているのです。

粒状斑や黒点の存在から，太陽の表層では対流によって内部からのエネルギーが運ばれていることがわかります。太陽中心部で水素の核融合反応によって放射されたエネルギーは，表層のガスを暖め，対流となって光球の底まで運ばれてきています。この対流の最も上部が粒状斑として観測されるのです。

数百 km の厚みがある光球の外側は，光球の明るさに邪魔(じゃま)されてふだんは見えませんが，皆既(かいき)日食のときに彩層(さいそう)やコロナとして肉眼でも見ることができます。月が太陽の光球を隠したときに赤い色をした**彩層**が見え，光球の 2 倍ほどまで広がる真珠(しんじゅ)色の**コロナ**が現れます。**コロナの温度は 100 万 K を超えています**。また，光球の外側で，巨大な炎のようなガスが彩層から吹き出して見えることがあり，これを**プロミネンス**といいます。

共通テストに出るポイント！

《 太陽の構造 》

① 光球　彩層　コロナ
5800K ―――→ 100 万 K 以上

② 黒　点…光球の低温部分。強い磁場がある。

③ 白　斑…光球の高温部分。

④ 粒状斑…太陽内部からの対流の上端。

⑤ プロミネンス…彩層から吹き出すガス。

太陽の温度に関して，その内部からコロナまでどのようになっているか，次ページの問題で確認してみよう。数値をそのまま答えさせるのではなく，グラフを選択させる形式に置きかえた問題が共通テストではよく出題されます。知識を統合して判断するという形式の問題の一例です。

問題5　太陽の温度分布

太陽の大気では，彩層やコロナなどさまざまな温度の層が観測されている。太陽の表面付近の温度と太陽の中心からの距離の関係を示した図として最も適当なものを，次の ① ～ ④ のうちから一つ選べ。なお，太陽の半径(光球の半径)は，約 70 万 km である。 **8**

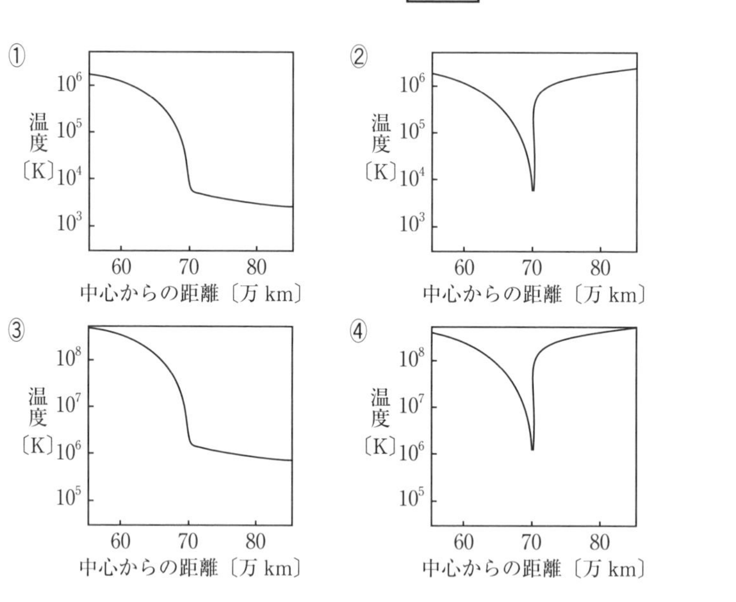

横軸は太陽の中心からの距離で，70 万 km 付近が**光球だから，その温度は約 5800 K です**。この数値は覚えておいてほしい。これは縦軸の 10^3 と 10^4 の間の温度です。そのように表されている図は ① と ② です。これら二つのグラフの違いは，光球の外側の温度です。光球の外側の彩層やコロナの温度は光球よりも高く，コロナは 100 万 K にも達します。100 万は 10^6 だから，そのような温度になっている ② が正解です。光球の温度が約 5800 K で，その外側のコロナは光球よりも温度が高いという二つの知識を結びつけて解く問題でした。

【問題 5・答】 8 － ②

太陽の活動と地球への影響

今日の太陽はいつもよりギラギラしているとか，やけに元気がないとか，まったく感じることはない。感じたとしたら，自分の気分のせいだ。けれども，太陽の活動に変化があることは，黒点の観測からわかります。

黒点の観測は，望遠鏡が歴史に登場した400年ほど前からの記録があります。そのうち，最近200年間の記録を図21に示しました。この図からわかるように，黒点数が平均11年の周期で増減を繰り返しています。

黒点数が多い時期は太陽活動は活発で，逆に黒点数が少ない時期は太陽活動が穏(おだ)やかです。黒点数の多い時期を極大期(きょくだいき)，少ない時期を極小期といいます。これに伴って，太陽定数の値もわずかながら変化します。

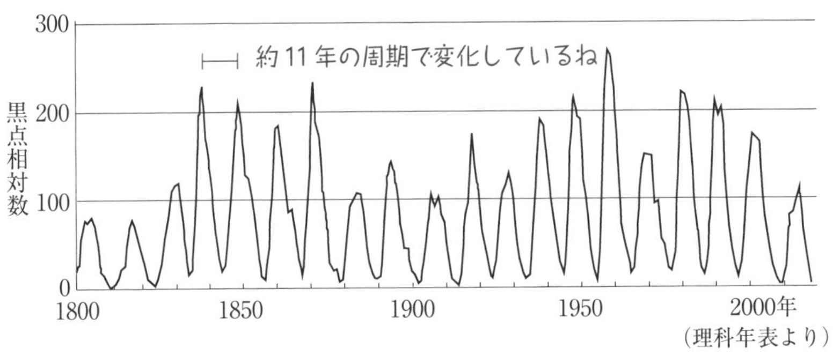

図21　太陽黒点数の変化

フレア

黒点の数が多いときは，太陽の活動は活発で，黒点付近で大爆発がしばしば発生します。この爆発現象を**フレア**といいます。フレアが生じると，太陽のコロナから高速の電子や陽子(ようし)が大量に放出されます。ふだんもコロナからはこのような粒子が放出されていて**太陽風**(たいようふう)とよばれています。高速の電子や陽子が地球大気中に突入すると，熱圏(ねつけん)中にある大気の分子や原子と衝突し，**オーロラ**が発生します。また，地球の磁場(じば)にも影響を与えます。さらに，フレアに伴って放射される強い**X線は，短波(たんぱ)通信の障害(しょうがい)を引き起こします。これをデリンジャー現象といいます**。短波通信は，ラジオの国際放送や船舶(せんぱく)無線に使われています。

共通テストに出るポイント！

《 太陽活動 》

- フレア…………太陽で発生する爆発現象
- フレアの影響…X　線：デリンジャー現象(短波通信障害)
  太陽風：オーロラ

問題 6　フレア

太陽でフレアが発生したとき，デリンジャー現象とオーロラは，フレア発生後どの程度の時間を経て地球で観測されるか。太陽風の速さを 1000 km/s とするとき，その組合せとして最も適当なものを，次の ① ～ ④ のうちから一つ選べ。 **9**

	デリンジャー現象	オーロラ
①	500 秒	500秒
②	500秒	1.7日
③	1.7日	500秒
④	1.7日	1.7日

計算しないで解いた人はいますか？ この問題は，実は，計算不要の問題です。デリンジャー現象の原因となる X 線もオーロラの原因となる太陽風も，太陽から地球までの同じ距離を伝わってきます。また，X 線は第 7 回冒頭で述べたように，光(電磁波(でんじは))だから，光の速さ 3.0×10^5 km/s で地球に届きます。一方，太陽風は 1000 km/s だから，光の速さよりもはるかに遅く，太陽から地球に届くまでにかなりの時間を要します。だから，同じ距離を伝わるときには，**光の速さで伝わる X 線によって生じるデリンジャー現象が先で，それよりも遅い太陽風が原因となるオーロラが後になる** ② が正解です。

実際に計算してみようか。**太陽－地球間の平均距離は 1 天文単位，つまり約 1.5×10^8 km** です。だから，X 線については，

$$\frac{1.5\times10^{8}\ \mathrm{km}}{3.0\times10^{5}\ \mathrm{km/s}}=500\ 秒$$

です。太陽風の場合は，

$$\frac{1.5\times10^{8}\ \mathrm{km}}{1000\ \mathrm{km/s}}=1.5\times10^{5}\ 秒=\frac{1.5\times10^{5}}{60\times60\times24}\fallingdotseq1.7\ 日$$

です。

【問題 6・答】 9 − ②

洞察力（どうさつりょく）を試すという名目で，たまにこのような問題が出題されます。数値が問題文に出てきたら，闇雲（やみくも）に計算するのではなく，今回の場合でいえば，速度の大小関係から，到達に要する時間の長短をまずは考えて選択肢を絞（しぼ）ってみてください。一発で答がわかるはずです。

ステップアップ！

計算する前に，大小関係の見当をつけてみる。

今回は，太陽系の天体の特徴について講義しました。覚える内容が多いです。ポイントを押さえて覚えておこうね。次回は最終回です。太陽の進化，銀河，宇宙へと話は広がります。

第12回

宇宙の中の地球(2)

宇宙の構成

今回で最後です。前回，太陽について述べたから，今回はその進化から始めます。地球の過去と現在に関しては，今までの回で扱ったから，太陽の進化と地球の将来についても一つのテーマとします。また，太陽系は銀河系(ぎんがけい)に属する天体であり，銀河系のような銀河はこの宇宙に無数にあります。宇宙における生命の存在についても考えてみよう。つまり，時間と空間の中の地球の位置，ひいては人間の占める位置についてが今回のテーマです。

第1章 太陽の進化

太陽系が約46億年前に誕生した過程については，第6回の最初に述べました。この復習から始めよう。第6回では，惑星(わくせい)の誕生に焦点(しょうてん)を当てたけれども，今回は太陽の誕生と進化についての内容です。

太陽の誕生

恒星(こうせい)と恒星の間の宇宙空間は空っぽではなく，物質が存在します。この物質を**星間物質**(せいかん)といいます。星と星の間にある物質という意味だ。星間物質はおもに**水素とヘリウムからなる星間ガス**，それに加えて**ケイ酸塩**，**氷などからなる固体の星間塵**(じん)から成り立っています。この星間物質が局所的に濃く集まっている領域を**星間雲**(うん)といいます。星間雲は，近くに存在する明るい**恒星の光を受けて輝くと散光星雲**(さんこうせいうん)として観測されます。また，星間雲が背後の恒星から来る**光を散乱**(さんらん)**したり，吸収したりして暗く見えるとき**

は，暗黒星雲といいます。有名な暗黒星雲は，図 1 のオリオン座の馬頭星雲です。暗黒星雲が馬の頭部のように，周囲の散光星雲から浮かび上がって黒く見えています。

© Ken Crawford

図 1　オリオン座の暗黒星雲（馬頭星雲）

今から 46 億年前，太陽もこのような星間雲から誕生しました。巨大な星間雲が収縮を始め，密度が増加するのに伴って，数百のガスの塊に分裂しました。このような塊の一つから太陽は誕生しました。恒星は単独で誕生するのではなく，群れをなして誕生します。つまり，46 億年前，同じ星間雲の中で，太陽とともにいくつかの恒星が誕生しました。太陽の兄弟というか姉妹というか，そのような恒星があると考えられます。それらは銀河系の中心のまわりを回る間に離ればなれになって，現在では，どの恒星が太陽の兄弟姉妹かはわかっていません。

第 6 回の図 1（→ p. 208）のように，星間雲の中で密度が高くなった領域は回転しながら収縮し，中心部に大部分の質量が集まり，その周囲にガスと星間物質の円盤（原始太陽系星雲）が形成されました。この中心部からやがて太陽が，原始太陽系星雲から惑星などの天体が誕生しました。

星間雲の中で密度が高くなった領域の中心部で誕生する天体を一般に**原始星**といいます。原始星はまだ核融合反応が始まらない状態にありますが，表面温度は 3000 K 程度で，現在の太陽よりも数倍明るく輝いています。とはいっても，周囲の濃い星間物質によって可視光線は遮られるために見えにくい状態ですが，星間物質に邪魔されない赤外線で観測すると，その存在がわかります。この**原始星としての太陽を原始太陽といいます**。

Q. 前回，黒点や光球の明るさを比べるときに，物体の表面温度が高いほど，一定の面積から放射されているエネルギーは多いという性質をもとに考えました。原始星の表面温度は 3000 K 程度で，現在の太陽の表面温度 6000 K よりも低いですが，太陽よりも数倍明るい。つまり，たくさんのエネルギーを放出している。矛盾しているように思えるけれども，どうだろう？

――恒星の場合，その全体の明るさを考えるときには，もう一つの要素が必要です。表面積です。一定面積から放射されるエネルギーが同じ，つまり一定面積の明るさが同じでも，表面積が大きければ，明るく見えます。つまり，現在の太陽よりも原始星は低温で，同じ面積で比べれば太陽よりも暗いけれども，太陽よりも表面積が大きい，つまり原始星は半径が大きいために全体としては太陽よりも明るく見えるのです。

さて，3000万年間程度，原始星として輝いていた太陽はゆっくりと収縮を続け，100万K程度あった中心部の温度が徐々に上昇し，1000万K程度まで温度が上昇すると，**水素がヘリウムに変わる核融合反応**が始まります。主系列星（しゅけいれっせい）としての太陽の誕生です。

このように中心部で生じる**水素の核融合反応によって輝く恒星を主系列星といいます**。恒星の構造は，収縮しようとする重力と，核融合反応によって内部から膨張しようとするガスの圧力のバランスで構造が決まります。主系列星に進化すると，重力によって収縮しようとする力と，核融合反応によって中心部から膨張しようとするガスの圧力がバランスを取るようになり，恒星は安定した状態になります。このようにして**主系列星として輝き続ける期間が恒星の一生の大半を占めます**。

主系列星から赤色巨星へ

太陽は誕生してから約46億年間輝き続けました。その間に水素の核融合反応によって生成したヘリウムが中心部にたまり続けています。主系列星の段階では，ヘリウムの核融合反応が生じるほどには中心部の温度は高くならないので，水素の核融合反応によって合成されたヘリウムからなる中心核（ヘリウム核）のまわりで水素の核融合反応が生じます。ヘリウム核は重力によって収縮し，それに伴って中心部の温度が上がるにつれてヘリウム核のまわりで生じる水素の核融合反応が活発になります。**温度が高いほど核融合反応は活発に生じる**からです。

核融合反応に消費された水素が太陽全体の質量の$\frac{1}{10}$に達する頃，核融合反応によって膨張する力が，収縮しようとする重力に打ち勝って，太陽の外層部は膨張を始めます。それはおよそ何億年後か，計算してみようか。

問題１　太陽の寿命

誕生当時の太陽の質量は 2.0×10^{30} kg であり，その約 90％を水素が占めていたと仮定する。太陽では，毎年 1.9×10^{19} kg の水素が核融合反応に用いられ，太陽の全水素量の 10％ が核融合反応に使われると，太陽は主系列星としての時代を終える。46 億年前に誕生した太陽は，今後，何億年の間，主系列星として輝き続けるか。その数値として最も適当なものを，次の ① ～ ④ のうちから一つ選べ。 **1** 億年

① 49　　② 64　　③ 95　　④ 110

核融合反応に使われる水素の質量を最初に計算しよう。太陽は水素のみからできているのではなく，ヘリウムなど他の元素も含んでいるので，誕生当時の太陽に含まれる水素量を計算すると，その 90％が水素だから，$2.0 \times 10^{30} \times 0.9$ kg になる。さらに，その 10％が核融合に使われる水素だから，さらに 0.1 を掛けて，$2.0 \times 10^{30} \times 0.9 \times 0.1$ kg が核融合に使われる。また，毎年 1.9×10^{19} kg の水素が核融合反応に用いられているので，この値で，上で求めた水素量を割れば，太陽が主系列星として輝き続ける期間が求まる。したがって，

$$\frac{2.0 \times 10^{30} \times 0.9 \times 0.1 \text{ kg}}{1.9 \times 10^{19} \text{ kg/年}} \fallingdotseq 95 \times 10^{8} \text{ 年} = 95 \text{ 億年}$$

∴　95 億年 － 46 億年 ＝ 49 億年

この計算も忘れないように

【問題１・答】 **1** －①

太陽は誕生してから約 100 億年，主系列星として輝き続けると考えられています。

主系列星の時代を終え，先ほど述べたように，水素の核融合反応が活発化すると太陽は膨張し，表面温度は下がるものの，表面積が大きくなるので光度を増し，**赤色巨星**になります。先ほど原始星のところで質問したように，物体の表面温度が高いほど，一定の面積から放射されているエネルギーは多いのだから，表面温度が低い赤色巨星は主系列星よりも暗くなる

ように思えますが，それにも増して半径が大きくなるので，表面積が大きくなり，主系列星よりも明るく輝きます。現在のおよそ200倍の大きさに太陽は巨大化すると考えられます。

Q. 太陽の半径は約70万kmです。この半径の200倍はおよそ何天文単位になるだろうか？

──1天文単位は，太陽－地球間の平均距離，つまり約1.5億kmです。70万kmの200倍は1.4億kmだから，太陽は地球の公転軌道付近まで膨張します。

主系列星の太陽が膨張していくと，水星，金星は太陽にのみ込まれて蒸発して消滅し，地球も太陽にのみ込まれそうになります。地球の海は干上（ひあ）がり，地表では生命は活動できなくなります。

太陽の中心部を構成していたヘリウム核は重力によって収縮しながら温度が上昇し，赤色巨星の段階の途上で，中心部の温度が1億Kを超えると，ヘリウムの核融合反応が始まります。**ヘリウムから炭素と酸素がつくられる核融合反応**が中心部で生じ，その外側のヘリウムの層のさらに外側で水素の核融合反応が続きます。この段階で一旦（いったん）太陽は，現在の10倍～20倍の大きさにまで収縮します。しかし，ヘリウムの核融合反応によって中心部に炭素や酸素からなる中心核が形成され，それが大きくなると，再び太陽は膨張を開始し，200倍程度にまで大きくなります。太陽の核融合反応についてまとめると，図2のようになります。

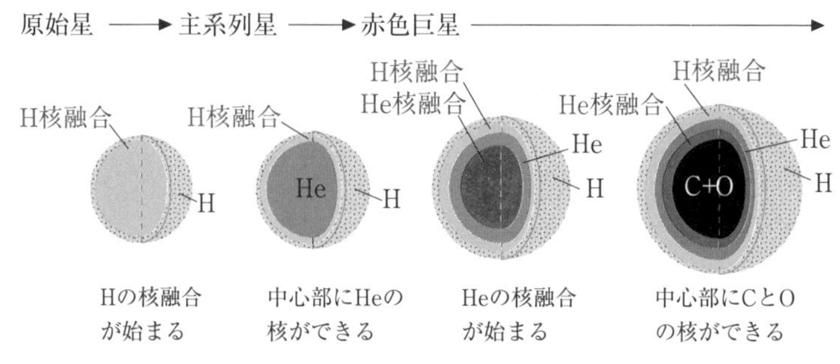

図2　太陽中心部の核融合反応

膨張に伴い，太陽の外層部は宇宙空間に流れ出し，**惑星状星雲**（わくせいじょうせいうん）として輝くようになります。宇宙空間に逃げ出したガスが，中心部の高温の天体の放射する光(紫外線)によって輝く天体が，図 3 のような惑星状星雲です。低倍率の望遠鏡で見ると，惑星のように広がって見えるので，この名がつけられました。なお，惑星状星雲は星間雲ではありません。

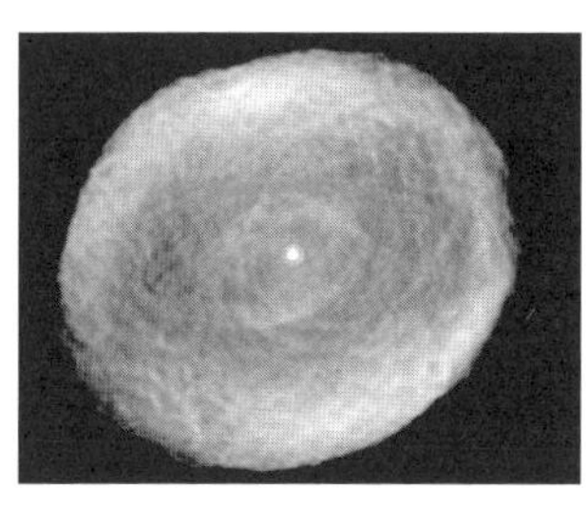

図 3　惑星状星雲

やがて，惑星状星雲のガスは宇宙空間に散逸（さんいつ）し，中心部の**核融合反応は停止して**，**炭素と酸素からなる白色わい星**が残ります。白色わい星は地球くらいの大きさですが，もともとはヘリウムの核融合反応によって生じた炭素や酸素からなる高圧下の中心部が残った天体なので，密度が非常に大きく，1 cm^3 で 400 kg にもなります。高温だった白色わい星は，核融合反応は停止しているので次第に冷えていき，暗くなった太陽は終末を迎えます。

Q. 何だか寂（さび）しい終末ですね。虎（とら）は死して皮を残し，人は死して名を残すという故（こ）事成句（じせいく）を知っているかな。虎は死後に美しい模様の毛皮を残す。人間はその名声が後の世までも語り継がれるような生涯を送るべきだという言葉です。
ところで，太陽は最後に白色わい星となる。この白色わい星は，高密度の炭素からなる天体ですが，炭素からなる高密度の物質を知っていますか？

—— それは，ダイヤモンドです。実際，表面にダイヤモンドらしき物質がある白色わい星が存在します。BPM37093 という白色わい星で，愛称（あいしょう）は「ルーシー」です。ビートルズの曲「Lucy in the Sky with Diamonds」にちなんだ名前です。太陽は死してダイヤを残すということかな。

さて，ここまでの太陽の一生を図で表現すると，次ページの図 4 のようになります。原始星→主系列星→赤色巨星→惑星状星雲→白色わい星という順序のみならず，表面温度や明るさの変化，核融合の様子などにも注意を払って，ポイントの内容とともに太陽の一生をもう一度たどり直してください。

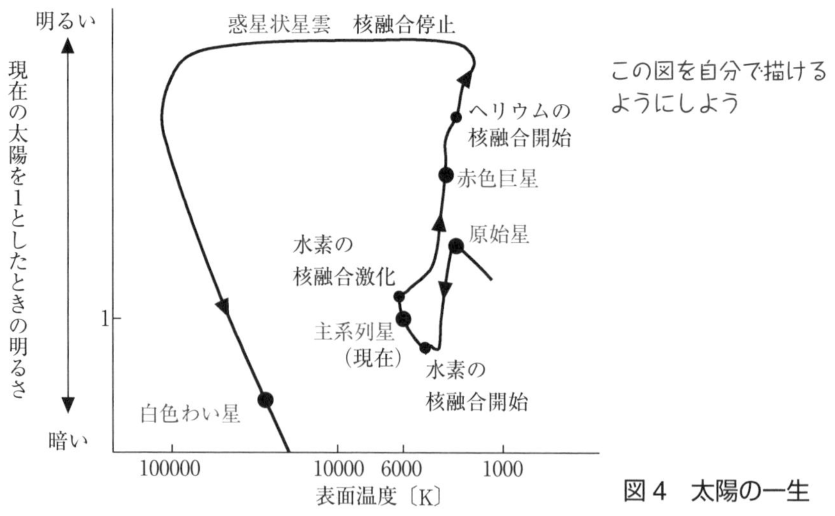

図４　太陽の一生

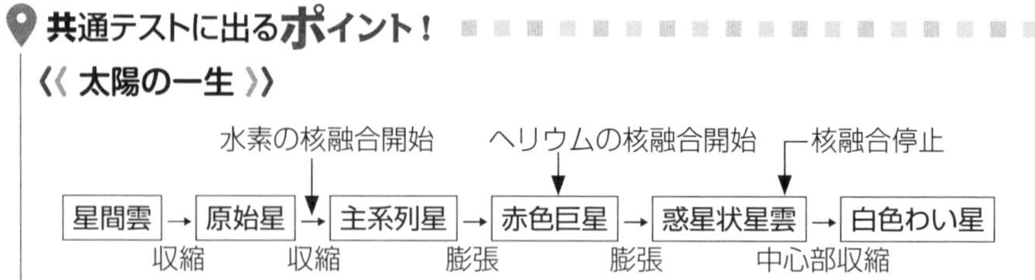

地球環境と生命

太陽が赤色巨星に進化し始めるまでは，地球の表面に生命は存在できます。太陽が膨張するにつれ，地球の表面温度は上昇し，海は干上（ひあ）がってしまいます。それでも，問題１で計算したように，まだ50億年ほどは生命は進化を続ける時間的余裕があります。地球が誕生してから約46億年だから，それに近い年数が残っています。

では，地球の生命が30数億年の間，絶滅することなく地球上に存在できたのは，なぜだろう？　どのような自然条件を地球が備えているからだろうか？

ハビタブルゾーン

宇宙空間の中で，ぼくたちのような**生命が誕生するのに適した領域をハビタブルゾーン**(habitable zone)**といいます**。これは，天体の表面に生命が存在可能な領域であるとともに，地球上の動物や植物などが生存できる領域です。

その条件の第一は，**液体の水が天体の表面に存在すること**です。第二の条件は，そのような**液体の水や大気を保持できる質量や大きさをもった天体**であることです。第二の条件は**適度な重力**があるといいかえることもできます。重力によって液体の水や大気は惑星表面に引きつけられているからです。

惑星の表面温度は，太陽からの距離の影響を受けます。水星や金星のように太陽に近い場合は，表面温度が高く，水は液体として惑星表面に存在できません。火星より遠方では，水は氷として存在するのみです。つまり，太陽系では，地球の公転軌道周辺のみに水が液体として惑星表面に存在できます。

地球の場合は，生命誕生以降，先カンブリア時代の全球凍結(ぜんきゅうとうけつ)のように低緯度まで氷に覆(おお)われた時期はありますが，海底まで海洋全体が凍りついたことはありません。逆に，温室効果が強まりすぎて，海の水のすべてが蒸発したこともありません。適度な温室効果によって，常に，液体の水が地球には存在していました。

火星の場合，過去に海が存在していたと考えられています。現在よりも多量の大気も存在していました。しかし，火星の質量が小さいために重力が小さく，大量の大気を長期間引きつけておけません。太陽の光を受けて，エネルギーを得た大気分子は火星の引力を振り切って宇宙空間に逃げ出していきます。そのため，温室効果をもたらす二酸化炭素が大気の主成分であっても，その量が少なくなり，やがては温室効果が弱まります。液体の水は極冠(きょくかん)や地下に氷として存在するようになり，液体の海は火星から消えました。

また，月は太陽からの距離は地球と同じですが，質量が小さいために重力が小さく，大気は存在しません。つまり，太陽からの距離が適当であるというだけでは，生命が存在する条件にはなりません。天体の質量や大きさも液体の水が存在するかどうかを左右します。

さらに，太陽には生物に有害な波長の電磁波が含まれています。例えば，波長の短い紫外線です。地球の場合，生物自らが地球の大気環境を変化させ，有害な紫外線は地表に届かなくなっています。つまり，先カンブリア時代のシアノバクテリアや藻類の光合成によって地球大気中に酸素が増加し，古生代にはオゾン層が形成され，地表で活動できる環境が整いました。それ以前は，海水が紫外線を吸収し，生命は海中で活動していました。

大気がほとんどない月や水星はもちろん，二酸化炭素が主成分の火星や金星にもオゾン層は存在しません。月や火星に人類が居住地をつくるとき，地表には有害な紫外線が降り注いでいるため，それを遮断するようにするか，地下に居住地をつくるしかありません。

また，木星の衛星のガニメデやエウロパのように，表面が氷で覆われている衛星では，地下に液体の水が存在すると考えられます。このような地下の海に地球の生命に似た生命が存在するかも知れません。

とはいえ，太陽が赤色巨星に進化するまでに，まだ50億年ほどあります。その間に人類，つまりホモ・サピエンスは絶滅しています。進化して別の種になっているかも知れません。進化をくい止めることはできるのだろうか？ くい止めてよいのだろうか？ また，生物的な進化を超越して，別の生命形態として人類の子孫は宇宙に広がっているのかも知れません。一方，地球上では，人類とは異なる知的生命体が誕生しているかも知れない。想像の翼は，どこまでも広がりますね。

共通テストに出るポイント！

《 ハビタブルゾーン 》

生命が誕生するのに適した領域

（条件）液体の水が表面に存在する（適度な表面温度である）。
適度な重力がある（適度な質量と大きさがある）。

問題 2　生命が発生する条件

地球に存在するような生命が発生するためには，液体の水の存在や適度な表面温度が必要であると考えられる。将来，太陽系以外の惑星系に生命が発見されれば，生命発生の条件がより明らかになると考えられる。二つの惑星系 P，Q の個々の惑星を内側から，順に P1，P2，P3，…，および Q1，Q2，Q3，…のように番号をつけ，P2 と Q4 の惑星にのみ生命が発生したと仮定する。

問 1　次の図に，惑星系 P と惑星系 Q の個々の惑星の表面温度を示した。生命が発生した惑星 P2 と Q4 は白抜きの記号で表してある。「惑星の表面温度がある範囲内にあれば，必ず生命が発生する」という仮説を立てた。この仮説を**否定する事実**として最も適当なものを，次の ① ～ ④ のうちから一つ選べ。［2］

① P1 の表面温度は Q1 より低く，P2 より高い。
② P2 の表面温度は Q3 より低く，Q4 より高い。
③ P3 の表面温度は P2 より低く，Q4 より高い。
④ P4 の表面温度は P5 より高く，Q4 より低い。

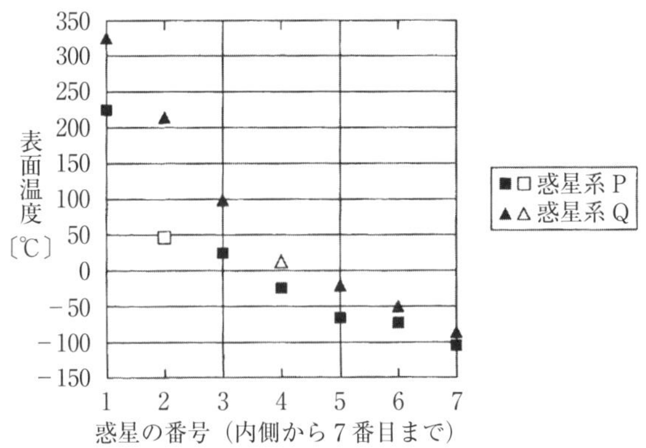

問 2　惑星に生命が発生するための条件を見いだすために，**ア**～**エ**の四つのグラフを作成した。グラフの中では，生命発生の条件を明らかにするために，惑星系 P と Q を区別せずに，同じ記号で表した。また，生命が発生した惑星を白抜きの丸(◦)，生命が発生しなかった惑星を黒丸(•)で表した。グラフから読み取れる生命発生の条件として最も適当なものを，次ページの ① ～ ④ のうちから一つ選べ。［3］

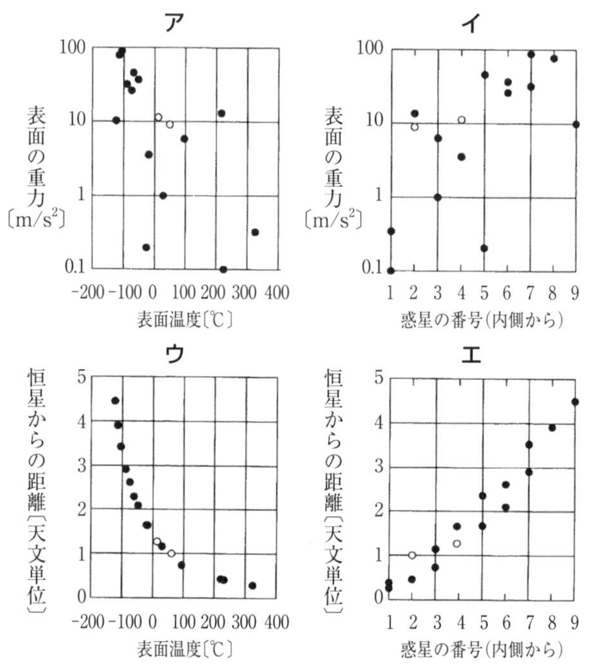

① 惑星の恒星からの距離がある範囲内にあること。

② 惑星の表面温度と恒星からの距離がともにある範囲内にあること。

③ 惑星の表面の重力がある範囲内にあること。

④ 惑星の表面温度と表面の重力がともにある範囲内にあること。

問1 この問いでは，設問文中の「ある範囲内」という語句に注目してください。さらに，選択肢が「～より低く，～より高い」という文で統一されている。つまり,「ある範囲内」が具体的に図から読み取れるはずです。このように見当をつけてそれを試みてみよう。

生命が存在するP2の表面温度は約50℃，同じく生命が存在するQ4の表面温度は約10℃です。だから，「表面温度が約10～50℃の範囲内にあれば，生命が必ず発生する」という仮説に置き換(か)えることができる。この仮説を否定するためには，この温度の範囲内で生命が存在しない惑星がある事実を示せばいいはずです。図では，生命が存在しないP3が，この温度の範囲内にあります。したがって，③の事実を示せば，仮定を否定できます。

① のP1の表面温度は約225℃，④ のP4の表面温度は－25℃だから，表面温度が約10～50℃の範囲内にはありません。したがって，生命が発生する10～50℃の範囲外にある惑星の表面温度を示しても，仮説は否定できません。

② のP2の表面温度は約50℃であり，約100℃のQ3より低く，約10℃のQ4よりは高いけれども，約100℃のQ3という約10～50℃の範囲外の表面温度の惑星を示しては，仮説は否定できません。

問2　問1からわかったことは，表面温度だけでは，生命が発生する条件にならないということです。別の条件もある。それが何かというのが問2の意味するところです。このように考えれば，グラフを読まなくても，正解はわかるのですが，一応，グラフを読み取ることにします。

①　**エ**のグラフ(図5)から，生命が発生した惑星の恒星からの距離は，約1.0～1.3天文単位の範囲内にあります。しかし，その間の距離にある一つの恒星では生命が発生していません。したがって，恒星からの距離だけでは生命発生の条件にはなりません。

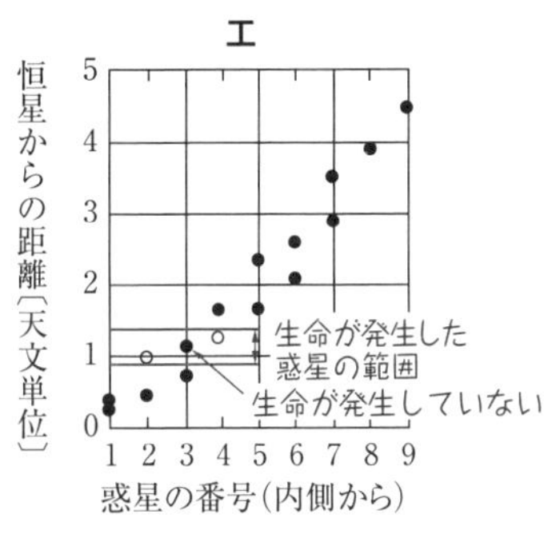

図5

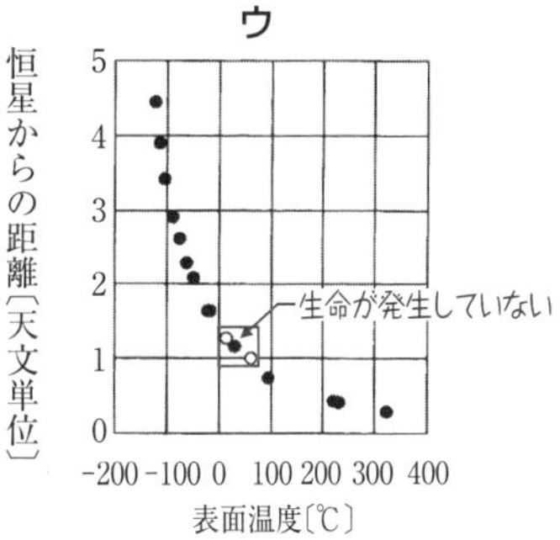

図6

②　惑星の表面温度と恒星からの距離は**ウ**のグラフに表されています。**ウ**のグラフ(図6)で，生命が発生する範囲は赤い四角形の範囲です。しかし，黒丸の惑星では生命が発生していません。したがって，表面温度と恒星からの距離の二つの条件を満たしていても，生命は発生しません。

③　**イ**のグラフ(図7)のように，生命が発生した惑星の表面の重力は10 m/s^2 前後です。この範囲にある惑星番号9の惑星では生命が発生しなかったので，適当な範囲の重力があるだけでは，生命発生の条件にはなりません。

④　**ア**のグラフ(図8)のように，惑星の表面温度と表面の重力が赤い四角の範囲内にあれば，生命が発生しています。生命が発生していない惑星はこの枠(わく)の中には一つもないので，この選択肢が正解です。

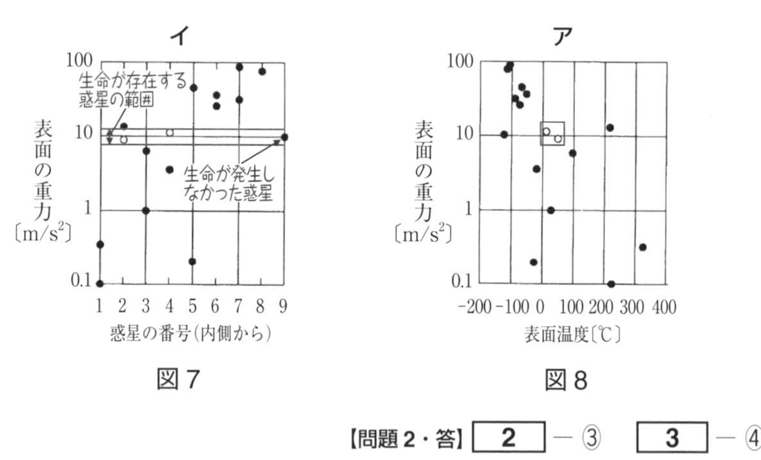

図7　　図8

【問題2・答】 **2** ― ③　**3** ― ④

この問題では，表面温度と重力の大きさに焦点(しょうてん)を絞(しぼ)って生命の発生する条件を考えてみた。けれども，すべての恒星が太陽と同じ性質を持っているわけではない。例えば，夜空で最も明るいシリウスの表面温度は10000 K近くあり，紫外線を強く放射しています。有害な紫外線が降り注ぐ高温の恒星では，恒星から離れていても地球の生物は地表では生活できないだろう。生命の発生する条件は，もっと限定されるかも知れない。逆に，もっと幅広い条件下で生命は発生するかも知れない。それを考えるための土俵(どひょう)はまだできていない。歯切れが悪いけれども，地学基礎の学習範囲だけでは十分な議論ができないところがあるね。

第2章 銀河と宇宙

宇宙には，太陽のような恒星(こうせい)が数多くあります。そのような恒星のまわりを惑星(わくせい)が公転する天体も数多く存在します。恒星や惑星は，宇宙に一様に分布するのではなく，集団を形成して宇宙にはさまざまな階層(かいそう)がつくられています。地学基礎の講義の最後に，この宇宙における地球と人間の位置を考えてみよう。

天体の明るさと距離

天体の明るさ

夜空を見上げると，いくつかの星が見えます。その明るさはさまざまです。今から2100年以上前，ヒッパルコス(紀元前190年頃〜紀元前120年頃)が，星の明るさを等級(とうきゅう)によって表しました。最も明るく見える星の一群を1等星，肉眼(にくがん)でかろうじて観測できる最も暗い星の一群を6等星としました。一番目に明るいので1等星，2番目に明るいので2等星というように**等級が大きくなるにしたがって，星は暗くなります**。この関係は，ケアレスミスを誘う内容なので，計算問題では注意してください。

19世紀に写真が発明されると，天体観測にも用いられるようになり，星の明るさを定量的に表現できるようになりました。例えば，次の表1のように，地球から観測したときの等級を**見かけの等級**といい，太陽は−26.75等，満月は−12.6等，シリウスは−1.5等などです。現在では，**等級が1等級小さくなるごとに明るさは約2.5倍に，5等級小さくなるごとに明るさは100倍になる**ように定められています。逆に，

表1　天体の見かけの等級

天体名	等　級
太　陽	−26.75
満　月	−12.6
金　星	−4.7
火　星	−3.0
シリウス	−1.5
ベガ(こと座)	0.0
北極星	2.0

*惑星は最も明るくなったときの等級

1 等級大きくなれば，明るさは約 $\frac{1}{2.5}$ 倍，5 等級大きくなれば，明るさは $\frac{1}{100}$ 倍になります。

Q．このような等級と明るさの関係，地学基礎の最初の方で習った何かに似ていると思いませんか？

── マグニチュード。マグニチュードが 1 大きくなると，地震が放出するエネルギーが約 30 倍，2 大きくなるとちょうど 1000 倍。星の等級は 1 小さくなると，恒星の明るさは約 2.5 倍，5 小さくなるとちょうど 100 倍。大きくなる，小さくなるの違いはありますが，地震が放出するエネルギーと同じように，明るさは恒星が放射するエネルギーに関係するのだから，マグニチュードも等級もエネルギーの目安ですね。magnitude を英語の辞書で調べてみてください。「等級」と「地震のマグニチュード」の両方の意味が載っているから。

問題 3　等級と星の明るさ

地球から観測すると，太陽は約 −27 等，満月は約 −13 等である。太陽は満月の何倍の明るさか。その数値として最も適当なものを，次の ① ～ ④ のうちから一つ選べ。 **4** 倍

① 14　② 30　③ 4×10^5　④ 1×10^6

太陽は，満月よりも $-13-(-27)=27-13=14$ 等級小さい。5 等級小さいと明るさは 100 倍だから，10 等級差では $100 \times 100 = 1 \times 10^4$ 倍明るい。残りの 4 等級差は，1 等級差で約 2.5 倍異なるので，

$2.5 \times 2.5 \times 2.5 \times 2.5 \fallingdotseq 39$　2.5 × 4 = 10 は誤りだよ

だから，$39 \times 10^4 \fallingdotseq 4 \times 10^5$ 倍明るい。

もしくは，15 等級差では $100^3 = 1 \times 10^6$ 倍。これよりも 1 等級小さいので，明るさは 1×10^6 の $\frac{1}{2.5}$ 倍，つまり 4×10^5 倍になります。

計算方法はどちらでもいいけれども，掛(か)けるだけでなく，割るという手法も用いてこのような計算問題に対処してみてください。

もう一つ。10 等級差で 1×10^4 倍，15 等級差で 1×10^6 倍だから，14 等級差は $1 \times 10^4 \sim 1 \times 10^6$ 倍の間の値だ。したがって 4×10^5 が正解だ

と考えれば楽だね。前回の最後のステップアップ(→ p. 403)の「計算する前に，大小関係の見当をつけてみる。」という手法だ。

【問題 3・答】 4 — ③

共通テストに出るポイント！

《等　級》

- 等級が小さくなるほど明るく，等級が大きくなるほど暗い。
- 1 等級差で約 2.5 倍，5 等級差で 100 倍明るさが異なる。

天体までの距離

太陽系内の天体の距離を表すときには，天文単位(てんもんたんい)という距離の単位を用いると便利だった。太陽 ― 地球間の平均距離が 1 天文単位だから，たとえば海王星(かいおうせい)までの距離が 30 天文単位というと，地球から太陽までの距離の 30 倍離れたところに海王星が公転している，ということになる。

では，恒星までの距離は？ 太陽系に最も近い恒星は，ケンタウルス座 α(アルファ) 星で約 4×10^{13} km，天文単位に直すと約 2.7×10^{5} 天文単位あります。天文単位で表しても桁(けた)が大きすぎて，実感が湧(わ)かない。そのため，恒星までの距離を表すには，**30 万 km/s の速さの光を基準にして，光が 1 年間に進む距離を 1 光年(こうねん)と定めます**。そうすると，ケンタウルス座 α 星までの距離は約 4.3 光年になります。光の速さで 4.3 年かかる距離にあるのか，というイメージが湧きそうですね。

このように恒星に限らず，遠方の天体までの距離を表すときには光年という距離の単位を使いますが，この単位はたんに距離を表すのみならず，時間も表しています。「年」という言葉が「光年」についていることからもわかります。

4.3 光年は，4.3 年前に放射された光が現在届いているという意味だから，1 万光年ならば 1 万年前に放射された光，100 億光年ならば，100 億年前に放射された光になります。つまり，それだけの時間をかけて光は地球に到達したのだから，**遠方の天体であるほど，過去の姿が見える**ということを意味します。

夜空を見上げたとき，さまざまな距離にある恒星からの光が届いています。それらはすべて現在の姿ではない。さまざまな過去が入り混じった，つまり，時間と空間が渾然一体となった宇宙をぼくらは夜空として眺めているのです。

共通テストに出るポイント！

《 天体までの距離 》

① 1天文単位…太陽－地球間の平均距離。約1.5億km。

② 1光年…30万km/sの速度の光が1年間に進む距離。

銀河系

恒星と星間物質の集団を銀河といいます。その中で，**太陽系が属する銀河を銀河系といいます**。他の銀河は，「アンドロメダ銀河」とか「さんかく座銀河」とか「銀河」の前に星座名などの何かしら修飾する言葉がついていますが，銀河系にはついていないので，銀河と銀河系の違いの理解に苦しむ人がいます。銀河系は銀河の一つで，太陽系が属する銀河の名称です。他の銀河の名称に倣って，最近では，銀河系を**天の川銀河**ともよぶようになっています。

夏や冬の夜空には，頭上に天の川が懸かっていますが，光害によって多くの地域では見ることができません。天の川が多くの恒星の集まりであることは，ガリレオ・ガリレイが1609年に自作の望遠鏡を夜空に向けて発見しました。銀河系にはおよそ2000億個の恒星が属し，その他に星間物質も多く，現在でも恒星が誕生しています。

© Roanish

図9 天の川の一部

銀河系の構造

次の図 10 のように，**銀河系の中心部には直径 2 万光年のバルジとよばれる膨らみ**があり，それを**渦巻状(うずまき)の直径 10 万光年の円盤部(えんばんぶ)**が取りまいています。さらに，**円盤部とバルジを取りまくように直径 15 万光年のハロー**とよばれる領域が存在します。**太陽系は銀河系の中心から約 2.8 万光年離れた円盤部にあります**。この**円盤部を地球から眺めると，数多くの恒星からなる天の川に見えます**。前ページの図 9 はそのような天の川の一部で，周囲よりも暗く見える部分は星間物質が多く集まっている領域です。このように星間物質は可視光線を遮(さえぎ)ってしまうため，銀河全体を観測するには，星間物質の影響を受けにくい赤外線や電波による観測を行っています。

図 11 や図 12 のように，恒星の中には，集団を形成しているものもあります。この恒星の集団を**星団(せいだん)**といいます。例えば，おもにハローに分布している**球状星団**は 100 万個程度の年老いた恒星が球状に密集している星団です。また，数十～数百個の若い恒星が集まった散開(さんかい)星団は，円盤部に分

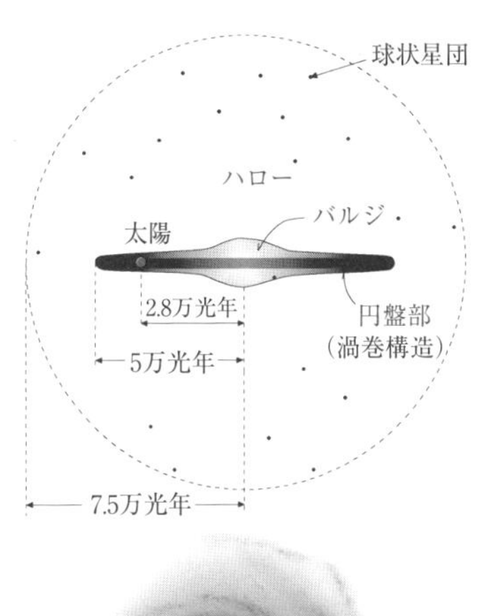

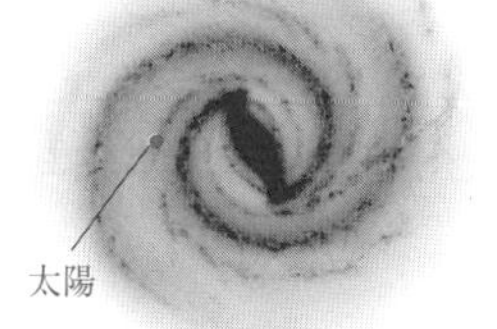

円盤部の渦巻構造

図 10　銀河系の構造

図 11　球状星団

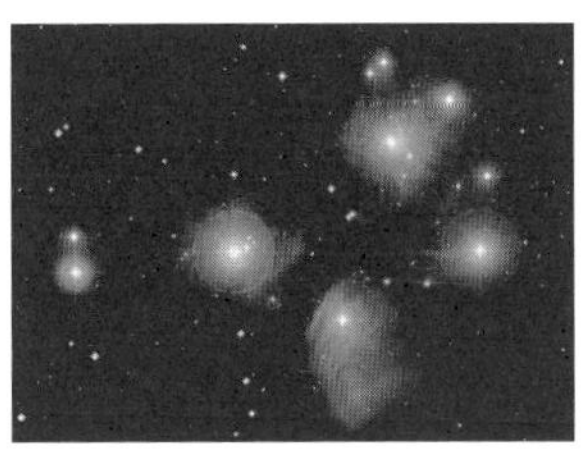

図 12　散開星団（プレアデス星団）

布しています。散開星団の代表例は，枕草子（まくらのそうし）の「星はすばる」で有名なプレアデス星団（図 12）です。太陽はこのような恒星の集団には属していず，単独の恒星として円盤部にあります。

共通テストに出るポイント！

《銀河系》

- 太陽系が属する銀河（恒星と星間物質の集まり）。
- 中心部のバルジ，渦巻構造の円盤部，球状星団が分布するハロー。
- 太陽系は銀河中心から 2 万 8000 光年離れた円盤部にある。

太陽は何年かけて銀河系の中心をまわっているだろうか。問題にしてみたから，計算してみよう。

問題 4　太陽の運動

太陽は銀河系の中心から約 2.8 万光年離れたところを 220 km/s の速さで円軌道を描いてまわっている。太陽が銀河系を一周するのに何億年かかるか。その数値として最も適当なものを，次の ① ～ ④ のうちから一つ選べ。ただし，光の速さを 3.0×10^5 km/s とする。［ 5 ］億年

① 1.2　② 2.4　③ 3.6　④ 4.8

図 13 のように，太陽が銀河系の中心を一周する距離は，

$2\pi \times (2.8 \times 10^4)$ 光年

だから，これを 220 km/s の速さで割ればいいのだけれども，単位が揃（そろ）っていない。1 光年は光が 1 年間に進む距離だから，光の速さに 1 年の秒数を掛（か）ければ，km の単位に換算（かんさん）できる。1 年の秒数は，

$60 \times 60 \times 24 \times 365$ 秒

です。

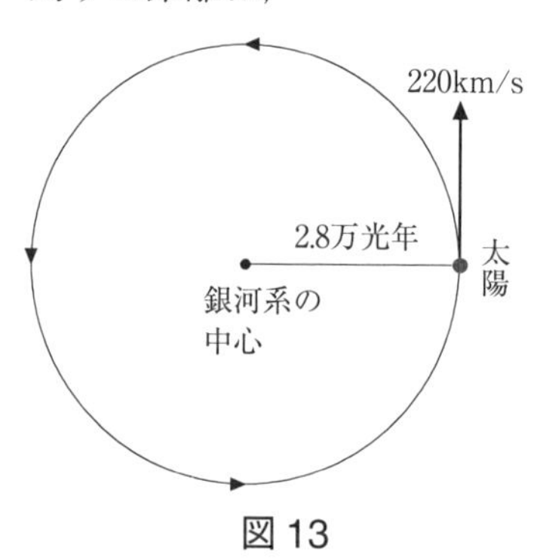

図 13

したがって，1 光年は，

$(3.0\times10^5)\times(60\times60\times24\times365)$ km

です。ここで計算はせず，まず，全体の式を立てよう。単位も含めて式を立てると，

$$\frac{2\pi\times(2.8\times10^4)\times(3.0\times10^5)\times(60\times60\times24\times365)\ \text{km}}{220\ \text{km/s}}$$

となる。これを計算して出てくる答えは「秒〔s〕」の単位だから，220 km/s を km/ 年の単位に換算(かんさん)しよう。つまり，1 年の秒数を掛(か)ければいいから，220 km/s は，$220\times(60\times60\times24\times365)$ km/ 年だ。あらためて式を書き直すと，

$$\frac{2\pi\times(2.8\times10^4)\times(3.0\times10^5)\times(60\times60\times24\times365)\ \text{km}}{220\times(60\times60\times24\times365)\ \text{km/年}}$$

となる。このように全体の式を立てると，赤い文字の部分のように，分母と分子に同じ値がある。だから，

$$\frac{2\pi\times2.8\times10^4\times3.0\times10^5\ \text{km}}{220\ \text{km/年}}=2.4\times10^8\ \text{年}$$

が，計算結果です。10^8 は「億」だから，正解は ② です。このように，途中で計算せず，まずは**全体の式を立てる**癖(くせ)をつけてほしい。そうすると，この問題のように分母と分子に同じ式が現れて相殺(そうさい)される場合がある。太陽系が誕生したのが 46 億年前だから，それから 19 回ほど太陽系は銀河中心のまわりを回ったことになるね。

【問題 4・答】 5 ─ ②

ステップアップ！

全体の計算式を立ててから計算に取りかかる。

宇宙の階層構造

宇宙には，銀河系(ぎんがけい)以外にも無数の銀河が存在しています。例えば，肉眼

第12回 宇宙の中の地球(2)

で見える銀河としては，アンドロメダ銀河，大マゼラン雲，小マゼラン雲があります。大・小マゼラン雲は銀河だから，大マゼラン銀河，小マゼラン銀河と表記した方が混乱がないのですが，「雲」の方を使っておきます。これは，銀河と星間雲の区別ができていなかった時代の名称の名残で，アンドロメダ銀河もアンドロメダ星雲という古い呼称を用いる人もいます。**大マゼラン雲と書いてあっても散光星雲のような星間雲ではなく，銀河である点に気をつけてください。**

銀河の集団

銀河は，宇宙に群れをつくって分布しています。銀河系，アンドロメダ銀河，大・小マゼラン雲など約 90 個の銀河は，直径 600 万光年ほどの領域に群れをつくっています。このような銀河の集団を，構成する銀河の個数が少ないときは銀河群，多いときは銀河団といいます。

銀河系が属する銀河群を局部銀河群といいます。局部銀河群のお隣の銀河の集団は，約 5900 万光年離れたところにあるおとめ座銀河団です。これ以外に，かみのけ座銀河団やヘルクレス座銀河団などが局部銀河群の近くにはあり，銀河群や銀河団が 1 億光年を超える集団をつくっている場合，超銀河団といいます。

このように，宇宙には銀河が一様に広がっているのではなく，階層構造が存在します。小さなものが集まって，より大きなものをつくっているときに階層構造という言葉を使います。銀河が集まって銀河群や銀河団，銀河群や銀河団が集まって超銀河団という集団をつくっています。このようすを図 14 に示しました。銀河系を中心に約 19 億光年の範囲を表した図です。図中の点の一つ一つが銀河です。

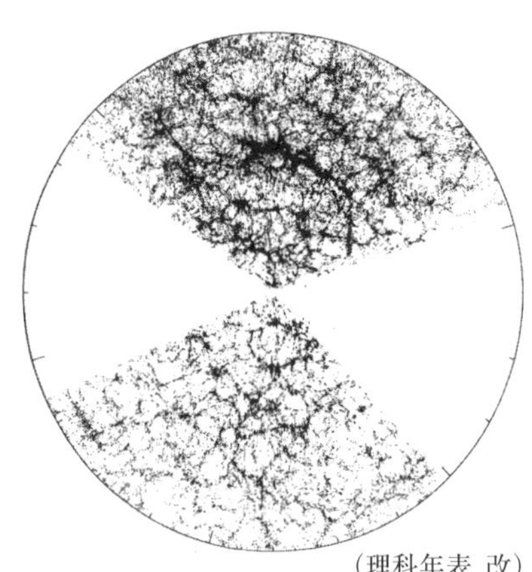

（理科年表 改）

図 14　宇宙の大規模構造（泡構造）

この図を見ると，銀河が泡のように分布しているように見えます。たくさんの丸い泡の表面に銀河が集まり，その内部には銀河が少ない部分があります。その断面が図 14 と考えられます。このような**宇宙の大規模構造**を**泡構造**(あわこうぞう)といいます。この構造は，80 億光年の彼方(かなた)まで続いていることが確認されています。

共通テストに出るポイント！

《宇宙の構造》

- 銀河 → 銀河群・銀河団 → 超銀河団
- 内部に銀河はほとんどなく，表面に銀河が密集する泡構造。

宇宙のはじまり

今から約 138 億年前，**超高温，超高密度の状態から宇宙は爆発的に膨張を開始しました**。これを**ビッグバン**(Big Bang)といいます。ビッグバン以降，宇宙は膨張し，10 万分の 1 秒後に陽子(ようし)や中性子(ちゅうせいし)が誕生しました。さらに 3 分ほど経過した頃には宇宙の温度は 10 億 K に低下し，陽子 2 個と中性子 2 個からなるヘリウムの原子核が形成されました。宇宙の元素の個数の約 93%が水素，約 7%がヘリウムで占められている観測事実と，ビッグバンモデルから導き出された元素の存在比が一致することから，ビッグバンモデルを支持する証拠の一つとなっています。

宇宙誕生から約 38 万年後，宇宙は 3000 K にまで温度が低下し，水素原子核(陽子)やヘリウム原子核が電子をとらえて，水素原子やヘリウム原子が形成されました。それまで光は，電子と相互作用を起こして直進できなかったのですが，電子が原子核のまわりにとらえられると，光は直進できるようになります。霧(きり)が晴れるように宇宙が透明になったこの現象を**宇宙の晴れ上がり**といいます。

宇宙の晴れ上がりの後にも宇宙は膨張を続け，やがて恒星や銀河が誕生しました。**ヘリウムよりも重い元素の大部分は恒星の核融合反応などによって合成されました**。ぼくたちの身体は，さまざまな元素から成り立っていますが，そのような元素は恒星の核融合反応などでつくられたものです。その意味で，ぼくたちは星の子なのです。

共通テストに出るポイント！

《宇宙の始まり》

- 138 億年前のビッグバンによって宇宙は始まった。
- 最初につくられた原子は水素とヘリウム。

宇宙の年齢を覚えるだけでは面白くないから，それを計算してみよう。計算できるというところが，面白いところだ。

問題 5　膨張宇宙

問 1　次の図 1 は，宇宙が膨張する様子を模式的に表したものである。左図に示すように，等間隔に並んだ銀河の間隔 **a** が，宇宙の膨張によって右図に示すように 2 倍に広がったとする。この図から分かることを述べた文**ア**，**イ**の正誤の組合せとして最も適当なものを，次ページの ① ～ ④ のうちから一つ選べ。 **6**

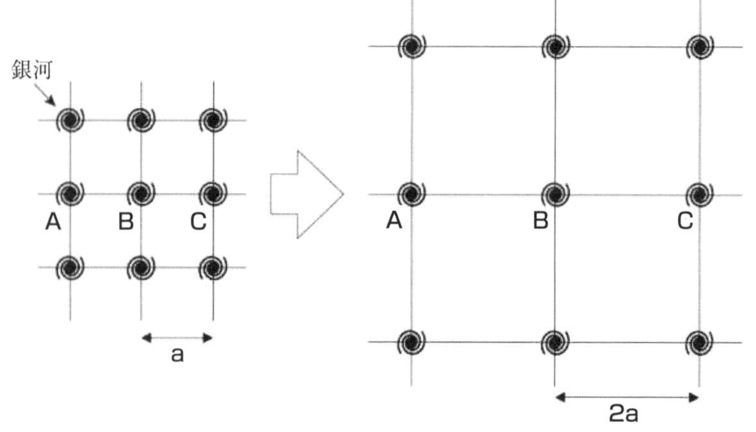

図 1　宇宙が膨張する様子の模式図
それぞれの図で示される領域の外側にも，同様に銀河が分布するものとする。

ア　銀河 **A** に対して，銀河 **B** の遠ざかる速さと，銀河 **C** の遠ざかる速さは同じである。

イ　どの銀河を基準にした場合でも，その銀河に対して周りのすべての銀河は遠ざかる。

	ア	イ
①	正	正
②	正	誤
③	誤	正
④	誤	誤

問2　1929年，ハッブルは遠方の銀河がその距離に比例した速さで遠ざかっていることを発見した。遠方の天体ほど大きな速さで遠ざかっているのだから，光の速さ(3×10^5 km/s)で遠ざかる天体から出た光は永遠にわれわれのもとには届かないことになる。この距離を宇宙の観測限界といい，約 138×10^8 光年の彼方にある。この値を用いて宇宙の年齢を計算すると何億年になるか。その数値として最も適当なものを，次の ① ～ ④ のうちから一つ選べ。 **7** 億年

① 46　② 91　③ 138　④ 470

問1　**ア**　左図から右図に変化すると，右図の銀河 **A** と銀河 **B** の距離は **2a**，左図の銀河 **A** と銀河 **B** の距離は **a** だから，銀河 **A** に対して銀河 **B** は **2a − a = a** だけ遠ざかっています。また，同じように計算すると銀河 **A** から銀河 **C** は **4a − 2a = 2a** だけ遠ざかっています。したがって，宇宙が2倍に広がるのに要した時間内に，銀河 **A** から遠ざかった距離が銀河 **B** と銀河 **C** では異なるので，遠ざかる速さも異なることになります。したがって，この文は誤りです。

イ　どの銀河も隣の銀河との距離が **a** から **2a** に変化したので，どの銀河を基準にした場合でも，その銀河に対して周りのすべての銀河は **a** という距離だけ遠ざかっている。したがって，この文は正しいです。

以上から，「誤，正」の組合せが正解です。

問 2　宇宙の年齢という重要な値だから，これは覚えているよね。答は138 億年だから，③ だ。これをどのように計算したらいいのだろうか？ まずは，一般的な方法。距離を速さで割ればいい。光年を km 単位に換算（かんさん）し，km/s も km/ 年に換算すれば，いいはずだ。

$$\frac{138\times10^8\text{ 光年}}{3\times10^5\text{ km/s}}=\frac{138\times10^8\times\overbrace{3\times10^5}^{\text{光速度}}\times\overbrace{60\times60\times24\times365}^{\text{1 年の秒数}}\text{ km}}{\underbrace{3\times10^5}_{\text{光速度}}\times\underbrace{60\times60\times24\times365}_{\text{1 年の秒数}}\text{ km/ 年}}$$

$$=138\times10^8=138\text{ 億年}$$

となる。分母・分子に同じ値があるから相殺（そうさい）されて，計算することなく答えは 138 億年だ。気持ち悪いね。

Q. この気持ち悪さは，なぜなんだろうか？

――もっと違う方法があるという予感がしませんか？ これは，光の速さとして 3×10^5 km/s を用いたところに原因がある。

光の速さは，別の表現ができます。光が 1 年かかって進む距離が 1 光年だから，**光の速さは 1 光年 / 年です**。1 光年 / 年とは，1 年間に 1 光年進む速さという意味です。あらためて，距離を速さで割る式を立てると，

$$\frac{138\times10^8\text{ 光年}}{1\text{ 光年 / 年}}=138\times10^8\text{ 年}=138\text{ 億年}$$

になります。**光年という単位が距離のみならず時間も表す**ので，138×10^8 光年の彼方から地球に届いた光は，138×10^8 年の時間を要して届いた。つまり，138 億年前の光よりも古い光はなく，この光が観測の限界だから，宇宙の年齢は 138 億年になる。このように考えれば，この問題は，計算不要なんです。

なお，この問題で用いた 138 億光年は，観測の限界であって，現在の宇宙はもっと膨張しています。138 億年前に，光を発した空間は 138 億年の間に，もっと遠くへ遠ざかっているから。

【問題 5・答】 6 －③　7 －③

ステップアップ！

光速度（光の速さ）は 1 光年 / 年

最後に，宇宙の元素組成について考えることにしよう。

問題 6　宇宙をつくる元素

太陽のスペクトルの観測や地球に落下した隕石（いんせき）などの組成から，太陽系の元素組成は，次の図 1 のように推定されている。ただし，図 1 の縦軸の「存在比」は，ケイ素原子の個数を 10^6 としたときの各元素の個数を表している。

図 1 中の元素全体のうち，水素が占める割合はおよそ ［ア］ %であり，他の元素と比べると，その割合は非常に高い。

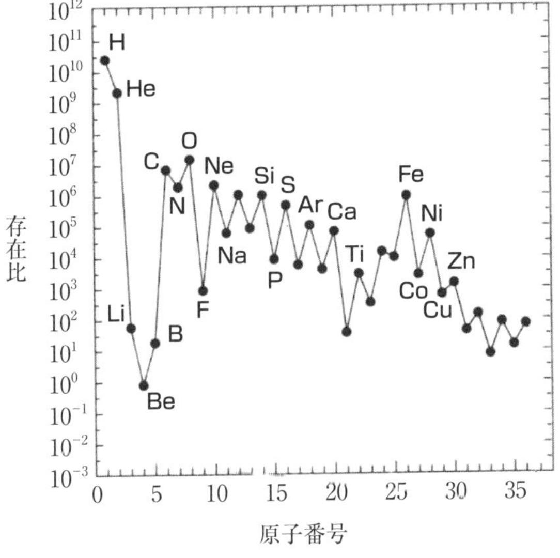

図 1　太陽系の元素の組成

第12回　宇宙の中の地球(2)

問1　前ページの文章中の［ア］に入れる数値として最も適当なものを，次の①～④のうちから一つ選べ。［8］

①　60　　②　70　　③　80　　④　90

問2　元素について述べた文として最も適当なものを，次の①～④のうちから一つ選べ。［9］

①　ヘリウムは，すべてビッグバンの直後につくられた。

②　炭素や酸素は，太陽の中心部の核融合によってつくられた。

③　図1の元素の存在比は，地球全体を構成する元素の存在比とほぼ同じである。

④　太陽系をつくった星間雲には，ヘリウムよりも原子番号が大きい元素が含まれていた。

問1　この問いは，概算(がいさん)ができるかどうかの問題です。最初は，正攻法(せいこうほう)で解いてみよう。図1中の水素(H)の値は，3×10^{10} 程度です。次に多いヘリウム(He)が 3×10^9 です。この段階で，正解がわかりますか？ 計算不要なんですけど……。

三番目に多い元素は酸素(O)の 2×10^7 程度です。水素やヘリウムに比べると，酸素の量は，まさに桁違い(けたちが)に小さいです。水素は 10^{10}，ヘリウムは 10^9 の桁に対して，酸素は 10^7 の桁です。つまり，水素とヘリウムを除いた元素は，全体の割合を左右する値になっていないということです。だから，**小さい値は無視して，大きい値だけを用いて，割合は計算すればよい**ということになります。

最初にもどって，水素が 3×10^{10}，ヘリウムが 3×10^9 です。図1の縦軸が10の n 乗という指数(しすう)の形式で表現されているので分かりづらいのですが，桁の小さい方，つまり 10^9 を基準にして，

水素：ヘリウム＝$3 \times 10^{10} : 3 \times 10^9 = 30 : 3 = 10 : 1$

という割合になります。これら全体，つまり11のうち10が占める割合は，90％程度になります。したがって，正解は④です。

このような作業が頭の中で行えれば，楽ですね。何回も言ったと思いますが，マーク式の選択問題は，4つか5つの数値から**正解の数値を選ぶ問**

題です。**正確に計算するのではない**ということを念頭に置いて，まずは**概算をする**。それができないと感じたら，きちんと式を立てる。そして，計算する，ではないですよね。第１回で述べたように，計算式を立てた段階で，概算できないかを検討しよう。

ステップアップ！

●計算問題の対処法

- 計算をする前に，大小関係の見当をつける。
- 式を立てる前に，概算できないかどうか検討する。
- 式を立てたら，概算できないかどうか検討する。

問２　①　宇宙が誕生して最初につくられた元素は水素とヘリウムです。けれども，太陽の中心部で水素の核融合によってヘリウムがつくられています。だから，「ヘリウムは，すべてビッグバンの直後につくられた」という文は適当ではない。

②「炭素や酸素は，太陽の中心部の核融合(かくゆうごう)によってつくられた」という文です。太陽は，およそ50億年後に赤色巨星(せきしょくきょせい)に進化して，その後，ヘリウムの核融合によって炭素や酸素がつくられます。主系列星の段階では，まだこのような核融合は行われていないので，この文は適当ではない。

③「図１の元素の存在比は，地球全体を構成する元素の存在比とほぼ同じである」という文です。地球は，鉄からなる核と，岩石からなるマントルと地殻(ちかく)という構造をしているので，水素やヘリウムは主成分にならない。したがって，この文は適当ではない。

一方，木星型惑星ならば，巨大ガス惑星の木星と土星の主成分は水素とヘリウムだから，図１に似た組成だと考えられます。巨大氷惑星の天王星(てんのうせい)と海王星(かいおうせい)では，水素とヘリウムに加えて，氷(H_2O や CO_2)を構成する酸素も図１では多量に存在する元素なので，図１の組成に似ている。

現在の銀河系や宇宙はどうかというと，そこから太陽系の天体は誕生したので，図１の太陽系の元素組成と変わらないと考えられます。問題では「太陽系の元素組成」としてあるのですが，「宇宙の元素組成」とよんでも構わないのです。

④「太陽系をつくった星間雲(せいかんうん)には，ヘリウムよりも原子番号が大きい元素が含まれていた」は，当然のことが述べてあります。図1を検討するまでもなく，ヘリウムよりも原子番号が大きい元素を地球は成分としているから，適当な文ですね。

【問題6・答】 **8** − ④　**9** − ④

21 世紀に入って，ぼくたちの宇宙観を一変させる事実がわかってきました。宇宙膨張は一様ではなく，最初は減速傾向にあったものが，その後に加速膨張に変わったことが，観測によって確かめられました。それに伴って，宇宙には正体不明の何かしらがあることにぼくたち人間は気づきました。

ぼくたちがふだん見慣れている星やガスなどの光(電磁波)でとらえることのできる物質が，この宇宙には 5%，光を出さず，重力によってのみその存在がわかるとはいえ正体不明の物質ダークマターが 27%，それに輪をかけて正体がわからない，宇宙の加速膨張をもたらすダークエネルギーが 68%と見積もられています。

惑星，恒星，銀河など，宇宙にはさまざまな階層をなす天体がある。そのような天体が発する光(電磁波)をとらえて，人間は，それが宇宙のすべてだと思っていた。けれども，それはわずか 5%の世界だった。驚くよね。21 世紀の初めまで，宇宙はこの 5%からできていると思っていたのだから。ぼくたちは，宇宙について全然わかっていなかった。

でも，知らないことがあるというのは，とても楽しい。知らないと思うと，知りたくなる。この「知る過程」は苦しいけれど，「われわれはどこから来たのか，われわれは何ものなのか，われわれはどこへ行くのか」というゴーギャンの絵の題のように，知りたいという欲望に翻弄されて，悩み続けるのがわれわれホモ・サピエンス(知恵ある人)の業なのかな。

公式集

地学基礎で必要な公式は，次の三つのみです。

偏平率	$\dfrac{a-b}{a}$	a:赤道半径 b:極半径
大森公式	$D=kT$ $(k=6\sim8)$	D:震源までの距離〔km〕 T:初期微動継続時間〔秒〕
相対湿度〔%〕	$\dfrac{水蒸気圧}{飽和水蒸気圧}\times100$ $\dfrac{水蒸気量}{飽和水蒸気量}\times100$	

ついでだから，円や球の公式と覚え方の一部も載(の)せておきます。半径を r としたときの公式です。円周を「直径× π」と覚えていたら，それは忘れて，半径で表すようにしてください。

円　周	$2\pi r$
円の面積	πr^2
球の面積	$4\pi r^2$
球の体積	$\dfrac{4}{3}\pi r^3$

$4\pi r^2$　心配ある次女。
$\dfrac{4}{3}\pi r^3$　身の上に心配ある，参上！

索　引

【アルファベット】

【あ】

【い】

【う】

【え】

【お】

【か】

【き】

【く】

【す】

【せ】

【そ】

【た】

聞けば「わかる!」「おぼえる!」「力になる!」

スーパー指導でスピード学習!!

実況中継CD-ROMブックス

※CD-ROMのご利用にはMP3データを再生できるパソコン環境が必要です。

科目別シリーズ

山口俊治のトークで攻略 英文法 フル解説エクササイズ
●定価(本体2,700円+税)

練習問題(大学入試過去問)&CD-ROM(音声収録 1200分)

出口汪のトークで攻略 現代文 Vol. 1・Vol. 2

練習問題(大学入試過去問)&CD-ROM(音声収録 各500分)

望月光のトークで攻略 古典文法 Vol. 1・Vol. 2

練習問題(基本問題+入試実戦問題)&CD-ROM(音声収録 各600分)

青木裕司のトークで攻略 世界史 B Vol. 1・Vol. 2

空欄補充型サブノート&CD-ROM(音声収録 各720分)　以上, ●定価/各冊(本体1,500円+税)

トークで攻略する 日本史Bノート ①・②

空欄補充型サブノート&CD-ROM(音声収録 各800分)

石川晶康 著　●定価/各冊(本体1,700円+税)

大学別英語塾

西きょうじのトークで攻略 東大への英語塾

練習問題(東大入試過去問)&CD-ROM(音声収録550分)　●定価(本体1,800円+税)

竹岡広信のトークで攻略 京大への英語塾 改訂第2版

練習問題(京大入試過去問)&CD-ROM(音声収録600分)　●定価(本体1,800円+税)

二本柳啓文のトークで攻略 早大への英語塾

練習問題(早大入試過去問)&CD-ROM(音声収録600分)　●定価(本体1,600円+税)

西川彰一のトークで攻略 慶大への英語塾

練習問題(慶大入試過去問)&CD-ROM(音声収録630分)　●定価(本体1,800円+税)

実況中継CD-ROMブックスは順次刊行いたします。　2021年4月現在

既刊各冊の音声を聞くことができます。 https://goshun.com 語学春秋 検索

英熟語
イディオマスター

idiomaster

山口俊治 著

新書判（3色刷）　定価：本体1,000円+税

ベストセラー『山口俊治英文法講義の実況中継』の山口俊治先生が贈る，「最小の努力で最大の成果」を生む，熟語集イディオマスター!!

■必要十分な量を最長 10 週間でマスター。
本書では標準的な「10 週プラン」を提案していますが，重要語句だけに絞って「4 週」でこなすなど，あなたの学習プランをつくることができます。

■どのレベルからでも開始できる，5 段階構成。
英熟語を重要度に応じて 5 つのステージに分類してあります。どのステージからでも学習が可能です。

■英作文，穴埋め，読解問題から英会話表現まで応用範囲の広い熟語を，セットで覚える 800 項目。
まとめて覚えられるように，大学入試に必要なすべての熟語を 800 項目にまとめました。

■例文はすべて入試出題例から。合否を決定づけるレベルには実戦問題を掲載。
もちろんすべての熟語に，入試英文に出た例文付き。さらに最重要ステージの「合否を左右する熟語」については，実戦例題も併記してあります。

＊インターネットからでもご注文いただけます＊

http://goshun.com　語学春秋　検 索

【ひ】

【ふ】

【へ】

【ほ】

【ま】

【み】

【む】

【め】

【も】

安藤 雅彦

Masahiko ANDOU

河合塾講師（地学）
東北大学理学部地学第一学科（現・地圏環境学科）卒
岐阜県生まれ

共通一次試験が始まった年に，今でいうブラックな企業に勤め始め，遅配の給料をもらって日本を離れた。戻って来たものの，職はなく，伝手を頼りに予備校に勤め始め，いまも教壇に立っている。健康寿命を考えると，そろそろ退き際だと心の片隅で思っているところに，共通テストという一癖も二癖もある難敵が現れ，最後の闘いに挑んでいる。私からの置き土産の一つとして『実況中継』を受け取ってほしい。

主な著書：『センター試験地学基礎９割 GET の攻略法』（語学春秋社），『マーク式基礎問題集 / 地学基礎』（河合出版），『大学入学共通テスト攻略レビュー / 地学基礎･地学』（河合出版･共著）など。

CB07DA/B-C/Si